高等职业教育“十四五”规划教材

植物组织培养

（第2版）

孙廷　宋刚　宋扬　主编

中国农业大学出版社
·北京·

内容简介

本教材的内容体系构建基于组培苗生产企业的完整工作过程，使教学内容和生产实际相符合、教学过程和企业生产过程相符合、教学任务要求和工作岗位要求相符合。教材内容包括植物组织培养工厂（实验室）建立、植物组织培养的基本操作技术、植物脱毒技术、植物快繁技术、植物组织培养工厂化育苗生产管理和植物组织培养的创新与创业六个单元。每个单元包含理论知识和工作任务两部分。学生通过学习，可以独立完成组培室的设计，组培苗工厂化生产预算及管理，组培苗的快繁和脱毒以及组培苗的推广与销售工作。

本教材可供高职院校生物技术及应用、园林、园艺、设施农业、农学等专业的学生使用，也可作为组培生产企业员工培训用书，还可供从事植物组织培养的技术人员、研究人员和经营管理者参考阅读。

图书在版编目（CIP）数据

植物组织培养/孙廷，宋刚，宋扬主编. --2 版. --北京：中国农业大学出版社，2024.5
ISBN 978-7-5655-3211-5

Ⅰ.①植… Ⅱ.①孙…②宋…③宋… Ⅲ.①植物组织-组织培养-高等职业教育-教材
Ⅳ.①Q943.1

中国国家版本馆 CIP 数据核字(2024)第 096410 号

书　名	植物组织培养　第 2 版 Zhiwu Zuzhi Peiyang		
作　者	孙　廷　宋　刚　宋　扬　主编		
策划编辑	张　玉	**责任编辑**	张　玉
封面设计	中通世奥图文设计		
出版发行	中国农业大学出版社		
社　址	北京市海淀区圆明园西路 2 号	**邮政编码**	100193
电　话	发行部 010-62733489，1190		读者服务部 010-62732336
	编辑部 010-62732617，2618		出　版　部 010-62733440
网　址	http://www.caupress.cn	**E-mail**	cbsszs@cau.edu.cn
经　销	新华书店		
印　刷	河北朗祥印刷有限公司		
版　次	2024 年 7 月第 2 版　　2024 年 7 月第 1 次印刷		
规　格	185mm×260mm　　16 开本　　18.75 印张　　468 千字　　彩插 1		
定　价	49.00 元		

图书如有质量问题本社发行部负责调换

编审人员

主　编　孙　廷（南阳农业职业学院）

宋　刚（江苏农林职业技术学院）

宋　扬（辽宁职业学院）

副主编　韩阳瑞（南通科技职业学院）

刘天天（南阳农业职业学院）

吉　彪（江苏农林职业技术学院）

王国伟（玉溪农业职业技术学院）

参　编　（按姓氏笔画排序）

田　天（湖北三峡职业学院）

冯慧敏（大兴安岭职业学院）

李书强（河南谷之味农业发展有限公司）

张　蕊（周口职业技术学院）

吴雯雯（南通科技职业学院）

柴永懋（杨凌职业技术学院）

葛明远（河南百绿盛农业科技有限公司）

主　审　颜志明（江苏农林职业技术学院）

前言 Preface

植物组织培养是随近代生物科学发展起来的一门新技术，现已渗透到生物学科的各个领域，广泛应用于农业、林业、工业和医药业，成为生物技术的重要组成部分和基本研究手段。党的二十大报告提出，深入实施种业振兴行动，强化农业科技和装备支撑。植物组织培养在植物优良品种的快速繁殖、脱毒苗木生产、新品种培育、种质资源保存、药用植物工厂化生产等方面发挥了重大的作用，产生了可观的经济效益和社会效益，成为生物科学中最有生命力的学科之一。目前，多所高职院校的农业生物技术、园林、园艺、中草药等专业开设了植物组织培养这门实用技术型课程。

本教材的主要特点如下：①本教材根据国家职业教育改革发展目标的要求，拓展教育新形态，以教育信息化推动教育现代化，积极促进信息技术与教育教学的融合创新发展。②教材在编写时针对高职教育特色，符合高职院校人才培养目标要求，以立德树人作为根本任务，全面实施素质教育，强调践行知行合一。③为了使教材内容和生产紧密联系在一起，提高学生的职业能力和综合素质，为社会和企业输送创新型、复合型、应用型和技术技能型人才，本教材结合课程改革要求，携手行业、企业专家共同编写。编写过程中听取并吸纳了企业专家的大量意见和建议，这一过程使项目的内容安排和任务内容的设置方面能更好地接近企业的生产，使学生能身临其境地感受企业化生产的各项工作任务。

本教材由孙廷、宋刚、宋扬任主编，韩阳瑞、刘天天、吉彪、王国伟任副主编。具体编写分工如下：概述、单元一由宋刚编写；单元二的项目一至项目二由宋扬编写；单元二的项目三由柴永懋编写；单元二的项目四由冯慧敏编写；单元二的项目五由田天编写；单元二的项目六由张蕊编写，单元三由孙廷编写；单元四的项目一、项目二由吉彪编写；单元四的项目三由王国伟编写；单元四的项目四由吴雯雯编写；单元五由韩阳瑞编写；单元六、附录和单元练习题由刘天天编写。葛明远、李书强为教材提供了案例内容。全书由孙廷统稿、定稿。

本教材编写得到了各参编院校、行业、企业专家的大力支持，在此表示衷心的感谢。此外，教材中的引文、图表等资料较多，在此向作者表示诚挚的感谢。由于编者水平有限，编写时间仓促，本书难免会有不足之处，恳请广大读者、同行与专家给予批评指正，以便加以修改完善。教材中的教学课件、单元练习题答案可发邮件至 58985915@qq.com 索取，也可扫描封底的二维码登录教学平台查看。

编　者

2023 年 7 月

目录 Contents

单元三　植物脱毒技术

单元四　植物快繁技术

单元五 植物组织培养工厂化育苗生产管理

单元六 植物组织培养的创新与创业

数字资源目录

概　述

单元导读

本单元主要介绍植物组织培养的概念、类型及其特点；并介绍植物组织培养技术一百多年的发展史。目前它广泛应用于植物的快速繁殖、脱毒苗木的培养、新品种的培育和种质资源的保存等方面。通过本单元的学习，初步了解植物组织培养技术的基本知识。

知识目标

1. 掌握植物组织培养的概念、类型及应用领域；
2. 理解植物组织培养技术的基本原理；
3. 掌握植物组织培养的特点和优势。

能力目标

1. 能通过网络等方式查询了解植物组织培养技术的发展现状及应用前景；
2. 能通过企业调研、了解组培企业生产及管理情况。

素质目标

1. 树立知农、爱农、学农思想，培养"三农"情怀；
2. 培养学生刻苦、认真、严谨的求学态度；
3. 拥有植物资源保护意识；
4. 增强学生的民族自豪感和自信心；
5. 结合组织培养工厂化生产为农业增收做出显著贡献，项目带动地方发展，坚定大学生跟党走的理想信念；
6. 增强学生的专业自信；
7. 培养学生敢于担当、勇于创新的精神，最终做到继承传统、推陈出新、博采众长；
8. 查阅植物组培领域实际生产过程中亟待解决的科学问题，并试图解决问题，提高学生创新能力和科研能力；
9. 培养国际意识，提高创新能力；
10. 引导学生树立全面、客观、辩证、唯物的观点，用发展、动态的眼光看问题。

植物组织培养研究与应用是20世纪科技进步的重大成果之一，为研究植物生长发育、抗性生理、激素及器官发生与胚胎发生等提供了许多良好的实验材料和有效途径。它在植物快速繁殖与脱毒、种质资源的保存、植物育种、植物次生代谢产物生产、人工种子生产等方面开辟了新途径。植物组织培养方法在不断提高的同时，也相应拓宽了其应用范围，现已广泛应用在农业、林业、工业、医药等行业中，逐步走向了产业化发展的道路，产生了巨大的经济效益和社会效益。

一、植物组织培养的概念

植物组织培养是指将植物的离体器官（如根、茎、叶、花、果实等）、组织（如形成层、表皮、皮层、髓部细胞、胚乳等）、细胞（如大孢子、小孢子、体细胞等）以及去除细胞壁的原生质体，在无菌和适宜的培养基及光照、温度等人工控制条件下，对其进行培养，使其生长、分化并成长为完整植株的过程。

植物组织培养一般工作流程

二、植物组织培养的基本原理

植物组织培养的基本原理是细胞全能性学说。细胞全能性学说是指任何具有完整细胞核的植物细胞，都拥有形成一个完整植株所必需的全部遗传信息和发育成完整植株的能力。

每一个新形成的细胞都具有多种发育方向，在个体发育中，细胞后代在形态、结构和功能上发生差异的过程称为细胞分化。它如何进行分化、发育，取决于周围的物理因素、化学因素等方面对它的影响，在分化和发育过程中，一些基因被“开启”，一些基因被“关闭”，因此成熟细胞的性质取决于活化的基因组合。一个细胞一旦沿着一个特定的途径分化发育后，它一般不会再恢复到未分化状态，但在组织培养和某些特定的条件下，可能会发生脱分化和再分化。

（1）脱分化　是指在组织培养中，处于分化成熟和分裂静止状态的细胞，放在一定的培养基上后，细胞重新进入分裂状态。一个成熟的细胞转变为分生状态的过程叫脱分化。

（2）再分化　是指一个成熟的植物细胞经历了脱分化后，能再分化而形成完整植株的过程。

三、植物组织培养的类型

（一）根据外植体划分

外植体是指植物组织培养中的各种接种材料，包括胚胎器官、组织、细胞、原生质体及植株。

（1）胚胎培养　指以从胚珠中分离出来的成熟或未成熟胚为外植体的离体无菌培养。

（2）器官培养　器官培养是指植物某一器官的全部、部分或器官原基的培养，包括茎段、茎尖、块茎、球茎、叶片、花序、花瓣、子房、花药、花托、果实、种子等。

（3）组织培养　指以分离出植物各部位的组织（如分生组织、形成层、木质部、韧皮部、表皮、皮层、胚乳组织、薄壁组织、髓部等），或已诱导的愈伤组织为外植体的离体无菌培养。这是狭义的植物组织培养。组织培养有广义和狭义之分。广义：包括各种类型外植体的培养。狭义：包括形成层组织、分生组织、表皮组织、薄壁组织和各种器官组织以及其培养产生的愈伤组织。

（4）细胞培养　细胞培养包括利用生物反应器进行的，旨在促进细胞生长和生物合成的大量培养系统和利用单细胞克隆技术促进细胞生长、分化直至形成完整植株的单细胞培养。

（5）原生质体培养　指以除去细胞壁的原生质体为外植体的离体无菌培养。

(6)植株培养　指对具有完整形态的幼小植株进行离体培养的方法。

(二)根据培养基的类型划分

(1)固体培养　将植物材料接种在加有凝固剂(如琼脂)的固体培养基中进行培养的方法，这是组织培养中最常用的培养方法。

(2)液体培养　将植物材料接种在液体培养基中进行培养的过程。液体培养包括悬浮静止培养、振荡培养和纸桥培养等方法。

(三)根据培养过程划分

(1)初代培养　将外植体进行的第一次培养称为初代培养。其目的是建立无菌培养物，通常是诱导外植体产生愈伤组织、不定芽、原球茎，或直接诱导侧芽和顶芽的萌发。

(2)继代培养　将培养一段时间后的外植体或产生的培养物转移到新的培养基中继续培养的过程称为继代培养。其目的是防止培养材料老化，无菌材料增殖培养基养分耗尽而造成的营养不良，以及代谢物过多积累而产生的毒害。

(3)生根培养　诱导无根苗生根形成完整再生植株的培养过程称为生根培养。其目的是生根，培养壮苗。

(四)根据培养条件划分

(1)光培养　需要光照的培养。

(2)暗培养　不需要光照的培养。

四、植物组织培养的特点

植物组织培养是在人工控制的环境条件下，对植物的器官、组织、细胞和原生质体等进行离体培养，不受外界环境条件和其他生物的影响，该技术具有以下特点：

1.研究材料单一，遗传稳定

在组织培养研究中，植物材料的遗传信息一致，是非常重要的因素。选取单个和小块组织细胞经培养即可再生出植株，培养中获得的各种水平无性系，选取的材料来自单一的个体，遗传信息稳定，且能及时提供规格一致的优质种苗或脱病毒种苗，可保持植物的优良性状不丢失。

2.培养条件可以人为控制，可周年实验或生产

组培采用的植物材料完全是在人为提供的培养基和小气候环境条件下进行生长，摆脱了大自然中四季、昼夜的变化以及灾害性气候的不利影响，且条件均一，对植物生长极为有利，可进行全年连续的实验和生产。

3.生长周期短，繁殖率高，成本较低

组培是由人为控制培养条件，根据不同植物不同部位的不同要求而提供不同的培养条件，因此生长较快。另外，植株也比较小，往往1～2个月完成一个生长周期。所以，虽然组培需要一定设备及能源消耗，但由于植物材料能按几何级数繁殖生产，故总体来说成本低廉。

4.管理方便，利于工厂化生产和自动化控制

植物组织培养是在一定的场所和环境下，人为提供一定的温度、光照、湿度、营养、激素等条件，极利于高度集约化和高密度工厂化生产，也利于自动化控制生产。它是未来农业工厂化育苗的发展方向。它与盆栽、田间栽培等相比省去了中耕除草、浇水施肥、防治病虫等一系列

繁杂劳动,可以大大节省人力、物力及田间种植所需要的土地。

五、植物组织培养发展简史

(一)探索阶段

20 世纪初至 30 年代为植物组织培养理论探索和开创阶段。在这一阶段,细胞全能性的提出为植物组织培养技术的产生奠定了理论基础,人们开始对植物组织培养的各个方面进行大量的探索性研究。1902 年,Haberlandt 提出"细胞全能性";1904 年,Hanning 离体萝卜和辣根菜的胚培养成功;1922 年,Robiins 和 Kotte 离体根尖培养成功;1925 年,Laibach 亚麻种间杂交幼胚培养成功,证明胚培养在植物远缘杂交上可利用。

(二)奠基阶段

20 世纪 30 年代中期至 50 年代末期为植物组织培养的奠基阶段。1934 年,White 用离体的番茄根建立了第一个活跃生长的无性系,使根的离体培养实验首次获得了真正的成功,首次发现和提出维生素 B_1、维生素 B_6 和烟酸的重要性,首次用实验证实了细胞全能性,为以后的快速发展奠定了基础。Gautherer、White 和 Nobecourt 一起被誉为组织培养学科的奠基人。White 和 Gautherer 发现了 B 族维生素和生长素;1941 年,Overbeek 等首次将椰子汁(CM)作为添加剂,将曼陀罗的心形期幼胚培养成熟;1944 年,Skoog 报道 DNA 的降解产物腺嘌呤和腺苷可以促进愈伤组织的生长,解除生长素对芽形成的抑制作用,诱导芽的形成;1948 年,Skoog 和崔徵明确了腺嘌呤与生长素的比例是控制芽和根形成的主要条件之一;1952 年,Morel 和 Martin 首次证实通过茎尖离体培养获得大丽花的无病毒植株;1954 年,Muir 单倍体培养获得成功;1955 年,Miller 等发现激动素可以代替腺嘌呤,效果可增加 3 万倍;1957 年,Skoog 和 Miller 提出植物激素控制器官形成的理论;1958 年,Steward 首次证实 Haberlandt 的细胞全能性设想;Reinert 和 Steward 分别在胡萝卜愈伤组织培养中形成体细胞胚。

(三)迅速发展阶段

1960 年,Morel 利用茎尖培养获得脱毒兰花,形成了"兰花产业";1964 年,Guha 和 Maheshwari 通过曼陀罗花粉诱导得到单倍体植株;1965 年,由 Vasil 和 Hildebrandt 用单个分离的细胞培养获得整个植株的再生,从而使植物细胞全能性的理论真正得到了科学的证实;1971 年,Takebe 首次由烟草原生质体获得再生植株;1972 年,Carlson 通过离体培养筛选得到烟草生化突变体。20 世纪 60 年代以后植物组织培养进入了迅速发展阶段,从物种诱导获得植物再生植株,形成了一套成熟的理论体系和技术方法,植物组织与细胞培养逐渐走向了工厂化和商品化阶段。

六、植物组织培养的应用

1.植物快速繁殖和无病毒种苗生产

植物快速繁殖技术始于 20 世纪 60 年代,法国的 Morel 用茎尖培养的方法大量繁殖兰花获得成功,从此揭开了植物快速繁殖技术研究和应用的序幕。目前,通过离体培养获得小植株并且具有快速繁殖潜力的植物已有 100 多科 1 000 种以上,有的已经发展成为工业化生产的商品。植物中有很多都带有病毒,病毒严重影响植物的产量和品质,给农业带来危害。特别是无性繁殖植物,如马铃薯、草莓、大蒜、康乃馨等,利用组织培养法进行茎尖培养,再生的植株有可能不带病毒，从而获得经过鉴定的脱病毒苗，再用这种苗进行繁殖。

2. 植物花药培养和单倍体育种

将植物花药培养成单倍体植株，再经过染色体加倍，能很快得到纯合的二倍体，这样将大大缩短育种年限。到目前为止，世界上通过花粉和花药培养已获得了几百种植物的单倍体植株。我国自20世纪70年代开始该领域的研究，已经培育了40余种由花粉或花药发育成的单倍体植株，其中有10余种为我国首创。

3. 植物胚胎培养

杂交育种中，杂种胚常常败育，而将早期生长的胚取出，应用组织培养方法，有可能培育出杂交植物。国内外科学家应用植物胚胎培养技术获得了多种远缘杂交的重组体、栽培种和杂交品种。

4. 植物愈伤组织或细胞悬浮培养

利用植物愈伤组织或细胞悬浮培养可以生产用于预防和治疗疾病的植物次生代谢产物。近年来，这一领域的发展极为迅速，已经研究了400多种植物，从培养细胞中分离到600多种次级代谢产物，其中60多种在含量上超过或等于原植物，20种以上含量超过原植物的1%。

中国的中草药是人类宝贵的财富，但很多种中草药资源匮乏，产量不足，甚至濒于灭绝。如果能利用组织和细胞培养的方法在实验室内生产，不再依附于自然环境，不仅可以解决现有困难，而且可以通过筛选高产有效成分的细胞系，来提高其药用价值。比如用培养的人参悬浮细胞来生产人参皂苷，已在日本等国家形成规模。利用培养的植物细胞和组织细胞作为生物反应器，也可以生产某些蛋白质、氨基酸、抗生素、疫苗等，如用生食蔬菜生产乙肝疫苗正在实验中。

5. 细胞融合与原生质体培养

通过原生质体融合，可部分克服有性杂交不亲和性，而获得体细胞杂种，从而创造新品种并繁育成优良品种。到1990年已有100种以上植物的原生质体能再生植株。我国获得了30余个品种的原生质体再生植株，其中包括难度较大的重要粮食作物和经济作物，如大豆、水稻、玉米、小麦、谷子、高粱、棉花等。

6. 植物细胞突变体筛选

培养细胞处在不断分生状态，它容易受到培养条件和外加压力(如射线、化学物质)的影响而产生诱变，由此可以筛选出有用的突变体，从而育成新品种。目前用这种方法已经筛选到抗病、抗盐、高蛋白、高产等突变体，有些已经用于生产。

●思政花园

天然的才能好像天然的植物，需要学问来修剪。

——培根

单元练习题

一、选择题

1. 下列实验中可能获得单倍体植株的是(　　)。

A. 小麦的茎尖培养　B. 番茄叶培养　C. 玉米胚乳培养　D. 玉米花粉培养

2. 按照培养条件划分，植物组织培养包括(　　)。

A. 光培养　　B. 固体培养　　C. 暗培养　　D. 液体培养

3. 植物组织培养的主要特点，分为(　　)。

A. 材料单一，遗传稳定　　B. 人为可控，周年生产

C. 生长周期短，繁殖率高　　D. 管理方便，自动化生产

4. 和组织培养相似的代名词是(　　)。

A. 克隆　　B. 有性生殖　　C. 孤雌生殖　　D. 单性生殖

5. 植物组织培养按照培养过程划分包括(　　)。

A. 初代培养　　B. 继代培养　　C. 壮苗培养　　D. 生根培养

6. 植物组织培养可以用来筛选细胞突变体，用这种方法已经筛选到(　　)突变体。

A. 抗病　　B. 抗盐　　C. 高蛋白　　D. 高产

7. 影响植物产量和品质的是(　　)。

A. 细菌　　B. 真菌　　C. 病毒　　D. 微生物

8. 单倍体培养常通过(　　)。

A. 茎尖　　B. 花药　　C. 花粉　　D. 胚

9. 国内外科学家应用(　　)技术获得了多种远缘杂交的重组体、栽培种和杂交品种。

A. 植物快繁培养　　B. 植物花药培养　　C. 植物胚胎培养　　D. 植物愈伤组织培养

10. 利用植物(　　)可以生产用于预防和治疗疾病的植物次生代谢产物。

A. 愈伤组织培养　　B. 细胞悬浮培养　　C. 花药培养　　D. 胚胎培养

二、判断题

1. 植物组织培养不受外界环境影响，可周年生产。(　　)

2. 任何具有完整细胞核的植物细胞都有再生成为一个完整植株的能力。(　　)

3. 育苗圃中品种栽培示范区应选择地势平坦、土质疏松而肥沃的沙壤土。(　　)

4. 高压灭菌器打开盖子前不用压力降为0，可直接打开。(　　)

5. 无病毒苗的病毒检测一般选用酶标仪测定。(　　)

6. 植物体内的每个活细胞都具有全能性。(　　)

7. 体细胞杂交育种克服了远缘杂交不亲和性。(　　)

8. 病毒检测是脱毒种苗在生产繁育过程中和上市交易前的必要步骤。(　　)

9. 脱毒苗种植环境和普通苗没有区别。(　　)

10. 植物组织培养都需要光照。(　　)

三、简答题

1. 按照外植体的不同，植物组织培养可以分成几类？

2. 植物组织培养按照培养过程分为哪几个阶段？每种植物每个阶段都必须包括吗？

3. 植物组织培养的原理是什么？

4. 植物组织培养有哪些特点？

5. 利用植物组织培养进行种苗快速繁殖的手段有哪些？

6. 哪些植物脱毒快繁技术已经实现工业化生产？

7. 你认为植物的哪些抗性比较重要，组培技术能帮助实现吗？

8. 查阅你感兴趣的植物组织培养技术的研究进展，有没有应用到生产上？

9. 植物组织培养技术在农业生产中有哪些应用？

10. 简述你了解到的我国科学家在植物组织培养技术发展中所做的贡献。

单元一

植物组织培养工厂（实验室）建立

- 项目一　植物组织培养工厂设计
- 项目二　植物组织培养实验室设计
- 项目三　植物组织培养常用仪器设备及使用

单元一课件

单元导读

本单元主要介绍植物组培工厂（实验室）的设计组成以及开展组培的仪器设备和使用方法。通过本单元的学习，掌握组培室的构建要求和方法、必需仪器设备及其使用维护方法。

知识目标

1. 掌握植物组织培养实验室的组成及其功能和主要设备；
2. 理解植物组织培养实验室设计基本要求。

能力目标

1. 能设计植物组织培养实验室；
2. 会使用常用的各种仪器。

素质目标

1. 培养学生诚实守信、与人为善的品质；
2. 增强学生团队合作精神；
3. 培养学生创新创业素质；
4. 培养学生主动思考问题、发现问题和解决问题的能力；
5. 培养学生的安全意识、环保意识、劳动美德、社会公德和严谨的科学精神；
6. 树立热爱祖国、执着追求的理想信念；
7. 了解组培行业发展，体会工匠精神；
8. “工欲善其事，必先利其器”，科学技术是第一生产力；
9. 培养其爱岗敬业的精神、坚韧不拔的信念。

项目一
植物组织培养工厂设计

自20世纪60年代以来，植物组织培养已经从实验室研究阶段发展到大规模成批量的工厂化生产阶段，在植物快速繁殖和种质保存等方面做出了巨大贡献。组织培养快繁技术可使优良新品种得以迅速规模化生产进而大面积推广应用，使许多濒危的稀有珍贵物种资源得以繁衍保存和利用，使众多因遭受毁灭性病原侵害而品种退化、减产绝收、濒危的名特优品种得以提纯复壮而造福于人类。因此，设计建设能满足工艺要求、保证产品质量、降低能耗、提高经济效益的组培工厂就显得十分重要。

一、组培苗生产小型工厂设计原则

①根据培养目的和规模来设计。其规模大小根据市场需求、年预期产苗量、投资额、现有条件等因素综合确定，体现适用性。

②流水线式设计，布局合理，符合生产工艺流程和工作程序，便于操作，体现系统性、适用性，利于提高生产效率。

③防止污染，体现针对性和可控性。

④降低成本，节能、安全，体现经济实用性。

二、组培苗生产小型工厂设计总体要求

①组培工厂选址要求排灌水方便，远离污染源，水电供应充足，交通便利(但要远离交通干线200 m以外)，周边环境清洁，地下水位在1.5 m以下。一般建在城市的近郊区。

②组培工厂各车间的大小与相对比例合理，在车间的设计和设施设备的配置、摆放上与其功能相适应。特别是接种车间和培养车间要求密闭，保温性能良好，能够充分利用自然光源，以减少污染及能耗。为了节省用地，也可以改成楼层设计，但必须增加电梯吊装设备，并考虑各作业间流水作业的便捷。

③建筑与装修材料要经得起消毒、清洁和冲洗；厂房的防水处理应高标准，不能有渗雨、漏雨现象；地基最好高出地面30 cm以上。

三、组培苗生产小型工厂设计

组培工厂应包括组培苗生产车间和驯化栽培区。其中组培苗生产车间主要包括洗涤车

间、培养基配制车间、灭菌车间、接种车间、培养车间(图 1-1、图 1-2);驯化栽培区包括移栽驯化车间和育苗苗圃,可以单独设置。此外,还有办公室、值班室、仓库、会议(培训)室、冷藏室、产品展示厅等附属用房。

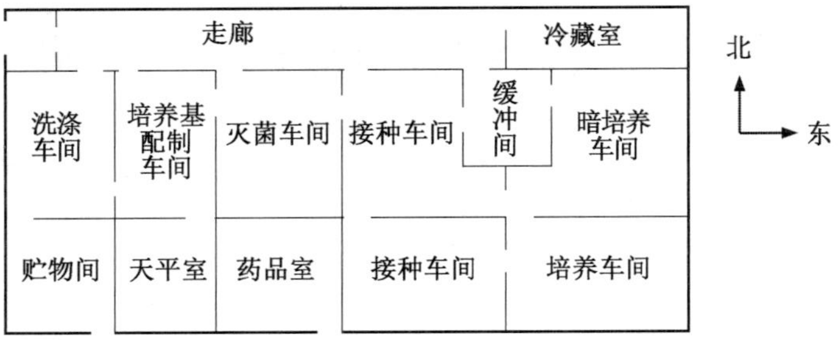

图 1-1　组培工厂设计图(一)

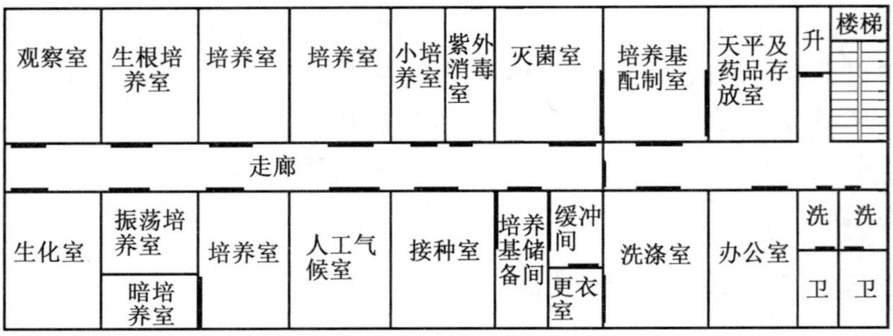

* 洗:洗手或淋浴间;卫:卫生间;升:升降梯;▬:推拉门。

图 1-2　组培工厂设计图(二)

(一)洗涤车间

1. 主要功能

承担组培器皿器械的清洗,植物材料的预处理,试管苗出瓶、清洗与整理工作等。

2. 设计要求

根据工作量的大小决定洗涤车间的大小,面积在 20～60 m^2。设计要求同洗涤室。需要注意的是洗涤用水槽(池)最好设在车间的一侧,另一侧为立体多层器皿架,分别用于玻璃器皿和用具等的洗涤和洗涤后的贮存等;中央摆放长条形工作台,用于玻璃器皿、用具等洗涤前后的临时摆放。

3. 仪器与用具配置

洗衣机、洗瓶机、换气扇、医用小推车、大水池等。

(二)培养基配制车间

1. 主要功能

配制各种培养基。

2.设计要求

培养基配制车间的面积一般为40～60 m^2,要求明亮通风。有条件的可在配制车间内单设药品间和天平室(或称量室)。

3.仪器与用具配置

大型工作台、药品柜、普通冰箱、电子分析天平和托盘天平、电蒸馏水器、磁力搅拌器、恒温水浴锅、电炉或电饭锅、酸度计、培养基分装设备、恒温培养箱、烘箱等。

(三)灭菌车间

1.主要功能

用于培养基及组培器械的灭菌。

2.设计要求

灭菌车间面积一般为15～30 m^2。根据生产能力选择不同型号的灭菌锅。由于高压灭菌锅用电量大,应考虑用电负荷设置专用的电线和配电板(盘)。灭菌车间必须有消防设施。

3.仪器与用具配置

配备中型压力灭菌锅、小型立式灭菌锅等。

(四)接种车间

1.主要功能

用于组培苗的接种。

2.设计要求

接种车间一般分为缓冲间和接种室,缓冲间(图1-3)要求面积为3～5 m^2,需配置紫外线灯,用于无菌操作人员更换灭菌工作服、拖鞋,戴口罩等。接种室(图1-4)面积应根据生产规模而定,要求干爽安静、清洁明亮、墙面光滑平整、地面平坦无缝。除此以外,在设计时需要注意以下几个问题:

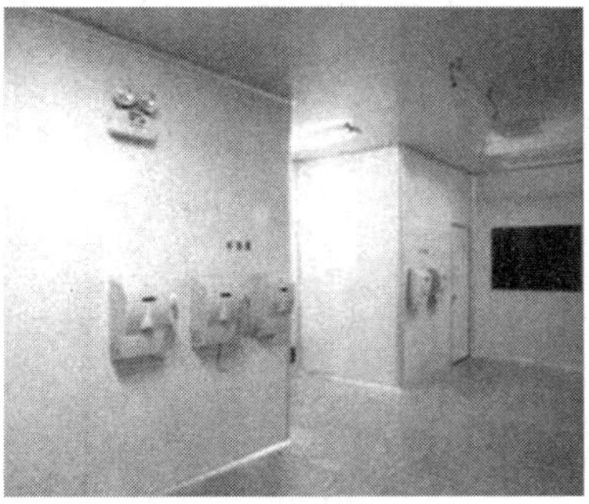

图1-3　缓冲间

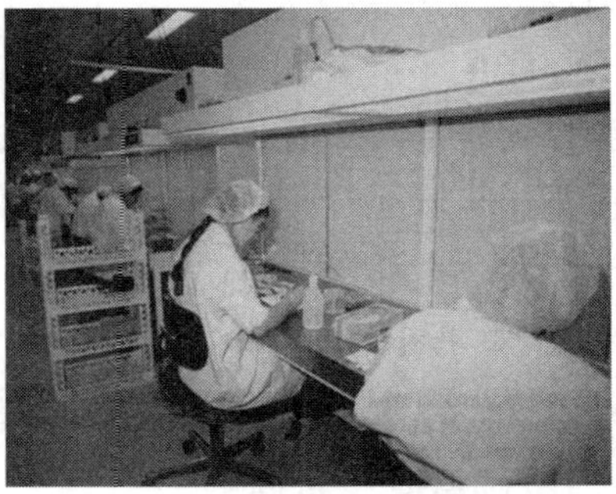

图1-4　接种室

(1)根据工作量的大小决定接种室的面积,但不宜过大,可以多设几个小接种室。

(2)为便于无菌操作和提高接种的工作效率,以选用平流风式单人单面超净工作台为宜。

(3)在接种车间内可设计一个紫外线消毒间,与培养室相邻。从培养车间取出准备进行继代培养的材料或外购的组培瓶苗在进入接种室前,需在此室内用紫外线灯消毒20～30 min,以减少瓶外的污染源带入接种室。

(4)在接种车间外设置风淋室。另外,配备一定的防火设备,以防万一。

3.仪器与用具配置

紫外线灯、超净工作台、空调机、医用小推车、组培专用灭菌器、剪刀、镊子等。为提高劳动生产率和降低生产成本，也可以引进自动化设备生产线（图 1-5），可以省去大量的人工洗瓶、冲瓶、淋瓶、烘干、灌装等复杂程序，显著提高工作效率。

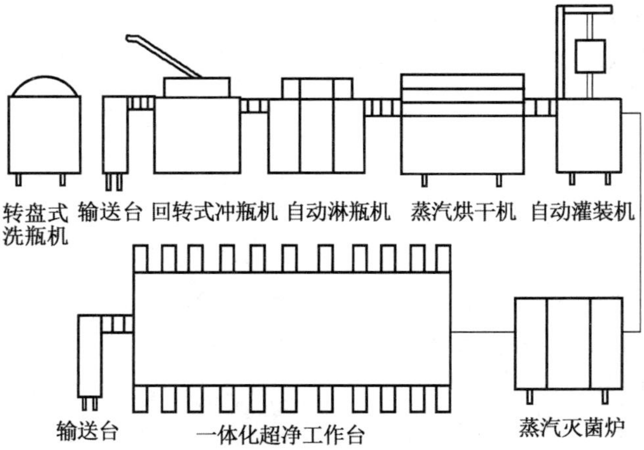

图 1-5　组培自动化生产线

（五）培养车间

1.主要功能

用于接种到培养瓶等器皿中的植物材料的培养。

2.设计要求

根据组培育苗工厂的生产规模，确定培养车间的数量和面积大小。最好设计多个培养间，便于对培养条件均匀控制。为便于管理，可单设一间液体振荡培养间。另外，培养车间最好与紫外线消毒室和接种室相邻，这样可保证接种与培养上下工序的衔接顺畅。另外，在条件允许的情况下，可在培养车间内单设一间储备室（区），用于存放已灭菌的培养基或未用完的培养基，以及无菌纸和无菌用具等。存放的培养基必须严格标明培养基代号及消毒日期，并且排放整齐、有序。储备室内宜保持较低的温度，避免阳光直射，并应安装紫外线灯，以便经常对室内环境进行消毒。

3.仪器与用具配置

培养架和灯光、通风设施、边台及仪器设备如空调机、除湿机、换气扇、小推车、折叠梯子等。

（六）组培苗驯化车间

1.主要功能

组培苗驯化车间（图 1-6）用于试管苗出瓶后的驯化。

2.设计要求

在温室基础上营建，要求清洁，面积根据生产规模而定。

3.设施装备

空调机、加湿器、恒温恒湿控制仪、光照调节装置、通风

图 1-6　驯化车间

口及杀菌剂。

(七)育苗圃

1. 主要功能

育苗圃(图 1-7)分为原种圃、品种栽培示范区和繁殖圃。原种圃用于引进和保存育苗所需的无病毒或珍稀的优良种质资源,主要采用防虫网室保存(部分种类可用试管冷藏保存);品种栽培示范区主要是栽培本厂生产的各种组培苗的成年植株,展示其优良的观赏性状及生产习性,也作为组织培养材料的采集地;繁殖圃包括育苗区、无性繁殖区和培育大苗区,直接向市场供应不同规格的商品苗木。

图 1-7　育苗圃

2. 设计要求

根据组织培养育苗的规模与目的,确定育苗圃的大小。原种圃、品种栽培示范区和繁殖圃的面积分别根据种源和展示品种的多少、市场的需要来确定。

(1)原种圃　在原种圃内防虫网室保存的原种材料要求不带病毒,而且要避免重复感染和因长期继代而发生变异。所保存的原种材料每年应进行 1 次病毒鉴定。原种圃应有完整的引种档案,记明原种植物的引种来源、品种名称、病毒检测证明、原种定植图和相应的管理记录等。一般每个原种材料应不少于 2 株。

(2)品种栽培示范区　品种栽培示范区的面积可根据品种的多少来确定。育苗圃地应选用地势平坦、土质疏松而肥沃的沙壤土,有充足的水源和灌溉条件,以及方便苗木的销售运输,并保证苗木纯正无误。

(3)繁殖圃　满足商品大苗的养护和常规无性繁殖采穗的需要。

3. 设施、设备和用具的配置

智能温室、普通日光温室或塑料大棚;微灌系统、育苗床、排灌系统、遮阳避雨设施、防虫网室;基质、肥料、消毒剂、穴盘或栽培盆具,以及其他必要的工具与辅助设施如肥料堆沤场地等。

(八)主要附属用房

1. 仓库

主要用于存放备用的玻璃器皿、器械及试剂等,便于随时取用。仓库要求干燥通风,避免光照,备有药品柜、冰箱等设施、设备。化学试剂等物品分类存放于柜中,剧毒物品如 $HgCl_2$ 等需要有专人密封保存;需低温保存的药品和药液在冰箱中保存。房间最好背阳。

2. 冷藏室

在冷藏室(1～5 ℃)内可以暂时存放原种材料和待出库移栽的组培苗，以及进行种质资源的离体保存。通过低温处理，可以控制某些种类的组培苗的分化和生长速度；打破某些植物休眠。如球根花卉唐菖蒲的小球茎在冷藏室 3～5 ℃下冷藏 1 个月，就可以解除休眠。因此，冷藏室对于育苗工厂按计划生产和按时供应大量种苗起着重要调节及储备的作用。

3. 更衣室

更衣室是组培苗生产车间的第一道门户。工作人员等必须在此换鞋和更换洁净的工作服。更衣室内安装紫外线灯，以便定期进行室内消毒，经常清洗更衣室内的工作服和拖鞋，使更衣室始终保持整洁状态。如有条件可设风淋设施。

●思政花园

志向是天才的幼苗，经过热爱劳动的双手培育，在肥田沃土里将成长为粗壮的大树。不热爱劳动，不进行自我教育，志向这棵幼苗也会连根枯死。

——苏霍姆林斯基

项目二

植物组织培养实验室设计

植物组织培养是一项对环境条件和操作技术要求严格的工作，在进行植物组织培养之前，要全面了解实验室的构成和最基本的设备，以便利用现有房舍、新建或改建实验室。

一、植物组织培养实验室设计基本要求

植物组织培养实验室是进行实验操作的场所，为确保工作的顺利进行，在选址时，应选择相对清洁、安静、远离各种污染源、交通便利的地方。实验室的设计要根据实际需要规划相应的实验室面积和组成，按照组培的操作流程（母液配制→培养基制备→灭菌→无菌操作→材料培养）来进行设计（图 1-8、图 1-9）。

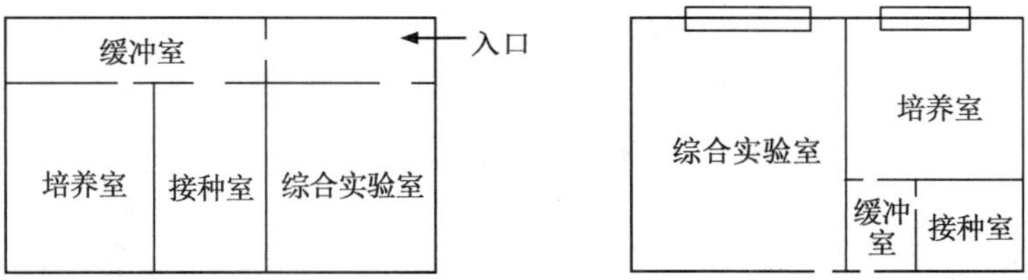

图 1-8　一般植物组织培养实验室设计图

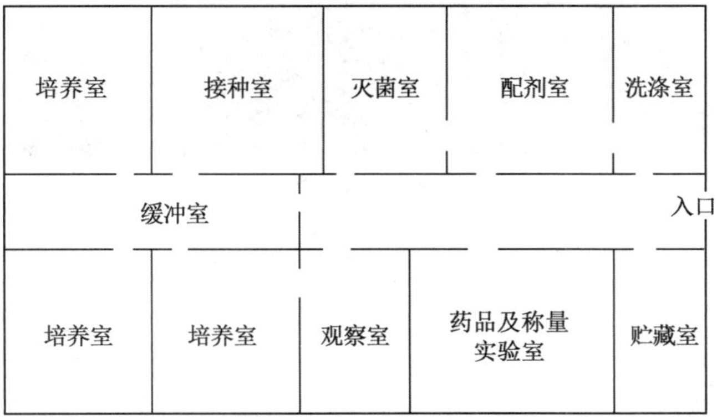

图 1-9　商业性植物组织培养实验室设计图

二、植物组织培养实验室基本组成

植物组织培养实验室可分为商业实验室和科研实验室，两种实验室在面积和设备上不尽相同，但实验室的构成基本相同，都具有进行药品贮存、器皿洗涤、培养基制备、高压灭菌、试管苗培养与观察、炼苗移栽等房间或场所。具体的实验室组成如图 1-10 所示：

实验室环境	基本实验室	具体实验室	实验室功能
室内	综合实验室	药品室	药品的贮藏
		称量室	药品的称量
		配剂室	培养基制备
		灭菌室	培养基灭菌
		洗涤室	器皿的洗涤
	无菌操作室	缓冲室	无菌操作
		接种室	
	培养室	光照培养室	试管苗培养与观察
		暗培养室	
		观察室	
温室：	移栽驯化室	炼苗室	试管苗炼苗与移栽
		移栽室	

图 1-10　植物组织培养实验室的构成

(一)综合实验室

综合实验室也称准备室或化学实验室(图 1-11a)，一般由药品室、称量室、配剂室、灭菌室和洗涤室等构成。在设计时可根据具体情况，合并部分实验室或全部实验室为一体，如将药品室和称量室合并，将配剂室、灭菌室、洗涤室三者合并等均可。综合实验室主要功能及基本要求见表 1-1。

a. 综合实验室　　b. 无菌操作室　　c. 培养室

图 1-11　植物组织培养主要实验室

(二)无菌操作室

无菌操作室又称为接种室(图 1-11b)，是进行无菌操作的场所。为防止杂菌进入或降低进入接种室的杂菌量，一般生产上在操作间外设置缓冲室。无菌操作室的主要功能及基本要求见表 1-2。

表 1-1　综合实验室的主要功能及基本要求

实验室名称	主要功能	基本要求
药品室	存放实验中所需要的各种化学药品	房间清洁、干燥、通风、避光。为保证不同药品的分类存放应设有药品柜和冰箱。注意有毒及腐蚀性的药品应按规定存放,严格管理
称量室	称量药品	房间干燥、密闭、避光。至少配备精确度为 0.1 mg 的电子天平和 0.1 g 的普通天平。同时,还应配有与天平配套的电源插座及称量台
配剂室	各种溶液及培养基母液配制与贮存、培养基制备	房间宽敞明亮,学校实验室应保证多人能同时进行操作,科研实验室房间面积不需过大,10～20 m^2 即可。房间内设有实验台,配有冰箱、电炉、酸度计、托盘天平、分装器、过滤装置、水浴锅等设备,进行母液、培养基或其他溶液配制时需要的各种烧杯、量筒、容量瓶、移液管、移液器等器皿和器皿贮存柜
灭菌室	培养基、操作器械、培养器皿等的灭菌	灭菌室面积不宜过大,一般 10 m^2。房间配有动力电源插座,通气良好,墙壁耐湿。设有水源、水槽,高压蒸汽灭菌锅、烘箱等
洗涤室	器皿的洗涤、干燥与存放,实验材料的预处理与清洗	房间宽敞,有水槽、排水良好,地面防滑。配有各种规格毛刷、废物桶、周转筐、晾瓶架等工具和设备

表 1-2　无菌操作室的主要功能及基本要求

实验室名称	主要功能	基本要求
缓冲室	防止带菌空气直接进入接种室、出入接种室更换工作服	墙壁光滑,设置平滑式推拉门,为便于观察和参观,最好用玻璃进行隔离。缓冲室门口装有风淋机,室内放有工作服装、鞋、鞋架、紫外线灯等
接种室	外植体的消毒、接种,培养材料的继代接种等	房间密闭、洁净,墙壁光滑平整,地面平坦无缝,为避免工作人员进入时空气产生剧烈流动,应设置平滑式推拉门。接种室的房间面积大小随生产规模大小而定,小型接种室 4～5 m^2,大型接种室 40～50 m^2。接种室内应安装紫外线灯,放置超净工作台、臭氧发生机、电子灭菌器、接种工具、小推车或周转箱等仪器设备

(三)培养室

培养室是对接种后的材料进行培养的场所(图 1-11c)。根据是否需要光照分为光照培养室和暗培养室,如果有条件可建立和培养室相连的观察室。培养室的主要功能及基本要求见表 1-3。

表 1-3　培养室的主要功能及基本要求

实验室名称	主要功能	基本要求
培养室	材料的培养	房间要求干净,墙壁平整,地面平坦,能够通风。为达到对房间环境的温度、光照、湿度的调控和综合利用培养室空间,应配有多层培养架、空调机、摇床、培养箱、人工气候箱、温度计、湿度计等
观察室	观察培养材料的生长发育与分化	房间干燥,清洁,明亮。应配备显微镜、解剖镜、电子分析天平,还要有和仪器配套的试验台与电源

(四)移栽驯化室

移栽驯化室是试管苗从室内走向田间进行适应和栽培的场所，多由日光温室、智能温室、网室等组成(图 1-12)。

a. 日光温室　　b. 智能温室　　c. 网室

图 1-12　移栽驯化室

1.主要功能

试管苗的炼苗、移栽、管理。

2.基本要求

移栽驯化室的面积大小随生产规模而定，环境条件应可调控。配备有温湿度测定仪、喷雾装置、光照调节设备、各种移栽容器等。

任务 1-1　参观植物组织培养实验室

案例导入

组培工厂的建设已经成为现代农业的一个重要趋势。如果你是一位农产品生产商，为获得更高产量和更好品质的铁皮石斛，需要建立一座植物组织培养工厂，请设计植物组织培养工厂，并绘制出植物组织培养工厂的实验草图，包括各车间的大小、位置以及相关配套的门窗、门、卫生间、参观通道、生产通道位置等。

1.任务内容

参观校内植物组织培养实验室，掌握组培实验室设计和组成。

2.任务要求

通过参观组培实验室，绘制出组织培养实验室草图。

3.任务准备

植物组织培养实验室、记录本、测量尺等。

4.任务实施

(1)指导教师先集中讲解本次技能训练的目的要求。

(2)实训指导教师讲解实验室的规章制度及有关注意事项,实验室各组成部分的功能与设计要求。

(3)学生分组,按照生产工艺流程,参观实验室。

(4)进行实地面积测量,绘制组织培养实验室草图。

(5)指导教师和学生共同讨论实验室的规划设计问题。

5.注意事项

有序参观,注意参观纪律。

6.考核建议

考核的重点是操作正确性、规范性和熟练性。教师讲解后,分组进行训练,加强宏观指导,注重过程考核、跟踪考核。考核方案如表1-4所示。

表1-4　考核方案

考核项目	考核标准	考核形式	满分
实训态度	训练前准备充分;训练中遵守实验室纪律,严格按训练规程操作,观察认真,有合作意识;训练后及时总结,勤于思考	随机观察	30分
实验室组成	能说出实验室的总体要求和设计原则、组培实验室基本组成;各分室的功能及要求	口试	40分
实验室设计	以小组为单位绘制一幅植物组织培养实验室的设计方案图及方案说明	书面作业	30分
合计			100分

项目三

植物组织培养常用仪器设备及使用

一、灭菌设备

1.高压蒸汽灭菌锅

高压蒸汽灭菌锅是一种密闭良好，又能承受高压的金属锅，是对培养基和操作工具、器皿器具、工作服装等进行灭菌的设备。高压蒸汽灭菌的原理是水在大气中 100 ℃左右沸腾，水蒸气压力增加，沸腾时温度将随之增加，因此，在密闭的高压蒸汽灭菌器内，当压力表指示蒸汽压力增加到 0.105 MPa，温度达到 121 ℃时，在这种温度下 20 min 即可完全杀死细菌的繁殖体及芽孢。

高压灭菌锅有手提式、立式、卧式等类型（图 1-13）。根据生产规模选用相应的高压蒸汽灭菌锅，小型手提式的方便，大型立式或卧式的效率高。手提式高压蒸汽灭菌锅是一个双层金属圆筒，两层之间盛水。高压蒸汽灭菌锅上外部有显示锅内压力和温度的压力表、进行排气的排（放）气阀和安全阀（图 1-14）。有些高压锅外部还有加水和排水阀门。

a.手提式高压灭菌锅　　b.立式高压灭菌锅　　c.卧式高压灭菌锅

图 1-13　各种类型的高压灭菌锅

①外锅：供装水产生蒸汽之用。外锅壁上还装有排气阀、压力表及安全阀。排气阀用于排出空气；压力表用于显示锅内压力及温度；安全阀又称保险阀，利用可调弹簧控制活塞，超过定额压力即自行放汽减压，以保证在灭菌工作中的安全。

②内锅：放置灭菌物品。

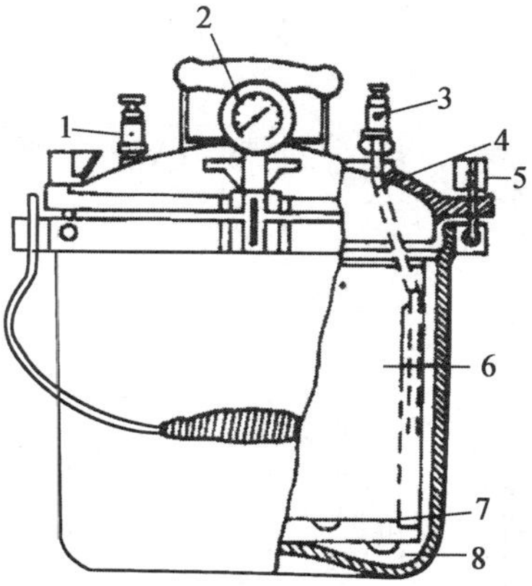

1.安全阀　2.压力表　3.放气阀　4.软管
5.螺栓　6.灭菌桶　7.筛架　8.水

图 1-14　手提式高压蒸汽灭菌锅

2.细菌过滤器

培养基中有些生长调节物质如玉米素、赤霉素等在高温条件下容易分解破坏，使用这些生长调节剂时，就需要使用细菌过滤器。细菌过滤器是利用微孔滤膜滤掉微生物以达到无菌的目的，滤膜的孔径有 0.45 μm 和 0.22 μm。图 1-15 为细菌过滤器的无菌装置。

3.接种器具灭菌器

电加热高温干式消毒杀菌，由数显控制面板、石英珠、发热层(板)组成，将电能转化为热能加热石英珠，把接种的刀、剪、镊、针插入石英珠内 5～15 s，便可完成对接种工具的消毒灭菌(图 1-16)。

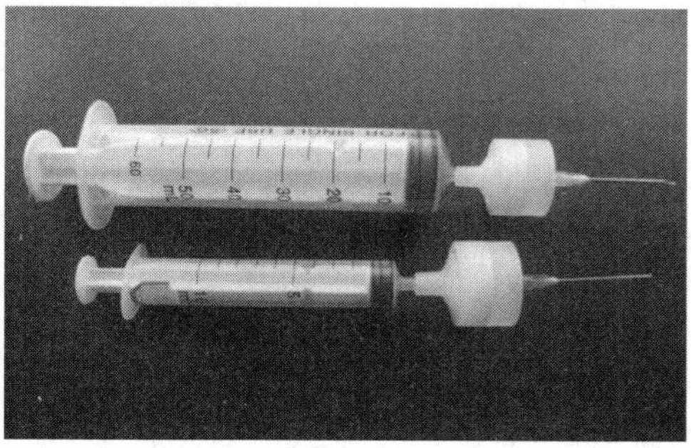

图 1-15　细菌过滤器的灭菌装置

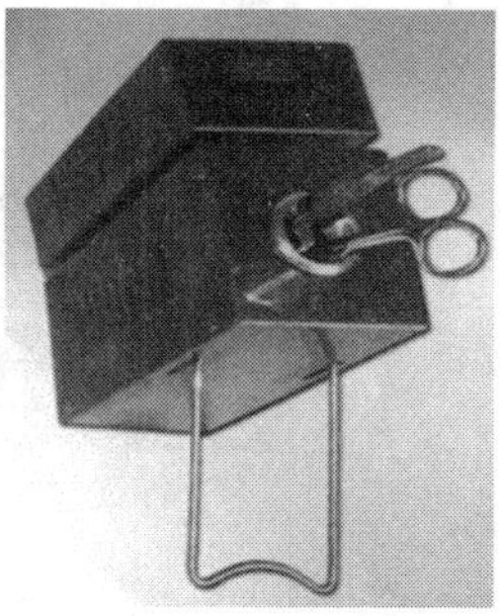

图 1-16　接种器具灭菌器

4.电热干燥箱

电热干燥箱是中间夹着石棉的双层金属制成的方形或长方形箱，箱底装有热源，箱内有数层金属架，并附有温度计和自动温度调节器等装置。外壳为电器箱，电器箱的前面板上装有温度控制仪表、电源开关、风机开关及加热开关等。

电热干燥箱常用于金属器械、玻璃器皿的干燥和灭菌。灭菌时在 160～170 ℃的温度下保持 1～2 h 即可，但注意灭菌温度不可超过 180 ℃。也可在 80～100 ℃进行培养器皿的干燥、植物材料的烘干。

> 想一想：为什么干热灭菌时温度不能超过 180 ℃？

5.臭氧发生器

主要用于空气的消毒杀菌。臭氧在常温常压下能自行分解成氧气和单个氧原子，而氧原子对微生物有极强的氧化作用，臭氧氧化分解了微生物内部氧化葡萄糖所必需的酶，从而破坏其细胞膜，将它杀死，多余的氧原子则会自行重新结合成为普通氧分子。臭氧消毒杀菌效果好，不存在任何有毒残留物，对多种细菌、病毒、芽孢均有很强的杀灭力。

6.紫外线灯

紫外线灯产生的紫外线具有杀菌作用。主要用于对接种室、缓冲室、培养室等处空气和环境消毒。

二、接种设备

1.超净工作台

超净工作台是植物组织培养中最常用的一种无菌操作设备，为外植体或培养材料转移到培养基上提供了一个相对无菌的环境条件。根据风幕形成的方式不同分为垂直送风和水平送风两种类型(图 1-17)。

超净工作台主要由电机、鼓风机、初过滤器、超过滤器、挡板和工作台面等部分构成。其工作原理是风机抽风，使风通过工作台上安装的细菌过滤装置，滤除尘埃和微生物，以固定不变的速率从工作台面上流出，形成了无菌的风幕，保证了台面的无菌状态。

超净工作台不能放到灰尘多的地方，在使用时应特别注意环境的清洁，以免使用过久灰尘堵塞滤膜，形成不了一个无菌的操作环境。

a. 垂直送风类型

b. 水平送风类型

图 1-17　超净工作台

2.接种工具

植物组织培养无菌操作时，需要一些工具对材料进行切分、剪切、插接。这些工具包括解剖刀、手术剪、接种针、镊子、打孔器、解剖针等(图 1-18)。手术剪和解剖刀主要对材料进行切分、剪切；镊子、接种针用于材料转接；打孔器在肉质根的内部组织取材时应用；解剖针多在茎尖培养上应用。

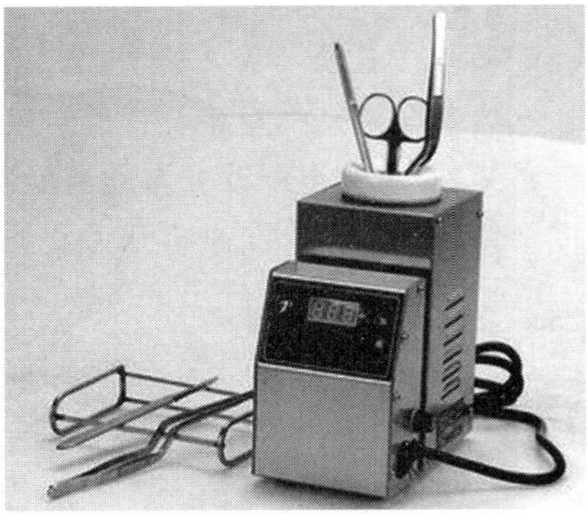

图 1-18　常用接种工具

三、培养设备

1.培养架

培养架是进行固体培养时，培养材料摆放的设备(图 1-19)。它由多层组成，每层均有照明设备，架的长度基本和 40 W 日光灯管相近(约 125 cm)。培养架高度 1.8～2.3 m，层高

40 cm 左右。在培养架的顶部多采用反光膜或反光镜,以增强光照;每层架的隔板可采用玻璃板、金属网,也可放置一些木板。

2. 光照培养箱和人工气候箱

两种仪器均可以自动控制温度、湿度和光照,主要进行试管苗培养和移栽(图 1-20、图 1-21)。

图 1-19　培养架

图 1-20　光照培养箱

图 1-21　人工气候箱

3. 恒温振荡器

主要用于细胞悬浮培养和液体培养。液体培养时,将容器固定在盘架上,使之往复式或旋转式振动,进而改善培养材料的通气状况(图 1-22)。

4. 空气调节设备

主要包括空调机、加湿机两种仪器设备,以保证培养室的温湿度条件。

图 1-22　恒温振荡器

四、其他仪器设备

1. 解剖镜

用于剥离茎尖和观察植物组织培养试管苗的生长分化情况(图 1-23)。

2. 显微镜

用于细胞的显微观察和培养中杂菌的鉴定,一些显微镜有摄影或摄像系统,可记录材料生长情况(图 1-24)。

3. 培养器皿

是用于放入培养基和培养材料进行培养的器皿,要求透光度好、相对密闭、耐高温高压。有试管、三角瓶、培养皿及各种类型的培养瓶(图 1-25)。

(1)试管　在茎尖培养、花药培养、幼胚培养和实验配方筛选中选用。具有使用培养基少、透光率高、易于观察的特点。有平底的和圆底的两种类型,常用的规格有 2 cm×15 cm、2.5 cm×15 cm、3 cm×15 cm、2.5 cm×18 cm 等。

(2)三角瓶　组织培养中常用的培养器皿,可用于固体培养,也可用于液体培养。具有透光率好、瓶口小等特点,有 50 mL、100 mL、150 mL、200 mL、250 mL、500 mL、1 000 mL 等不同规格的三角瓶。

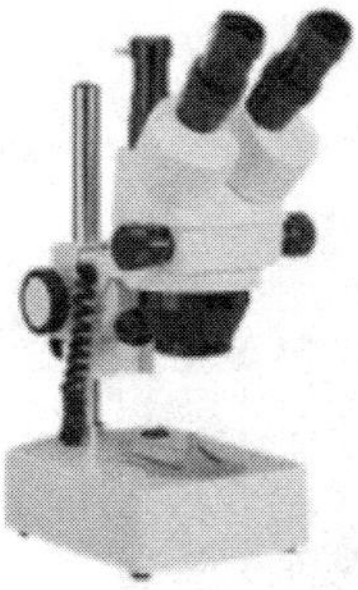

图 1-23　解剖镜

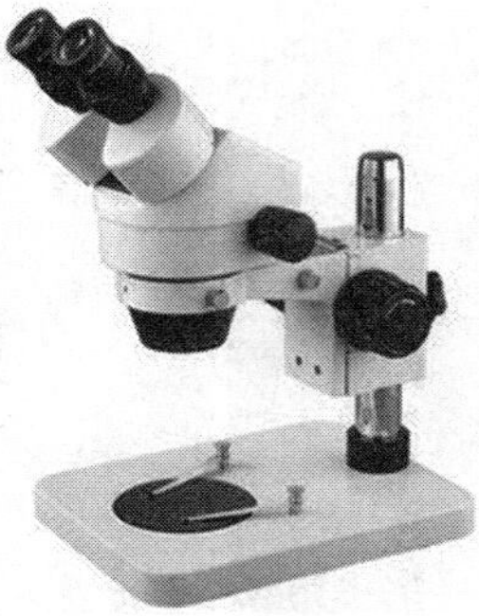

图 1-24　显微镜

图 1-25　培养器皿

(3)培养皿　用于花药、胚的固体培养和无菌催芽,也作为茎尖剥离时的载体。具有透光好、便于观察、易污染等特点。

(4)其他培养瓶　用于各种类型的培养。具有来源广泛、成本较低的特点,由不同的材料和不同的规格组成,如果酱瓶、玻璃瓶、专用塑料瓶、兰花瓶等。

4.称量设备

称量设备主要包括称量化学药品的各类天平和进行液体量取、定容的各种容器。

(1)天平　称量各种化学药品、糖、琼脂等。有普通电子天平(图 1-26)、电子分析天平(图 1-27)。普通电子天平只称量糖和琼脂,1/10 000 g 的分析天平主要用于对微量元素、有机物和生长调节物质的称量,1/1 000 g 的分析天平用于其他化学元素的称量。

(2)容量瓶　溶液配制时,定容所用。常用的规格有 50 mL、100 mL、200 mL、500 mL、1 000 mL 等类型,颜色有棕色和无色透明两种,棕色容量瓶用于见光不稳定物质的定容和贮存。

图 1-26　电子天平

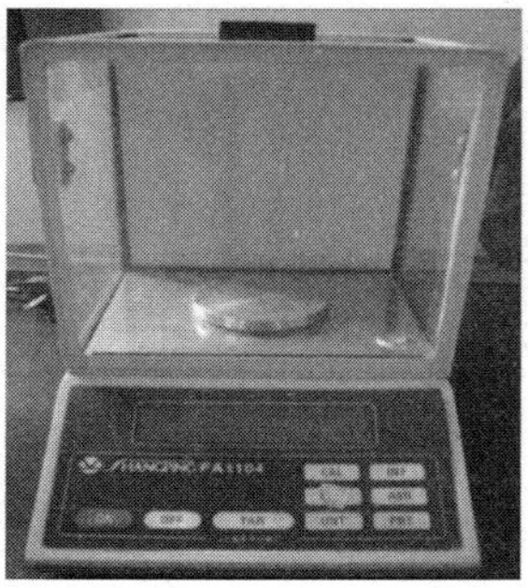

图 1-27　电子分析天平

(3)移液管　配制培养基的时候,按一定量吸取各种母液。有 0.1 mL、0.2 mL、0.5 mL、1 mL、5 mL、10 mL 等规格,与吸耳球配合使用。为避免使用时混淆,多在其上贴有标签,标注量取什么种类生长调剂物质母液或基本培养基母液,做到专管专用(图 1-28)。

(4)移液枪　作用同移液管,能够调节相应量程,使用方便、准确(图 1-29)。

(5)量筒　量取大量元素母液或配制部分溶液时定容。规格有 10～1 000 mL 不等。

(6)注射器　简易的量取母液工具。规格有 0.1～50 mL 不等。

(7)烧杯　配制溶液时使用。有塑料的和玻璃的两种不同材质类型的烧杯。图 1-30 为容量瓶、量筒、烧杯。

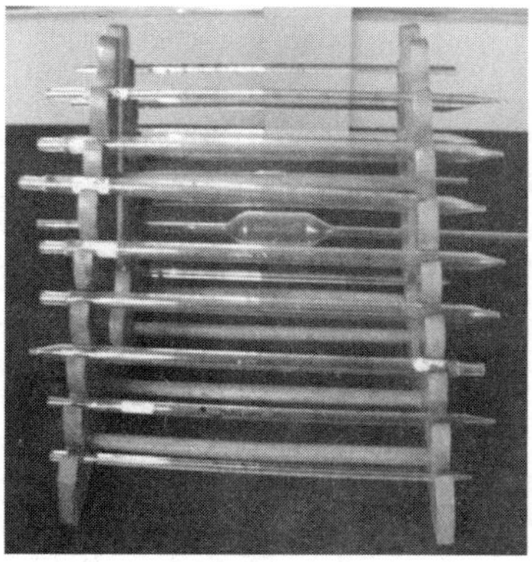

图 1-28　移液管

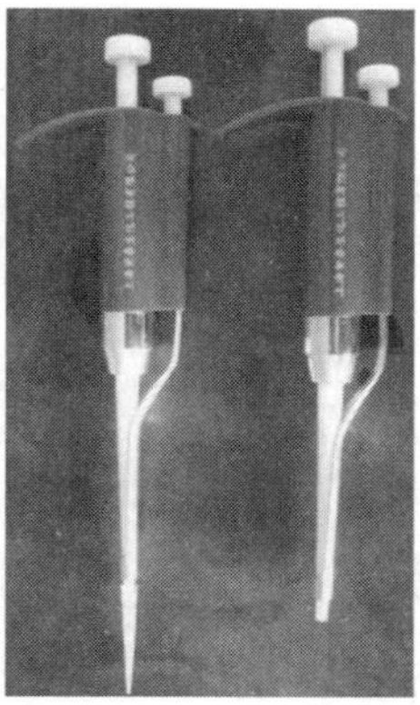

图 1-29　移液枪

图 1-30　容量瓶、量筒、烧杯

5.分装设备

分装设备是进行培养基分装、定容的容器或设备。根据大小和功能差异可分为简易分装器和全自动分装机两种类型。简易分装器在医药用品商店可以购买,俗称"吊桶",有 1 000 mL、2 000 mL 等不同规格(图 1-31a)。全自动灌装机在大规模生产中使用,它可以提供培养基配制时的加热、搅拌和精确分装功能,由压缩机和分装罐组成(图 1-31b)。

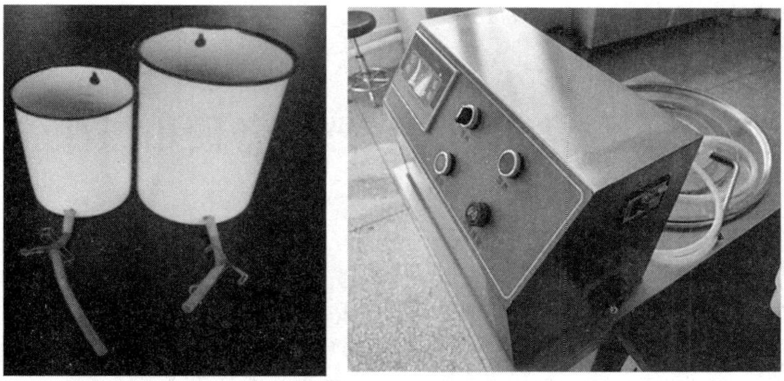

a.简易分装器　　**b.全自动罐装机**

图 1-31　分装设备

6.离心机

在细胞或小孢子培养中,进行细胞分离、调整密度、收集细胞、去除杂质时,均须进行离心。一般配制低速大容量离心机。

7.酸度计

用于测量和校正培养基 pH,主要有 pH 试纸和酸度计两种类型。

8.蒸馏水发生器

为保证实验室用水的质量,配备蒸馏水发生器是有必要的。一般有单一蒸馏水发生器和双重蒸馏水发生器两类。

9.温湿度测定仪器

准确测定和记录实验环境的温湿度。可分为干湿球温度计、温湿度计和全自动温湿度记录仪等类型。

10.其他设备

(1)冰箱或冷藏柜　贮存母液和不耐热的物质,也暂时存放植物材料(图 1-32)。

(2)医用小推车或周转框　搬运试管苗和各种容器。

(3)晾瓶架　放置清洗结束的培养瓶(图 1-33)。

(4)磁力搅拌器　配制溶液时,进行搅拌。

(5)酶标仪　无病毒苗培育时,进行病毒检测(图 1-34)。

(6)照度计　测定培养环境的光照强度。

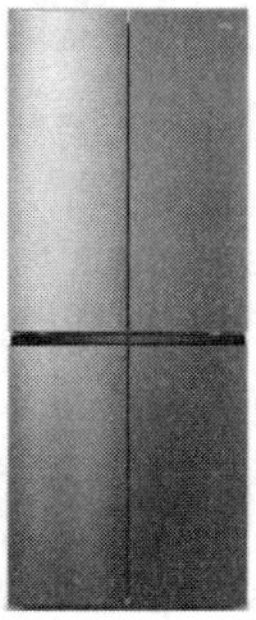

图 1-32　冰箱

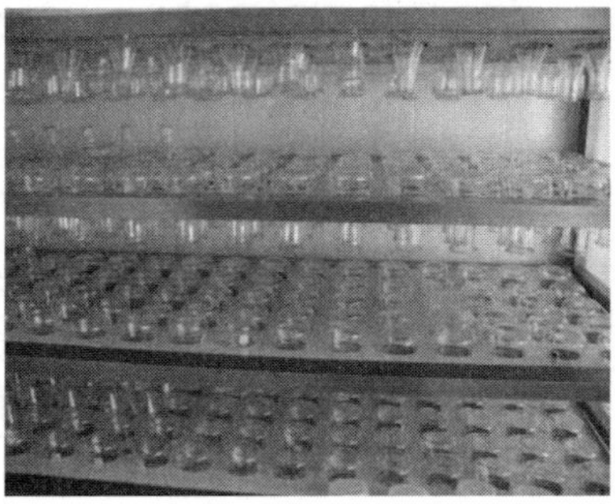

图 1-33　晾瓶架

图 1-34　酶标仪

任务 1-2　常用组培仪器设备使用与保养

案例导入

某农业开发有限公司主要生产脱毒甘薯苗,包括商薯 19、北京 553、烟薯 25、豫薯 12、苏薯 8、徐薯 21、日本凌紫、白牛奶等甘薯脱毒苗品种,有 600 m^2 的组织培养生产车间,包括洗涤车间、培养基配制车间、灭菌车间、接种车间、培养车间、组培苗驯化车间等,配备有高压灭菌锅、接种专用杀菌器、电热干燥箱、臭氧发生器、超净工作台、解剖镜、蒸馏水发生器、电子天平、酸度计等仪器设备。刚招进一批现代农业技术、生物技术、园艺技术等相关专业的应届毕业生,需聘请专家进行植物组织培养技术常用仪器设备的使用和保养等方面的培训。

1.任务内容

学习正确使用和保养植物组织培养实验室的常用仪器设备。

2.任务要求

(1)学习组培主要仪器设备的使用方法。

(2)能对组培仪器设备进行维护和修理。

3. 任务准备

超净工作台、高压蒸汽灭菌锅、电热干燥箱、酸度计、普通冰箱、蒸馏水发生器、解剖镜、电热消毒器、光照培养箱、恒温振荡器、照度计等。

4. 任务实施

(1)老师介绍植物组织培养实验室常用设备及其使用方法。

(2)分组练习使用植物组织培养实验室常用设备(表 1-5)。

表 1-5　植物组织培养实验室常用设备的使用

操作流程	操作技术要点
电子天平的使用	1. 放稳天平,旋转脚螺旋,使水平气泡在水平指示的红环内 2. 接通电源 3. 放入称量纸,按清零键或 TARE 键,使液晶屏显示"0"状态 4. 称量样品
超净工作台的使用	1. 清理台面,放入无菌操作必需物品 2. 依次打开工作台电源、风机和紫外线灯开关,打开高温无菌器械 3. 30 min 后关闭紫外线灯,打开照明灯,准备接种
电热干燥箱的使用	1. 将包扎好的物品(培养皿、接种工具等)放于箱内,关上箱门 2. 接通电源,设定温度和时间或旋动恒温调节器至红灯亮 3. 待温度上升至 160～170 ℃时,保持此温度 2 h 4. 灭菌后停止加热,温度下降至 40 ℃以下开门取物
酸度计的使用	1. 按要求安装酸度计,初次使用的玻璃电极需用蒸馏水浸泡一昼夜以上,甘汞电极要用饱和氯化钾溶液浸泡 2. 将"pH—mv"开关拨到 pH 位置,打开电源,预热 30 min。然后用将电极插入已知 pH 的标准缓冲溶液中校整,使数值和标准缓冲液的 pH 数值相同。校整后,用蒸馏水冲洗电极 3. 将电极上多余的水珠吸干,然后将电极浸入被测溶液中,使溶液均匀接触电极。所显数值即是待测液的 pH 4. 测量结束,关闭电源,冲洗电极,将玻璃电极浸入蒸馏水中,甘汞电极浸泡在饱和氯化钾溶液内
蒸馏水发生器的使用	1. 按要求安装蒸馏水发生器,须配置专供配电板 2. 打开进水阀门,接通电源,在出水管接蒸馏水 3. 使用结束后,切断电源,然后关闭进水阀门
照度计的使用	1. 打开电源和光检测器盖子,并将光检测器水平放在测量位置 2. 选择适合测量量程(如×2 000、×10 000 等) 3. 当显示数据比较稳定时,读取并记录读数器中显示的观测值。观测值等于读数器中显示数字与量程值的乘积 4. 观测结束后,关闭电源,盖上光检测器盖子,并放回盒里

5. 注意事项

注意仪器的安全操作。

6. 考核建议

(1)具体程序如下:以小组为单位进行考核。

(2)考核要点:仪器设备使用与维护方法,考核方案如表 1-6 所示。

表 1-6 仪器设备使用与维护方法考核要素

考核项目	考核标准	考核形式	满分
实训态度	训练前准备充分；训练中遵守实验室纪律，严格按训练规程操作，观察认真，有合作意识；训练后及时总结，勤于思考	随机观察	30 分
仪器设备的使用	能说出仪器设备的主要功能和构造；会正确使用电子天平、超净工作台、酸度计、电热干燥箱、照度计；会正确保养常用的仪器设备	口试＋现场操作	70 分
合计			100 分

任务 1-3 培养器皿、用具的洗涤

案例导入

某植物组织培养公司主营业务为组培果树、花卉、中药材、蔬菜的生产销售，农业温室大棚设施的销售，生物科学技术研究（仅限果树、花卉、中药材、蔬菜领域）、推广、服务。公司组织培养实验室刚招进 3 名洗涤工，需要对 3 名洗涤工进行培养器皿、用具洗涤培训。

1. 任务内容

学习洗涤液配制与玻璃器皿的洗涤。

2. 任务要求

（1）掌握洗涤液的配制与使用。

（2）正确洗涤各种玻璃器皿。

3. 任务准备

（1）材料与试剂　去污粉、肥皂、洗衣粉、重铬酸钾、工业浓硫酸、2%盐酸溶液、蒸馏水。

（2）仪器与用具　各种待清洗的玻璃器皿、磨口玻璃瓶、量筒、试管刷、周转箱、晾瓶架。

4. 任务实施

（1）洗涤液的配制　洗涤液的种类很多，一般常用的是肥皂液或洗衣粉加去污粉。但对于一些难洗净的器皿，有时就需要其他酸、碱洗液。铬酸洗液（重铬酸钾-硫酸洗液）广泛用于玻璃器皿的洗涤，其配制方法有 3 种。

①弱酸洗液：称取 50 g 重铬酸钾粉末，加 1 000 mL 水，加热使其溶解，冷却后，缓慢加入 90 mL 工业浓硫酸，冷却后贮存于磨口玻璃瓶内。

②中酸洗液：称取 50 g 重铬酸钾粉末，加 1 00 mL 水，加热使其溶解，冷却后，缓慢加入 875 mL 工业浓硫酸，冷却后贮存于磨口玻璃瓶内。

③强酸洗液：1 000 mL 工业浓硫酸加热的同时缓慢加入重铬酸钾粉末，直至重铬酸钾饱和为止（一般用重铬酸钾粉末 50 g），冷却后贮存于磨口玻璃瓶内。

(2)各种器皿的洗涤

①初用玻璃器皿的清洗:新购买的玻璃器皿表面常附着有游离的碱性物质,使用前应先用自来水简单刷洗后,在1%～2%盐酸溶液中浸泡24 h,再用自来水冲洗,最后用蒸馏水冲洗2～3次,干燥后即可使用。

②使用过的玻璃器皿的清洗:

一般玻璃器皿　包括试管、烧杯、三角瓶、培养瓶等。其洗涤方法是先将器皿中的残留物除去,用清水冲洗,然后选用大小合适的毛刷蘸取去污粉刷洗或浸入肥皂水内,将器皿内外细心刷洗,用自来水冲洗干净后再用蒸馏水洗2～3次,玻璃器皿经洗涤后,若内壁的水均匀分布成一薄层,表示油垢完全洗净,若挂有水珠,则还需要用洗涤液浸泡数小时,然后用自来水充分冲洗,最后用蒸馏水洗2～3次,晾干备用。

被杂菌污染的玻璃器皿　需经高压蒸汽灭菌后,再按一般器皿方法进行清洗。

量器　如吸管、滴定管、容量瓶等较难刷洗的量器,先浸泡在铬酸洗液中4～6 h(或过夜),再用自来水充分冲洗,最后用蒸馏水冲洗2～4次,晾干备用。

③金属用品的清洗:金属用品一般不用各种洗涤液洗涤,需要清洗时,一般用酒精擦洗,并保持干燥。

④胶皮制品、塑料用品的清洗:实验中经常采用硅胶皮塞、硅胶皮管及塑料用品,这类用品一般先用洗涤液浸泡,然后反复冲洗,最后用蒸馏水冲洗。

5.注意事项

注意安全操作。

6.考核建议

(1)具体程序如下:以小组为单位进行考核。

(2)考核要点:洗液配制、洗涤方法。考核方案如表1-7所示。

表1-7　洗液配制、洗涤方法考核方案

考核项目	考核标准	考核形式	满分
实训态度	训练前准备充分;训练中遵守实验室纪律,严格按训练规程操作,观察认真,有合作意识;训练后及时总结,勤于思考	随机观察	30分
器皿、用具的洗涤	能正确配制洗涤液;洗涤方法正确;洗涤的器皿和用具数量	现场操作	70分
合计			100分

●思政花园

许多思想是从一定的修养上产生出来的,就如同幼芽是长在绿枝上一样。

——歌德

单元练习题

一、选择题

1. 培养瓶污染较重，清洗之前必须（　　）。
   A. 高压湿热灭菌　B. 清水洗涤　C. 酒精浸泡　D. 洗衣粉洗涤
2. 超净工作台风机吹出的风为（　　）。
   A. 水平风　B. 垂直风　C. 环形风　D. 无菌风
3. 组培室必须满足哪三项基本工作的要求？（　　）
   A. 生产准备　B. 无菌操作　C. 控制培养　D. 干净明亮
4. 接种室的主要功能是（　　）。
   A. 离体材料灭菌　B. 培养物转接　C. 接种　D. 清洗培养瓶
5. 为了使培养室的有效面积与生产规模相适应，一般要求培养室与其他的分室面积之比为（　　）。
   A. 3∶5　B. 4∶1　C. 3∶2　D. 2∶3
6. 配制室的主要功能是（　　）。
   A. 培养基制备　B. 母液配制　C. 玻璃器皿洗涤　D. 培养材料预处理
7. 如果金属用品需要清洗时，采用哪种方法清洗？（　　）
   A. 酸洗法　B. 碱洗法　C. 清水洗　D. 酒精洗
8. 培养室的大小可根据什么而定？（　　）
   A. 生产规模　B. 培养架的大小　C. 员工多少　D. 培养材料数量
9. 采用耐热玻璃瓶灌装待灭菌液体，液体体积不超过容器体积的（　　）。
   A. 3/4　B. 1/2　C. 3/5　D. 5/6
10. 高压蒸汽灭菌法一般要求温度为（　　）。
    A. 121 ℃　B. 160 ℃　C. 200 ℃　D. 80 ℃
11. 生根培养一般属于（　　）。
    A. 固体培养　B. 液体培养　C. 液—固结合培养　D. 饲养培养
12. 原种圃中需记明原种植物的（　　）。
    A. 引种来源　B. 品种名称　C. 病毒检测证明　D. 原种定植图
13. 接种设备包括（　　）。
    A. 超净工作台　B. 接种工具　C. 缓冲间　D. 接种箱
14. 常用的化学灭菌方法有（　　）。
    A. 熏蒸灭菌　B. 涂抹灭菌　C. 喷雾灭菌　D. 浸泡灭菌
15. 试管苗的特点为（　　）。
    A. 恒温　B. 高湿　C. 弱光　D. 无菌
16. 植物组织培养的设计原则，包括（　　）
    A. 根据培养目标和规模来设计　B. 流水线式设计，布局合理
    C. 选择闹市　D. 降低成本，节能，安全

17. 培养设备包括(　　)

A. 培养架　B. 光照培养箱　C. 人工气候箱　D. 恒温振荡器

18. 容量瓶的常见规格有(　　)。

A. 50 mL　B. 100 mL　C. 250 mL　D. 1 000 mL

19. 常见的量取工具有(　　)。

A. 天平　B. 移液管　C. 移液枪　D. 量筒

20. 无菌操作室由(　　)构成。

A. 缓冲室和接种室　B. 药品室和接种室

C. 灭菌室和接种室　D. 观察室和接种室

二、判断题

1. 组培室一般由洗涤室、配制室、灭菌室、接种室、培养室和观察室等分室组成。(　　)
2. 用过且未污染的培养瓶可选择清水方法洗涤。(　　)
3. 使用 pH 试纸比色时,要求沾湿的滤纸条不能与比色卡直接接触。(　　)
4. 在缓冲间和接种室之间设置平滑门,以减少开关门时的空气扰动。(　　)
5. 在培养室中,控制光照时间用光照时控器;利用空调机调控温度。(　　)
6. 超净工作台的工作原理是利用过滤网来过滤空气,使吹出来的风无菌。(　　)
7. 组培室的药品不用按要求分类摆放。(　　)
8. 利用洗瓶机洗涤玻璃瓶时,必须预先浸泡。(　　)
9. 污染瓶堆放在培养室边角处,不会给培养室带来多大影响。(　　)
10. 高压灭菌结束后,如果有事外出,可久不放气。(　　)
11. 用于外植体、手、超净工作台等的表面消毒的酒精浓度越高,消毒效果越好。(　　)
12. 已污染的玻璃器皿,可直接用清水冲洗。(　　)
13. 原种圃保存的材料不用再进行病毒鉴定。(　　)
14. 高压灭菌锅使用前一定要让水位在高水位。(　　)
15. 糖类仅提供能量。(　　)
16. 病毒检测只需一次,以后再也不用检测。(　　)
17. 病毒病成为世界作物生产中仅次于真菌病害的主要病害。(　　)
18. 组培工厂包括组培苗生产车间和驯化栽培区。(　　)
19. 一般原种圃的每个原种材料不应少于 1 株。(　　)
20. 干热灭菌的温度不能超过 180 ℃。(　　)

三、简答题

1. 因地制宜建一个组织培养实验室,需要哪些分实验室?各分实验室的作用是什么?
2. 常规组织培养时,需要什么设备和器械?
3. 组织培养中,pH 起什么作用,如果 pH 过高或过低会有什么后果?
4. 如何根据外植体的不同调整适宜的培养温度?
5. 植物组培室的设计原则是什么?
6. 影响高压湿热灭菌效果的因素有哪些?

7. 简述原种圃原种材料的保存方法。

8. 简述超净工作台的使用方法。

9. 请将植物组织培养必备的设备和用具填写到下表中。

综合实验室	无菌操作室	培养室	炼苗移栽室

单元二

植物组织培养的基本操作技术

- 项目一　培养基及其配制
- 项目二　无菌及无菌操作技术
- 项目三　外植体培养
- 项目四　植物组织培养的常用类型
- 项目五　试管苗的驯化与移栽
- 项目六　植物组培中常见问题及解决措施

单元二课件

单元导读

本单元主要介绍植物组织培养的一般流程，详细讲述培养基的配制方法，无菌操作的技术要点；试管苗在培养过程中可能会出现污染、褐变、玻璃化等问题，文中全面分析了问题的原因及防治措施；并结合实例讲述驯化方法和移栽技术。通过本单元的学习，学生可掌握植物组织培养的操作流程及技术要点，并能够采用正确的方法解决植物组织培养中遇到的问题，提高组培苗驯化移栽的成活率。

知识目标

1. 了解基本培养基的种类及其特点；
2. 掌握培养基母液及激素母液的配制方法；
3. 熟练掌握培养基的配制与灭菌的方法；
4. 了解设计筛选培养基的方法；
5. 掌握试管苗的培养技术；
6. 了解试管苗的形态和生理特点；
7. 试管苗与实生苗的异同点；
8. 试管苗驯化的目的；
9. 掌握组培苗的驯化移栽技术；
10. 了解影响试管苗成活率的因素；
11. 掌握苗期管理技术；
12. 了解组培苗生长过程中存在的问题；
13. 能够根据具体的问题提出解决的办法并实施。

能力目标

1. 能熟练完成培养基母液的配制与保存；
2. 会根据配方进行培养基的配制；
3. 能够使用高压蒸汽灭菌器对培养基等进行灭菌；
4. 能够选择适宜的外植体，并进行初代培养；
5. 能够完成继代增殖培养；
6. 能够筛选和优化培养基；
7. 根据培养物的要求，合理地进行培养条件的调控；
8. 能够熟练进行组培苗的驯化移栽与苗期管理；
9. 熟练掌握组培苗数据调查内容；
10. 掌握组培苗常见问题的解决方法。

素质目标

1. 培养学生遵规守纪的意识和诚实可信的品质；
2. 培养学生不畏困难、认真专注的做事态度；
3. 培养学生严谨求实的科学态度和认真负责的科学作风；
4. 培养学生相互尊重、互相关心、互帮互助、和睦友好的团队合作精神；
5. 增强学生环境保护和节约能源的意识，对学生将来发展有良好的引导作用；
6. 培养学生乐于奉献、勤俭节约、热爱劳动的良好品质和社会责任感；
7. 厚植个人对集体、社会、国家的情感，从而热爱社会主义社会，热爱党和国家，以中华民族伟大复兴为己任，自觉报效祖国；
8. 嵌入我国学者在组织培养研究领域所取得的成果，激发学生振兴中华的使命感；
9. 引导学生了解离体快繁技术在园艺产业的应用，增强学生的专业认同感和自豪感；
10. 培养吃苦精神，锻炼坚强意志。

项目一
培养基及其配制

微课:培养基的配制及灭菌

培养基是提供植物生长发育所需各种营养成分的基质。在离体培养条件下,不同种类的植物、不同的取材部位及不同培养阶段对培养基的要求都不尽相同。只有满足它们各自的特殊要求,才能使试管苗更好地生长发育。没有一种培养基是万能的,在建立一套培养系统时,首先是筛选出一种更合适的培养基。因此,了解培养基的组成、类型及作用,掌握培养基的配制及筛选方法,选择适宜的培养基及采用正确的制备方法是植物组织培养取得成功的关键之一。

一、配制培养基的目的

自然界中的植物通过光合作用从环境中吸收营养,以自养方式建造自身;植物组织培养过程中,外植体是离体培养材料,缺乏完整植株的自养机能,要以异养方式从培养基中直接获得其生长发育所需的各种养分。配制培养基的目的就是为离体培养材料提供营养源,包括碳水化合物、矿质营养、氨基酸、维生素等,以满足离体培养材料的生长发育。因此,筛选合适的培养基,为不同类型的离体培养材料提供营养是极其重要的。

二、培养基的组成及其作用

培养基的成分主要包括水分、无机盐、有机物、植物生长调节剂、培养物的支持材料、活性炭、抗生素等。

(一)水分

水分是植物原生质体的主要组成成分,也是一切代谢过程的介质和溶媒。它是植物生命活动过程中不可缺少的物质。配制培养基和母液时应选用蒸馏水或去离子水,可以保持培养基中化学成分的准确性。另外,也可减少发霉变质,延长培养基母液的储藏时间。大规模生产时,为了降低生产成本,配制培养基时也可用自来水代替蒸馏水。

(二)无机盐

无机盐是指植物在生长发育时所需的各种化学元素。根据植物对无机盐需求量的多少,可分为大量元素和微量元素。

1.大量元素

大量元素是指植物生长发育所需的浓度高于100 mg/L的营养元素,主要有N、P、K、Ca、

Mg、S 等。其中，N 是氨基酸、核酸、叶绿素、维生素、酶、磷脂等的组成成分，是生物体不可缺少的物质。N 元素分为硝态氮（NO_3^-）和铵态氮（NH_4^+），大多数培养基中这两种状态的氮源同时存在。当作为培养基中唯一的氮源时，硝态氮的作用要比铵态氮好得多，但在单独使用硝态氮时，培养一段时间后培养基的 pH 会向碱性方向转变，若在硝盐中加入少量铵盐，则会阻止这种转变。在培养基内添加 P，不仅能增加养分、提供能量，而且也促进外植体对 N 的吸收，增加蛋白质在植物体中的积累。常用的物质有 NaH_2PO_4 或 KH_2PO_4 等。K 与碳水化合物合成、转移以及氮素代谢等有密切关系，但浓度不宜过大，一般以 1～3 mg/L 为宜。常以 KCl、KNO_3 等盐类提供。Mg 是叶绿素的组成成分，又是激酶的活化剂。S 是含 S 氨基酸和蛋白质的组成成分。Ca 对细胞分裂、保护质膜不受破坏有显著作用。

2. 微量元素

微量元素是指植物生长发育所需的浓度低于 100 mg/L 的营养元素，主要有 Fe、Mn、Cu、Mo、Zn、Co、B、I 等。它们用量虽少，对植物细胞的生命活动却有着十分重要的作用。其中，Fe 是一些氧化酶、细胞色素氧化酶、过氧化氢酶等的组成成分；还对叶绿素的合成和延长等起重要作用。Fe 不易被植物直接吸收且易出现沉淀。因此，通常在培养基中加入以 $FeSO_4 \cdot 7H_2O$ 和 Na_2-EDTA（螯合剂）配制成的螯合物使用，以减轻沉淀和提高利用率。Mn、Cu、Mo、Zn、Co、B 等也是植物组织培养中不可缺少的元素，缺少这些物质会导致生长、发育异常。

无论是大量元素还是微量元素，都是离体组织生长发育必不可少的基本的营养成分，含量不足时都会造成缺素症。

（三）有机物

1. 糖类

糖类提供外植体生长发育所需的碳源、能量，并维持培养基一定的渗透压。蔗糖是最常用的糖类，可支持许多植物材料良好生长。其使用质量浓度一般为 2%～5%，常用 3%，但在胚培养时采用 4%～15%的高浓度，因蔗糖对胚状体的发育起重要作用。在水稻根培养过程中用葡萄糖的效果最好。在大规模生产时，可用食用白糖代替，以降低生产成本。

2. 维生素类

维生素在植物细胞里主要是以各种辅酶的形式参与各种代谢活动，对生长、分化等有很好的促进作用。植物在生长过程中能自身合成各种维生素，但在离体培养中则不能合成足够的维生素，需要另加一至数种维生素，才能维持正常生长。常用的有维生素 B_1（盐酸硫胺素）、维生素 B_6（盐酸吡哆醇）、维生素 PP（烟酸）、维生素 C（抗坏血酸）等，一般用量为 0.1%～1.0%。除叶酸需要用少量氨水先溶化外，其余植物组织培养中用到的维生素均能溶于水。维生素 B_1 对愈伤组织的生产和生活力有重要作用；在低浓度的细胞分裂素下，需要添加维生素 B_6 才能促进根的生长；烟酸与植物代谢和胚的发育有一定的关系；维生素 C 有防止组织变褐的作用。

3. 肌醇

肌醇又叫环己六醇，能够促进糖类物质的相互转化和活性物质发挥作用，对组织和细胞的繁殖、分化也有促进作用，用于构建细胞壁。适当地使用肌醇，能促进愈伤组织的生长以及胚状体和芽的形成，但肌醇的用量过多，则会加速外植体的褐化。肌醇使用量一般为 100 mg/L。

4. 氨基酸

氨基酸是良好的有机氮源，可直接被细胞吸收利用，在培养基中含有无机氮的情况下，更能发挥其作用。常用的氨基酸有甘氨酸、精氨酸、谷氨酸、谷酰胺、丝氨酸、半胱氨酸以及多种氨基酸的混合物(如水解乳蛋白和水解酪蛋白)等。甘氨酸能促进离体根的生长;谷酰胺和丝氨酸有利于花药胚状体或不定芽的分化;半胱氨酸可作为氧化剂,有防褐变的作用。由于它们营养丰富,极易引起污染,如在培养基中无特别需要,不加为宜。

5.天然有机复合物

组织培养所用的天然有机复合物的成分比较复杂,大多含氨基酸、激素、酶等一些活性物质,它对细胞和组织的增殖与分化有明显的促进作用。常用的天然有机复合物有:椰乳,一般用量为10%～20%;香蕉汁,一般用量为150～200 mL/L;马铃薯,一般用量为150～200 g/L;水解酪蛋白,一般用量为100～200 mg/L;酵母提取液,一般用量为0.01%～0.05%等。

(四)植物生长调节剂

植物生长调节剂是培养基的关键物质,用量虽少,但对外植体愈伤组织的诱导和根、茎等器官分化起着重要和明显的调节作用。常用的植物生长调节剂有以下几种。

1.生长素类

生长素类主要用于诱导愈伤组织形成,诱导根的分化和协助细胞分裂素促进细胞分裂、伸长生长。天然的生长素热稳定性差,高温高压或受光条件易被破坏。IAA不耐热和光,易受到植物体内酶的分解外,其他生长激素对热和光均稳定。生长素类溶于酒精、丙酮等有机溶剂。在配制母液时多用95%酒精或稀NaOH溶液助溶。一般配制成0.1～0.5 mL/L的母液贮于冰箱中备用。

组织培养中常用人工合成的生长素类物质包括:IAA(吲哚乙酸)、IBA(吲哚丁酸)、NAA(萘乙酸)、2,4-D(2,4-二氯苯氧乙酸),它们作用的强弱为:2,4-D＞NAA＞IBA＞IAA,一般比活性比为:IAA∶NAA∶2,4-D=1∶10∶100。

2.赤霉素(GA)

赤霉素有20多种,生理活性及作用的种类、部位、效应等各有不同。培养基中常添加的是GA_3,主要用于刺激培养中形成的不定胚发育成小植株,促进幼苗茎的伸长和生长。赤霉素和生长素协同作用,对形成层的分化有影响,当生长素/赤霉素比值升高时有利于木质部分化,比值低时有利于韧皮部分化。另外,赤霉素还用于打破休眠,促进种子、茎块、鳞茎等提前萌发。一般在器官形成后,添加赤霉素可促进器官或胚状体的生长。赤霉素溶于酒精,配制时可用少量95%酒精助溶。它与IAA一样不耐热,须在低温条件下保存,使用时采用过滤灭菌法加入。如果采用高温高压灭菌,赤霉素将70%～100%失效。

3.细胞分裂素类

在植物组织培养中,细胞分裂素的主要作用的是诱导芽的分化,促进侧芽萌发生长,当细胞分裂素和生长素相互作用,组织内细胞分裂素/生长素的比值高时,有利于诱导愈伤组织或器官分化出不定芽;促进细胞分裂与扩大,延缓衰老;抑制根的分化。因此,细胞分裂素多用于诱导不定芽的分化和茎、苗的增殖,一般细胞分裂素的使用浓度为0.05～10 mg/L。所有的细胞分裂素对光、稀酸和热均稳定,但它的溶液在常温中时间长了会丧失活性。细胞分裂素能溶解于稀酸和稀碱中,在配制时常用稀HCl助溶。通常配制成1 mg/mL的母液贮藏在低温的环境中。

组织培养中常用的细胞分裂素包括:6-BA(6-苄基腺嘌呤)、KT(激动素)、ZT(玉米素)、

2-iP(2-异戊烯腺嘌呤)等。其活性强弱为 2-iP＞ZT＞6-BA＞KT。

(五)培养物的支持材料

1.琼脂

琼脂是一种海藻中提取的高分子碳水化合物,本身并不能提供给培养物任何营养,是固体培养时最好的固化剂。一般用量为 6～10 g/L,若浓度太高,培养基就会变得很硬,营养物质难以扩散到培养的组织中去;若浓度过低,凝固性不好。

2.其他

玻璃纤维、滤纸桥、海绵等均可代替琼脂。其中,为解决生根难的问题常采用滤纸桥法。其方法是将一张滤纸折叠成 M 形,放入液体培养基中,再将培养材料放在 M 形的中间凹陷处,这样培养物可通过滤纸的虹吸作用不断从培养液中吸收营养和水分,又可保持有足够的氧气。

(六)活性炭

活性炭可以吸附非极性物质和色素等大分子物质,茎尖初代培养,加入适量活性炭能够吸附外植体产生的一些酚类物质,可减轻组织的褐化(在兰花组培中效果明显)等。此外,创造暗培养环境,有利于某些材料的生根。一般用量为 0.1%～0.2%。

(七)抗生素

抗生素有青霉素、链霉素、庆大霉素等,用量为 5～20 mL/L。添加抗生素可防止菌类污染,减少培养过程中材料的损失,节约人力、物力和节省时间。尤其对大量通气长期培养,效果更好。

三、培养基的种类与特点

(一)培养基的种类

培养基的种类很多,根据不同的植物和培养部位及不同的培养目的需选用不同的培养基。

根据态相不同,培养基分为
- 固体培养基:加凝固剂的培养基
- 液体培养基:不加凝固剂的培养基

根据培养阶段不同,培养基分为
- 初代培养基:用于外植体初代培养的培养基
- 继代培养基:用于接种继代培养物的培养基

根据培养基的作用不同,培养基分为
- 诱导(启动)培养基
- 增殖(扩繁)培养基
- 生根培养基

根据其营养水平不同,培养基分为
- 基本培养基:如 MS、White 培养基
- 完全培养基:由基本培养基添加适宜的激素及有机附加物组成

(二)常用培养基的特点

培养基有许多类型,但在组培试验和生产中根据植物种类、培养部位和培养目的的不同而选用不同的培养基。不同的培养基具有不同的特点及适用范围。常用的培养基配方及特点见表 2-1 和表 2-2。

表 2-1　几种常用培养基的配方

化合物名称	培养基含量/(mg/L)						
	MS	White	B_5	WPM	N_6	Knudson C	Nitsch
NH_4NO_3	1 650						720
KNO_3	1 900	80	2 527.5	400			950
$(NH_4)_2SO_4$			134		2 830	500	
$NaNO_3$					463		
KCl		65					
$CaCl_2 \cdot 2H_2O$	440		150	96	166		166
$Ca(NO_3)_2 \cdot 4H_2O$		300		556		1 000	
$MgSO_4 \cdot 7H_2O$	370	720	246.5	370	185	250	185
K_2SO_4				900			
Na_2SO_4		200					
KH_2PO_4	170			170	400	250	68
$FeSO_4 \cdot 7H_2O$	27.8			27.8	27.8	25	27.85
Na_2-EDTA	37.3			37.3	37.3		37.75
Na-Fe-EDTA			28				
$Fe_2(SO_4)_3$		2.5					
$MnSO_4 \cdot H_2O$				22.3			
$MnSO_4 \cdot 4H_2O$	22.3	7	10		4.4	7.5	25
$ZnSO_4 \cdot 7H_2O$	8.6	3	2	8.6	1.5		10
$CoCl_2 \cdot 6H_2O$	0.025		0.025				0.025
$CuSO_4 \cdot 5H_2O$	0.025	0.03	0.025	0.025			
MoO_3							0.25
$Na_2MoO_4 \cdot 2H_2O$			0.25	0.25			
KI	0.83	0.75	0.75		0.8		10
H_3BO_3	6.2	1.5	3	6.2	1.6		
$NaH_2PO_4 \cdot H_2O$		16.5	150				
烟酸	0.5	0.5	1	0.5	0.5		
盐酸吡哆醇	0.5	0.1	1	0.5	0.5		
盐酸硫胺素	0.1	0.1	10	0.5	1		
肌醇	100		100	100			100
甘氨酸	2	3		2	2		

表 2-2　常用培养基的特点

培养基	设计者及时间	特点及适用范围
MS	1962 年由 Murashige 和 SKoog 在进行烟草组织培养时设计	无机盐浓度高，为较稳定的平和溶液。其中氮、钾、铵盐和硝酸盐的含量高 广泛应用于植物组织培养中
B_5	1968 年由 Gamborg 等为培养大豆根细胞而设计	含有较高的硝酸盐和盐酸硫胺素，但胺盐含量低，这可能对有些培养物的生长有抑制作用 适用于双子叶植物，特别是木本植物
White	1943 年由 White 为培养番茄根尖而设计	无机盐含量较低，但提高了 $MgSO_4$ 的浓度和增加了硼素 适用于生根培养
N_6	1975 年由朱至清等为培养水稻等禾谷类作物花药而设计	成分较简单，但 KNO_3 和 $(NH_4)_2SO_4$ 含量高 适用于小麦、水稻及其他植物的花药培养等
WPM	1933 年由 Kecown Lioyd 设计	硝态氮和 Ca、K 含量高，不含碘 适用于木本植物的茎尖培养
Knudson C	1925 年由 Knudson 为培养兰科植物种子而设计	成分简单，不能满足大多数植物组织细胞的生长、发育所需的营养物质 适用于兰科植物种子培养和萌发

四、培养基的配制

(一)配制母液的目的

在植物组织培养的过程中，配制培养基是日常必做的工作。通常先配制母液，所谓母液是欲配制培养基的浓缩液。配制母液不但可以节省时间，而且能够保证配制的准确性和配制时的快速移取，极大提高了工作效率，也便于培养基的低温保藏。

配制母液时根据化学性质分别配制成大量元素、微量元素、铁盐、有机物和激素类等，溶解时要用蒸馏水或重蒸馏水，药品应选用化学纯或分析纯，药品的称量及定容要准确。母液配好后放入冰箱内低温保存，用时再吸取所需量进行稀释。

(二)母液和培养基的配制方法

母液和培养基的配制方法分别见任务 2-1 和任务 2-2。

五、培养基的筛选

培养基和培养条件是影响植物组织培养效果的两大重要因素。在培养对象选定进行大规模生产前，必须经过培养基和培养条件的筛选和优化。只有经过试验筛选、验证确属最佳配方后，才可以在生产上应用。培养条件的筛选与培养基的筛选方法大体相似。一般最佳培养基的筛选途径：查阅文献、市场调研→制定试验方案、进行试验→获得最佳培养基和培养条件。

(一)试验前的准备工作

1. 查阅文献

在进行某种植物组织培养之前,需要通过查阅相关文献来了解培养对象的培养基和培养条件。查找文献的途径主要有:①从专业杂志或有关杂志上查阅;②从互联网上搜索翔实的资料和数据;③从报纸或电视等媒体上获取。

2. 市场调研

在进行试验前,可以对组培育苗工厂或科研院所进行走访调研,也可以向专业人员请教植物组培的市场前景和实验方案等问题。市场调研可能比查阅文献来得更直接、更便捷。

(二)试验

正式试验开始之前制定试验方案,根据实验方案进行过渡试验,为正式试验的开展做前期摸索。试验要求较低,往往凭经验进行试培养,然后观察培养物的反应,有反应可接着做。即使否定性的结果也能从中获得有用的信息。

(三)常用的试验方法

1. 单因子试验

单因子试验是指整个试验中保证其他因素不变,只比较一个试验因素的不同水平的试验。其试验方案由该试验因素的所有水平构成。这是最基本、最简单的试验方法。例如不同浓度NAA对生根影响的试验就是一种单因子试验。试验中要求对照组与试验组的植物组织块或其他培养物必须在遗传性、生理性状、培养条件等方面尽可能完全一致,以保证试验结果是来源于试验因子,而不是由试验材料的不一致导致的。

2. 双因子试验

双因子试验是指在整个试验中其他因素不变,只比较两个试验因素的不同水平的试验。如研究NAA、6-BA两种因子对薰衣草增殖率的影响时,可以按表2-3设计实验。从表中可以看出,NAA与6-BA各有3种水平的组合,A表示向培养基中同时添加NAA 0.1 mg/L与6-BA 1 mg/L,E表示NAA 0.5 mg/L与6-BA 2 mg/L的组合添加,其余类推。

表2-3　双因子试验方案

NAA/(mg/L)	6-BA/(mg/L)		
	1	2	3
0.1	A	B	C
0.5	D	E	F
2	G	H	I

3. 多因子试验

多因子试验是指在同一试验中同时研究两个以上试验因子的试验。多因子试验方案由该试验的所有试验因子的水平组合(即处理)构成。此种方法可用于同时探讨培养基中多种成分的适宜用量,如KT、糖类、NAA的用量等。多因子试验方案分为完全方案和不完全方案两类。前者在试验因子和水平较多时,会费时费力,且试验误差不易控制,故很少有人使用;而后者是在全部水平组合中凭经验挑选部分水平组合所获得的设计方案，工作效率高，故为多数人所采用。其中，正交试验用得最多，它是安排多因子实验、寻求最优水平组合的一种高效率试验设计方法。

所谓正交试验是指利用正交表来安排与分析多因子试验的一种设计方法（表 2-4）。表头中的“L”代表正交表；右下角的数字“8” 表示有 8 行，用这张正交表安排试验包含 8 个处理（即 8 种各种不同因子水平的组合或称处理）；表头括号内的底数“2”表示因子的水平数，括号内 2 的指数“7”表示有 7 列，用这张正交表最多可以安排 7 个因子。常用的正交表已由数学工作者制定出来，供正交设计时选用。

表 2-4　$L_8(2^7)$正交表

试验号	列号（各种实验因子）						
（处理）	A	B	C	D	E	F	G
1	1	1	1	1	1	1	1
2	1	1	1	2	2	2	2
3	1	2	2	1	1	2	2
4	1	2	2	2	2	1	1
5	2	1	2	1	2	1	2
6	2	1	2	2	1	2	1
7	2	2	1	1	2	2	1
8	2	2	1	2	1	1	2

任何一张正交表都具有如下两个特性：

①任一列中，不同数字出现的次数相等，例如 $L_8(2^7)$不同数字只有 1 和 2，它们各出现 4 次；$L_9(3^4)$不同数字有 1、2 和 3，它们各出现 3 次。

②任两列中，同一横行所组成的数字组合出现的次数相等，例如 $L_8(2^7)$中(1,1)，(1,2)，(2,1)，(2,2)各出现两次；即每个因素的一个水平与另一因素的各个水平互碰次数相等，表明任意两列各个数字之间的搭配是均匀的。

正交试验虽然是多因子组合在一起的实验，但是在试验结果的分析中，每一种因素所起的作用却又能够明白无误地表现出来。因此，根据一次系统的试验结果，就可以把问题分析得清清楚楚，取得事半功倍的试验效果。

4. 逐步添加和逐步排除的试验方法

在植物组织分化与再生的研究中，在没取得可靠的分化和再生之前，往往添加各种有机营养成分，以促使试验成功；而在取得了稳定的再生之后，就可以逐步减少这些成分，以便找到最有影响力的因子，或从经济上考虑，简化培养基，以降低成本和利于推广。在寻求最佳激素配比时，经常用到这种逐步添加与逐步减少的简单方法。

5. 广谱实验法

在广谱实验法中，把培养基组分分为：无机盐、有机营养物质、生长素、细胞分裂素。对每一类物质选定低、中、高 3 个浓度，4 类物质各 3 种浓度的自由组合即构成了一项包括 81 个处理的实验。

任务 2-1　培养基母液的配制

案例导入

河南某生物科技有限公司建设有现代化组织培养生产车间，现对河南特色中药材金钗石斛进行组织培养，其中金钗石斛不定芽诱导最佳配方为 MS＋2 mg/L6-BA＋0.2 mg/LNAA＋0.2 mg/LGA_3，为提高生产效率和生产质量，确保溶液浓度的准确性，需对金钗石斛培养所需的母液进行配制，包括 6-BA（浓度为 1.0 mg/mL）、NAA（浓度为 1.0 mg/mL）、GA_3（浓度为 1.0 mg/mL）母液和 MS 母液，其中 MS 母液包括大量元素、微量元素、有机物质和铁盐母液。

1.任务内容

(1)配制 MS 培养基的母液（配方见表 2-1）。

(2)配制植物生长调节剂的母液。

(3)母液低温贮存方法。

2.任务要求

(1)能根据母液配方和扩展倍数计算各种药品的用量。

(2)能正确使用电子分析天平。

(3)掌握培养基母液的配制流程及注意事项。

3.任务准备

(1)仪器与用具　电子分析天平（精确度 0.001 g 和 0.000 1 g 各一台）、磁力搅拌器、烧杯（100 mL、200 mL、500 mL、1 000 mL）、量筒（100 mL）、容量瓶（500 mL、1 000 mL）、冰箱、棕色广口瓶（1 000 mL、500 mL、100 mL）、标签纸、水性笔等。

(2)试剂　配制 MS 培养基母液所需的各种药品、植物生长调节剂（2,4-D、IAA、IBA、6-BA 等）、95%酒精、蒸馏水或去离子水、0.1 mol/L 的 NaOH、0.1 mol/L 的 HCl。

4.任务实施

(1)配制 MS 培养基的母液　培养基母液配制流程：计算配制母液每种药品的用量→称取各种药品，进行分别溶解→装入母液瓶、定容→贴标签→放入 1～5 ℃冰箱保藏。

标签格式（以大量元素的母液和 NAA 的母液为例）如下所示。记录表如表 2-5 所示。

大量元素
50倍
李××
10.2

NAA母液
0.5 mg/mL
李××
10.2

表 2-5　配制 MS 培养基母液记录表

母液名称	化合物名称	配方规定量/(mg/L)	扩大倍数	称取量/mg	配制母液体积/mL
大量元素母液Ⅰ	NH_4NO_3	1 650			1 000
	KNO_3	1 900			
	KH_2PO_4	170			
	$MgSO_4 \cdot 7H_2O$	370			
	$CaCl_2 \cdot 2H_2O$	440			
微量元素	$MnSO_4 \cdot 4H_2O$	22.3			
	$ZnSO_4 \cdot 7H_2O$	8.6			
	$CoCl_2 \cdot 6H_2O$	0.025			
	$CuSO_4 \cdot 5H_2O$	0.025			
	H_3BO_3	6.2			
	$Na_2MO_4 \cdot 2H_2O$	0.25			
	KI	0.83			
铁盐	$FeSO_4 \cdot 7H_2O$	27.8			
	Na_2-EDTA	37.3			
有机物母液	烟酸	0.5			1 000
	盐酸吡哆醇	0.5			
	盐酸硫胺素	0.1			
	肌醇	100			
	甘氨酸	2.0			

(2)配制植物生长调节剂的母液　填写如表 2-6 所示记录表。

表 2-6　配制植物生长调节剂母液记录表

母液名称	母液	配制质量浓度/(mg/mL)	配制母液体积/mL	称取量/mg
NAA 母液	NAA			
IBA 母液	IBA			
6-BA 母液	6-BA			
2,4-D 母液	2,4-D			

植物生长调节剂母液的配制流程与 MS 培养基的各种母液配制相似,确定配制的浓度与体积→计算它们的用量→称取→溶解→装瓶→贴标签→1～5 ℃冷藏。溶解时要注意它们的溶解性,NAA、IBA、2,4-D 可用少量 0.1 mol/L 的 NaOH 或 95%的酒精溶解;6-BA 可用 0.1 mol/L 的 HCl 加热溶解。

以配制 100 mL 的 0.5 mg/mL IBA 为例，说明其配制过程：

计算 IBA 用量＝0.5×100＝50 mg→加入约 5 mL 的 0.1 mol/L NaOH 助溶→加入约 60 mL 热蒸馏水进行溶解→倒入 100 mL 容量瓶、定容→装瓶→贴标签→1～5 ℃冰箱中冷藏。

其他生长素类与细胞分裂素类母液的配制流程均与以上相似。

5.注意事项

(1)配制母液所需药品应采用分析纯或化学纯试剂。

(2)配制铁盐母液要先将 Na_2-EDTA 和 $FeSO_4$ 分别溶解，然后将 Na_2-EDTA 溶液缓慢倒入 $FeSO_4$ 溶液中，充分搅拌并加热 5～10 min 使其充分螯合。

(3)NAA 母液的浓度不宜超过 0.5 mg/mL，6-BA 母液的浓度不要超过 1 mg/mL，否则冷藏时间久了会出现结晶，从而影响实验的结果。

(4)母液保存时间不宜过长，当母液出现混浊或沉淀时，则需要重新配制。

6.考核建议

考核重点是操作规范性、准确性和熟练程度，考核方案如表 2-7 所示。

表 2-7　母液配制考核方案

考核项目	考核标准	考核形式	满分
实训态度	1.实训报告撰写字迹工整、详略得当(10 分)； 2.操作认真、主动(10 分)； 3.积极思考，有协作精神(10 分)。	实训报告	30 分
技能操作	1.计算准确(10 分)； 2.操作规范和准确(20 分)； 3.熟练程度(10 分)。	现场操作、口试、技能比赛	40 分
效果	1.母液标识清楚、正确(10 分)； 2.无沉淀发生(10 分)； 3.实验场地清理(10 分)。	现场检查	30 分
合计			100 分

任务 2-2　固体培养基的配制

案例导入

疫情过后市场中药材收购生意火爆，某公司对河南特色中药材金钗石斛进行组织培养，现需配制金钗石斛不定芽诱导培养基，其中金钗石斛不定芽诱导最佳配方为 MS＋2 mg/L6-BA＋0.2 mg/LNAA＋0.2 mg/LGA_3，现已经配制好 1.0 mg/mL 6-BA、1.0 mg/mL NAA、1.0 mg/mL GA_3母液和 MS 大量元素(浓缩 50 倍)、MS 微量元素(浓缩 200 倍)、MS 有机物质(浓缩 200 倍)和 MS 铁盐母液(浓缩 200 倍)，按照要求完成金钗石斛不定芽诱导培养基的配制。

1.任务内容

(1)计算各母液的称取量。

(2)配制 MS 固体培养基。

(3)培养基的灭菌方法。

2.任务要求

(1)根据培养基的配方、体积和母液的扩展倍数,计算各母液的称取量。

(2)掌握配制培养基的操作流程。

(3)掌握培养基的灭菌方法。

3.任务准备

(1)器材　培养基灌装机、托盘天平、酸度计或 pH 试纸、移液管架、移液管、吸耳球、量筒(100 mL、500 mL、1 000 mL)、电磁炉、玻璃棒、培养瓶、温度计、注射器、标签或记号笔、硬纸塑料周转筐等。

(2)试剂　MS 培养基的各种母液和植物生长调节剂的母液、蒸馏水、琼脂、蔗糖、0.1 mol/L 的 NaOH、0.1 mol/L 的 HCl。

4.任务实施

(1)培养基配制的一般流程

配制培养基的工艺流程:确定配方、计算用量→称量母液、称取蔗糖和琼脂→加热溶解→定容→调整 pH→分装与封口→标记与记录。

(2)具体操作步骤

①确定配方及计算用量　培养基配制前,首先要根据培养对象、培养材料的选取部位、培养方式确定培养基配方,然后根据培养材料和试验处理的多少,确定培养基用量。

②移取母液、称取蔗糖和琼脂

a.移取母液　根据培养基配制量,计算母液移取量,可按以下公式计算:

MS 母液的移取量(mL)=需配制的培养基体积(mL)÷母液的扩大倍数

激素母液的移取量(mL)=培养基所需的激素质量(mg)÷母液的浓度(mg/mL)

例:已知 NAA 母液的浓度为 0.5 mg/mL,大量元素母液的扩大倍数为 50 倍,配制 2 L 的 MS+NAA 0.5 mg/L+NAA 0.1 mg/L 培养基,所需 NAA 和大量元素的体积是多少?

计算移取 NAA 和大量元素母液的体积:

NAA 的移取量(mL)= 0.5 mg/L×2 L÷0.5 mg/mL=2 mL

大量元素移取量(mL)=2 000 mL÷50=40 mL

称量:按照大量元素母液、铁盐母液、微量元素母液、有机物母液、激素类母液的顺序用移液管依次、分别移取,移取后放入烧杯中,备用。(注意,吸取每种母液的移液管要贴标签专用,不可混用,否则会导致母液成分发生变化,从而影响实验结果。)

b.称取蔗糖和琼脂　根据琼脂产品的产地、厂家及凝固强度等物理参数而定,确定琼脂粉和琼脂条的用量。一般进口的琼脂粉的用量为 0.5%左右,国产的琼脂粉的用量在 0.8%左右;琼脂条用量一般在 0.8%~1.2%。蔗糖的用量一般在 2%~3%(可用白砂糖代替)。根据配制培养基的体积,计算琼脂条或琼脂粉的用量,然后用托盘天平分别称取。

③加热溶解　首先在锅内加入所要配制培养基体积 70%左右的蒸馏水,当水温升至约

35 ℃ 时加入称取的琼脂粉或琼脂条，完全溶解后(溶液澄清透明)，再加入已经称好的蔗糖(溶解过程中继续加热，不断搅拌，防止糊锅底或溢出)，待锅内蔗糖完全溶化后，将称好的母液放入锅中。

④定容　将熬好的培养基倒入 1 000 mL 容量瓶或量筒中定容。

⑤调整 pH　用酸度计或 pH 试纸测试 pH，通过滴加 0.1 mol/L 的 NaOH 或 0.1 mol/L 的 HCl 溶液，调整 pH 到定值。灭菌前一般将培养基的 pH 调整到 6.0～6.2。

⑥分装与封口　趁热分装。培养基的装量厚度 1.5～3 cm，容器的横截面积越大，培养时间越长，培养基的装量厚度就要厚一些(装量就要大一些)。分装后立即加盖或用线绳扎紧耐高温聚丙烯塑料封口膜(也可用棉塞等其他封口材料)。注意预先检查好高压聚丙烯薄膜封口有无破损之处。

⑦标识与记录　在培养瓶上贴上标签或用记号笔在瓶壁上注明培养基的代号、配制时间等，然后用周转筐运至灭菌室，准备灭菌。另外，要填好培养基配制登记表(表 2-8)。

表 2-8　培养基配制登记表

培养基代号	配方	体积/瓶	配制瓶数	培养材料

计算人：　　配制：　　审批：　　配制日期：　　年　月　日

5.注意事项

(1)吸取各种母液的移液管要贴标签专用。

(2)种苗工厂大批量配制培养基时，可用白砂糖代替蔗糖，用自来水代替蒸馏水。大批量配制可用培养基灌装机分装。

(3)酸度计使用后，其电极需要用 65～75 ℃热水洗净。

6.考核建议

注重过程考核，定性和定量考核相结合，达到技能标准(表 2-9、表 2-10)。

考核形式以单人操作为主，并辅以组内和组间的技能比赛，使考核、技能比赛与技能训练相结合，从而达到“以考促训、以赛促练”的目的。

表 2-9　培养基配制技能标准

技能考核点	技能标准
移取母液	移取准确，不滴不漏，移液管贴标签专用，母液不要吸入吸耳球内，2 min 内移完母液
定容	用量筒或容量瓶定容时，视线、刻度线和凹形液面底面相平
培养基熬制	溶解顺序正确，溶解完全，溶解时要不断地搅拌，防止糊锅底或溢出，熬好的培养基液体澄清透明，1 L 培养基熬制一般需要 15～20 min
pH 调整	用酸度计或 pH 试纸测 pH，能用 0.1 mol/L 的 NaOH 或 0.1 mol/L 的 HCl 准确地调整 pH
分装	趁热分装，体积分装均匀
封口	采用高压聚丙烯塑料封口时，培养瓶倾斜度不能超过 45°；扎绳位置在瓶颈处松紧适宜，线绳不重叠。1 min 内封完 12 个培养瓶为满分

表 2-10　固体培养基配制考核方案

考核项目	考核标准	考核形式	满分
实训态度	1. 实训报告撰写字迹工整、详略得当(10 分); 2. 操作认真、主动(10 分); 3. 积极思考,有协作精神(10 分)。	实训报告	30 分
技能操作	1. 计算准确(10 分); 2. 操作规范和准确(10 分); 3. 熟练程度(10 分)。	现场操作、口试、技能比赛	30 分
效果	1. 移取母液(10 分); 2. pH 调整(10 分); 3. 培养基熬制(10 分); 4. 实验场地清理(10 分)。	现场检查	40 分
合计			100 分

虚拟仿真录像:C3 母液制备

虚拟仿真录像:C4 培养基制备

项目二

无菌及无菌操作技术

植物组织培养是一项技术性强、无菌条件要求高的工作。掌握基本操作技术，是做组织培养工作的基本要求。因此，我们要掌握技术要领和相关理论知识，并在组织培养的实践中严格按照工作程序，不断提高操作水平，更好地完成组织培养的实验研究和苗木生产。

微课：无菌操作

一、无菌概念

自然情况下的物品、空气和水中都含有各种微生物，而植物组织培养是在无菌条件下进行的纯培养。因此，在组织培养中应对所用的各种接种器械、培养基、空气等进行消毒或灭菌，才能确保植物组培成功。这里所指的微生物，包括细菌、真菌、放线菌及其他微生物。这些微生物的特点是：极小，肉眼不易见，它无处不在，无时不有，无孔不入。而无菌的范畴是指经高温灼烧或一定时间蒸煮过后的物体，或经其他理化灭菌方法处理后的物体是无菌的；此外，岩石内部、或不与外部接触的健康的动、植物的组织内部，强酸强碱溶液等也被视为无菌。

二、灭菌与消毒的差异

灭菌是指在一定范围内，采用强烈的物理或化学方法，杀死物体表面和空隙内的一切微生物或生物体，即把所有有生命的物质全部杀死；而消毒是指杀死、消除或充分抑制部分微生物，使之不再发生危害作用。由此可见，灭菌与消毒的主要区别在于前者杀菌强烈，能杀死所有活细胞；后者作用缓和，主要杀死或抑制附在植物材料表面的微生物，但芽孢、厚垣孢子一般不会死亡。但是，灭菌与消毒是相对的，如果消毒时间过长或消毒剂浓度过高，也可杀死全部活的细胞，消毒就成为灭菌了；反之，灭菌剂只能起到消毒作用。

植物组织培养对无菌条件的要求非常严格，是因为培养基中含有丰富的营养物质，容易被微生物污染。要达到彻底灭菌，必须根据灭菌对象采取不同的灭菌方法。植物组织培养的灭菌方法分为物理灭菌和化学灭菌两类。

（一）物理灭菌

物理灭菌是指能杀灭或去除外环境中一切微生物的物理方法。植物组织培养物理的灭菌消毒技术有热力灭菌、紫外线灭菌和过滤除菌，如表 2-11 所示。

表 2-11 植物组织培养中的物理灭菌方法

灭菌方法			适用范围
热力灭菌	干热灭菌	灼烧灭菌	接种器具灭菌,如剪子、镊子、解剖刀等
		烘烤灭菌	玻璃器皿灭菌,如培养皿、烧杯等
	湿热灭菌	煮沸灭菌	对污染微生物营养体的物品灭菌
		高压蒸汽灭菌	对培养基及严重污染物的灭菌
紫外线灭菌			有 H 型高强度紫外线灯、高压汞紫外线灯
过滤除菌			进入超净工作台内的空气,不耐热的 IAA、GA 等灭菌

1.高压蒸汽灭菌

高压蒸汽灭菌主要用于培养基、接种工具、无菌水、严重污染物等的灭菌。其灭菌原理与使用方法详见相应技能实训。影响湿热灭菌效果的因素有以下几方面:

(1)灭菌器内冷空气排出的程度　冷空气的存在影响蒸汽的温度和穿透力。冷空气排出的程度和灭菌器内温度的关系如表 2-12 所示。

表 2-12 压力蒸汽灭菌器内冷空气排出程度与温度的关系(引自薛广波,1993)

表压/(1 b/in^2)	表压/(kg/cm^2)	不同程度排出冷空气时灭菌器内的温度/℃				
		全排出	排出 2/3	排出 1/2	排出 1/3	未排出
5	0.35	109	100	94	90	72
10	0.70	115	109	105	100	90
15	1.05	121	115	112	109	100
20	1.41	126	121	118	115	109
25	1.76	130	126	124	121	115
30	2.11	135	130	128	126	121

注:1 b/in^2 表示每平方英寸 1 磅。

(2)灭菌物品的包装、放置和数量　灭菌物品的包装不宜太大,也不宜扎太紧;摆放物品时,应当留有空隙以利于蒸汽的穿透。培养基、无菌水等应竖直放置,空瓶的瓶口应向下;放入灭菌器内物品体积应少于灭菌器容积的 85%。

(3)加热速度　由于灭菌器内蒸汽穿透灭菌物品需要一定时间,所以当加热速度太快时,灭菌器内的温度已达到所需的温度,但物品内部还没有达到所需的温度。为了有理想的杀菌效果,加热速度不易太快。

(4)锅内的水量　在一定的压力下,若锅内的蒸汽温度超过饱和状态下应达到温度的 2 ℃以上,则为超高热蒸汽。虽然温度高,但水分不足,遇到灭菌物品不能凝结成水,导致不能释放出潜热,所以对灭菌不利。为了避免这种现象出现,锅内的水量应多于产生蒸汽所需的水量,即水量应放足。另外,灭菌物品不宜太干燥。

2.灼烧灭菌

灼烧灭菌主要用于无菌接种的器械。无菌操作时,把镊子、剪刀、解剖刀先浸入 95%的酒精中，使用之前取出在酒精灯外焰上灼烧灭菌，冷却后立即使用。对接种器械灭菌还可使用接种器械灭菌器，温度可在室温至 320 ℃之间调节。

3.过滤除菌

过滤除菌主要用于不耐热的物质如赤霉素、玉米素和某些维生素的灭菌。过滤除菌是让需要灭菌的溶液通过直径为 0.45 μm 以下的微孔滤膜，因细菌和真菌孢子大于滤膜直径无法通过微孔而被阻隔在滤膜之上，这样就得到无菌滤液，从而达到灭菌的效果。溶液量大时，常使用抽滤装置(图 2-1a)；溶液量小时，可用注射器过滤器(图 2-1b)。注射器在使用前应对其高压灭菌，将滤膜装在注射器的靠针管处，将待过滤的液体装入注射器，推压注射器活塞杆，使溶液从滤膜压出，而菌细胞则留在滤膜内侧，滤去液体中的微生物。

空气过滤采用超细玻璃纤维组成的高效过滤器，通过压缩空气，滤除空气中的微生物，使出风口获得所需的无菌空气，如超净工作台台面上的空气。

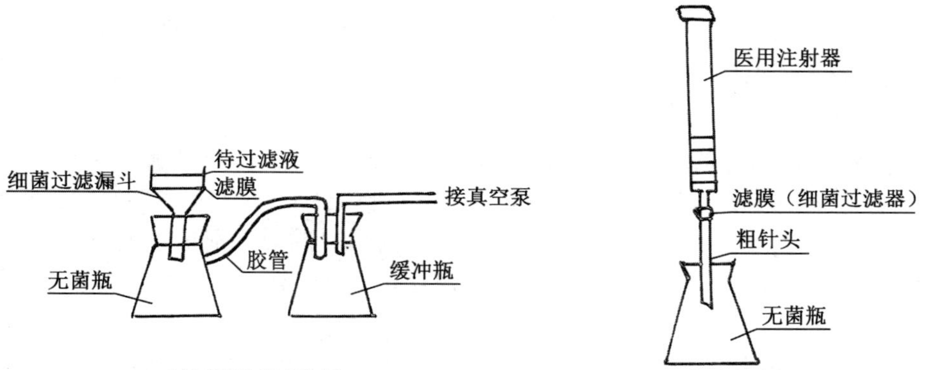

a.减压过滤消毒装置　　b.细菌过滤消毒器

图 2-1　液体过滤灭菌装置

4.紫外线灭菌

紫外线是一种短光波，具有较强的杀菌力。紫外线灭菌主要用于接种室、缓冲间、超净工作台或接种箱的空间灭菌。其原理是利用辐射因子灭菌，细菌吸收紫外线后，蛋白质和核酸发生结构变化，引起细菌的染色体变异，导致死亡。紫外线的波长为 200～300 nm，其中以265～266 nm 波长紫外线的杀菌能力最强。但是由于紫外线的穿透力很弱，所以只适于空气和物体表面的灭菌，30 W 的紫外线灯管有效作用距离为 1.5～2 m，以 1.2 m 以内最好。连续照射 2 h 几乎可杀死空间及照射表面的所有微生物。

(二)化学灭菌

化学灭菌是指利用化学物质杀灭、抑制微生物的方法。这种物质称为灭菌剂(或消毒剂)。按其作用水平，可分为灭菌剂(即高效消毒剂)、中效消毒剂、低效消毒剂、防腐剂和保藏剂。植物组织培养中常用的消毒剂主要是高效消毒剂和中效消毒剂。高效消毒剂如用甲醛与高锰酸钾进行室内熏蒸灭菌，能杀灭一切微生物。中效消毒剂如用次氯酸钠对植物材料进行消毒，除不能杀灭有足够有机物保护的细菌、芽孢外，其他微生物均可被杀灭。植物组织培养中常用的化学灭菌方法如表 2-13 所示。

表 2-13　组培中常见的化学灭菌方法

名称	灭菌方法
熏蒸灭菌	用加热焚烧、氧化等方法，使化学药剂变为气体状态扩散到空气中，以杀死空气和物体表面的微生物。这种方法简便，灭菌时把消毒的空间关闭紧密即可
涂抹灭菌	桌面、墙面、双手、植物材料表面等可用 70％的酒精或 2％新洁尔灭等化学药剂反复涂抹灭菌
喷雾灭菌	接种室的空间、物体表面可用 70％～75％酒精或 2％新洁尔灭溶液作喷雾处理，杀死空间的微生物。此外，也可使悬浮在空间的灰尘沉降到地面
浸泡灭菌	把接种器械、接种材料直接浸泡在一定浓度的消毒剂中，达到灭菌的目的

三、外植体的选择与处理

(一)外植体的选择

外植体是植物组织培养中的各种接种材料。从理论上讲，任何活的含完整细胞核的植物细胞都具有全能性，在适宜条件下，都能再生成完整植株。它可以是植物的器官、组织、细胞和原生质体等。由于不同植物种类以及同种植物的不同器官对诱导条件的反应是不一致的，有的部位诱导成功率高，有的部位很难脱分化，有的即使脱分化，再分化频率也很低，出芽不长根，或长根不长芽。如百合科不同属的植物，风信子、麝香兰、虎眼万年青等比较容易形成再生小植株，而郁金香就比较困难；同种百合鳞茎的鳞片其再生能力差别也很大，外层比内层的鳞片再生能力强，下段比中、上段的再生能力强。因此，生产实践中必须选取最易表达全能性的部位，以提高组培的成功率和降低生产成本。一般多选择茎段、茎尖、叶片、花药等作为组培快繁的外植体，选择外植体主要从植物的基因型、生理状态、取材季节、取材部位等方面考虑。

1. 植物基因型

植物基因型不同，组织培养的难易程度不同。一般来说，草本植物较木本植物易，双子叶植物较单子叶植物易。同种植物基因型不同，组织培养的再生途径也不同。如茄科中的烟草、番茄易于诱导愈伤组织。因此，选取优良的或特殊的具有一定代表性的基因型，可以提高组织培养的成功率，增加其实用价值。

2. 生理状态

外植体的生理状态和发育年龄直接影响植物离体培养过程中的形态发生。一般情况下，越幼嫩、生理年限越短的组织越具有较高的形态发生能力，组织培养越易成功。

3. 取材季节

植物组织培养取材时要注意植物的生长季节和植物的生长发育阶段。外植体最好是在其生长的最适时期取材，若在生长末期或已经进入休眠期选取，则外植体会对诱导反应迟钝或无反应。如百合鳞片外植体，春、秋季取材容易形成小鳞茎，夏、冬季取材培养则难形成小鳞茎；而水仙在秋冬季节取材，则易形成小鳞茎培养；苹果芽培养最好在春季取材，说明培养对象不同，取材的季节也不同。

4. 植物的长势

从田间或温室中生长健壮的无病虫害的植株上选取发育正常的器官或组织作为外植体，离体培养易于成功。因为这部分器官或组织代谢旺盛，再生能力强。

5.取材部位

在确定取材部位时，一方面要考虑培养材料的来源是否有保证，容易成苗；另一方面要考虑经过脱分化产生的愈伤组织的培养途径是否会引起不良变异，丧失原品种的优良性状。对于培养较困难的植物，在培养材料较多的情况下，最好比较各部位的诱导及分化能力，既保质又保量。

6.外植体大小

选择外植体的大小，应根据培养目的而定。如果是胚胎培养或脱除病毒，则外植体宜小；如果是进行快速繁殖，外植体宜大。但外植体过大，消毒往往不彻底，易造成污染；材料太小，多形成愈伤组织，甚至难以成活。一般外植体大小在 0.5～1.0 cm 为宜。具体说，叶片、花瓣等约为 0.5 cm×0.5 cm，茎段长带 1～2 个节，茎尖分生组织带 1～2 个叶原基，大小 0.2～0.5 mm 等。

(二)外植体处理的基本过程

从田间取回的离体材料，往往带有较多的泥土、杂菌，不宜直接接种，需要对其进行预处理和消毒。外植体处理工艺流程如图 2-2 所示。

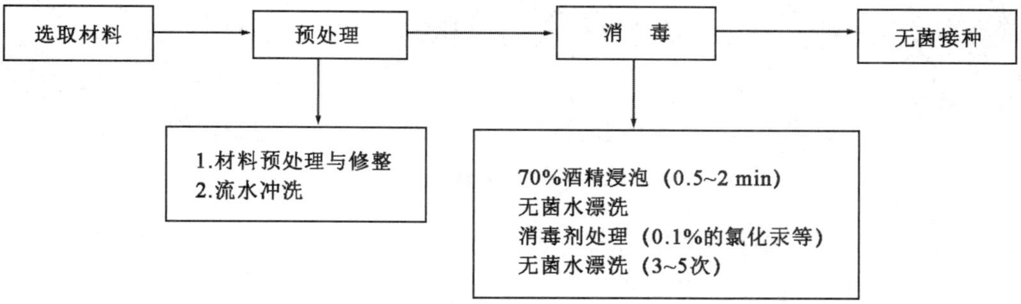

图 2-2　外植体处理工艺流程

1.材料消毒原则

材料接种前必须进行表面消毒。由于植物种类、取材部位、母体植株的生态环境、取材季节和天气状况的不同，所采集的材料带菌程度也不同，而且材料对不同种类、不同浓度的消毒剂的敏感度也不一样。取材最好在中午或下午进行，避开阴雨天取材可降低污染率。所以，选择消毒剂的种类、浓度大小和消毒时间的长短一定要有针对性，这样才有可能达到预期的消毒效果。为此，需要掌握的消毒原则是既要杀死离体材料表面的全部微生物，又不损伤或只轻微损伤植物材料而不影响其生长。

2.常用的消毒剂

经过预处理的材料，其表面仍有很多的细菌和真菌。因此，在接种前必须进行表面消毒。好的消毒剂应该既有良好的消毒作用，又易被无菌水冲洗掉或能自行分解。此外，还不会损伤材料，影响细胞的生长。目前使用的消毒剂的种类较多，实践中可根据情况从表 2-14 中选取 1～2 种。

3.外植体接种

外植体接种是把经过表面灭菌后的外植体在超净工作台上进行分离，切割成所需要的材料大小，并将其转移到培养基上的过程。整个接种过程在无菌条件下进行，如图 2-3 所示。

表 2-14 常用消毒剂的使用浓度及消毒效果的比较

灭菌剂	使用浓度	消毒时间/min	去除的难易	效果
氯化汞	0.1%～1%	2～10	较难	最好
次氯酸钠	0.7%～2%	5～30	易	很好
漂白粉	饱和溶液	5～30	易	很好
次氯酸钙	9%～10%	5～30	易	很好
酒精	70%～75%	0.2～2	易	好
过氧化氢	10%～12%	5～15	最易	好
抗生素	4～5 mg/L	30～60	中	较好
硝酸银	1%	5～30	较难	好
溴水	1%～2%	2～10	易	很好

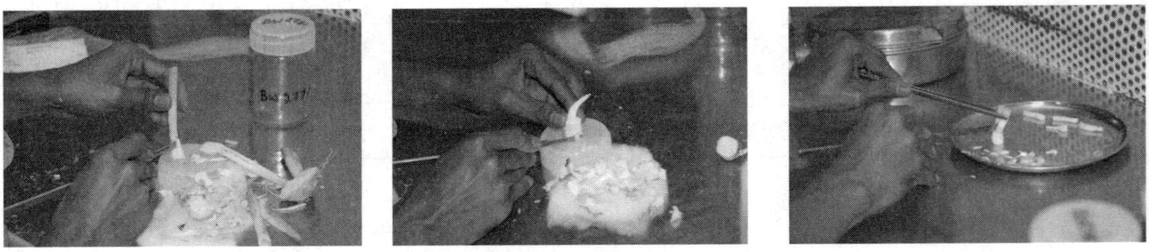

图 2-3 外植体的消毒、接种过程

(1)接种室的灭菌　植物组织培养技术是一种无菌操作和无菌培养技术，接种时由于有一个敞口的过程，所以是极易引起污染的过程，这一过程的污染主要由空气中的细菌和工作人员操作不当引起，做好接种室的消毒是至关重要的。接种室内应定期用甲醛和高锰酸钾熏蒸；还可用2%的新洁尔灭溶液对墙壁、地板等进行擦洗；除了使用前用紫外线灭菌外，还可在使用期间用70%的酒精或3%的来苏儿喷雾，使空气中灰尘颗粒沉降下来。

(2)接种操作　接种前打开超净工作台的风机和紫外线灯照射20 min。工作人员入室前穿好灭菌的专用口罩、实验服，更换脱鞋，专用实验服要经常保持清洁并消毒。进入接种室前双手先用水和肥皂洗涤，操作前再用75% 的酒精擦拭，操作时双手不能随便接触未经消毒的东西。还要尽量减少工作人员在接种室内的走动。

解剖刀、剪子、镊子等接种器械，一般先在高温灭菌器械中进行高温杀菌待冷却后使用。每次使用前均需进行用具消毒。

将初步洗涤及切割的材料放入烧杯，放在超净台上，用两种消毒剂交替灭菌，再用无菌水冲洗，最后沥去水分，取出放置在有滤纸的接种盘上。材料吸干后，一手拿镊子，一手拿剪子或解剖刀，对材料进行适当的切割。将已消毒好的根、茎、叶等离体器官，剪切成小段或小块，如叶片切成0.5 cm见方的小块；茎切成含有一个节的小段。微茎尖要剥成只含1～2片幼叶的茎尖大小等。在接种过程中要经常对接种器械进行高温杀菌，防止交叉污染。

接种具体操作：左手拿培养瓶倾斜45°角(试管水平拿着)，打开瓶盖，然后用镊子夹取一块切好的外植体送入培养瓶内，轻轻插入培养基上。若是叶片直接附在培养基上，每瓶放1～3块为宜。至于材料放置方法除茎尖、茎段要正放(尖端向上)外，其他尚无统一要求。放置材料数量现在倾向少放，通过统计认为：对外植体每次接种以一支试管放一枚组块为宜，这样节约培养基和人力，一旦培养物污染可以抛弃。操作期间，及时把器皿盖子盖好，并尽量不要讲话。工作结束后，关闭工作台并清理干净。

任务 2-3　灭菌技术

案例导入

现有一批刚刚配制完的金钗石斛不定芽诱导培养基，其中金钗石斛不定芽诱导最佳配方为 MS＋2 mg/L6-BA＋0.2 mg/LNAA＋0.2 mg/LGA_3，刚刚配制的培养基成分为 MS＋2 mg/L6-BA＋0.2 mg/LNAA，因激素 GA_3 遇高温易发生变质，需要过滤灭菌，现需要用一天时间开展灭菌操作，包括高温蒸汽灭菌和过滤灭菌，还需要对实验室的其他物品进行整体灭菌消毒。

1.任务内容

(1)配制不同化学灭菌剂。

(2)不耐热物质如 GA_3、维生素等的过滤除菌。

(3)接种室的灭菌、超净工作台的灭菌。

(4)培养基、培养器皿和用具的灭菌。

(5)接种器械的灭菌。

动画：立式高压蒸汽灭菌器的使用方法

2.任务要求

(1)根据灭菌对象选用适合的灭菌方法，针对性强。

(2)掌握各种灭菌的方法和特点。

(3)能配制各种灭菌剂。

3.任务准备

(1)材料与试剂　培养基、解剖刀、手术剪、镊子、盆、实验服、口罩、工作帽、定性滤纸、40%甲醛、高锰酸钾、95%酒精、5%苯扎溴铵、7%次氯酸钠、70%～75%酒精、3%来苏儿、氨水、洗衣粉等。

(2)仪器与用具　高压蒸汽灭菌器、液体过滤灭菌装置、细菌过滤器、烘箱、分析天平、托盘天平、磁力搅拌器、移液枪、小喷壶、塑料筐、试管瓶、搪瓷盘、聚丙烯薄膜袋、线绳、脱脂棉球、铝箔、干净的棉布块。

4.任务实施

(1)培养基灭菌——高压蒸汽灭菌

高压蒸汽灭菌的操作流程　检查(安全阀、放气阀、压力表、密封圈)→加水(淹没电热管1～2 cm)→装料(把待灭菌材料分层装入)→密封→排气(打开放气阀，当大量蒸汽冒出时，连续排气 3～5 min；或先关闭放气阀，当压力升至 0.05 MPa，打开放气阀，连续排气 3 min)→保压(0.105 MPa、121 ℃、15～30 min)→降压→出锅(压力降至零，打开锅盖，取出灭菌物品)。

具体设备如项目一中图 1-13 所示。

高压灭菌的原理　水在密闭的容器内加热，所产生蒸汽使锅内压力不断升高，在充分排除锅内冷空气的情况下，当压力升高到 0.105 MPa 时，锅内温度达到 121 ℃，这种高温蒸汽能强烈穿透细胞，导致细胞蛋白质、核酸等物质变性而失去生命活动能力，从而杀死各种细菌及高度耐热的芽孢。高压灭菌所需时间与容器容积有关，如表 2-15 所示。注意：要完全排除锅内冷空气，否则锅内温度与表压不一致。

表 2-15　灭菌容器体积与灭菌时间的关系

容器的体积/mL	在 121 ℃灭菌所需最少时间/min
＜20	15
20～50	20
50～200	25
＞200	30

培养基在制备后的 24 h 内必须完成灭菌工序，否则易被微生物污染，特别是在夏天。

(2)过滤除菌——激素、抗生素和维生素的灭菌

①原理　由于有些激素、抗生素和维生素等对热不稳定，不能与培养基一起进行高压灭菌，需要单独对它们进行灭菌，然后与灭菌后的培养基混合均匀。由于细菌过滤装置的滤膜的孔径小于 0.45 μm，而细菌和真菌的孢子直径大于 0.45 μm，当不耐热的溶液通过滤膜过滤，微生物就被阻隔在滤膜上方，而滤液则不含微生物，从而达到了除菌的目的而活性成分又不被破坏。

②细菌过滤器的选择　根据待过滤的激素、抗生素或维生素溶液的量的大小选择相应的细菌过滤器，如果溶液量大，则选择图 2-1a 的细菌过滤装置；反之，则选择图 2-1b 的装置。

③具体操作过程：

将培养基、细菌过滤漏斗、胶管和用铝箔包裹好的细菌过滤器的注射器，以及承接滤过灭菌液的容器和瓶塞用耐压塑料袋包好后进行高压湿热灭菌。

分别配制一定浓度的激素、抗生素、维生素溶液，放置在超净工作台上。

双手消毒，然后在超净工作台上组装过滤灭菌装置。

用移液枪吸取或直接将待过滤溶液倒入细菌过滤漏斗，启动减压过滤灭菌装置使液体流过滤膜(滤膜孔径 0.45 μm)，或用注射器型过滤器吸取待过滤溶液，再用力推动注射器活塞，使溶液经过滤膜到无菌容器中，所得滤液即为无菌液体。

将滤液按照配方要求加入量，用移液枪(枪头已消毒)立即加入未凝固的固体培养基(温度约在 42 ℃)中，轻轻晃动几次，使各种成分充分混匀；若使用液体培养基，则可在培养基冷却时加入，以免高温对活性成分的破坏。

(3)接种室消毒

①药剂熏蒸　将 40％甲醛溶液(5～10 mL/m^3)与高锰酸钾(5 g/m^3)按甲醛、高锰酸钾的先后顺序倒入罐头瓶内，利用产生的烟雾密闭熏蒸接种室 3～4 d，然后开启房门，排除甲醛气体。熏蒸前接种室可预湿，以增强熏蒸效果。为了尽快接种，可以用氨水中和甲醛，氨水的用量为甲醛用量的 1～2 倍。另外，也可选择冰醋酸加热熏蒸，但效果不如甲醛熏蒸。本消毒杀

菌方法适合在开学初或期末进行。

②药剂喷洒　用70%～75%酒精或0.2%苯扎溴铵溶液(新洁尔灭)喷洒接种室空间及四周墙壁，要求喷洒全面、均匀。此方法在接种前均要求进行。

③紫外线照射　接种前打开紫外线灯(波长260 nm)，照射20～30 min。此方法在接种前均要求进行。

(4)培养架消毒　双手戴乳胶手套，用干净的毛布块蘸5%苯扎溴铵溶液(新洁尔灭)或0.1% 的高锰酸钾溶液擦拭培养架。

(5)地面消毒　用洗衣粉水或3%来苏儿拖地。一般1周拖地1次。如果地面不是防滑的材料，这种方法最好不要采用，不安全。

(6)实验服、口罩、帽子、接种盘、无菌水的灭菌　将实验服、口罩、帽子与接种盘等分别用耐高温薄膜袋包装，用线绳扎紧；将蒸馏水装至500 mL 的三角烧瓶内(装量一般为300～350 mL)，用耐高温薄膜封口，然后用高温蒸汽灭菌锅进行湿热灭菌，灭菌方法同培养基灭菌。灭菌后将接种盘、无菌水等物品密封放置在超净工作台上，工作服、口罩等则放在缓冲间的柜子内备用。

(7)超净工作台、双手及培养瓶的消毒

①药剂喷洒　分别配成70%酒精、2%新洁尔灭溶液，然后用手按式喷壶分别对培养瓶、超净工作台的台面、搁板及两侧的玻璃均匀喷洒消毒。

②涂抹消毒　双手、培养瓶及超净工作台面可用70%～75%酒精浸泡过的棉球，或用2%新洁尔灭溶液浸泡过的毛巾擦拭。

③紫外线照射　上面工作完成后，将待用的培养基、无菌水、接种用具等放置在超净工作台上，打开紫外线灯照射20～30 min。

(8)培养器皿和用具的灭菌消毒

①干热灭菌　将玻璃器皿和盛装接种工具的搪瓷盒，放于烘箱内，用160～180 ℃烘烤1.5～2.0 h，然后断电，待烘箱充分冷凉，才能打开烘箱，以免因骤冷而使器皿破裂。灭菌后的玻璃器皿和搪瓷盒(含接种工具)放入接种室。注意：不能用报纸等易燃物包扎器皿，可用锡箔纸包扎。

②高压湿热灭菌　首先，旋转手轮，拉开外筒盖，取出灭菌网篮。加入一定量的清水，把灭菌网篮放回外桶，将需要灭菌物品妥善包扎后，有序放入灭菌网篮内，物品之间留有空隙，有利于蒸汽的穿透，提高灭菌效果。推进容器盖，使容器盖对准桶口位置。顺时针方向旋紧手轮，使容器盖与灭菌桶口平面完全密合，并使自锁装置与齿轮凹处吻合。

将玻璃器皿和接种工具装入耐压薄膜袋，线绳扎紧后放入灭菌器内与无菌水同时灭菌。聚丙烯、聚甲基戊烯、同质异晶聚合物等材质的塑料器皿每次灭菌时间不超20 min。

③擦拭消毒和灼烧灭菌　接种前，培养皿和接种工具用70%～75%的酒精浸泡过的棉球擦拭，再在火焰上烘烤；接种工具先在95%酒精中浸泡，再用酒精灯外焰反复灼烧灭菌。

(9)外植体消毒　采用药剂消毒的方法。常用的药剂有70%～75%的酒精、0.1%的氯化汞、10%的次氯酸钙、漂白粉上清液等。

5.注意事项

(1)培养基灭菌温度不要超过121 ℃，配制好的培养基应在24 h内灭菌；灭菌后最好在一周内使用，可在洁净、无光照的低温环境中保存；不宜重复灭菌。

(2)培养基灭菌时，要排净锅内冷空气，使压力与温度关系相对应，使锅内物体升温均匀；操作人员不能离开，要注意锅内的压力变化。

(3)使用减压过滤装置灭菌时，须待过滤液滤干后首先拔除连接无菌瓶的胶管，然后才能关闭真空泵。

6. 考核建议(表 2-16)

表 2-16　灭菌技术考核方案

考核项目	考核标准	考核形式	满分
实训态度	1. 实训报告撰写字迹工整、详略得当(10 分)； 2. 操作认真、主动(10 分)； 3. 积极思考，有协作精神(10 分)。	实训报告	30 分
操作	1. 针对不同的灭菌对象能选用适宜的灭菌方法(10 分)； 2. 操作流程正确，动作规范(20 分)； 3. 操作熟练，工序紧凑有序(10 分)； 4. 组员间配合默契，操作效率和质量高(10 分)。	现场操作	50 分
效果	1. 灭菌效果好(10 分)； 2. 实验场地清理(10 分)。	跟踪考核	20 分
合计			100 分

任务 2-4　外植体的选择与处理技术

案例导入

伏牛山核心区域特有的南北交错地形和独特气候造就了一种独特的濒危药用植物——金钗石斛。据专家介绍，野生石斛药用价值极高，被中医界称为“石斛中的极品”，民间则称之为“救命仙草”。但因多年来的过度采挖，现已濒临灭绝。为抢救性保护金钗石斛这一珍稀野生物种，发挥其珍贵独特的药用价值，需研究金钗石斛的植物组织培养、驯化移栽和规模种植技术，逐渐掌握其独特的生长习性，开展研究的第一步便是金钗石斛外植体的选择与预处理。

1. 任务内容

(1)选取合适的外植体。

(2)对选取的外植体进行预处理。

(3)对已经预处理后的外植体进行有效消毒。

动画：外植体的选择

2. 任务要求

(1)能根据外植体选择标准选取合适的外植体。

(2)能正确对外植体进行预处理。

(3)能正确对外植体进行消毒。

3.任务准备

(1)器材　分析天平、磁力搅拌器、量筒(100 mL)、容量瓶、锥形瓶(250 mL)、塑料烧杯(500 mL)、手按式喷壶、薄膜袋、线绳、纱布、手术剪、解剖针、解剖刀、镊子、花盆、铁铲等。

(2)试剂　各种植物材料;草炭、珍珠岩、蛭石等基质;次氯酸钠、次氯酸钙、升汞(氯化汞)、75%酒精等消毒药剂;杀菌剂、杀虫剂、抗生素、蒸馏水、吐温-80、无菌水等。

4.任务实施

(1)外植体的预处理

室外较大木本植物　选材为室外株型较大的木本植株时,确定好外植体的选择部位后,用手按式喷壶向选取部位喷杀虫剂和杀菌剂,然后套上薄膜袋,并用线绳扎住,待长出新枝条后,再进行外植体采样。

室内盆栽　将消毒后的基质装入花盆,把要组培的植物剪除一些不必要的枝条后,进行盆栽,喷杀虫剂和杀菌剂,在室内或置于人工气候室内培养。

外植体的修整　外植体消毒前,预先进行必要的修整。按照表 2-17 的要求进行操作。

表 2-17　外植体的处理方法

外植体	处理方法
花器	使用前进行清洗、消毒
果实与种子(含胚等)	直接冲洗消毒。种子、胚或胚乳培养时,对于种皮较厚的种子,可去除种皮或预先用浓硫酸浸泡几十秒或机械将种皮磨薄
叶片	叶片带油脂、蜡质、茸毛的,可用毛笔蘸肥皂水刷洗;较大叶片可剪成若干带叶脉的叶块,大小以能放入冲洗用容器为宜
茎尖、茎段	先除去枝条上的叶片、刺等附属物,用软毛刷蘸肥皂水刷洗干净;再将枝条剪成带 2~3 个茎节的茎段,长 4~5 cm
根及地下部器官	先剪除老根及损伤、污染严重部位,用软毛刷蘸肥皂水刷洗;再将幼根剪或切成1 至几厘米长的根段

(2)外植体消毒　识别各种灭菌剂,并配制各种消毒液。根据外植体的类型,按照表 2-17 和表 2-18 的要求进行外植体消毒处理,并比较不同灭菌剂的灭菌效果。

表 2-18　不同外植体的消毒方法

外植体	消毒方法
花器	对于未开放的花朵,只要消毒整个花蕾。①流水冲洗后用肥皂、洗衣粉刷洗→70%酒精浸泡数秒;②无菌水冲洗 2~3 次,然后剖开花被,剥离所需外植体接种
果实与种子	①果实用流水冲洗干净→70%酒精浸泡几秒到几十秒钟→用 2%次氯酸钠溶液浸泡 10 min 后,无菌水冲洗 3~5 次;②种子用流水冲洗 10~20 min→10%次氯酸钠溶液浸泡 10~20 min,或用 0.1%升汞溶液浸泡 5~15 min,无菌水漂洗 3~5 次
胚与胚乳	①对成熟或未成熟的种子消毒后剥离出胚或胚乳;②直接从子房开始剥离,子房在约 1%的次氯酸钠溶液浸泡 8~10 min→去除种皮→无菌水漂洗 3~5 次→剥离胚或胚乳
茎尖、茎段及叶片	用肥皂水浸泡 5~10 min→流水冲洗 5~10 min→70%酒精浸泡数秒→根据材料的情况用约 1%次氯酸钠溶液浸泡 10~15 min,或者用约 0.2%的升汞消毒 3~10 min→无菌水漂洗 3~5 次
根及地下部	流水冲洗→用 75%酒精浸泡数秒→再用 0.1%~0.2%升汞液浸 5~10 min 或 2%次氯酸钠溶液浸泡 10~15 min→无菌水漂洗 3~5 次

动画：外植体的消毒方法

5.注意事项

(1)外植体识别要准确，采集回来后不宜久放，应及时清洗处理。木本或容易褐化的植物材料需流水冲洗 2 h 以上。

(2)根据外植体的取材部位和老嫩程度，结合自己的经验来确定消毒剂种类、浓度和消毒时间。为提高消毒效果，可采用交替灭菌和多次灭菌方式；在灭菌剂中适当加入表面活化剂，如吐温-80 等，可提高消毒效果。

(3)如果是茎尖培养，一般先取较大的茎尖，表面消毒后，在无菌条件下通过解剖镜剥取植物的茎尖培养；如果是细胞，应按培养目的选择合适的初始材料进行消毒。

(4)对于取自植物体内部、由多层包被的微小材料，如花粉、子房、未成熟种子、茎尖等，也可不经消毒，在无菌条件下剥离后直接接种。

(5)消毒液要浸没材料，并轻轻搅动；材料消毒后尽快切取所需的外植体接入培养基，减少在空气中的暴露时间，避免风干和褐化。

(6)消毒时间是以灭菌液开始倒入容器至从容器倒出为止的时间。

6.考核建议(表 2-19)

表 2-19　外植体的选择与处理考核方案

考核项目	考核标准	考核形式	满分
实训态度	1.积极主动、协作意识强(10 分)； 2.在思路与操作上有创新表现(10 分)； 3.实训报告撰写字迹工整、详略得当(10 分)。	实训报告	30 分
外植体修整	1.接种材料的形状特点表达清楚(10 分)； 2.修整方法选择正确(10 分)； 3.修整程度适宜(10 分)。	现场操作	30 分
外植体消毒	1.消毒方案合理、可操作性强(20 分)； 2.消毒效果良好(20 分)。	现场操作、跟踪考核	40 分
合计			100 分

任务 2-5　无菌操作

案例导入

某公司主要生产组培花卉蝴蝶兰种苗，包括小花蝴蝶兰、滇西蝴蝶兰、台湾蝴蝶兰、曼式蝴蝶兰、阿福德蝴蝶兰等品种，现接到订购 50 万棵台湾蝴蝶兰组培苗的订单，需要按照供货合同日期交付产品，目前室内只保存有 500 瓶台湾蝴蝶兰增殖苗，在生根驯化移栽前，需要大量转接种苗，进行无菌操作，以扩大种苗的基数，满足生产要求。

1.任务内容

(1)无菌操作室和超净工作台的消毒与接种用具摆放。

(2)对已预处理的外植体进行接种。

(3)清理实验室,填写试验记录。

2.任务要求

(1)能独立对无菌操作室和超净工作台等进行消毒处理。

(2)能认真做好物品摆放等接种前的准备工作。

(3)能规范地进行无菌操作。

3.任务准备

(1)器材　实验服、口罩、超净工作台、接种器具灭菌器、生物解剖镜、酒精灯、脱脂棉球、广口瓶、剪刀、镊子、解剖刀、接种盘等接种器械,定性滤纸等接种用品(已灭菌),周转筐、塑料烧杯(500 mL、1 000 mL)、计时工具、记号笔等其他用品。

(2)试剂　空白培养基(已灭菌),培养材料(根、茎、叶或种子等),70%~75%酒精、95%酒精、2%新洁尔灭、3%来苏儿、0.1%升汞或10%漂白粉上清液、吐温-80、无菌水。

4.任务实施

操作步骤具体如下:

(1)无菌操作室消毒　预先对无菌操作室灭菌。无菌操作室灭菌方法详见任务2-3灭菌技术。

(2)接种用具摆放　无菌操作室消毒后,将已灭菌的培养基、接种工具等摆放在超净工作台的台面上,并在接种前20min打开超净工作台的风机和紫外线灯。

(3)进入无菌操作室　接种人员用肥皂水洗净双手,在缓冲间换上拖鞋或穿上鞋套,穿好工作服和戴好帽子和口罩后进入无菌操作室,先关闭紫外线灯,打开超净工作台的照明灯。

用75%酒精浸泡过的棉球擦拭双手,然后按一定顺序和方向擦拭超净工作台面。

(4)培养材料灭菌　将接种材料放入预先已经灭过菌的有盖子的瓶子或烧杯里,在超净工作台上进行表面消毒。

(5)整理台面　将接种工具插入高温灭菌器械中,打开高温灭菌器械,使温度升高到200 ℃以上,将接种盘从包装纸中取出放在超净工作台上面(注意:手不要触碰到接种盘的内壁)。

(6)取出接种工具并冷却　在超200 ℃的高温灭菌器械瞬时灭菌半分钟以后,取出接种工具,摆放在接种盘或器械架上冷却。

(7)材料修剪　用无菌滤纸吸干材料表面的水分,然后一只手拿镊子,另一只手拿剪刀或解剖刀或解剖针,对材料进行剥离或切割成适宜的大小(用于微茎尖剥离的解剖镜,应事先用75%酒精棉球擦拭显微镜台表面进行消毒)。

●思政花园

种树者必培其根,种德者必养其心。

——明·王守仁

(8)接种　先将外植体插植或平放在培养基上，接种方法分横插法和竖插法，具体操作步骤如下：

打开培养瓶盖子后，一只手斜握培养瓶（横插法）或将培养瓶置于超净工作台面上（竖插法），另一只手拿镊子夹持外植体横向（横插法）或垂直（竖插法）插入培养基中。

(9)封口　接种后，迅速用瓶盖封严瓶口。

(10)标识　所有材料接种完毕，用记号笔在瓶壁上注明材料名称缩写、接种日期。

(11)清理实验室，填写记录　接种结束后，清理超净工作台和无菌操作实验室，填好仪器使用记录和实验记录。

(12)培养　将接种后的试管苗送至培养室，有序摆放在培养架上或放入光照培养箱内培养。

5.注意事项

(1)实验服、口罩和实验帽等应经常清洗和严格灭菌。

(2)接种材料消毒完成后，应将所用过的器皿清理出台面，以腾出更多的空间，再行接种，这样可提高操作效率和减少污染。

(3)无菌操作时双手不要离开超净工作台，头部不要伸入超净工作台内，手及手臂尽量避免从接种盘上方经过；离开超净工作台后再接种时要重新擦手。

(4)接种工具灭菌后应充分冷却再进行接种，防止烫伤外植体。

(5)瓶盖与瓶口接触的部分不要用手触摸或接触台面。

(6)防止交叉污染。具体做到以下几点：第一，严格遵守操作规程。第二，接种材料消毒后要用无菌滤纸吸干水分，并剪除触及接种盘外沿或伸出接种盘外的接种材料；修剪后的外植体不能重叠放置。第三，无菌滤纸较湿、有较多破损之处时应及时更换滤纸。第四，接种工具不能碰到台面、管（瓶）的外壁、瓶盖外部。第五，接种工具每接种完一瓶最好再进行一次灭菌。第六，手握镊子不能太靠前，外植体和手指不能触及瓶口。

6.考核建议

先按照规范性操作训练后速度训练，先模拟训练后实际操作的层次顺序分阶段训练，注意因材施教。

考核侧重无菌操作的规范性和准确性，做到定性与定量、过程与效果、实践与理论、小组间与小组内的技能比赛、考核与技能比赛和训练五结合。考核方案如表 2-20 和表 2-21 所示。

表 2-20　接种熟练程度考核标准（满分 30，每人接种 5 瓶）

项目	成绩					备注
	27～30 分	24～26 分	21～23 分	18～20 分	＜18 分	
愈伤组织转接	≤15 min	16～18 min	19～21 min	22～24 min	≥25 min	每瓶接 5 个
根端、茎段接种	≤10 min	11～13 min	14～16 min	17～20 min	≥21 min	每瓶接 5 个
根尖、普通茎尖接种	≤20 min	21～23 min	24～27 min	28～30 min	≥31 min	每瓶接 5 个
叶片接种	≤10 min	11～13 min	14～17 min	18～20 min	≥21 min	每瓶接 5 个
花器接种	≤15 min	16～18 min	19～23 min	24～29 min	≥30 min	每瓶接 5 个
芽丛转接	≤15 min	16～20 min	21～25 min	26～30 min	≥31 min	每瓶接 5 个

表 2-21　无菌操作考核方案

考核项目	考核标准	考核形式	满分
实训态度	1.实训积极主动，遵守纪律，服从安排，操作认真，实训报告字迹工整，有团队精神和创新意识(10 分)； 2.实训报告撰写字迹工整、详略得当(10 分)。	随机观察 实训报告	20 分
操作前准备	认真进行消毒或灭菌，工具和材料准备充分。	随机观察	10 分
技能操作	1.操作程序正确(10 分)； 2.操作规范、用具摆放、使用方法合理(10 分)； 3.操作熟练，效率高(30 分)。	现场操作	40 分
清理实验室	1.接种后台面清理干净、迅速，接种工具整洁摆放(5 分)； 2.培养瓶标识符合要求(5 分)。	随机观察	10 分
接种效果	1.外植体接种数量适宜，方向正确，深浅适度，整齐一致(10 分)； 2.污染率≤10%(10 分)。	跟踪考核 现场调查	20 分
合计			100 分

项目三
外植体培养

培养是指在人工控制的环境条件下，使离体材料生长、脱分化形成愈伤组织或进一步分化成再生植株，以及产生代谢产物的过程。

一、培养方法

（一）固体培养

固体培养是用含琼脂的固体培养基来培养植物材料的方法。该方法简便易行，便于观察培养物的生长情况，是目前最常用的培养方法。但该方法培养物与培养基接触面积小，造成培养基中养分分布不匀，营养不能完全利用，而且基部易积累代谢废物，影响培养物的正常生长。

（二）液体培养

液体培养是用液体培养基培养植物材料的方法。该方法培养物与培养基接触面大，能充分利用养分，材料生长速度快，如细胞悬浮培养、原生质体培养等。但液体培养需要通过搅动或振动培养液的方法以保证培养物氧气的供给，需要购置摇床或发酵罐。

二、培养条件

接种后的植物材料应置于培养室中进行培养。培养条件一般包括温度、光照、湿度和氧气等。

（一）温度

温度是促使植物组织培养成功的重要因素，温度不仅影响植物组织培养育苗的生长速度，也影响其分化增殖以及器官建成等发育进程。大多数植物组织培养的最适温度在 23～27 ℃，低于 15 ℃时生长停止，高于 35 ℃会抑制正常生长和发育。但是不同植物组织培养的最适温度不同，如百合的最适温度是 20 ℃，月季是 25～27 ℃，马铃薯是 20 ℃，菠萝是 28～30 ℃。

但有些植物需要低温处理，如唐菖蒲再生小植株需要 2 ℃下处理 4～6 周才能移栽，否则不能成活，百合也有类似现象。

（二）光照

光照对离体培养物的生长和分化具有很大的影响。光效应主要表现在光照强度、光照时间和光质等方面。它对细胞增殖、器官分化、光合作用等均有影响。

外植体生长发育所需的能源主要由外来碳源提供,光照主要是满足植物形态的建成。不同植物及同一植物的不同材料对光照条件的要求不同。对于大多数的植物来说,光照强度为1 000～5 000 lx比较合适。光照强度对培养物的增殖、器官分化、胚状体形成都有很大影响。器官的分化需要一定的光照,并随着试管苗的生长,光照强度需要不断地加强,才能使小苗生长健壮。若光照强度弱,幼苗容易徒长。黑暗条件下,更有利于愈伤组织的诱导和增殖。另外在有些植物组织培养中,光的存在有时会抑制根的形成,这时可以在培养基中加入 AC,提高根的形成率。

光照时间影响植物的生长,也影响花芽的形成和诱导。一般每日光照 12～16 h,就能满足大多数植物生长分化的光周期要求。如天竺葵愈伤组织芽的诱导时,每天 15～16 h 光照下出芽最多,而连续光照会使愈伤组织变绿,不能形成芽。在葡萄茎段培养时,对日照长度敏感的品种只有在短日照条件下才可能形成根,而对日照长度不敏感的品种在任何条件下培养均可以形成根。生产中,在不影响材料正常生长的条件下,应尽量缩短光照时间,减少能源消耗,降低生产成本。

光质对愈伤组织诱导、组织细胞的增殖以及器官的分化都有明显的影响。如百合珠芽在红光下培养 8 周后,分化出愈伤组织,但在蓝光下只要 3 周就出现愈伤组织;唐菖蒲的子球块接种 15 d 后,在蓝光下培养首先出现芽,形成的幼苗生长旺盛,而在白光下幼苗纤细。

(三)湿度

湿度包括培养容器内和环境的湿度条件。容器内的湿度常可保持在 100%,之后随着培养时间的推移,水分会逐渐逸失,相对湿度也会有所下降。容器内湿度主要受培养基的含水量和封口材料影响。前者又受到琼脂含量的影响。冬季应适当减少琼脂用量,否则,将使培养基变硬,不利于外植体插入培养基和吸水,导致生长发育受阻。另外,封口材料直接影响容器内湿度情况,封闭性较高的封口材料易引起透气性受阻,也会使植物生长发育受影响。

环境的相对湿度可以影响培养基的水分蒸发,一般要求 70%～80%的相对湿度,常用加湿器或经常洒水的方法来调节湿度。湿度过低则培养基丧失大量水分,导致培养基各种成分浓度的改变和渗透压的升高,进而影响组织培养的正常进行。而湿度过高会造成杂菌滋生,导致大量污染。

(四)渗透压

培养基中因存在盐类、蔗糖等化合物,故会影响溶液渗透压的变化。当溶液的渗透压在1～2 个大气压时,有利于植物细胞正常生长,2 个大气压以上就会造成原生质体失水收缩过度,反之,若溶液渗透压较低时,会引起植株过度吸水,两者均会影响外植体细胞的生长,甚至死亡。

(五)pH

培养基的 pH 影响培养物对营养物质的吸收和生长速度。对大多数植物来说,培养基的pH 控制在 5.6～6.0,但在蝴蝶兰培养时,pH 只能用 5.3 左右,否则会影响原球茎的形成和分化;杜鹃的培养基则要求 pH 为 4.0。pH 过高,不但培养基变硬,阻碍培养物对水分的吸收,而且影响离子的解离释放;pH 过低,则容易导致琼脂水解,培养基不能凝固。

不同植物组织培养对环境的最适 pH 的要求是不同的(表 2-22),大多数植物的最适 pH在 5.0～6.5,一般培养基 pH 为 5.8 就能满足绝大多数植物培养的需要。pH 4.0 以下或 7.0

以上对生长都不利。

表 2-22　不同植物组织培养的最适 pH

种类	杜鹃	月季	康乃馨	胡萝卜	石刁柏	蝴蝶兰	桃	葡萄
最适 pH	4.0	5.8	6～6.5	6.0	6.0	5.1～5.4	7.0	5.7

(六)培养基成分

培养基中包括:水、大量元素、微量元素、铁盐、有机物、激素、蔗糖、琼脂等物质。

(七)培养方法

培养方法一般分为固体培养与液体培养,它们都有各自的优、缺点。固体培养优点是操作简便,设备简陋,易于观察,氧气充足,缺点是营养成分分布不均,外植体与培养基接触面积小,代谢废物易累积基部,影响细胞组织的正常代谢;液体培养优点是组织与培养液接触面积大、均匀,但设备昂贵,缺点是为了解决氧气的不足需要购买昂贵的摇床等设备,不便观察。

三、植株成苗途径

植物组织培养过程中植株成苗途径一般可分为无菌短枝型、器官发生型、丛生芽增殖型、胚状体、原球茎发生型 5 种类型,所形成的植株称为再生植株。外植体及培养条件不同,成苗途径不同。各种再生类型的特点比较如表 2-23 所示。

表 2-23　各种再生类型的特点比较

再生类型	外植体来源	再生途径	特点
无菌短枝型	顶芽、侧芽、带芽茎段	嫩枝(切割)→短枝→生根→完整植株	一次成苗,培养过程简单,适用范围广,移栽容易成活,再生后代遗传性状稳定,但初期繁殖较慢
器官发生型	叶片、叶柄、花瓣等	(诱导)愈伤组织→形成不定芽、不定根→完整植株	多数经历"外植体→愈伤组织→不定芽→生根→完整植株"的过程,繁殖系数高,多次继代后愈伤组织的再生能力下降或消失,再生后代易发生变异
丛生芽增殖型	茎尖、带芽茎段	丛生芽(分割)→生根→完整植株	与无菌短枝型相似,繁殖速度较快,成苗量大,再生后代遗传性状稳定
胚状体发生型	活的体细胞	胚状体(反复继代)→完整植株	胚状体数量多、结构完整、易成苗和繁殖速度快,有的胚状体存在一定变异
原球茎发生型	兰科植物的茎尖或侧芽	原球茎(反复继代)→完整植株	原球茎具有完整的结构,易成苗和繁殖速度快,再生后代变异概率小

(一)无菌短枝型

将顶芽、侧芽、茎尖分生组织或带有芽的茎切段接种到培养基上,进行伸长培养,逐渐形成一个微型的多枝多芽的灌木丛状结构。继代时将丛生芽苗反复切段进行转接,重复芽苗增殖的培养,从而迅速获得较多嫩茎(在特殊情况下也会生出不定芽,形成芽丛)。这种增殖方式也称为"微型扦插"或"无菌短枝扦插"。将一部分嫩茎切段转移到生根培养基上,即可培养出完整的试管苗。这种方法主要适用顶端优势明显或枝条生长迅速,或对组培苗质量要求较高的一些木本植物和少数草本植物，如月季、枣树、葡萄、矮牵牛、茶花、菊花、香石竹等。由于其不经过愈伤组织诱导阶段，因此是最能使无性系后代保持原品种特性的一种繁殖方式。实践中应注意芽位的选取，一般以上部 3～4 节的茎段或顶芽为外植体。

（二）器官发生型

器官发生型又称为愈伤组织再生途径，即将叶片、叶柄、花瓣等外植体在适宜的培养基和培养条件下经诱导分化形成愈伤组织，再由愈伤组织细胞分化形成不定芽或不形成愈伤组织而直接从表面形成不定芽。有些植物能够直接从外植体表面产生不定芽，如矮牵牛、悬钩子、百合、银杏、柏科和松科的一些植物等。

1. 愈伤组织的形成

愈伤组织原指植物体的局部受到创伤刺激后，在伤口表面新生的组织。它由活的薄壁细胞组成，可起源于植物体任何器官内各种组织的活细胞。在植物体的创伤部分，愈伤组织可帮助伤口愈合；从伤口愈伤组织可分化出不定根或不定芽，进而形成完整植株。在植物器官、组织、细胞离体培养时，条件适宜也可以长出愈伤组织。其发生过程是：外植体中的活细胞经诱导，恢复其潜在的全能性，转变为分生细胞，继而其衍生的细胞分化为薄壁组织而形成愈伤组织。从植物器官、组织、细胞离体培养所产生的愈伤组织，在一定条件下可进一步诱导器官再生或胚状体而形成植株。在单倍体育种中，也可由花粉产生的愈伤组织或胚状体分化成单倍体植株。甚至可由原生质体培养诱导植株或器官再生。故愈伤组织的概念已不局限于植物体创伤部分的新生组织了。

在植物的组织培养中，从一块外植体形成典型的愈伤组织，大致要经历三个时期：启动期、分裂期和形成期。启动期指细胞准备进行分裂的时期。外源植物生长激素对诱导细胞开始分裂效果很好。常用的有萘乙酸、吲哚乙酸、细胞分裂素等。通常使用细胞分裂素和生长素比例在 1∶1 来诱导植物材料愈伤组织的形成。分裂期是指外植体细胞经过诱导以后脱分化，不断分裂、增生子细胞的过程。分裂期愈伤组织的特点是：细胞分裂快，结构疏松，颜色浅而透明。分化期是指在分裂的末期，细胞内开始出现一系列形态和生理上的变化，从而使愈伤组织内产生不同形态和功能的细胞。这些细胞类型有薄壁细胞、分生细胞、色素细胞、纤维细胞等。外植体的细胞经过启动、分裂和分化等一系列变化，形成了无序结构的愈伤组织。如果在原来的培养基上继续培养愈伤组织，会由于培养基中营养不足或有毒代谢物的积累，导致愈伤组织停止生长，甚至老化变黑、死亡。如果要让愈伤组织继续生长增殖，必须定期地（2～4 周）将它们分成小块接种到新鲜的培养基上，这样愈伤组织就可以长期保持旺盛的生长。

2. 愈伤组织再生途径

愈伤组织再生一般包括 3 种情况：第一种情况是先形成芽，在芽伸长后，在其茎的基部长出根而形成小植株，大多植物为这种情况；第二种情况是先产生根，再从根的基部分化出芽形成小植株，这在单子叶植物中很少出现，而在双子叶植物中较为普遍；第三种情况是先在愈伤组织的相邻近不同部位分别形成芽和根，然后两者结合起来形成一株小植株，类似根芽的天然嫁接，但这种情况较少见，而且一定要在芽和根的维管束相通的情况下，才能得到成活植株。

3.影响器官发生的主要因素

影响器官发生的主要因素有外植体、培养基和培养环境等。

(1)外植体　理论上讲所有的植物都有被诱导产生愈伤组织的潜力,但不同植物种类被诱导的难易程度不同。一般来说,苔藓、蕨类、裸子植物与被子植物相比,诱导比较困难;在同类植物中,草本植物比木本植物容易;同一种植物中幼嫩材料比老熟材料易于诱导和分化。

通常情况下同一种植物的不同器官或组织所形成的愈伤组织,无论在生理上或形态上,其差别均不大。但是对有些植物而言,却有明显差异。如油菜的花器比叶、根等易于分化成苗;水稻和小麦幼穗的苗分化频率比其他器官高。

(2)培养基　培养基的类型、组成、植物生长调节剂及其配比、物理性质等都对愈伤组织诱导和分化不定芽产生一定影响。主要表现以下特点:一是高无机盐浓度对愈伤组织诱导和生长有利,无机盐浓度较高的MS、B_5等基本培养基均可用于愈伤组织的诱导。二是生长素与细胞分裂素的浓度和配比是控制愈伤组织生长和分化的决定因素。通过改变激素的种类和浓度,可有效调节组织、器官的分化。一般高浓度的生长素和低浓度的细胞分裂素有利于愈伤组织的诱导和生长。在生长素类激素中,2,4-D诱导愈伤组织效果最好,但使用浓度过高,则会抑制不定芽的分化;KT和BA能广泛地诱导芽的形成,而BA比KT的效果好。三是培养基中添加糖、维生素、肌醇和甘氨酸等有机成分,可以满足愈伤组织的生长和分化的营养要求,糖类物质还起到维持培养基渗透压的作用。四是液体培养基要比固体培养基好,在液体培养基中愈伤组织易于生长和分化。另外,一些天然提取物对愈伤组织的诱导和维持十分有益,如10%椰子汁、0.5%的酵母提取液、5%~10%的番茄汁等。

(3)培养环境　在离体培养条件下,光对器官的作用是一种诱导反应,而不是提供光合作用的能源,除一些植物愈伤组织培养需要暗环境之外,一般均需一定的光照条件,因为一定的光照对芽苗的形成、根的发生、枝的分化和胚状体的形成有促进作用。对一般植物而言,在(25±2)℃的恒温条件下都能较好地形成芽和根,而有些植物则需要在一定的昼夜温差下培养。温度高低对器官发生的数量和质量有一定的影响。

(三)丛生芽增殖型

茎尖、带有腋芽的茎段或初代培养的芽,在适宜的培养基上诱导,可使芽不断萌发、生长,形成丛生芽。将丛生芽分割成单芽,增殖培养成新的丛生芽,如此重复芽生芽的过程,称为丛生芽增殖型。可实现快速、大量繁殖的目的。将长势强的单个嫩枝进行生根培养,进而形成再生植株。

(四)胚状体发生型

胚状体发生型是再生植株通过球形胚、心形胚、鱼雷形胚和子叶形胚的胚胎发育过程,形成类似胚胎的结构,最终发育成小苗。但它是由体细胞发生的。其中体细胞既可以是成熟的植物根、茎、叶、花等组织细胞,也可来自花药壁及未成熟幼穗等。这已从伞形科、禾本科等四十余科植物中观察到。胚状体可从愈伤组织形成,也可不经脱分化直接从子叶、下胚轴和花药培养形成。胚状体源于体细胞,可以从愈伤组织表面或悬浮培养的细胞发生,也可从外植体表面已分化的细胞产生。它是植物离体无性繁殖最快的途径,也是人工种子和细胞工程常用的发生途径,但有的胚状体存在一定的变异,应经过试验和检测后才能在生产上大量应用。

图 2-4是胡萝卜胚状体的形成和分化过程。

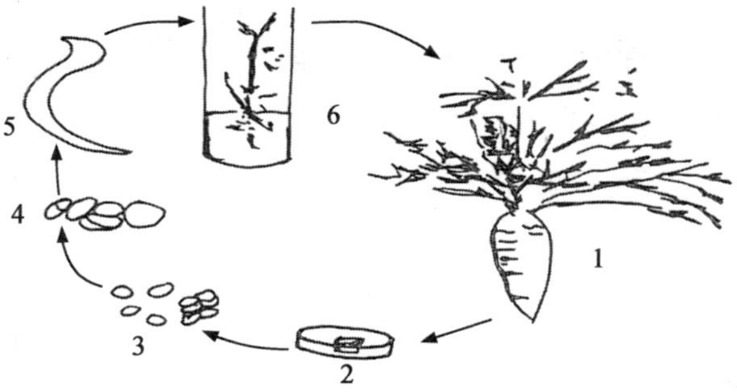

1. 胡萝卜 2. 外植体在培养基上培养 3. 愈伤组织
4. 成胚细胞 5. 胚状体 6. 再生植株

图 2-4 胡萝卜胚状体的诱导和分化过程

由于胚状体发生和器官发生均可起源于愈伤组织或者直接来自外植体，因此这两种再生植株常常容易混淆，表 2-24 列出了这两种再生植株的主要区别。

表 2-24 胚状体苗与器官发生苗的区别

项目	胚状体发生型幼苗	器官发生型幼苗
来源与极性	最初形成多来自单个细胞，双向极性，两个分生中心，较早分化出茎端和根端（方向相反）	最初形成多来自多细胞，单向极性，单个分生中心
微管组织	胚状体维管组织与外植体维管组织不相连	不定芽和不定根与愈伤组织的维管组织相连
胚胎形态	具有典型的胚胎形态发生过程	无胚胎形态，分生中心直接分化器官
子叶	形成的幼苗具有子叶	不定芽的苗无子叶
生根	根和芽齐全，不经历诱导生根阶段	一般先长芽后诱导生根或先长根后长芽

影响胚状体发生的因素主要是培养基中的植物生长调节剂和含氮化合物。

在愈伤组织的产生和增殖过程中，大多数植物需在生长素与细胞分裂素结合的培养基上才能诱导出胚状体（如山茶、花叶芋）；在 2,4-D 等生长素的作用下，愈伤组织有时分化形成胚性细胞团，只有降低或者完全去除培养基中的 2,4-D 等生长素（如金鱼草、矮牵牛）才能发育成胚状体；有些植物在只含有细胞分裂素的培养基上也能诱导出胚状体（如大麦、檀香）。

在诱导胚状体产生时，除使用生长素外，培养基中还应加入有一定量的含氮化合物，其中铵根离子对胚状体的形成起了一定的作用。如果愈伤组织是在含有 KNO_3 和 NH_4Cl 培养基上建立起来的，无论分化培养基中是否含有 NH_4Cl，愈伤组织都能形成胚状体。另外，水解酪蛋白、谷氨酰胺和丙氨酸等对胚状体的发生都有一定的作用。

体细胞胚胎发生途径具有成苗数量大、速度快、结构完整的特点，因而是外植体增殖系数最大的繁殖途径。但胚状体发生和发育情况复杂，通过体细胞胚胎发生途径快繁的植物种类远没有腋芽萌发和不定芽发生途径涉及广泛。

(五)原球茎发生型

原球茎形成是兰科植物在组织培养过程中发生的一种特殊的繁殖方式。原球茎是一种类胚组织，可以看作是呈珠粒状短缩的、由胚性细胞组成的类似嫩茎的器官，它可以增殖，形成原球茎丛。可由茎尖或腋芽诱导产生原球茎。一些兰科植物的茎尖或侧芽培养可直接诱导产生原球茎。切割原球茎进行增殖，或停止切割后继续培养，可见原球茎逐渐转绿，并产生毛状假根，叶原基发育成幼叶，再将其转移培养生根，形成完整植株。

四、培养程序

(一)初代培养

初代培养是指在组培过程中，最初建立的外植体无菌培养阶段，即无菌接种完成后，外植体在适宜的光照、温度、气体等条件下被诱导成茎梢、不定芽或丛生芽、胚状体或原球茎的过程，因此也称为诱导培养。由于外植体的来源复杂，又携带较多杂菌，因此初代培养一般比较困难。

(二)继代培养

通过初代培养所获得的愈伤组织、不定芽、无菌茎梢、胚状体或原球茎等无菌材料被称为中间繁殖体。由于中间繁殖体数量有限，所以需要将它们切割、分离后转移到新的培养基中培养增殖，这个过程称为继代培养(也称增殖培养)。继代培养是继初代培养之后的连续数代的培养的过程，旨在扩繁中间繁殖体的数量，最后能达到边繁殖边生根的目的。由于培养物在接近最好的培养环境下生长，又排除了其他生物的竞争，所以中间繁殖体可按几何级数扩繁，例如以 2 株苗为基础，每棵苗的繁殖系数为 3(即 1 株苗剪成 3 段接种，培养一段时间后每段又形成 3 株苗)，那么经 10 代繁殖，将生成 $2\times3^{10}=118\ 098$ 株苗。

五、壮苗与生根

(一)诱导生根的一般要求

当丛生芽苗增殖到一定数量后要分离成单苗转入生根培养基进行生根诱导。一般认为矿质元素含量高，有利于茎叶生长，较低时有利于生根。所以生根培养基多采用 1/2MS 或者 1/4MS 培养基。另外，培养基要去除全部细胞分裂素，并加入适量的生长素(NAA、IBA 等)。因植物种类不同，一般 2～4 d 即可见根原基发生，当洁白的生长正常的根长约 1 cm 时即可驯化移栽。

(二)诱导生根方法

1.具体步骤

将新梢基部浸入 50～100 mg/L IBA 溶液中处理 4～8 h 或直接移入含有生长素的生根培养基中。这两种方法均能诱导新梢生根，但前者对新生根的生长发育更为有利，而后者对幼根的生长有抑制作用。其原因是当根的原生质体形成后较高浓度生长素的继续存在，将不利于幼根的生长发育。不过这种方法比较可行，实践中要选择好适宜的生长素及其浓度。

也可采用增加在增殖培养基中的培养时间；适当降低增殖倍率，减少细胞分裂素的用量(即将增殖与生根合并为一步)；切割粗壮的嫩枝用生长素溶液浸蘸处理后在营养钵中直接生根。这种方法省去了生根阶段，但只适于一些容易生根的作物。

另外，少数植物生根比较困难时，则需要在液体培养基中放置滤纸桥，使其略高于液面，靠滤纸的吸水性供应水和营养,解决生根时氧气不足的问题,从而诱发生根。

2.生根阶段的壮苗措施

在培养基中添加一定数量的多效唑、比久、矮壮素等生长延缓剂或在生根培养阶段将培养基中的糖含量减半,提高光强为原来的3～6倍。一方面促进生根,促使试管苗的生活方式由异养型向自养型转变;另一方面对水分胁迫和疾病的抗性也会增强。由于胚状体有根原基和芽原基的分化,可不经诱导生根阶段,直接成苗。但因经胚状体途径发育的苗数特别多,而且个体弱小,所以通常需要一个在低浓度或没有植物激素的培养基培养的阶段,以便壮苗生根。由其他途径形成的弱小试管苗也需要经历一个壮苗过程。

●思政花园

天赋仅给予一些种子,而不是既成的知识和德行。这些种子需要发展,而发展是必须借助于教育和教养才能达到的。

——凯洛夫

项目四
植物组织培养的常用类型

一、愈伤组织培养

愈伤组织是在人工培养基上，由外植体组织的增生细胞产生的一团不定型的疏松排列的薄壁细胞。愈伤组织培养是指将外植体接种到人工培养基上，在激素作用下，进行愈伤组织诱导、生长和分化的培养过程，如图 2-5 和图 2-6 所示。愈伤组织培养的主要目标是诱导愈伤组织形成和形态发生，使一个离体的细胞、一块组织或一个器官的细胞，通过脱分化形成愈伤组织，并由愈伤组织再分化形成完整的植株。

图 2-5　愈伤组织

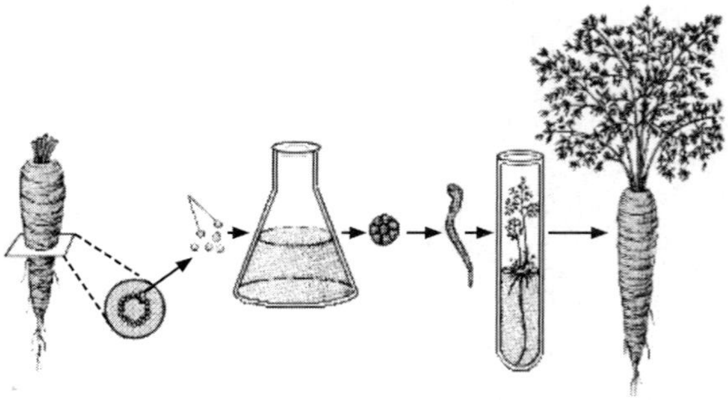

图 2-6　胡萝卜的愈伤组织培养

(一)愈伤组织的诱导和分化

用于培养的植物组织多是已经分化的成熟细胞，如叶片、茎段等，大部分细胞已经丧失分裂能力，不能进行细胞分裂。由这些成熟细胞诱导产生愈伤组织，需要使这些细胞失去原有的状态，恢复分裂能力，变成分生细胞，这个过程就叫脱分化。脱分化是愈伤组织培养的首要任务。

外植体形成愈伤组织通常需要满足两个条件，分别是离体条件和外源激素。

1. 离体条件

一个完整的植物体是一个有机整体，形态和机能都是协调统一的。每一个器官、组织、细胞都与周围的成员互相协调制约，发挥本身的作用，不能独自生长和分化。一方面受到生理上的制约，如顶端优势使其内源激素、光合产物等的分配都不是均衡的，这就是一种明显的生理制约。另一方面的遗传上的制约，植物体的每一个体细胞含有相同染色体，都含有植物体的所有遗传信息。基因只在特定的细胞空间内、特定的时间内表达，受严格的时空调控，只有这样植物的生长发育才会处于一种协调和有序的状态。植物细胞想发育成完整的植株，只有克服这种生理和遗传的制约才有可能表达出全能性。

2. 外源激素

大量的研究表明，高等植物的各种器官、组织离体后，在适当条件下都能从分化状态回到未分化状态，产生愈伤组织。在离体条件下，激素是影响植物材料形成愈伤组织的最主要因素。诱导愈伤组织一般要在培养基中添加 2,4-D、NAA、IAA、IBA、BA 等植物生长激素，一般使用的浓度为 0.1～10 mg/L。有些天然物也对愈伤的诱导和维持十分有益，如椰子汁、酵母提取物、番茄汁等。

(二)愈伤组织的形成

植物细胞或外植体形成愈伤组织大致经历三个时期：诱导期、分裂期和分化期，即脱分化恢复分裂，持续分裂增生和进一步再分化形成植株。

(1)诱导期　又称启动期，是细胞准备进行分裂的时期，该时期细胞的大小变化不明显，可以说处于静止状态。然而细胞内部在进行多种生理生化反应，如合成代谢加强，合成蛋白质和核酸等。外源的生长素类物质对诱导细胞开始分裂效果很好，常用的有 2,4-D、NAA 和 IAA 等。

(2)分裂期　外植体细胞经诱导脱分化，不断分裂、增生子细胞。分裂期的愈伤组织通常细胞分裂快，结构疏松，缺少有组织的结构，颜色浅而透明，能维持其不分化的状态。外植体的脱分化因植物种类、器官来源及生理状况的不同而有很大差异。通常幼嫩的组织脱分化比较容易，成熟的老组织脱分化比较难。

(3)分化期　愈伤组织细胞停止分裂，细胞内发生一系列的形态和生理变化，导致细胞在形态和生理功能上的分化，出现形态和功能各异的细胞。这些细胞类型有薄壁细胞、分生细胞、色素细胞、纤维细胞等。

(三)愈伤组织的形态建成

愈伤组织培养的形态建成指外植体细胞在适宜的培养条件下发生脱分化、再分化，产生芽和根，或者形成胚状体(图 2-7)，最终发育成完整植株的过程。经过启动、分裂和分化期产生的愈伤组织，细胞分裂常以无规则方式发生，并产生无明显形态和极性的无序结构组织块。这时虽然在愈伤组织中发生了细胞分化，形成维管化组织和瘤状结构，但并没有器官发生。只有满足某些条件时，愈伤组织的细胞才会发生再分化产生芽和根的分生组织，甚至胚状体，进而发育成完整植株。

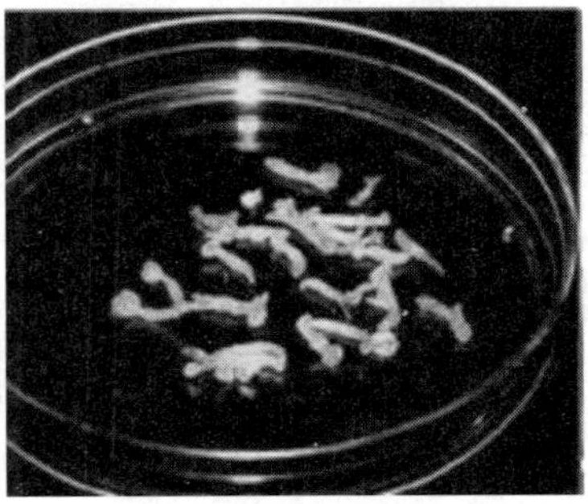

图 2-7　胚状体

愈伤组织的形态发生途径主要有器官发生途径和胚状体发生途径两种，在少数情况下也有两种途径同时存在的现象。

1. 器官发生途径

器官发生是愈伤组织在某些条件下分生细胞发生分化形成不同的器官原基，再逐渐形成芽和根，最终形成完整的植株。其中芽和根是在愈伤组织的不同部位分别独立形成的，形成的时间也可能不一致，它们各为单极性结构。里面各种维管束与愈伤组织相连，但不定芽和不定根之间，并没有共同的维管束把二者连在一起。在分化时，愈伤组织的表层和内部都可形成分生中心。芽多发生在愈伤组织的表层，属外起源。根发生在组织的深处，是内起源。愈伤组织的外部形态也随分化而改变，一般由疏松转向紧密。

愈伤组织的器官发生顺序有四种情况：①愈伤组织仅有根或芽，各器官分别形成，即形成无根的芽或无芽的根。②先长芽，后长根，大多数植物是这种情况。③先长根，再从根的基部长芽。④先在愈伤组织的邻近不同部位分别形成芽和根，然后两者结合起来形成一株植株。

在组织培养过程中，我们常可以看到一些异常的结构，如芽的类似物、叶的类似结构和不正常的苗等，这种情况多半是由于生产激素水平过高或配比不协调引起的。大量实验结果表明，大多数植物组织和器官再生作用符合器官分化的植物激素控制理论，当生长素与细胞分裂素的比例高时，愈伤组织仅形成根；生长素与细胞分裂素的比例小时则产生苗，两种激素的比例适中时则产生无结构的愈伤组织。

2. 胚状体发生途径

胚状体发生是由愈伤组织细胞诱导分化出具有胚根、胚芽和胚轴的胚状结构，进而长成完整植株。这种愈伤组织中的薄壁细胞不经过有性生殖过程，直接产生类似于合子胚的结构叫胚状体。在愈伤组织表面或内部形成很多胚状体，或称体细胞胚，它们经历的发育阶段与合子胚相似。胚状体可脱离愈伤组织在无激素培养基上萌发。

由外植体经胚状体形成完整植株可分三个不同发育阶段：①外植体细胞脱分化发生细胞分裂，进而形成愈伤组织，这一阶段同器官发生方式一样。②胚状体形成。在整体植物中，精子和卵结合形成合子，合子进一步发育成胚。但在离体条件下胚状体的发育过程是：细胞经脱分化后发生持续细胞分裂增殖，并顺次经过原胚、球形胚、心形胚、鱼雷胚和子叶胚 5 个时期，再形成成熟的有机体。③胚状体再发育成完整植株。

胚状体发生途径与器官发生途径形成植株的区别：①胚状体具有两极性，即有茎端和根端。②胚状体的维管组织与外植体的维管组织无解剖结构上的联系。③胚状体维管组织的分布是独立的“Y”字形。胚状体方式比不定芽方式有更多的优点，如胚状体产生的数量比不定芽多；胚状体可以制成人工种子，便于运输和保存；胚状体的有性后代遗传上更接近母体植株等。

二、器官培养

植物器官培养，主要是指离体的根、茎、叶、花器、果实和种子的无菌培养。以器官作为外植体进行离体培养的植物种类最多，应用广泛，植物器官培养是研究器官生长、营养代谢、生理生化、组织分化和形态建成的最好材料和方法，而且在生产实践中应用广泛，如快速繁殖和茎尖的脱毒培养等，它也是种质保存的有效手段之一。

（一）根的培养

离体根培养常用于根系生理和代谢研究，是公认的最优良的实验体系。根系生长快，代谢强、变异小，无菌培养下不受微生物的干扰，可以通过改变培养基的成分，来研究营养吸收、生长和代谢的变化。在生物技术生产应用中，可以随时随地生产离体根的培养物，进行药物、微

●思政花园

教育的根是苦的，但其果实是甜的。

——亚里士多德

量活性物质、次生代谢产物的工厂化生产。此外，根的培养可用于再生植株，先诱导离体根形成愈伤组织，再在分化培养基上诱导成芽，进而形成完整植株。有的植物甚至可以直接从离体根再生新的植株。

1.根的培养材料和方法

根的培养材料一般采用组培接种植物种子发芽产生的幼根，此法可以克服取自土壤的根系的消毒难题。对于不易获得种子和因其他特殊原因不能得到组培根的也可以使用植物根系经消毒后切段培养。根的培养可用固体培养法(图 2-8)、液体培养法和固体－液体培养法。固体－液体培养法是把根基部分插入培养基中，根尖浸在液体培养基中。

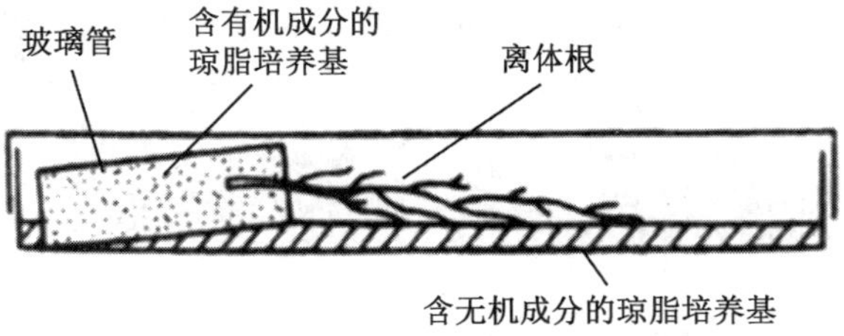

图 2-8　Torrey 等根瘤菌试验

2.影响离体根生长的因素

主要包括植物种类、培养基、激素、pH、光照与温度等。

(1)植物种类　不同植物或同一植物根的不同部位和不同年龄对根的培养反应不同。如番茄、马铃薯、烟草等植物的离体根能快速生长，并产生大量健壮的侧根；有些如胡萝卜、向日葵的根能长时间培养，但不能无限培养等。通常不同植物类型需要提供相应的培养条件，即使在同一生长条件下，由于营养代谢和基因型的差异，也会表现出生长特性上的差异。

(2)培养基　离体根培养多采用无机盐离子浓度低的 White 培养基。若是用无机盐离子浓度高的 MS 或 B_5 时，必须将其浓度稀释为原浓度的 2/3 或 1/2。离体根的生长培养基中需含有全部的必需元素，能够利用单一的硝态氮或氨态氮(在适宜的 pH 条件下，硝酸盐的效果较好)。硝态氮、钙、硼和铁利于根的发生，而缺少微量元素就会导致出现各种缺素症。如缺铁会导致细胞停止分裂，无法实现增殖，并破坏根系的正常活动。缺少维生素 B_1 和维生素 B_6 根系生长受阻(通常使用浓度为 0.1～1.0 mg/L)。糖是必不可少的附加物，一般使用浓度稍低的蔗糖，如玫瑰生根的蔗糖浓度为 2%。

(3)激素　激素对根生长的影响是一个综合过程，如 KT 在 1.5%低浓度蔗糖的条件下对番茄离体根的生长有抑制作用；当在 3%高浓度蔗糖的条件下，KT 能够促进根的生长。GA 和 NAA 在蔗糖浓度较低时，能够增加番茄离体根的侧根数量。将处理过的番茄根转移到无 NAA 的培养基中，IAA 对番茄根生长的抑制作用消失。此外 KT 能与 GA 和 NAA 的反应相拮抗。因此选准激素，并与其他培养条件相配合，是保证离体根培养成功的重要因素。

(4)pH　根培养适宜的 pH 一般为 5.0～6.0。如水稻根培养在 pH 3.3～5.8 的范围内，随着 pH 的升高而加速生长。在番茄根的培养中，用单一硝态氮作为氮源时，培养基的 pH 应为 5.2，用单一铵态氮源时 pH 7.2 最好。此外，当 pH 升高(5.8～6.2)，铁会发生沉淀，造成培养基中缺铁。

(5)光照与温度　离体根培养的温度一般以 25～27 ℃为佳，要求在遮光条件下培养。

(二)茎的培养

离体茎培养是利用茎分生组织、茎尖或更大的芽、幼嫩的茎段和小块块茎进行无菌培养的技术。根据取材部位可分为茎尖培养和茎段培养。由于茎尖和茎段无菌培养是在一个非常小的范围内进行大量繁殖，因此又称为微繁技术，如图 2-9 所示。

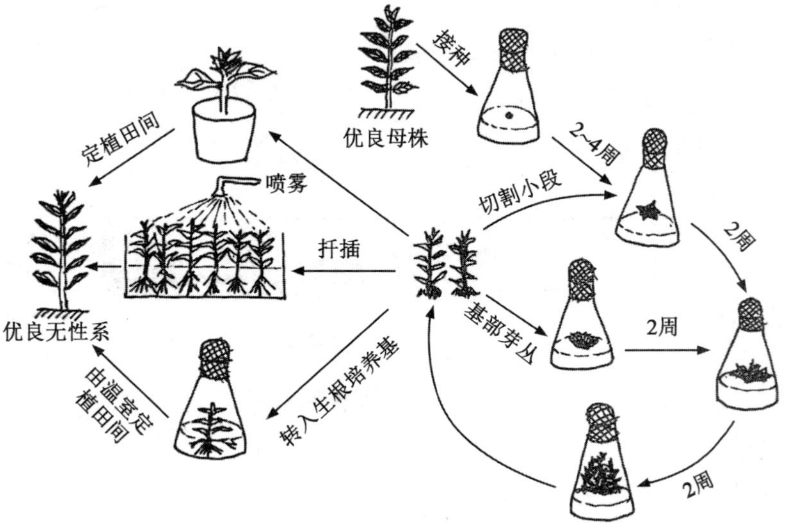

图 2-9　茎尖培养微繁

1. 茎尖培养

茎尖是植物组织培养常用的外植体，如图 2-10 所示，因为茎尖生长迅速，繁殖率高，不易产生遗传变异，是获得脱毒病毒苗的有效途径。茎尖培养根据培养目的和取材大小分为微茎尖和普通茎尖培养。微茎尖是外植体有 1～2 个叶原基的生长锥，取材长度一般不超过 0.5 mm，主要用于植物脱毒培养。如果茎尖长度不超过 0.1 mm，最小的只有几十微米的茎尖培养，被称作茎尖分生组织培养，这种培养更易获得无菌病毒苗。但这样小的茎尖分离困难，成苗时间长，需要一年乃至更长的时间。普通茎尖是指几毫米到几十毫米的较大茎尖、芽尖和侧芽，其培养技术简单易行，容易成活，成苗所需的时间短，常用于植物的离体快速繁殖。

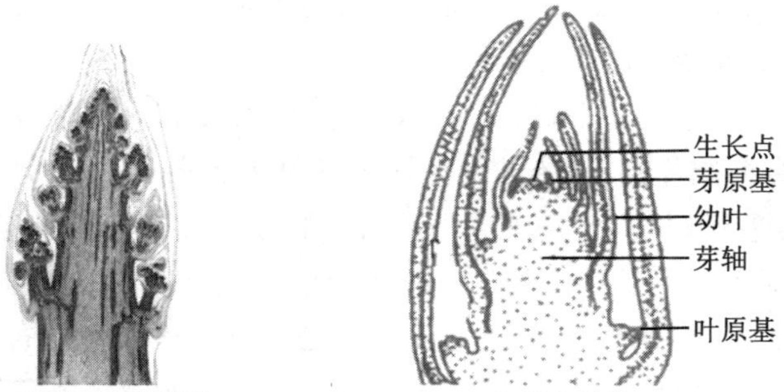

a.芦笋茎尖显微图　　b.茎尖结构

图 2-10　茎尖的结构

(1)外植体材料的选择和处理　茎尖培养应选择生长健壮旺盛、无病虫害植株的茎、藤或匍匐枝，切取1～2 cm的嫩梢。木本植物可在取材前喷几次灭菌药剂，以保证材料不带或少带杂菌。有些茎尖培养过程中，会发生褐化，使培养材料难以存活。为减少褐化，接种时不能用生锈的解剖刀，并减少伤口在空气中暴露的时间。也可将切下的材料在1%～5%的维生素C溶液中浸蘸一下再接种。

(2)培养条件

培养基　常用MS和B_5培养基，MS适合大多数双子叶植物，B_5适用于许多单子叶植物，木本植物可选用WPM培养基。对于易发生褐化的茎尖也可以采用液体培养方式。

pH　培养基的pH影响茎尖对营养液的吸收和茎尖的生长速度，多数植物茎尖培养的pH应控制在5.6～5.8范围内。

激素　茎尖初代培养属于无菌短枝发生型，外植体启动生长的关键是培养基激素配比与浓度，一般用较高浓度的细胞分裂素和较低浓度的生长素，这样能够解除顶端优势的抑制作用，诱导丛生芽产生。生长素浓度过高易产生愈伤组织。激素配比适当，通常形成无根苗。

光照和温度　大多数植物的茎尖培养需在光照下进行，光照强度在1 000～3 000 lx，光照16 h/d或24 h连续光照。茎尖培养的温度一般在25 ℃左右，但因植物种类和培养过程有所差异，有时也采用较低温度、较高温度，或适当的昼夜温差等处理方式提高诱导效率。

(3)茎尖培养过程　一般顶芽和腋芽培养30～40 d可长成新梢。不同植物的离体茎尖对生长素的反应是不同的，会出现生长太慢、生长太快和生长正常等三种类型。生长太慢型是接种后茎尖不增大，只是茎尖逐渐变绿，出现绿色小点，细胞逐渐老化而进入休眠状态，或者逐渐变褐死亡。引起的原因主要是生长素浓度太低，或是温度过低或过高；生长太快型是接种后茎尖迅速增大，在茎尖基部产生愈伤组织，并迅速增殖。

2.茎段培养

茎段培养指用不带芽或带芽的茎段接种并进行无菌培养的方式，也可使用块茎、球茎的幼嫩鳞茎盘进行培养。主要用于快速繁殖，也可用于探讨茎部细胞的分裂潜力和全能性，诱发细胞变异、筛选突变体等。茎段培养应用广泛，而且芽生芽方式增殖的苗木质量好，且无病，性状均一，可解决无性繁殖植物的快速繁殖问题。

草本植物茎段培养取生长健壮的幼嫩枝条或鳞茎盘，木本植物取当年生嫩条或一年生枝条，去掉叶片，剪成3～4 cm的小段。茎段表面常有绒毛，消毒时可滴入1～2滴吐温，但要注意冲洗干净，防止药剂残留。接种时切掉消毒剂杀伤的部位，分成带芽小段竖插入培养基，注意形态学上端朝上。培养基和培养条件同茎尖培养。茎段接种后不久，腋芽开始向上伸长生长，形成新茎梢，有时会出现丛生芽。此外在切口处有时会形成少量的愈伤组织。一般1个芽1年能扩繁增殖10万株以上，如图2-11所示。

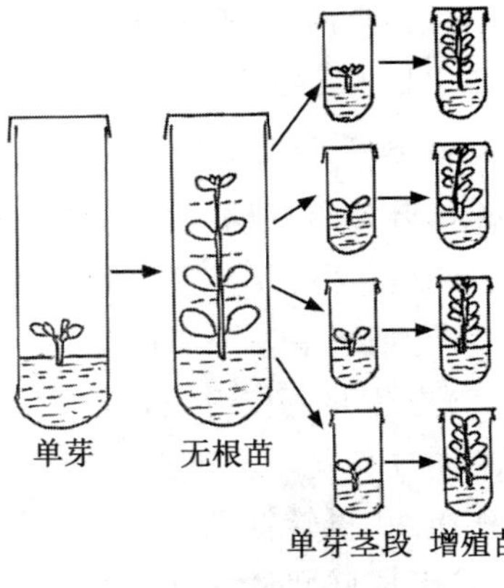

图2-11　单芽茎段微繁

3.影响茎尖和茎段培养的因素

(1)基因型　与其他组织培养一样，受基因型的影响较大，不同科属植物茎的培养要求不同的培养条件，甚至同一属的不同品种间，相同培养条件下其表现也不一样。

(2)取材时间、部位、大小与芽的生理状态　一般春天植物开始生长，芽已经膨大，但芽鳞片还没有张开时，取材最为合适。一年或多年生草本植物营养生长早期取材较营养生长后期容易培养。草本植物顶芽或上部的芽常比用侧芽或基部的芽容易培养。多年生木本植物使用年幼、阶段年龄较低的根苗或不定芽作材料。对于某些需要高温和低温处理或特殊光周期处理才可以打破休眠的块茎、鳞茎、球茎，常常要处理以后才能取材。培养茎尖材料不宜过大，否则不利于丛生芽和不定芽的形成。

(3)极性　极性在不同的植物离体培养中有不同的反应，如将杜鹃茎切段的形态学下端竖插在培养基上，从远离基部的表面上诱导出茎芽的数目较多；当把唐菖蒲外植体的基部向上放置时，也可以产生茎，但数目较少。极性现象是由于某些化学物质存在浓度梯度，如生长素的传导梯度作用等。使用适当的激素后，能削弱或加强极性的影响。

(三)叶的培养

离体叶的培养(图 2-12)是应用叶原基、叶柄、叶鞘、叶片、子叶等叶组织进行离体培养。因为叶是植物进行光合作用的自养器官，又是某些植物的繁殖器官，因此离体叶组织或细胞的培养，可用于研究形态建成、光合作用、叶绿素形成等理论问题。离体叶不受整体植株影响，可通过改变培养基成分来研究叶片营养吸收、生长和代谢变化规律，还可为叶片原生质体培养和原生质体融合提供理论依据。叶细胞培养物是良好的遗传诱变系统，通过自然和人工诱变处理，筛选的突变体可用于育种实践研究。

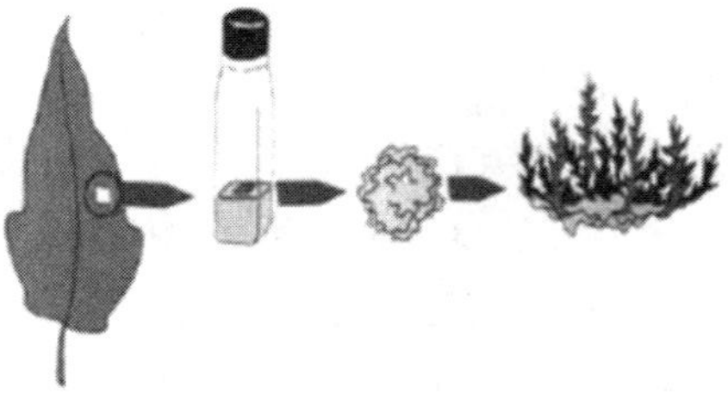

图 2-12　叶片离体培养过程

1.叶片接种培养

从生长健壮无病的植株上选取未充分展开的幼嫩叶片常规消毒。对某些粗糙或带茸毛的叶片可提前用蘸有 70%酒精的纱布擦拭或用洗衣粉水洗刷再用消毒剂消毒。叶片组织切成 0.5 cm 见方的小块或薄片(如叶柄和子叶)，上表皮朝上平放或竖插在培养基上。在 25～28 ℃ 条件下培养，每天光照 12～14 h。光照强度约为 1 500～3 000 lx，不定芽分化和生长期光照强度应增至 3 000～10 000 lx。

2.培养基及组成

常用的培养基有 MS、White、N_6、B_5等，附加椰子汁等有机添加物利于叶片组织的形态发生。激素是影响叶组织脱分化和再分化的主要因素。对于多数双子叶植物叶的培养，KT 和 6-BA 等细胞分裂素有利于芽的形成。而 NAA 等生长素抑制芽的形成，而有利于根的发生，其中 2,4-D 有利于愈伤组织的形成。

3.离体叶再生途径

离体叶培养植株再生途径主要有以下几种：

(1)直接产生不定芽　通常由离体叶片切口处组织迅速愈合并产生瘤状突起，进而产生大量不定芽，或由表皮下栅栏组织直接脱分化形成分生细胞，再产生不定芽。

(2)先诱导愈伤组织，再产生不定芽　有两种诱导形成方式，即一步诱导法和两步诱导法。前者在诱导分化培养基上诱导出愈伤组织并进一步分化出不定芽；后者先在诱导培养基上形成愈伤组织，再转接到分化培养基诱导出不定芽。

(3)形成胚状体　叶片组织离体培养中形成胚状体也是很普遍的。叶片组织如栅栏细胞、表皮细胞和海绵细胞经脱分化后都可能产生胚状体，如烟草、番茄和山楂等植物的叶片组织培养都能获得胚状体。

(4)其他途径　如大蒜的贮藏叶及水仙的鳞片叶，经离体培养可直接或经愈伤组织再生出球状体或小鳞茎，再发育成小植株。兰科植物叶尖培养可形成原球茎，再发育成小植株。

4.影响叶组织培养的因素

(1)激素　离体叶的培养较茎尖和茎段难度较大，常常需要多种激素配合使用，并且不同培养阶段需要不同的激素组合。如杏离体叶培养使用1/2MS培养基，添加ZT与2,4-D可诱导产生愈伤组织；添加KT与NAA可诱导愈伤组织产生不定芽。需要注意的是2,4-D可以促进离体叶愈伤组织的形成，但如果使用浓度过高，会抑制愈伤组织的进一步分化。

(2)叶龄　一般子叶最易培养，幼嫩叶片次之，成熟叶最难。

(3)极性与损伤　离体叶培养一般要求上表皮朝上平放于培养基上，易于成活。如烟草的一些品种的叶片背面朝上放置时，就不生长、死亡或只形成愈伤组织而没有器官的分化。大量的叶片组织培养证明，损伤对愈伤组织的形成具有一定的影响，大多数植物愈伤组织首先在切口处形成、或切口处直接产生再生芽。

(4)叶脉　离体叶培养一般保留叶脉接种，因为多数植物常从叶柄和叶脉的切口处形成愈伤组织和分化成苗，如杨树、中华猕猴桃等。

(5)基因型　不同种类植物的叶组织培养特性上有一定的差异，同一物种不同品种间叶组织培养特性也不尽相同。

三、胚胎培养

植物胚胎培养是指接种胚及胚器官(如子房、胚珠)经诱导培养发育成幼苗的技术，如图2-13。包括幼胚培养、成熟胚培养、胚珠培养、子房培养、胚乳培养等。植物的胚胎培养意义体现在可以克服远缘杂种的不育性，使种子无生活力的植物获得后代，使胚发育不全的植物获得后代，克服种子休眠、提早结实、缩短育种年限等，在杂交育种上具有重要的实践意义和应用价值。

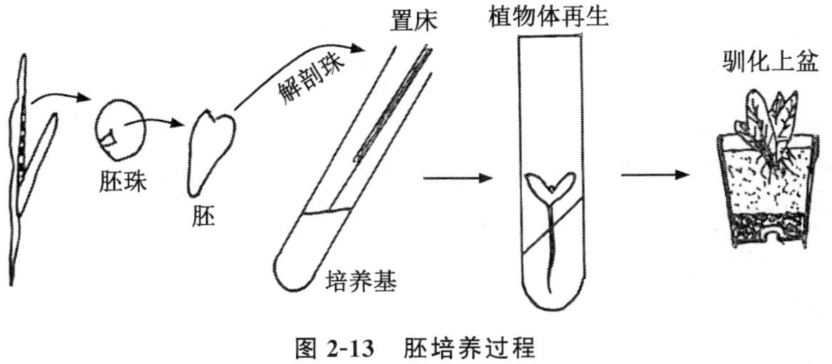

图2-13　胚培养过程

(一)胚培养

胚培养是采用人工方法将植物胚从植物的种子、子房、胚珠中分离出来，在无菌条件下诱导培养形成幼苗的过程。从植物体取出来的胚称为离体胚，根据发育时期又可分为成熟胚培养和幼胚培养。根据具体胚器官的不同，还可分为胚珠培养、子房培养和胚乳培养等。

1.成熟胚培养

成熟胚培养指子叶期后至发育完全的胚，接种在含有无机大量元素和糖的培养基上再生

图 2-14　成熟玉米胚的培养

形成幼苗的过程，如图 2-14 所示。种子外部有较厚的种皮包裹，不易造成损伤，易于进行消毒，消毒后剥离出胚接种在适宜培养基上，常规培养即可。

2. 幼胚培养

幼胚是指子叶期以前的幼小胚的离体培养。幼胚培养在远缘杂交育种上有极大的利用价值，其研究和应用越来越深入和广泛。幼胚培养技术也在进步，现在可使心形期胚或更早期的长度仅 0.1～0.2 mm 的胚生长发育成植株。由于胚越小越难培养，所以尽可能采用较大的胚进行培养。现在幼胚培养成功的有大麦、荠菜、甘蔗、甜菜、胡萝卜等。

3. 影响胚培养的因素

(1)培养基　成熟胚是一个发育成熟的两极结构，因此对培养条件的要求不高，在基本培养基中即可生长。而幼胚基本完全是异养的，对培养基要求高，除需提供大量和微量无机盐混合物外，还需提供维生素类和植物激素。胚龄越小要求的培养基的成分就越复杂。根据幼胚和成熟胚相应发育时期胚乳的状态推测，可能液体培养基适合幼胚培养，固体培养基适合成熟胚培养。

用于培养成熟胚的培养基主要是 Tukey、Randolph、White 培养基。在培养基中还需加入一定浓度的糖类物质和多种生长辅助物质。

幼胚培养的培养基主要有 Cox、Rijven、White、Rangaswany、NorstogaH 培养基，以及植物组织培养常用的 White、MS、B_5 和 Nitsch 培养基等。由于幼胚在自然条件下赖以生存的是无定形的液体胚乳，具有较高的渗透压，人工培养基中就要创造高渗透压的条件，防止可能的渗透压影响，还能抑制胚的萌发。所以幼胚培养基中需要添加蔗糖、维生素和氨基酸等物质，以形成高无机盐、高渗透压、高糖和高氨基酸的环境，满足离体幼胚发育的需要。

培养基中加入的糖以蔗糖最为适宜，也有使用葡萄、果糖及甘露醇等。幼胚所处的发育阶段越早，所要求的蔗糖浓度越高，如球形胚一般要求糖浓度为 8%～12%，而心形胚则只要求蔗糖浓度为 4%～6%。维生素类物质对胚生长有促进作用，例如盐酸硫胺素对几种植物胚的培养表现出促进根的伸长，而生物素、泛酸钙和烟酸对茎生长的促进作用比对根更为显著。对胚培养比较重要的氨基酸和酰胺有甘氨酸、丝氨酸、谷氨酰胺、天冬氨酸酰胺等。在培养基中添加不同氨基酸对胚的生长是非常有效的，通常几种氨基酸配合使用，可获得较好的效果。

此外在培养基中加入适宜的天然有机物，如酵母提取物、水解酪蛋白(含有 19 种氨基酸)、椰乳、麦芽提取物以及胚乳提取物等，能有效地促进幼胚的离体生长发育。例如，椰乳有促进幼胚生长和分化的作用。

(2)激素　植物生长物质对根原基和茎原基的生长和形态分化有明显的影响。这些激素包括生长素类、赤霉素类和细胞激动素类等，低浓度的 GA 和 KT 能促使幼胚早熟萌发，IAA 和 ABA 具有抑制早熟萌发和促进胚正常发育的作用，但使用浓度应严格控制，一般以低浓度为宜，且不同的植物应进行适当的调整变化。此外，生长素与其他激素的比例有时也会严重影响胚的发育，生长素比例高时一般容易形成愈伤组织。

(3)pH　一般胚培养基的 pH 5.2～6.3。但植物不同，胚生长的最适 pH 不同，如荠菜胚培养要求 pH 为 5.4～7.5，大麦胚培养要求 pH 为 4.9，番茄胚培养要求 pH 为 6.5。且胚发育的阶段不同,培养基的 pH 也不同。如曼陀罗的幼胚培养中,心形胚要求 pH 为 7.0 左右,而随着胚的长大其最适 pH 变化为 5.5。一般随着幼胚体积的增大其所需培养基 pH 由高到低,从中性向酸性转变。

(4)温度　大多数植物胚的培养 25 ℃是适宜的,但有些则需要较低或较高的温度。例如,禾本科植物成熟胚的萌发温度范围在 15～18 ℃,马铃薯在 20 ℃较好,柑橘、苹果和梨在 25～30 ℃是合适的。有一些植物的胚培养需要在变温条件下进行。如桃胚的培养中,必须将接种在培养基上的胚放在 2～5 ℃低温下处理 60～70 d,然后转入白天 24～26 ℃、夜间 16～18 ℃的变温条件下培养,桃胚才能萌发。

(5)光照　通常胚培养是在弱光下进行的。幼胚的培养在黑暗或弱光条件下均可,达到萌发时则需要光照。一般认为 12 h 的光照与 12 h 黑暗交替的条件对胚芽的生长有利,但对胚根的生长不利。光照对幼胚发育有轻微抑制作用,离体培养条件下,幼胚正常胚性发育对光的要求还应根据植物种类来决定。如棉花,胚先在黑暗中培养,然后转入光照下培养,子叶的叶绿素生成很慢;而转入弱光下培养的幼胚,子叶很容易产生叶绿素。

(二)胚乳培养

胚乳培养是指将胚乳从母体上分离出来,在无菌的条件下诱导形成幼苗的过程。胚乳为胚发育和种子萌发提供营养物质。在裸子植物中,胚乳是由雌配子体发育而成的,是单倍体组织。而在被子植物中,胚乳是双受精的产物之一,由两个极核和一个精子结合而成,是三倍体组织。胚乳培养被用于了解胚乳细胞的全能性,胚和胚乳的相互关系,胚乳细胞合成蛋白质、糖、脂肪、生物碱等物质的生理生化机制,还可以从胚乳细胞获得无子结实的单倍体植株,可将其加倍成纯合多倍体植株,在育种上有一定意义。

被子植物胚乳培养多数形成愈伤组织,少数产生器官或胚状体。胚乳培养通常取授粉4～8 d 后的幼果,接种在加入 2,4-D 或 NAA 0.5～2.0 mg/L、BA 0.1～1.0 mg/L、蔗糖2%～3%的 MS 或 White 等培养基上,在 25～27 ℃和黑暗条件或散射光下培养,6～10 d 胚乳开始膨大,再培养形成愈伤组织。这时应转到分化培养基上培养,分化培养基可加入 0.5～3.0 mg/L 的 BA 及少量的 NAA。待愈伤组织长出芽后,切下不定芽,插入生根培养基中,光下培养 10～15 d,切口处可长出白色的不定根。

此外胚对于胚乳培养有一定影响,如桃、葡萄、枸杞,带胚的产生愈伤组织比不带胚的比例高,如大戟科成熟胚乳培养初期需要带着胚,苹果未成熟的胚乳不带胚也可以诱导获得完整植株。

(三)子房培养

子房培养是对授粉和未授粉子房的离体培养。培养受精子房可以挽救子房内杂种胚的发育,子房膨大后可剖开取胚继续培养。培养未受精的子房可诱导其大孢子或卵细胞增殖分化形成单倍体植株,但难度较大,直到 1976 年 SanNocum 才第一次培养大麦未受精的子房得到单倍体植株,近年来我国科学工作者在烟草、水稻上也首次取得成功。培养未受精的子房,一般在开花前 1～5 d 采摘,培养受精子房一般在受精后数天后采摘。一般使用 MS、B_5 和 N_6 等固体培养基,可适当添加维生素和生长激素等。培养温度为 22～27 ℃,冬作物可低些,夏作物可高些。一般 500～1 500 lx 弱光培养。

四、花药和花粉培养

花药、花粉培养是把发育到一定阶段的花药、花粉通过无菌操作技术接种到人工培养基上，诱导分化形成完整植株的过程。花药是植物花的雄性器官，由两部分细胞组成：一是体细胞，包括药壁和药隔组织的细胞；二是雄性性细胞，即小孢子，一般称花粉粒。按其染色体的倍性，前者为二倍体细胞，后者为单倍体细胞，因此花药实际上是一种器官，花药培养属器官培养。花粉（小孢子）是花药的一部分，它以单细胞状态存在于花药的药室中，所以花粉培养属单细胞培养。花粉培养和花药培养改变花粉正常发育和机能，不经过受精过程发生细胞分裂，由单个花粉粒发育成完整植物。花药培养的外植体为花药，花粉培养的外植体为小孢子。二者都能诱导小孢子发育成单倍体植株，所以可以用于单倍体育种。单倍体育种能极早稳定分离后代、缩短育种年限。花药培养和花粉培养加倍后的纯合二倍体植株，如图 2-15 所示，可排除杂合体中显性因子掩盖隐性因子造成的干扰，提高选择的准确性和可靠性。

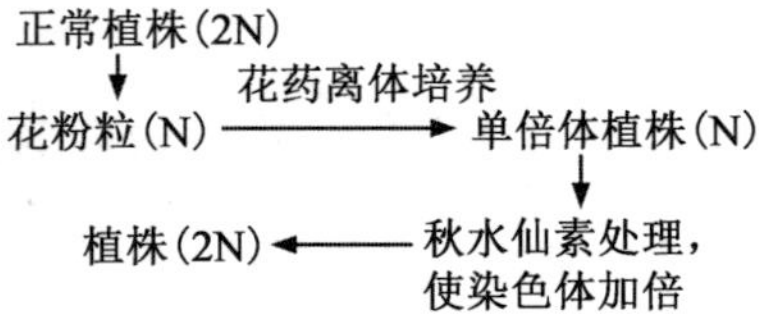

图 2-15　花药、花粉单倍体育种流程图

（一）花药的培养

花药培养是把花粉发育到一定阶段的花药接种到培养基上，使其形成愈伤组织，由愈伤组织再分化成完成植株的过程。花药培养还可以分裂形成细胞团，再分化成胚状体，最后形成再生植株。花药培养单倍体育种的基本程序如图 2-16 所示。

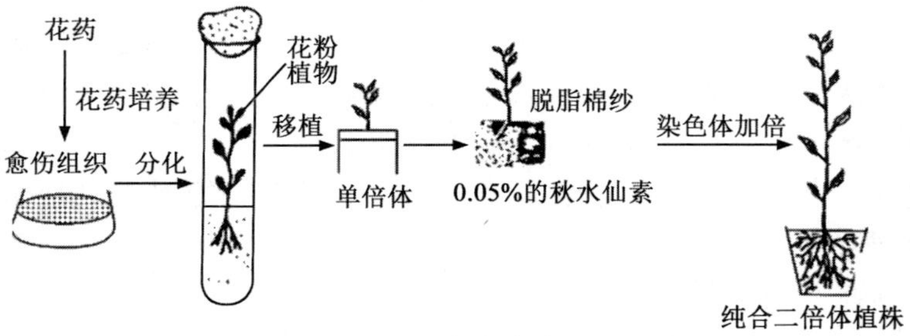

图 2-16　花药单倍体育种示意图

1. 判断花药发育时期的方法

大多数植物适宜进行花药培养的时期是花粉单核期，特别是单核中晚后期，因此花药培养前要进行花粉发育时期的观察检测。通常用醋酸洋红或碘化钾染色，再压片镜检。但是接种前不可能把所有的花粉都进行一次发育时期的检验，所以通常和材料外部形态相结合，按照花蕾长度、大小与花粉发育年龄相对应，采样参照花器官的形态特征判断是否处于花粉单核期。实际操作中通常选取一定大小的花蕾为培养材料，如水稻适宜花粉培养的颖壳淡黄绿色，雄蕊长度达颖壳的 1/3～1/2；马铃薯在花冠露出萼片一半时，大多数花粉处于单核晚期；草莓处于单核靠边期的花蕾为刚刚露白，花药紧实、金黄、饱满的状态。

2. 花药培养方法

花药培养通常使用 MS、N_6 和 B_5 等培养基，并添加适量激素。通常添加 1～3 mg/L 2,4-D 可诱导愈伤组织形成，添加 2～3 mg/L BA 和 0.2～0.5 mg/L IAA 用于分化培养基，添加 0.5～1 mg/L 的生长素用于生根培养。多项研究表明适当提高培养基中蔗糖浓度利于花粉生长。

花药培养有琼脂固体培养法和液体培养法两种。琼脂固体培养法是在培养基中加入 0.5%～0.7% 的琼脂，培养基呈半固态。琼脂浓度一般以花药有 1/3 浸入而又不沉没于琼脂中为宜。液体培养法培养基中不添加琼脂，而是直接把花药接入到约 0.5 cm 厚的薄层液体培养基中，使花药漂浮在液面上，并定期加入新鲜的培养基。

花药培养多数情况下先产生愈伤组织，再诱导分化产生芽。促进愈伤组织分化需要提高细胞分裂素的浓度，降低生长素的含量，甚至可以不用生长素。花药培养在某些情况下可不经愈伤组织阶段直接产生胚状体，进而形成完整植株。

花药材料的处理和接种。剪取健壮无病植株的花蕾，此时花药包裹在花被或颖片中，本身处于无菌状态，只要对花蕾表面进行消毒。花蕾生长环境含菌量少，或者提前进行套袋隔离的，可仅用 70%酒精棉球将花蕾表面擦洗即可。此外，接种前用理化方法处理花蕾或花序，可以提高花粉植株的诱导率。处理方法可用低温、离心、低剂量辐射和化学试剂处理等。最简便常用的方法是剪下花蕾放入水中或潮湿的塑料袋中，4～5 ℃低温贮藏 3～4 d，处理过的花药还更容易诱发胚状组织。接种操作时要小心细致，注意不要损伤花药，否则可能刺激药壁细胞形成二倍体愈伤组织。此外注意除净花丝，也是避免其形成二倍体愈伤组织。如果是花器官很小的植物，可借助显微镜将花被去掉，其余部分接种在培养基上。

花药培养温度在 25～28 ℃，光照强度 1 000～10 000 lx，每天光照 12～18 h。外植体接种 10～30 d 可诱导生成愈伤组织或少数胚状体。愈伤组织增殖到 2～4 mm 时，转移到分化培养基继续诱导培养，通常 20～30 d 可获花粉植株。

（二）花粉的培养

1. 花粉分离方法

花粉培养需要把花粉从花药中分离出来，以单个花粉粒作为外植体进行离体培养，如图 2-17 所示。花粉本身是单倍体细胞，诱导愈伤组织或胚状体发育成的植株都是单倍体植株，且不受花药的药隔、药壁、花丝等二倍体细胞的干扰。缺点是培养难度大，多数重要作物的花粉培养至今未获成功。

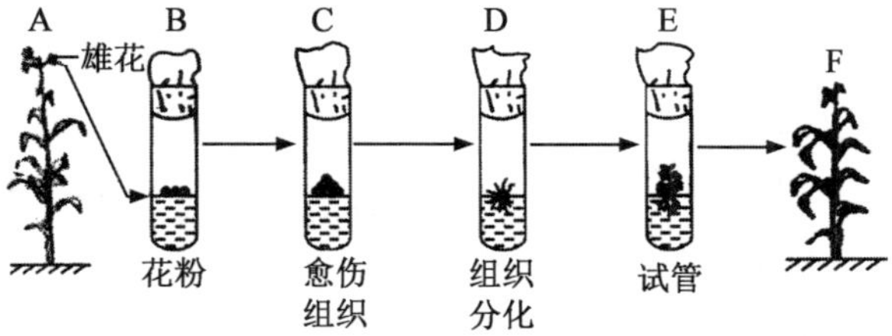

图 2-17　花粉单倍培养示意图

（1）机械挤压法　还可细分为挤压法和研磨过滤收集法。挤压法是将花药消毒后，加入少量的分离溶液，用镊子或小玻璃棒将花粉从花药中挤压出来，再通过不锈钢网或尼龙网筛去组织碎片，收集的悬浮液用 30%蔗糖离心，收集悬浮在蔗糖溶液上层的完整花粉粒，再用培养基洗涤几次后就可用于培养。研磨过滤收集法是在无菌条件下，将采集到的花蕾经表面消毒后剥离出花药，再将花药置于无菌的研钵中研磨并挤出小孢子，同时滤去药壁等大的组织碎片，经离心收集后接种培养。

（2）自然散落法　将花药接种于液体培养基中，使花粉自然释放，再进行收集培养。

（3）机械游离法　主要有磁搅拌法和小型搅拌法。磁搅拌法利用机械力使花药壁破裂而溢出花粉。小型搅拌法又称超速旋切法，是通过转轴的高速转动带动花蕾、花穗段或花药高速运动破裂，使小孢子游离出来，再经过分级过筛收集后进行培养。

2. 花粉培养方法

花粉或花药从植株上取下来直接培养，往往诱导频率极低，采用低温、高温、离心等预处理方法可以促进花粉启动，提高再生频率。花粉培养的培养基请参照花药培养技术。在花粉培养还中可添加一些天然有机附加物，如水解乳蛋白、椰子汁、玉米汁等物质，能提高花粉愈伤组织和胚状体诱导率。花粉培养适应温度为 25～28 ℃，光照强度 1 000～10 000 lx，每天光照 12～18 h。

花粉的培养方法有以下 6 种：①平板培养，将花粉置琼脂固化培养基上培养。②液体培养，将花粉悬浮在液体培养基中培养，需振荡，以利通气。③双层培养，花粉置固体-液体双层培养基上培养。培养基制作方法为先铺一层琼脂固体培养基，凝固后，表面加入少量液体培养基。④看护培养，利用花药或花药愈伤组织释放出的活性物质促进花粉小孢子发育。⑤微室培养，也称悬滴培养，利用小的盖玻片和凹穴载玻片形成微室，花粉在微室中培养。⑥条件培养，利用培养过花药的液体培养基或含失活花药提取物的培养基进行花粉培养。由于完整的花药发育过程会释放出有利于花粉发育的物质，能通过滤纸供给花粉，从而促进花粉发育。

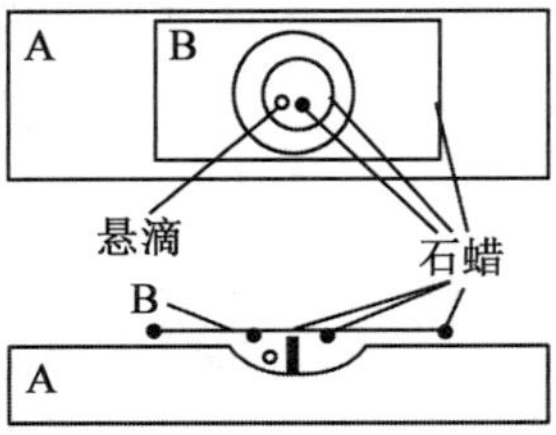

图 2-18 花粉微室培养

微室培养法一般取含有 50～80 个粒花粉的一滴培养液放在微室装置中培养。微室可先用一张盖玻片圈筑一个圆形石蜡“围墙”，在中心装上一个石蜡柱，将花粉液滴在石蜡柱一侧，翻转盖玻片，扣在载玻片的凹穴底部，盖玻片四周用石蜡封严，每天轻轻转动载玻片，使悬滴绕着盖玻片中央的石蜡柱流动，利于通气（图 2-18）。

看护培养先把花药放在琼脂培养基表面上，然后在每个花药上覆盖一小块圆片滤纸。用移液管吸取 1 滴已备好的花粉粒悬浮液，滴在每个小圆片滤纸上，如图 2-19 所示。培养在 25 ℃和一定光照强度下，大约一个月长出细胞群。

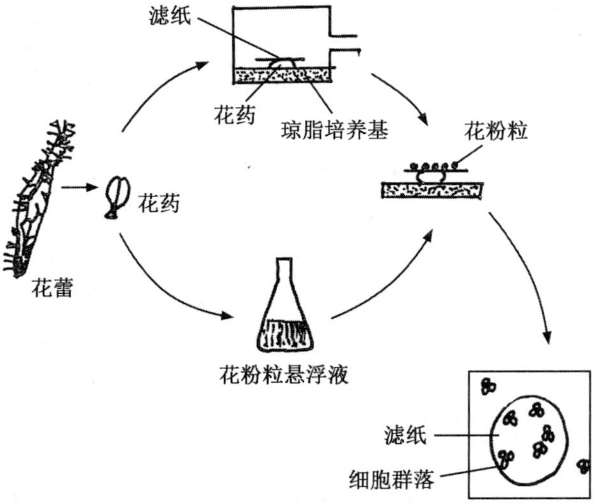

图 2-19 花粉看护培养（奚元龄）

(三)单倍体植株的染色体加倍

由花药培养产生的花粉植株，不仅有单倍体，还有二倍体、三倍体及非整倍体。非单倍体可能来源于花药体细胞，如药壁或花丝细胞形成的二倍体愈伤组织，这些愈伤组织再分化出二倍体植物。也可能来自单倍体细胞的自主加倍，或者花粉细胞核分裂出现核融合现象等。

单倍体植株营养体瘦小，只有配子染色体组成，不能进行正常减数分裂，不能开花结实，需经加倍处理成为纯合二倍体，恢复倍性，才能用于育种研究。单倍体植物染色体加倍有以下三种途径：

(1)自然加倍　通过花粉细胞核有丝分裂或核融合的方式，染色体可自然加倍，但发生概率较低，因此常用人工方法处理加倍。

(2)化学诱导法　指用秋水仙素等化学药剂处理单倍体植物，使染色体加倍的方法。可以用秋水仙素溶液浸苗，如双子叶植物烟草用0.4%秋水仙素处理48 h，加倍率为35%。还可将适宜浓度的秋水仙素溶液(也可调和在载体羊毛脂中)处理顶芽、腋芽或愈伤组织，诱导分生组织细胞染色体加倍。

(3)愈伤组织再生法　也叫组织创伤法，利用了愈伤组织细胞有丝分裂频率高，长期培养能提高自身染色体加倍概率的特性。将单倍体植株(孢子体)的茎段、叶柄或根茎切下，接种到适宜的培养基上诱导形成愈伤组织，再转移到分化培养基培养，可获得较多二倍体植株。用这种方法烟草 F_1 代花粉植株加倍频率达60%。

花粉植株染色体倍性检查，可取根尖预处理后固定离析，用醋酸洋红或孚尔根等染色，压片镜检。

(四)花药和花粉培养的应用

通过花药与花粉培养所获得的单倍体植株，生长势弱，不能开花结实，本身并无利用价值。但将单倍体植物应用于植物新品种选育或品种遗传改良，就能发挥其重要的作用。将花药、花粉培养与杂交育种、诱变育种、自交系培养等育种手段结合就是单倍体育种法。单倍体育种具有以下优点：

(1)克服后代性状分离，可以缩短育种年限　通过常规杂交育种要获得一个稳定的品系需5～7年，获得一个新品种需8～10年，采用单倍体育种则只需2～3年。这是因为常规育种中，杂交后代自第二代(F_2)起开始出现分离，多样化的性状分离要持续到 F_6 代后才能够稳定。通常在 F_5、F_6 代才开始选择，再经品种比较、示范种植、推广等程序，育成一个品种需8～10年。单倍体育种则是将 F_1 或 F_2 代花药进行培养，可获得纯合二倍体。其下一代植株性状基本稳定，根据田间表现进行选择，入选株系就可参加比较试验，品种鉴定等程序。

(2)提高常规育种的选择效率　花粉单倍体及其纯合二倍体是配子体，来源于配子体的植株中选择某一种基因型的概率是(1/2)n(n 为不同的等位基因数)。而从常规杂交 F_2 代群体中，选择某一基因型的概率为(1/2)2n。因而从理论上讲，单倍体育种的选择效率为常规育种的2n倍。如等位基因数为2(n=2)的两亲本，母本基因型为AAbb(其卵细胞基因型为Ab)，父本为aaBB(其花粉基因型为aB)，F_1 代基因型为AaBb，无分离。F_1 代花粉产生4个基因型AB、Ab、aB、ab，用其培养得到的单倍体植株加倍后基因型也只有4种，即AABB、AAbb、aaBB和aabb。从中选择任何一种的概率都是1/4，即(1/2)2。在 F_1 代授粉受精中，4种基因型的花粉与4种类型的卵细胞结合将产生16种基因型的 F_2 代，从中选择某一基因型效率只有

1/16，即(1/2)4。单倍体育种为常规育种选择效率的 4 倍(2n)。这使得单倍体育种比常规育种所需群体小，节省土地、劳动力。

(3)有利于选择隐性基因控制的性状　杂交育种中常因等位基因中隐性基因被显性基因掩盖，而使隐性基因控制的性状不表现出来，要连续种植数代，直至隐性基因纯合才出现该基因的性状。这是造成杂交育种田间种植规模大，不能早代选择与淘汰的原因之一。单倍体育种是从加倍后的纯合二倍体中选择，显隐性基因被加倍纯合，不存在隐性基因被掩盖，因而可直接对性状进行鉴定，比常规育种连续种植后选择，节省土地、劳力与时间。

(4)快速获得自交系的超雄株　异花授粉植物利用杂种优势，可使产量大幅度提高，但必须掌握一定数量的高纯度自交系。通常采用连续人工自交方法，获得一个自交系至少需 6 年。而通过花药培养产生单倍体植株，再加倍使之成为纯合二倍体即标准自交系，只需 1 年时间。这一新技术加速了自交系培育，促进了异花授粉植物杂种优势的利用。

(5)花药培养也可用于品种提纯复壮　对远缘杂交种的花药与花粉培养，即可获得后代植株。可克服远缘杂交种不能正常结实繁育后代的缺点。此外花药与花粉培养被用于花粉发育及其控制和物种形成等理论研究中。

五、细胞培养

细胞培养也叫细胞克隆技术、细胞培养技术，是生物技术中最核心最基础的技术，通过细胞培养可以得到大量细胞或细胞代谢产物。植物细胞培养指将从植物体或植物培养物游离出的细胞或细胞团，接种到人工培养基上进行培养的方法。通过这种方法可以诱导单个细胞培养出完整植株(图 2-20)，花粉细胞培养还可用于单倍体育种。在细胞培养体系中，外界的理化因素很容易作用于细胞，易引起细胞突变，可用于诱变育种研究。植物细胞培养过程中提供充足的营养和适当控制，可使细胞快速分裂，大量增殖，不断合成人们需要的某些染料和药物等，满足市场的需要。

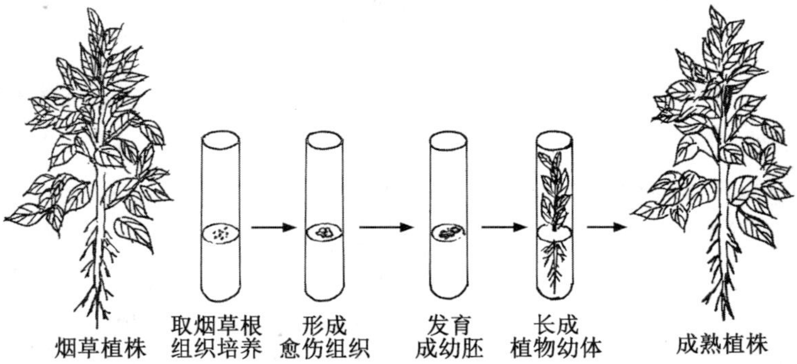

图 2-20　烟草根细胞培养植株再生示意图

(一)细胞悬浮培养

细胞悬浮培养是离体植物细胞或细胞团悬浮在液体培养基上进行培养的方法，是在愈伤组织液体培养技术基础上发展起来的一项新技术。用于悬浮培养的植物细胞主要是单细胞和小细胞团，可直接从外植体中分离得到，也可以通过愈伤组织获得，如图 2-21 所示。

悬浮培养与固体培养相比有三个优点：一是增加细胞与培养液的接触面积，提高了培养供

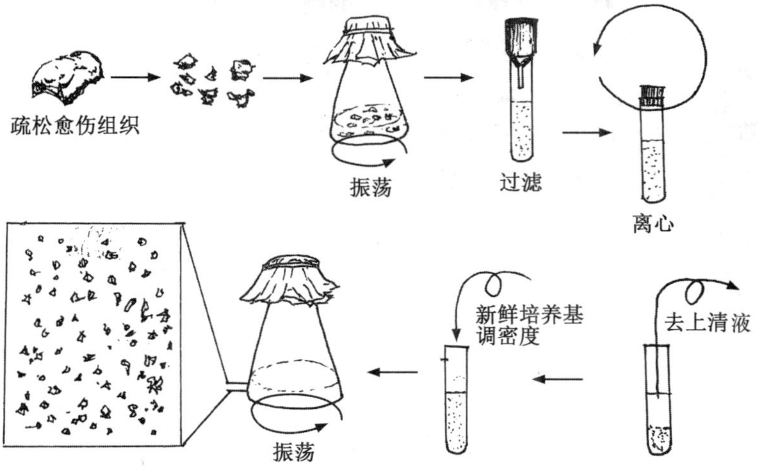

图 2-21　愈伤组织细胞悬浮培养

应效率；二是在振荡条件下，避免细胞代谢产生的有害物质在局部积累，防止对细胞自身的毒害作用；三是振荡培养可以改善细胞培养过程中的通气状况。

1. 筛选细胞株方法

挑选外观疏松、生长快、颜色浅的愈伤组织，用振荡酶解法，游离出单个细胞或细胞团。接种在固体培养基上培养 2 周，从中挑选生长快的细胞株并进行继代，筛选出有效成分高而生长快的细胞株。

2. 细胞悬浮培养方法

一般可分为成批培养、连续培养和半连续培养。

(1)成批培养　成批培养是指将一定量的细胞或细胞团分散在含有固定体积的培养容器中进行培养，如图 2-22(a)所示。成批培养是研究细胞生长和细胞分裂等生理生化规律常用的培养方法。

成批培养的容器一般选用 100～250 mL 的三角瓶，每瓶装 20～75 mL 的培养基。其特点是细胞生长在固定体积的培养基上，直至培养基中的养分耗尽为止。在整个培养过程中，培养开始的一段时间，细胞数目并不增加，以后细胞数目快速增加，然后又趋于稳定，最后逐减下降。在整个培养过程中，细胞数目不断发生变化，呈现明显的由慢到快，再到慢，最后增长停止的周期特性。

如果以细胞增长数的对数值或增长速率为纵坐标，以培养时间为横坐标作图，可以得到一条曲线，被称作细胞的生长曲线(图 2-23)。细胞各个生长时期的特点如下：

停滞期(也叫延迟期)——这个时期细胞很少分裂。停滞期的长短与接种量大小和继代时原种细胞所处的生长期有关。

对数生长期——细胞分裂活跃，细胞数目增加迅速，增长速率保持不变。

直线生长期——细胞生长和发育最明显、最快的时期。

减慢期——细胞生长逐渐缓慢，这是因为培养液消耗将尽，有毒代谢物质增多，氧气减少。

静止期——生长几乎处于停止状态，甚至开始死亡。

成批培养结束后，若要进行下一批培养，必须进行继代培养，一般选择在对数生长期和直

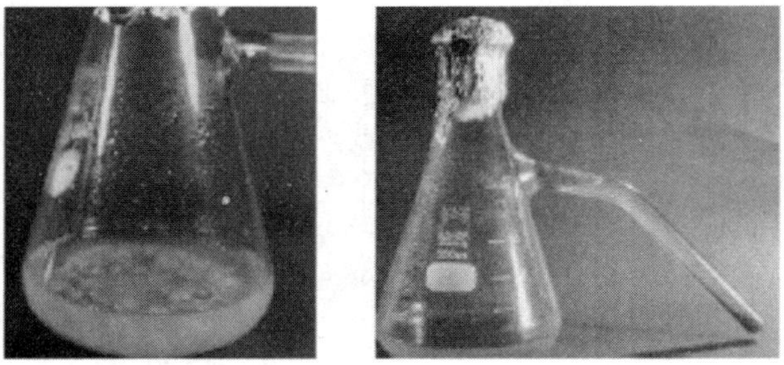

a.成批培养　　b.连续培养

图 2-22　细胞悬浮培养

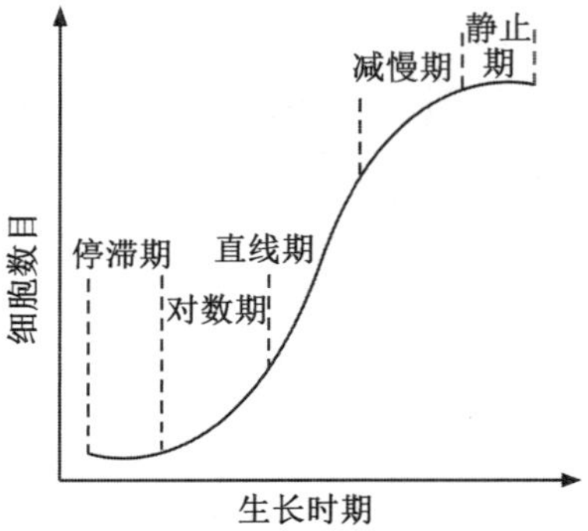

图 2-23　细胞成批培养的生长曲线

线生长期的细胞悬浮液。其方法是用注射器吸取一定量的含单细胞和小细胞团的悬浮培养物，并移到含有新鲜培养基的培养瓶里，继续进行培养。在培养过程中要适当搅拌，使游离细胞和细胞团在培养基中均匀分布。

成批培养的方法根据培养基在容器中的运动方式可分为 4 种：①旋转培养。培养瓶呈 360°缓慢旋转移动，1～5 r/min，使细胞培养物保持均匀分布和保证空气供应。②往返振荡培养。机器带动培养瓶在一直线方向往返振荡。③旋转振荡培养。机器带动培养瓶在平行面上进行旋转振动，40～150 r/min 不等。④搅动培养。利用搅拌棒的不断转动搅动培养基。

(2)连续培养　连续培养是指在培养的过程中，不断注入等量新鲜培养基，倒掉用过的旧培养基，使培养物不断得到养分补充，如图 2-22(b)所示。连续培养过程中注入的新鲜培养液的容积与流出的原有培养液容积相等，可调节流入与流出的速度，使培养的细胞生长速率相对一致，形成一个稳定状态的培养。连续培养是植物细胞培养技术中的一项重要进展，可用于植物细胞代谢调节的研究、各个生长限制因子对细胞生长的影响研究和次生物质的大量生产等。

(3)半连续培养　指每隔一定时间后倒出一定量的悬浮液，并同时补充等量的新鲜培养液，这相当于成批培养时频繁地进行再培养。半连续培养能重复地取得大量、均一的培养细胞。该种方法在玉米、花生、菜豆等多种植物上进行应用研究。

3. 悬浮细胞培养同步化

通常在植物细胞悬浮培养过程中，细胞所处的生长期各不相同，在液体培养基中的悬浮状态也不同，生长繁殖的能力和新陈代谢的水平差异很大，是不同步的。为了使植物细胞在悬浮培养时处于比较均一的状态，需要进行同步化处理，使细胞处在同一生长时期。处理方法主要有体积选择法、低温处理法、饥饿法和抑制法。同时使用两种或两种以上的方法效果较好，如先采用体积选择法得到大小均一的小细胞团，再用低温法或分裂抑制法等进行处理，可以获得较理想的同步化效果。

常用方法有以下 5 种：①体积选择法。将培养一段时间的细胞经过一定大小的筛网过滤，收集筛网上层的细胞；再经过较小孔径筛网过滤，收集筛网上层的细胞。选择每一孔径筛网过滤得到的细胞分别再进行培养。②低温处理法。收集细胞，在 4 ℃下处理数天，再添加新鲜培养基培养。③饥饿法。控制培养液中营养物浓度，使细胞处于饥饿状态数天，然后再添加营养物质进行培养。④抑制法。通过向培养液中添加 5-氟脱氧尿苷(2 μg/mL)等 DNA 合成抑制剂，来抑制细胞分裂。⑤有丝分裂抑制法。向指数生长期的细胞悬浮培养物中加入一定浓度的秋水仙素处理 4～6 h。

4.细胞增殖测定

由于植物细胞悬浮生长速度快，要及时掌握其生长状态以更换培养基，否则营养成分缺乏和代谢物积累过多细胞会停止生长甚至死亡。一般需要测定两方面指标，一是细胞生长计量，包括细胞计数、细胞总体积、细胞及细胞团干(鲜)重等；二是细胞活力测定。

(1)细胞鲜重与细胞干重　将悬浮培养物倒在下面架有漏斗的已知重量的湿尼龙丝网上，用水洗去培养基，真空抽滤除去细胞上沾着的多余水分，称重，即求得细胞鲜重。用已知重量的干尼龙丝网依上述方法收集的细胞，在 60 ℃下干燥 48 h 或 80 ℃下干燥 36 h，烘到恒重后，再称重，得细胞干重。细胞干重以每毫升培养物或每 10^6 个细胞的重量表示。

(2)细胞密实体积　将一已知体积的均匀分散的悬浮液(10～20 mL)放入一个 15～50 mL 的离心管中，在 2 000～4 000 r/min 下离心 5 min 得到细胞的沉积体积，细胞密实体积以每毫升培养液中细胞总体积的毫升数表示。

(3)细胞计数计算悬浮细胞数　通常用血球计数板。计算较大的细胞数量时，可以使用特制的计数盘。

5.细胞保存

常用方法有以下几种：

(1)继代培养保存法　悬浮培养的细胞通过每隔 1～2 周换液进行继代培养。高等植物、海藻的细胞培养一般情况下都采用这种方法。

(2)低温保存法　一般选择 5～10 ℃的温度下培养，每隔 10 d 左右更换一次培养基。

(3)冷冻保存法　一种是低温冷冻保存，常用－20 ℃低温保存细胞；另一种是超低温保存，指在液氮(－196 ℃)中保存，一般高等植物采用液氮处理后，于－85 ℃的超低温冰柜中保存优质的细胞系。

(二)单细胞培养

悬浮培养不能对某一细胞进行定点观察和分析，也就不能进行定点选择。因此，在进行细胞株(种子细胞)选择和需要对细胞活动跟踪观察的情况下，必须进行真正意义上的单细胞培养。由于植物细胞的团聚性，单细胞培养还比较困难。

1.单细胞制备

通常采用的方法有机械法、酶解法、愈伤组织诱导法。

(1)机械法　主要通过机械磨碎、切割植物体以获得游离的单细胞。该方法是一种原始的方法，效率很低，获得的细胞数量也很有限。

(2)酶解法　是目前最为有效的一种获得单细胞的方法。根据植物细胞壁的组成特点，选用专一性水解酶(多为果胶酶)，在温和条件下将植物细胞壁分解掉，从而释放出细胞。该方法主要用来制备植物原生质体。

(3)愈伤组织诱导法　通过植物组织培养获得大量愈伤组织，由于愈伤组织细胞之间的结构松散，通过高频率振动可以振荡下单个细胞来。

2.单细胞培养方法

单细胞培养常用方法有平板培养、看护培养、微室培养和纸桥培养等。

(1)平板培养　把细胞悬浮液与融化的琼脂培养基均匀混合，并在培养皿中平铺一薄层

(约 1 mm)进行培养,如图 2-24 所示。

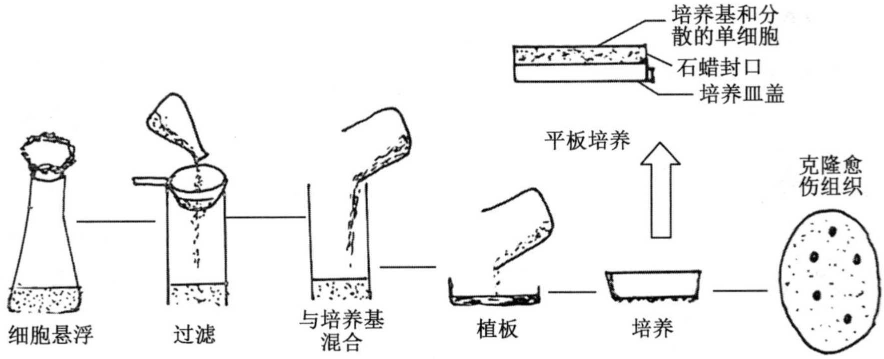

图 2-24　细胞平板培养法

平板培养法是单细胞培养最常用的方法。将制备好的单细胞培养液进行细胞计数,离心收集已知数目的单细胞、根据平板培养要求的密度和悬浮液的实际密度进行调制。一般平板培养要求的细胞密度为$(1\times10^3)\sim(1\times10^5)$个/mL。若悬浮液与培养基按 1∶2 比例混合,则应把悬浮液的细胞密度调至$(2\times10^3)\sim(2\times10^5)$个/mL,高于此值加培养基稀释,低于此值离心使细胞沉降,并弃去部分培养基进行浓缩。将与上述细胞悬浮液相同的培养基中加入 0.6%～1.0%琼脂,加热熔化冷却至 35 ℃(培养基能保持液体状态,也不会杀死细胞),再与稀释好的细胞悬浮培养液混合,迅速注入培养皿中。用封口膜封严培养皿,置于 25 ℃黑暗中培养,3 周即可长出肉眼可见的愈伤组织。该方法培养细胞可以定期镜检观察细胞的生长情况。用平板法培养单细胞时,常以植板率表示能长出细胞团的细胞占接种细胞总数的百分数,计算公式为:

$$植板率=\frac{每个平板形成的细胞团数}{每个平板搁的细胞总数}\times100\%$$

接种的细胞总数可以通过血球计数器计数,得出每毫升单细胞悬浮液的细胞数目,再乘以接种的单细胞悬浮液体积而得出;细胞团数目则可以通过肉眼观察计数,在低倍显微镜下观察计数或用照相显影后计数的方法进行。如果植板率低,表明有较多的细胞未能生长繁殖形成细胞团,就要从培养基、培养条件、细胞的分散程度、接种的单细胞密度等方面进行调节,以提高植板率。

(2)看护培养　看护培养是指采用一块活跃生长的愈伤组织块来看护单细胞,促使细胞生长和增殖的方法,如图 2-25 所示,是缪尔等于 1953 年创立的。

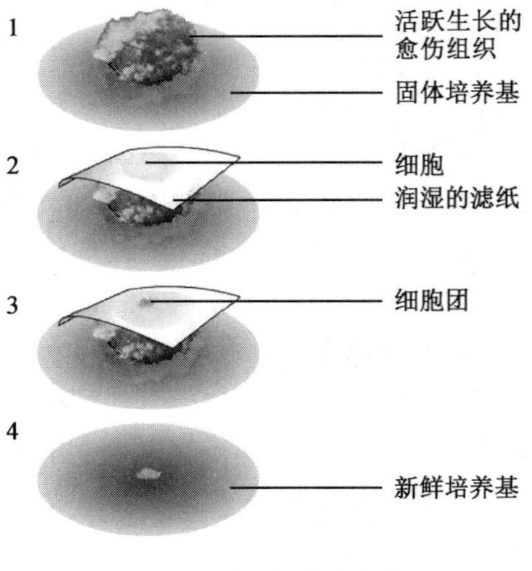

图 2-25　细胞看护培养

看护培养的基本过程如下:准备适宜愈伤组织块继代培养的固体培养基→接种生长活跃的愈伤组织块→在愈伤组织块的上方放置一片面积为 1 cm^2左右的无菌滤纸(滤纸下方紧贴培养基和愈

伤组织块)→取1小滴经过稀释的单细胞悬浮液接种于滤纸上方→适宜条件下培养→单细胞在滤纸上进行持续的分裂增殖形成细胞团→细胞团转移到新鲜的固体培养基中进行继代培养。看护培养效果较好,已在单细胞培养中广泛采用。不足之处是不能在显微镜下直接观察细胞的生长过程。

(3)微室培养　微室培养是人工制造一个小室,将单细胞接种在小室中的少量培养基上进行培养的方式,可参考图2-26花粉微室培养方法。具体做法是由悬浮培养物中取出一滴含单细胞的培养液,置于一张无菌载玻片上,在该滴培养液的四周涂上一圈四环素眼膏,然后在四环素眼膏上放一段毛细管,然后将消毒的盖玻片盖在四环素眼膏上,并和眼膏紧密接触。这样一滴含有单细胞的培养液就被覆盖于微室之中,最后把筑有微室的整张载玻片置于培养箱或培养室中进行培养。当细胞团长到一定大小时,将培养物转移到新鲜的液体或固体培养基上培养。通过微室培养技术,可对细胞培养过程连续进行显微观察,了解一个细胞经过生长、分裂、分化,形成细胞团的全部过程。

(4)纸桥培养　纸桥培养法是植物茎尖分生组织培养常用的方法,有时也可用于单细胞培养。具体做法为:将滤纸的两端浸入液体培养基中,使滤纸的中央部分露出培养基表面,将所需细胞放置于滤纸上进行培养。Bigot(1976)对该方法进行了改进,如图2-26所示,制作一特制三角瓶,使其底部一部分向上突起,在突起处放上滤纸,采用这种方法的优点是培养物不易干燥。

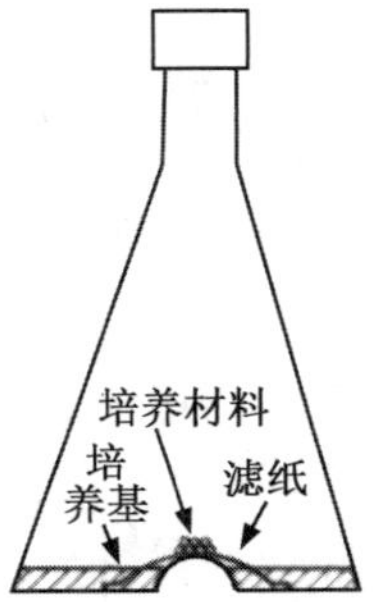

图2-26　改良细胞纸桥培养

3.影响单细胞培养的因素

(1)培养条件

培养基　不同种类的植物细胞的生长特性和对营养成分的要求各不相同,如有的细胞喜碳,而有的喜氮,还有的需要某种特殊成分才能繁殖,因此要根据不同的需求配制培养基。

pH　单细胞培养基的pH一般为5.2～6.0,根据情况适当调节培养基的pH可提高植板率。

CO_2含量的影响　一般植物细胞在CO_2含量为空气含量时就能生长和繁殖。如果人为降低培养系统中CO_2的含量,细胞分裂就会减慢甚至停止。如果稍微提高培养系统中CO_2浓度,则对细胞的生长有促进作用。如果CO_2的浓度超过2%,则对细胞生长有抑制作用。

激素　在单细胞培养中,补充生长物质是非常重要的,它可以非常有效地提高植板效率。如在低密度中,旋花细胞培养必须加入细胞激动素和一些氨基酸,才能开始生长和分裂。

(2)细胞密度　单细胞培养要求植板的细胞有一个标准的临界密度,才能促进分裂和发育,低于该临界密度,培养细胞就不能进行分裂和发育成细胞团。植板的密度不是一成不变的,当培养基的成分越复杂,营养成分越丰富时,植板细胞的临界密度越低;反之,植板密度要求越高,一般要求至少每毫升在1 000个细胞以上。

六、原生质体培养和原生质体融合

原生质体是去除植物细胞壁后裸露并有生活力的原生质团(图 2-27),是能存活的植物细胞的最小单位。通过大量的试验表明,没有细胞壁的原生质体仍然具有"全能性",可以经过离体培养得到再生植株。此法能克服植物远缘杂交的不亲和性,利用远缘遗传基因资源改良品种。目前已有 49 个科 160 个属的 360 多种植物经原生质体培养得到了再生植株。植物原生质体是遗传转化的理想受体,容易摄取外来遗传物质,如外源 DNA、染色体、病毒和细胞器等,为高等植物在细胞水平或分子水平上的遗传操作提供了理想的实验体系。

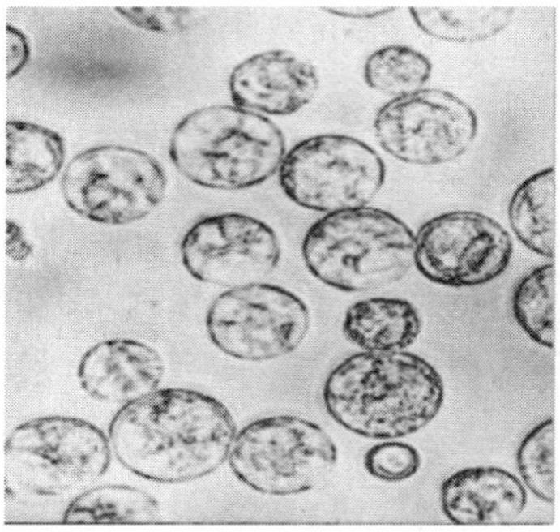

图 2-27　植物原生质体

(一)原生质体培养

1.获得原生质体

(1)植物材料的选择和预处理　一般来说根、茎、叶、花、果实、种子及愈伤细胞和悬浮细胞等都可作为分离原生质体的材料,目前多采用植物叶片分离原生质体,叶肉组织是游离原生质体的一种良好材料。还可以使用分裂旺盛、再生能力强的愈伤组织或悬浮细胞,尤其是胚性愈伤组织或胚性悬浮细胞系是最理想的原生质体分离材料。

为了提高原生质体的产率和活性,一般逐步提高植物材料的渗透压,以适应培养基中的高渗环境。进行原生质体分离前要进行预处理,包括低温处理和等渗溶液处理等。①低温处理。叶片为外植体材料时,在分离原生质体前,先把材料放在 4 ℃以下的低温条件下,让材料在黑暗中的一定湿度条件下放 1～2 d,这样得到的原生质体存活率高,均匀一致、分裂频率高。②等渗溶液处理。把材料放在等渗溶液中数小时,再放到酶溶液中分离原生质体,可以提高其产量和活性,如苹果、梨等采用该种方法较好。在很多情况下材料不必经过专门的预处理也是可以的。

(2)原生质体的分离　原生质体的分离可用机械法和酶法,前者先使细胞发生质壁分离,然后切开细胞释放出原生质体。该种方法优点是能够排除外加酶对离体原生质体结构和代谢活性的有害影响。但原生质体的产量低,方法烦琐,因此没有广泛应用。原生质体的分离多以酶法进行。

细胞壁的主要成分是纤维素、半纤维素和果胶质,所以可以利用纤维素酶、半纤维素酶和果胶酶分解细胞壁。酶分离法可分为两步法和一步法。两步法是先用果胶酶处理材料,游离出单细胞,然后再用纤维酶处理单细胞,分离原生质。其优点是得到的原生质均匀一致、质量好,但操作复杂,现已逐渐被淘汰。一步法是把一定量纤维素酶和果胶酶组合成混合酶液,对材料进行一次性处理。相对两步法操作简单,目前应用较多。具体方法如下(以叶片为例,还可使用再分化能力强的愈伤组织、悬浮培养细胞或无菌苗的组织器官等)。如果利用自然环境下栽培的植株叶片,应选取生长健壮的植株上充分展开的幼嫩叶片,先用洗涤剂清洗,再用流水冲洗后进行常规消毒和预处理待用。然后配制酶液,根据实验材料确定合理的酶液组合,应注意酶制剂的种类、配比及酶液的 pH。酶液的原始 pH 对原生质体的产量和活力影响很大,一般 pH 以 5.4～5.8 为宜,降至 4.8 时会造成原生质体破裂。称取纤维素酶、果胶酶以及渗透压稳定剂等配成酶液,将酶液离心(2 500～3 000 r/min)后,用 0.45 μm 的微孔滤膜过滤灭菌,分装后一

20 ℃冷冻保存。为了提高原生质体膜的稳定性，一般在酶液中添加 $CaCl_2 \cdot 2H_2O$ 和葡聚糖硫酸钾，将叶片或子叶等材料下表皮撕掉，去表皮的一面朝下放入酶液中(如果是幼嫩叶片，应尽量撕去下表皮或除去茸毛，切成1～2 mm的细条)。用量为0.05～0.1 g组织/mL酶液，真空泵抽引渗透处理5 min，以促进酶液渗透，然后置于往复振荡式摇床上(30～40 r/min)26 ℃酶解处理2～6 h。酶解处理期间可用解剖针轻轻破碎叶片组织，有利于原生质体的游离释放，提高产量。

在原生质体分离时细胞壁一旦去除，裸露的原生质内外两侧渗透压不同，很有可能立即破裂，因此在酶液中必须加渗透压稳定剂代替细胞壁对原生质体起保护作用。常用的渗透压稳定剂有糖溶液系统和盐溶液系，糖溶液系统包括甘露醇、山梨醇、葡萄糖和蔗糖等，其浓度在0.4～0.6 mol/L。

(3)原生质体纯化　酶解后的混合物包括原生质体、破碎细胞的细胞器、未解离的组织或细胞等，想要获得纯净原生质体就要进行纯化，方法有沉降法、漂浮法和界面法等。①沉降法。利用相对密度原理，低速离心使原生质体沉于离心管底部。②漂浮法。根据原生质体来源不同，利用密度大于原生质体的高渗蔗糖溶液进行离心，离心后原生质体漂浮在上面，残渣碎屑沉在管底。③界面法。选用两种不同渗透浓度的溶液，原生质体的密度介于两种溶液密度之间，进行离心纯化原生质体。

(4)原生质体活力测定　原生质体的活力直接影响原生质培养成功与否，培养前需进行原生质体活力测定，主要方法有目测法、FDA法和酚藏花红染色法等。①目测法。一般凭形态特征即可识别原生质体的活力，如形态上完整、细胞质丰富、颜色鲜艳的原生质体可视为存活。也可采用渗透压变化法，把原生质放到高渗或低渗溶液中，在显微镜下观察细胞的流动性确定原生质体是否有活力，如原生质体积能随着渗透压的变化而改变就是活的。②荧光素二乙酸法(FDA)。用FDA染色后，在荧光显微镜下，无活力的原生质体不能产生荧光，还能计算出存活百分比。该种方法简便可靠，是目前最常用的方法。③酚藏花红染色法。取适量的酚藏花红溶解于0.5～0.7 mol/L甘露醇溶液，配成0.01%的母液。取一滴酚藏花红母液与一滴原生质体悬浮液混匀，25 ℃染色5～10 min，用荧光显微镜观察，波长为527～588 nm，活的原生质为红色，无活力的无色。

2.原生质体培养方法

原生质体培养方法有以下几种，如图2-28所示。图2-29所示为烟草原生质体培养再生植株。

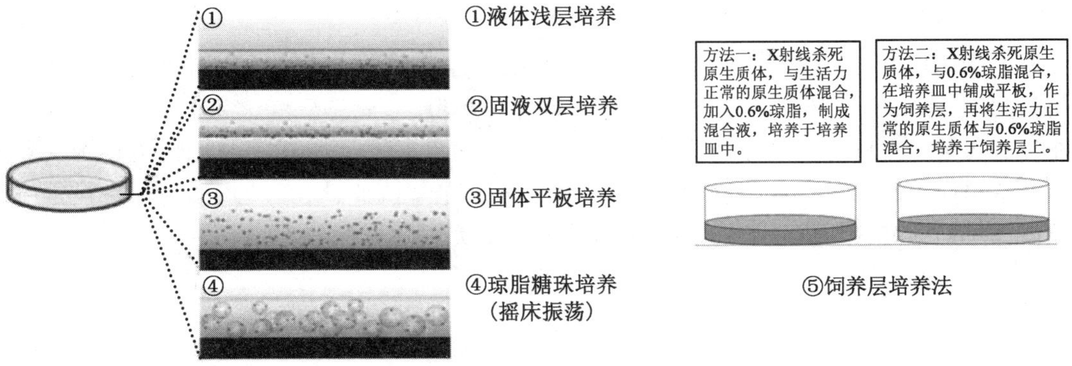

图2-28　原生质体培养方法

（1）液体浅层培养　用液体培养基进行原生质体培养。将纯化后的原生质体用液体培养液稀释到密度 2×10^5 个/mL 左右。用吸管转移到 6 cm 培养皿中铺一薄层，一般以1 mm为宜，石蜡封口后进行培养。刚开始培养的 1～2 d 需要经常轻轻地摇动，然后静止培养 5～10 d 原生质体开始分裂。该方法操作简单，对原生质体的损伤小，且易于添加新鲜培养基和转移培养物。不足是原生质体分布不均匀，常常发生粘连，还难以跟踪观察某一个细胞的发育情况。

（2）固液双层培养　在培养皿底部铺一层固体培养基，再将原生质体悬浮液滴于固体培养基表面。固体培养基中的营养物质可以缓慢释放到液体培养基中，效果较好。如果在下层固体培养基中添加一定量的活性炭，还可以吸附培养物产生的有害物质，能促进原生质体的分裂和细胞团的形成。缺点是不易观察细胞的发育过程。

（3）固体平板培养法　将纯化后的原生质体用液体培养液调到一定的密度，约 2×10^4 个/mL，与灭菌后等体积已溶解有 1.4%低熔点琼脂糖的培养基均匀混合后，置于直径为 6 cm的培养基中，旋转培养皿，用石蜡封口后进行暗培养。培养基的厚度一般为 2～3 mm，培养 5～7 d 原生质体开始分裂。该法原生质体分布均匀，可以跟踪观察单个原生质体的发育情况，易于统计原生质体分裂频率。缺点是操作要求严格，尤其是对混合温度的掌控必须合适，温度偏高则影响原生质体活力，温度偏低则琼脂糖凝固太快，原生质体不容易混合均匀。

（4）琼脂糖珠培养　用吸管吸一滴含有原生质体的液态琼脂糖培养基（约 50 μL），滴于直径 6 cm 的培养皿上，待其固化后向其中添加 3 mL 液体培养基并于摇床上低速旋转培养。培养过程中，通过调整液体培养基的渗透压，来调节培养物的渗透压，利于原生质体的进一步生长和发育。这种方法改善了培养物的通气状况和营养环境，能促进原生质体的分裂和细胞团的形成。

（5）饲喂层培养　将饲喂层的细胞用培养基制作平板，该平板也称饲喂层。用 X 射线照射，使核失活不能分裂，但细胞存活，然后将原生质体以液体浅层或平板技术铺在饲喂层上。

（6）悬滴培养法　将含有一定密度的原生质体的悬浮液用滴管滴在培养皿盖的内侧上，一般直径为 6 cm 的培养皿滴 6～7 滴，皿底加入培养液或渗透剂等液体以利保湿，快速将皿盖盖在培养皿上进行培养。这种方法所用的材料少，培养液的用量也少，有利于通风和观察。

3.原生质体再生植株

原生质体培养 1～2 个月，通过细胞的持续分裂，在培养基上出现肉眼可见的细胞团。细胞团长到 2～4 mm，可转移到分化培养基上，诱导芽和根，形成完整植株。原生质体植株的再生途径有两条。一种是通过愈伤组织形成不定芽，当原生质体形成愈伤组织后直接转到芽分化培养基诱导生芽，再转移到生根培养基上诱导形成完整植株（图 2-29）；另一种途径是由原生质体再生细胞直接形成胚状体，由胚状体发育生成完整的植株。

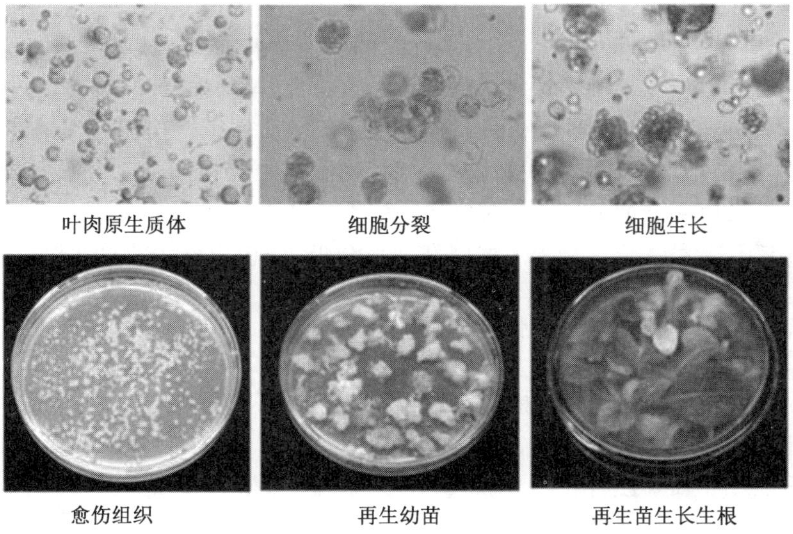

图 2-29 烟草原生质体培养再生植株

(二)原生质体融合

原生质体融合是 20 世纪 70 年代兴起的一项新技术，可实现体细胞的杂交，如图 2-30 所示。体细胞杂交育种克服了远缘杂交中某些障碍，如杂交不亲和性等，从而能更广泛地组合各种植物的遗传性状，为有效地培育新品种，开辟了一条崭新的途径。原生质体的融合方式包括自发融合和诱导融合。

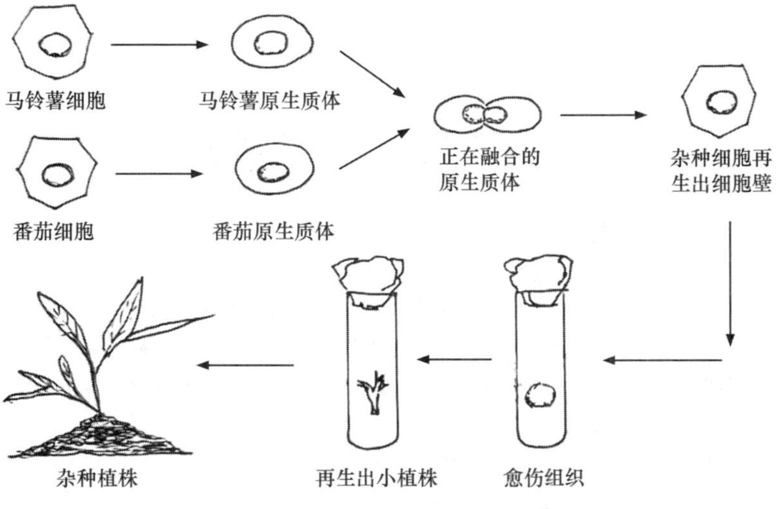

图 2-30 马铃薯和番茄原生质体融合培养杂交植株再生

1. 自发融合

自发融合是在植物原生质体分离过程中，用酶法分解细胞壁后进行融合，融合频率 8%～30%。它是种内融合，与胞间连丝有关，融合的个体一般不能进一步发育。

2. 诱导式融合

诱导融合是制备出两个亲本原生质体后，加入诱导剂或用其他方法促使原生质体融合。诱导融合可以是种内的，也可以是种间的，甚至是属间、科间的融合。诱导融合的方法大体可以分为物理融合和化学融合两类。

(1)物理融合法　是对融合槽的两个平行电极施加高频交流电压,产生电泳效应,使融合槽内的原生质体偶极化并沿着电场的方向排列成串珠状,再施加瞬间的高压直流脉冲,使黏合相邻的原生质体膜局部发生可逆性瞬间穿孔,然后,原生质体膜连接、闭合,最终融合。

(2)化学融合法　是用不同的试剂作诱导剂,促使原生质体融合,其原理是带有阴离子的PEG分子等与原生质体表面的阴离子在 Ca^{2+} 连接下形成共同的静电键,从而促进了原生质体间的黏着和结合。在高 Ca^{2+} 高 pH 液的处理下,Ca^{2+} 和与质膜结合的 PEG 分子被洗脱,导致电荷平衡失调并重新分配,使原生质体的某些阳电荷与另一些原生质体的阴电荷连接起来,吸附聚合,最后融合在一起。目前,常用的是高 pH-高钙法和聚二乙醇,简称(PEG)法。

①高 pH-高钙法　高 pH-高钙法源自动物细胞融合的研究,用 pH 9.5～10.5,Ca^{2+} 浓度大于 0.03 mol/L 溶液处理原生质体。具体处理方法是在原生质体沉淀中加入含有 0.05 mol/L $CaCl_2 \cdot 2H_2O$ 和 0.4 mol/L 甘露醇,pH 10.5,在 37 ℃下水浴保温 0.5 h 左右,原生质体融合率可达到 10%左右。

②PEG 融合法　先将两种不同的原生质体以适当比例混合,用 28%～58%的 PEG 溶液处理 15～30 min,然后将原生质体用培养液逐步进行清洗即可进行培养。PEG 融合法的优点是双核异核体形成频率高、重复性好,对大多数细胞毒性低,而且融合成本低,无需特殊设备,融合过程不受物种限制。但是融合过程烦琐,PEG 可能毒害原生质体细胞。

细胞融合过程中异种原生质体先经膜融合形成共同的质膜,然后经胞质融合,产生细胞壁,最后是核融合。细胞核的融合是异种原生质体融合的关键。融合体只有成为单核细胞后才能继续生长,才能合成 DNA、RNA,并进行细胞分裂,这就要求两个核必须同步分裂,如果两个核所处时期不同,一个已经开始合成 DNA;另一个还处于合成的中途或已完成了复制,它们之间就会相互影响,最终导致不能进行正常细胞分裂。

任务 2-6　胚初代培养

案例导入

胭脂萝卜是继榨菜之后的重庆涪陵第二大特产,又名红心萝卜,系十字花科(Cruciferae)萝卜种(*Raphanus sativus* L.)下的一个特色地方品种,已有 100 多年的栽培历史。胭脂萝卜以肉质根心皮全红、质地脆嫩和富含天然色素萝卜红著称,是制作泡菜、萝卜干以及提取天然食用红色素的优质原料。胭脂萝卜色素含量是北方心里美萝卜的 8 倍,色素产量是心里美的 4 倍,萝卜红色素具有双酰基结构,光、温和热稳定性好,耐贮藏,在 pH 为 1.0～6.0 时均呈鲜红色,可用于食品、饮料、酒类和化妆品中的着色剂,还有抗氧化、抗痛风和抑制癌细胞迁移及侵袭等医药功效。胭脂萝卜以有性繁殖为主,种质资源较少,在繁种过程中存在品种混杂和退化严重、抗逆能力差、产量和色素含量降低等问题,而利用组织培养技术扩繁原种,能更好地保持良种的性状,还可为保存和快繁自交不亲和系和雄性不育系提供有效途径,是进行次生代谢产物生产及遗传转化有效途径。萝卜的组织培养最早源于 Hanning 的胚培养实验,Hanning 发现离体的未成熟胚可以在培养基上充分发育,并且提前萌发形成小苗,这也是胚培养研究获得成功的首例。

1.任务内容

种子经过清洗、表面消毒灭菌后剥出胚，接种到配制好的培养基中。在无菌环境下诱导培养一段时间，使胚外植体形成愈伤组织、胚状体或发育成苗。

2.任务要求

(1)熟练外植体的选择、消毒、接种等操作过程。

(2)完成植物种子胚的初代培养过程。

3.任务准备

(1)仪器与用具　超净工作台、剪刀、镊子、烧杯、无菌杯、无菌滤纸、酒精灯、喷壶、脱脂棉、洗衣粉、毛刷、记号笔等。植物材料可用苹果种子等，建议不要用太小的外植体材料。

(2)药品　90％乙醇、70％～75％乙醇、饱和漂白粉、无菌水和已灭菌的培养基(可用 MS＋0.5～1.0 mg/L BA＋0.05～0.2 mg/L IAA)等。

4.任务实施

(1)准备工作

①将经层积处理的成熟饱满的苹果种子在蒸馏水中浸泡 12 h。

②按照操作规程，进行环境杀菌、物品摆放等工作。

(2)外植体灭菌　表面灭菌：在超净工作台中，将种子放入无菌烧杯中，用 70％～75％乙醇消毒 0.2～2 min(根据外植体材料合理选择灭菌时间)，其间不断搅动，用无菌水清洗 3 次。然后在饱和漂白粉溶液中浸泡 20 min 或在 0.1％氯化汞溶液中浸泡 2～15 min，无菌水清洗 3 次，再用无菌滤纸吸干外植体表面水分备用。

(3)无菌接种

①用 70％～75％酒精棉球擦拭双手和超净工作台面。

②按操作规程，将所需物品摆放进超净工作台内。

③将接种器械用酒精灼烧的方法灭菌，放凉后备用。

④将 1 粒种子置于无菌培养皿中，用镊子夹住，用解剖刀先将种皮划破，再用另一把镊子轻轻把种皮剥去，然后用解剖刀沿胚胎的边缘小心地剥去胚乳，分离出胚后，用无菌水将每 1 个胚冲洗 3 次备用。

⑤在酒精灯火焰附近，用镊子小心夹取胚，接种到培养基表面。

⑥接种完毕后，在瓶壁底部用记号笔注明材料种类、接种日期、培养基成分等信息。

⑦清理超净工作台，关闭照明灯和风机，最后关闭电源。

(4)培养　将培养瓶置于黑暗中培养，保持温度 25 ℃，3～4 d 后转到光下培养，观察其生长状况。跟踪观察记录产生愈伤组织和不定芽的时间，以及出愈率、分化率和污染率等技术指标。

5.注意事项

(1)剥离胚时一定要细心谨慎，尽量保持胚的完整性。

(2)注意观察胚的位置和成熟程度。

6.考核建议

(1)考核要点：种子胚的剥离过程和接种过程中的注意事项。

(2)胚初代培养考核表。

考核方案如表 2-25 所示。

表 2-25 考核方案

考核项目	考核标准	考核形式	满分
实训态度	目的明确、态度端正、自觉性强	指导老师(40%)、组长(30%)和学生自评(30%)	10 分
现场操作	正确进行培养室准备消毒		10 分
	熟练掌握胚的剥离过程		30 分
	熟练掌握外植体无菌接种技术		50 分
观察统计	污染情况	培养一周后观察记录	10 分
合计			100 分

任务 2-7　花药初代培养

案例导入

淡黄花百合是百合科(Liliaceae)百合属(*Lilium*)多年生草本球根植物，是具有观赏价值和药用价值的重要野生植物资源。淡黄花百合可以用种子繁殖、鳞片扦插繁殖，也可以用组织培养技术来进行扩繁。淡黄花百合作为重要的观赏植物资源，主要用于百合新品种培育的杂交亲本，但是在百合杂交育种中存在着基因库贫乏、种间杂交不亲和等局限性，而组织培养中的花药培养技术则可克服这些弊端。

1.任务内容

花蕾经过清洗、表面消毒灭菌后剥出花药接种到配制好的培养基中。在无菌环境下诱导培养一段时间，使花药外植体形成愈伤组织或胚状体。

2.任务要求

(1)熟练外植体的选择、消毒、接种等操作过程。

(2)完成花药的初代培养过程。

3.任务准备

(1)仪器与用具　超净工作台、剪刀、镊子、烧杯、无菌杯、无菌滤纸、酒精灯、喷壶、脱脂棉、洗衣粉、毛刷、记号笔等。植物材料可用百合花蕾等。

(2)药品　90%乙醇、70%～75%乙醇、饱和漂白粉、无菌水和已灭菌的培养基(可用 MS+NAA 5.0 mg/L+KT 0.5 mg/L)等。

4.任务实施

(1)准备工作　操作同上(任务 2-6　胚初代培养)第 2 项。

(2)外植体取材和灭菌　选取外植体材料：选开花前 3～5 d 无病虫害的百合带梗花蕾(最好提前套袋隔菌)为外植体。进行预处理和表面灭菌。

(3)无菌接种

①用 70%～75%酒精棉球擦拭双手和超净工作台面。

②按操作规程,将所需物品摆放进超净工作台内。

③将接种器械用酒精灼烧的方法灭菌,放凉后备用。

④用解剖刀、镊子小心剥开花蕾取出花药,注意去掉花丝。

⑤在酒精灯火焰附近,用镊子小心夹取花药,接种到培养基表面。

⑥接种完毕后,在瓶壁底部用记号笔注明材料种类、接种日期、培养基成分等信息。

⑦清理超净工作台,关闭照明灯和风机,最后关闭电源。

(4)培养　将植物初代培养瓶置于培养室的培养架上,培养温度通常设为(25±1) ℃,光照强度1 500～2 000 lx,光照时间 10～16 h/d 进行培养。

5. 注意事项

用镊子夹取花药时力度要小;如接子房等器官要竖直插入培养基中。

6. 考核建议

(1)考核要点:花药外植体灭菌方法和接种过程中的注意事项。

(2)花药培养考核方案如表 2-26 所示。

表 2-26　考核方案

考核项目	考核标准	考核形式	满分
实训态度	目的明确、态度端正、自觉性强	指导老师(40%)、组长(30%)和学生自评(30%)	10 分
现场操作	正确进行培养室准备消毒		10 分
	熟练掌握花药外植体处理与灭菌过程		20 分
	熟练掌握外植体无菌接种技术		50 分
观察统计	污染情况	培养一周后观察记录	10 分
合计			100 分

单元二项目四彩图

项目五
试管苗的驯化与移栽

一、试管苗的特点

组织培养出来的苗通称试管苗或组培苗。组培苗能否大量应用于生产，特别是木本植物、名贵花卉等能不能取得良好的效益，则取决于组培苗是否有较高的驯化移栽成活率。试管苗长期生活在密闭容器中，其独特的生态系统与外界环境相比有四大差异。

1. 恒温

试管苗整个生长过程中采用的是恒温培养，即使某一阶段稍有变动，温差也较小。温度一般控制在(25±2) ℃。而外界环境条件温度不断变化，其调节由太阳辐射决定，温差较大。

2. 高湿

试管瓶内水分移动途径有两条：试管苗水分从气孔蒸腾；培养基水分向外蒸发，凝结后又进入培养基，水分移动循环造成瓶内相对湿度接近100%，远远大于瓶外空气湿度，故试管苗蒸腾小。

3. 弱光

培养室内采取人工补光，其光照强度远不及于太阳光强，故幼苗生长也较弱，不能经受太阳光直接照射。

4. 无菌

试管苗所在环境无菌，与外界有菌环境不同，试管苗也无菌。在移栽过程中试管苗要经历由无菌向有菌的转化。

在特殊生态环境中生长的试管苗，具有以下几个特点：

(1)试管苗生长细弱，茎、叶表面角质层不发达。

(2)叶绿体的光合作用性能较差。

(3)叶片气孔数目少，气孔的生理活性差。

(4)根输导系统不相通，无根毛或根毛较少，根的吸收功能差。

(5)对逆境的适应性和抵抗能力较差。

●思政花园

科学的种子，是为了人民的收获而成长的。

——门捷列夫

二、试管苗驯化移栽的流程（图 2-31）

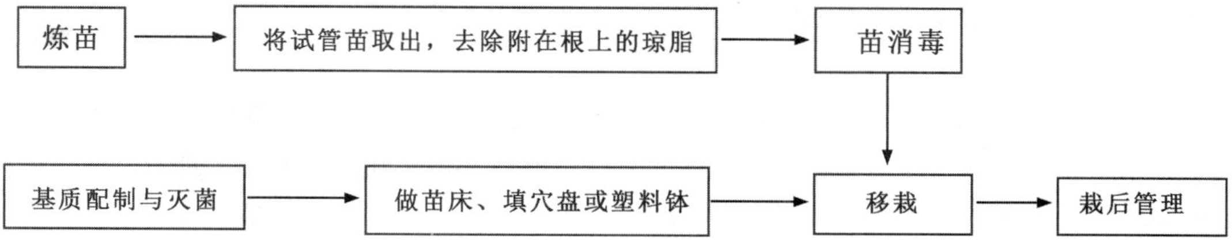

图 2-31　试管苗驯化移栽的流程

三、试管苗的驯化

试管苗是在无菌、有营养供给、适宜光照和温度及近乎 100%的相对湿度的优越环境条件下生长的，在生理、形态等方面都与自然条件生长的正常小苗有很大差异。

试管内的生根苗需经过一段时间的驯化，使其逐步适应外界环境后，再移栽到疏松透气的基质中，并应加强管理，注意控制温度、湿度、光照，及时防治病害，以提高移栽苗的成活率。驯化主要障碍是湿度，试管苗叶片角质层不发达，叶片通常没有表皮毛，或仅有较少表皮毛。叶片上甚至出现了大量的水孔，此外，气孔的数量、大小也往往超过普通苗。当将它们直接移栽到自然环境中，试管苗蒸腾作用极大，失水率很高，非常容易死亡。

（一）驯化的目的

如果试管苗直接移栽到室外，由于生存环境发生了剧烈变化，绝大多数试管苗会因为难以适应而死亡。驯化的目的是人为创设一种由试管苗生境逐渐向自然环境过度的条件，促进试管苗在形态、结构、生理方面向正常苗转化，使之更能适应外界环境，从而提高试管苗移栽的成活率。

（二）驯化的原则

根据试管苗的特点及其生境与田间环境的差异，驯化原则应从营养、光、温、气、湿及有无杂菌等环境要素考虑。驯化前期应创设与试管苗原来生境相似的条件，后期则创设与自然环境相似的条件，以利试管苗在形态结构及生理方面顺利发生向适应外界环境的转化，从而有效提高移栽成活率。

四、试管苗的移栽

（一）移栽时期

移栽时期最好选择该种植物的自然出苗季节，这样容易成活，又能保证及时开花，如菊花宜在春末夏初移栽，不但移栽成活率高，且能当年开花。水仙试管苗（小鳞茎）的移栽最好选择在秋季，这样可提高水仙移栽的成活率，又能保证水仙的茁壮成长。

（二）移栽设施

1. 现代化温室

组培苗生根后不能直接移入大田，需要移入温室过渡，而且要求温室有较好的条件，尽量实现机械化、自动化，最好建成较先进的现代化温室。

2. 日光温室

现代化温室造价较高，因此没有条件的也可用日光温室代替。日光温室在北方应用较广泛，主要利用太阳能作热源提高温室内温度。

3. 遮阴防雨拱棚

温室锻炼的组培苗有些可以直接进入市场，有些还需要移入露地炼苗场进一步驯化培养。露天炼苗场可以是完全露天，也可以建遮阴防雨拱棚以防止太阳暴晒和大雨冲刷损伤幼苗，它是组培苗二次炼苗的场地，也是种苗等待进入市场的存放地。最好建在地势较高，不淹水的地方。遮阴材料既可使用遮阳网，又可就地取材，用高粱秸、芦苇等物编织成遮阴帘等。

4. 防虫纱网棚

如果繁殖的苗木是脱毒苗则需要建造防虫纱网棚，目的是防止蚜虫侵入，传播病毒。一般防虫纱网棚以 35～40 目尼龙纱网为覆盖物，防虫纱网棚的骨架比塑料薄膜棚承重小，构建成本低。

（三）移栽基质与容器

基质种类分为有机基质和无机基质，有机基质主要有泥炭、稻壳、花生壳、椰糠、木屑、鸡蛋壳等；无机基质主要有炉渣、河沙、蛭石、珍珠岩、陶粒等。适合于栽种试管苗的基质要具备透气性、保湿性和一定的肥力，且容易灭菌处理，不利于杂菌滋生。一般可选用珍珠岩、蛭石、河沙、草炭等。为了增加黏着力和一定的肥力，可配合草炭土或腐殖土。配制混合基质时需要按比例搭配，一般珍珠岩、蛭石、草炭土或腐殖土比例 1∶1∶0.5。也可用沙子：草炭土或腐殖土为 1：1 来搭配。此外，要根据不同植物的栽培习性来配制，这样才能获得满意的栽培效果。但应注意不同种类植物的组培苗对栽培基质的适应和要求是不同的，因此，基质配方也需要事先筛选和优化。下面介绍几种常用基质的特点及使用。

1. 珍珠岩

来源：是含硅的矿物质在炉体中加热到 760 ℃形成的质轻蓬松的颗粒体。

特点：一般 80～130 kg/cm^3。珍珠岩容重小，搬运方便，总孔隙度 93%，可容纳自身重量 3～4 倍的水。其 pH 基本呈中性，阳离子代换量小，含有硅、铝、铁、锰、钾等的氧化物。它不易发生分解。

使用：珍珠岩一般不单独使用，多与其他基质混合使用，单独使用时因质轻，浇水过猛易漂浮，不利于根系固定。可用珍珠岩与泥炭等量混合。表 2-27 为几种常见基质的物理性状。

2. 蛭石

来源：为云母类次生矿物，在 1 000 ℃炉体中加热膨胀，形成多孔的海绵状物体。

特点：蛭石质地较轻，96～160 kg/cm^3，容重较小，总孔隙度很大，有良好的透气性和保水性，具有较高的阳离子代换量和较强的缓冲性能，能够暂时保存养分，其中还含钙、镁、钾、铁等成分，是较理想的基质种类。我国蛭石资源丰富，蛭石容重轻，搬运方便，保水和持水能力强，管理省工。

使用：育苗时可过筛使用。也可以单独使用。

●思政花园

名声是无味的向日葵，戴着一项华丽而俗不可耐的金冠；友谊则是鲜润的玫瑰花，褶褶瓣瓣都散发着沁人的芳香。

——霍姆斯

表 2-27　几种常见基质的物理性状

基质	容重/(g/cm^3)	总孔隙度/%	大孔隙/%	小孔隙/%
河沙	1.49	30.5	29.5	45.0
蛭石	0.13	95.0	30.0	65.0
珍珠炭	0.16	93.2	53.0	40.2
泥炭	0.21	84.4	7.1	77.3

3.河沙

特点:取材方便,资源丰富,成本低,透气性好,排水性强,但沙子容重大(1 500～1 800 kg/cm^3),不便运输,热传导快,保水、持水力差,易受河水污染。

使用:一般不单独用来直接栽种试管苗。一般选用粒径为 0.5～3 mm 的沙为宜。

4.草炭

来源:草炭又称泥炭,是由沉积在沼泽中的植物残骸经过长时间的腐烂所形成。

特点:草炭质地细腻,持水和保水能力强,但通常通透性较差,富含有机质和营养物质,具有较强的缓冲能力。

使用:草炭用作基质,管理方便,成功率高,但通常不能单独用来栽种试管苗,宜与其他基质混合形成复合基质,从而充分发挥各自的优势,弥补其不足。

5.腐殖土

来源:由植物落叶经腐烂所形成。腐叶上含有大量的矿质营养、有机物质。

特点:性质和草炭相似。

使用:它通常不单独使用。掺有腐殖土的栽培基质有助于植株发根。

6.复合基质

一般用珍珠岩、蛭石、草炭土或腐殖土为 1∶1∶0.5。也可用沙子、草炭土或腐殖土为 1∶1。

基质在使用前应灭菌,少量用高压灭菌,大量用烘烤、蒸汽、药物等方法。

栽培容器:可用于大型栽培槽,如(6 cm×6 cm)～(10 cm×10 cm)的软塑料钵,也可用育苗盘。前者占地面积大,耗用大量基质,但幼苗不用再次移苗;后者需要二次移苗,但节省空间和栽培基质。

7.基质灭菌

试管苗移栽前应先对基质进行灭菌消毒,以降低感染率。灭菌方法包括蒸汽灭菌、微波灭菌及药剂灭菌。

(1)蒸汽灭菌　蒸汽灭菌可以防治猝倒病、立枯病、枯萎病、菌核病和黄瓜花叶病毒病等。基质用量少时,可放入容积为 1～2 m^3 的柜或箱内,装好基质后喷湿,当含水量达到 35%～45%后,通入蒸汽,一般在 70～90 ℃条件下,灭菌 15～30 min 就能杀死病菌。如灭菌的基质量大,可将混匀后含水量达到 35%～45%基质堆成 20 cm 高,长度依地形而定,全部用防水耐高温的布盖住,通入 70～90 ℃蒸汽 1 h。如基质中含有土则蒸汽的温度需达到 90～100 ℃。这种方法灭菌快,又没有残毒,是良好的灭菌方法。

(2)微波灭菌　微波灭菌是用微波照射土壤,能杀灭杂草、线虫和病菌。行走式微波灭菌机由功率 30 kW 发射装置和微波发射板组成,前进速度为 0.2～0.4 km/h,工作效率较高。

(3)药剂灭菌

①40%甲醛　甲醛是良好的杀菌剂,但杀虫效果较差。一般用40%的甲醛50倍液,按20～40 L/m³ 的药液量进行灭菌,灭菌效果较好。基质灭菌时要求工作人员操作时戴上口罩,做好防护工作。

②福尔马林灭菌　福尔马林能防治猝倒病和菌核病。用0.5%的福尔马林喷洒在苗床上,混拌均匀,然后堆放并用塑料薄膜封闭5～7 d,揭开塑料薄膜使药味彻底挥发后方可使用。

③高锰酸钾　高锰酸钾是强氧化剂,一般用于石砾、粗沙等没有吸附能力且较容易用清水冲洗干净的惰性基质灭菌,而不能用于泥炭等有较大吸附能力的活性基质或者难以用清水冲洗干净的基质。

除此之外也可用多菌灵、甲基托布津、噁霉灵等。

8.栽培容器

(1)育苗盘　用育苗盘进行移栽,可以节省空间,省基质,但需要进行再次移栽。

(2)塑料钵　用塑料钵进行移栽,占地面积大,耗用基质多,但幼苗不用再次移栽。

五、移栽后的试管苗的管理

(一)试管苗驯化移栽成活率低的原因

1.内因

试管苗驯化移栽成活率低的内因主要有植物种类与试管苗的质量。不同种类的植物,移栽成活率不同,如菊花、薰衣草试管苗对移栽的条件要求不同,容易成活;而仙客来试管苗对移栽的条件较苛刻,稍不小心,就会引起大量死亡。此外,试管苗细长、黄化、根系发育不良,移栽时极易死亡。而试管苗叶片浓绿、茎粗壮、根系发达及长势好则容易成活。

2.外因

试管苗驯化移栽成活率低的外因主要有环境条件、管理措施及管理人员的责任心。如基质湿度过大引起烂根或水分不足使小苗萎蔫;温度过高加上高湿则极易引起烂苗和烂根,温度过低则使组培苗根系生长缓慢,形成僵苗,同时低温也会直接造成幼苗死亡。此外,光照过强易引起苗过度失水而死亡等。

有些管理人员技术水平低、责任心不强、管理粗放,也容易降低试管苗移栽的成活率。

(二)移栽和幼苗的管理

移栽方法:用镊子从试管内取出发根的小苗→冲洗掉根部粘着的培养基→用竹签在基质中插孔→将小苗插入→栽后把苗周围基质压实→轻浇薄水。

注意:幼苗较嫩,防止弄伤。栽前基质要浇透水。栽后移入高湿度的环境中,保证空间湿度达90%以上。

幼苗的管理:

1.保持小苗的水分供需平衡

原则:移栽后5～7 d内,保持较高的空气湿度,接近培养瓶的条件。当5～7 d后,发现小苗有生长趋势,可逐渐降低湿度,让小苗始终保持挺拔的状态。

做法:营养钵的培养基质要浇透水,所放置的床面也要浇湿,搭设小拱棚,并且初期要常喷雾处理,保持拱棚薄膜上有水珠出现。后期减少喷水次数,将拱棚两端打开通风,使小苗适应湿度较小的条件。约15 d以后揭去拱棚的薄膜,并逐渐减少浇水,促进小苗长得粗壮。

2.防止菌类滋生

原则:因试管苗原来是无菌的,加之驯化条件湿润易生杂菌,应尽量不使菌类大量滋生。

做法:如对基质进行灭菌。对幼苗喷洒杀菌剂,如多菌灵、托布津,每 7～10 d 一次。在移苗时尽量少伤苗。喷水时可加入 0.1%的尿素,或用 1/2MS 大量元素的水溶液。

3.一定的温、光条件

原则:适宜的生根温度是 18～20 ℃,温度过低使幼苗生长迟缓,或不易成活。温度过高蒸腾加强,水分平衡受破坏,容易滋生菌类等。光照管理上初期可用较弱的光照,后期用自然的强光照。

做法:冬春季地温较低时,可用电热线来加温。在小拱棚上加盖遮阳网或报纸等,后期当小植株有了新的生长迹象时,逐渐加强光照,至直接利用自然光照。

4.保持基质适当的通气性

原则:要选择适当的颗粒状基质,保证良好的通气作用。

做法:管理过程中不要浇水过多,过多的水应能迅速沥除,以利根系呼吸。

5.适当施肥

原则:一般移栽一周后每隔 3～5 d 叶面喷施营养液一次,可结合喷水喷施。

做法:一般喷水时加 0.1%的尿素或 1/2MS 的大量元素水溶液,浓度不宜过大,应勤施薄施。

只要把水分平衡、适宜的介质、控制杂菌和适宜的光、温条件等控制好,试管苗是很容易移栽的。

(三)组培苗移栽后的常见病虫害

1.病害

包括非侵染性病害和侵染性病害。

(1)非侵染性病害　由环境条件不适而引起的植物病害,不能相互传染,故又称为非传染性病害或生理性病害。常出现的非侵染性病害包括以下几种:

①日灼和冻害　温度失调可能会造成日灼和冻害。日灼症状(图 2-32)是植物在高温下常出现的光合作用受阻,叶绿素破坏,叶片上出现死斑,叶色变褐、变黄,甚至死亡;冻害的症状(图 2-33)是受害部位的嫩茎或幼叶出现水渍状病斑,后转褐色而组织死亡,也有的整株成片变黑,干枯死亡。

图 2-32　日灼

图 2-33　冻害

②旱害和水涝　水分失调造成旱害和水涝。旱害(图 2-34)可使木本植物的叶子黄化、红化或产生其他色变,随后落叶;涝害的症状(图 2-35)是叶子黄化、植株生长柔嫩,根和块茎及有些草本植物茎有胀裂现象,有时也可使器官脱落。

图 2-34　旱害

图 2-35　水涝

③缺素症　这类病害主要包括缺镁症、缺锰症、缺锌症、缺铁症、缺钙症、缺钾症、缺铜症、缺硼症等(图 2-36)。

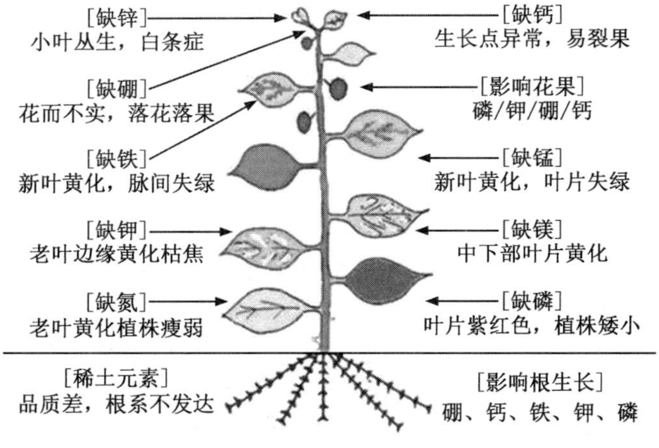

图 2-36　缺素症

④多盐毒害　多盐毒害(图 2-37)又称碱害,是土壤中盐分,特别是易溶的盐类,如氯化钠、碳酸钠和硫酸钠等过多时对植物的伤害,其症状是植株萌芽受阻和减缓,幼株生长纤细并呈病态,叶片褪绿,不能达到开花和结果的成熟状态。

图 2-37　多盐毒害

(2)侵染性病害　侵染性病害包括以下几种：

①猝倒病(图 2-38)　俗称“倒苗”“霉根”“小脚瘟”，主要由瓜果腐霉属鞭毛菌亚门真菌侵染所致。刺腐霉及疫霉属的一些种也能引起发病。病菌寄主范围很广，严重时可引起成片死苗。用甲基托布津、百菌清 800～1 000 倍液防治。

②白霉病(图 2-39)初发病时叶正、背两面生白色粉状霉斑，叶柄、茎部染病也生白色霉点或霉斑，严重时整个叶片被白粉覆盖，致叶片干枯或全株枯死。发病初期喷洒 75%百菌清，甲基托布津 800～1 000 倍液，及时清除病叶。也可喷洒高浓度的大蒜汁。

图 2-38　猝倒病

图 2-39　白霉病

③叶斑病(图 2-40)　分布很广，侵染叶片、叶柄和茎部，在各种植物上表现不尽相同。如鸡冠花叶斑病(又称褐斑病)侵染叶片、叶柄和茎部。叶上病斑圆形，后扩大呈不规则状大病斑，并产生轮纹，病斑由红褐色变为黑褐色，中央灰褐色。茎和叶柄上病斑褐色、长条形。鱼尾葵叶斑病(也称黑斑病)叶片上产生黑褐色小圆斑，后扩大或病斑连片呈不规则大斑块，边缘略微隆起，叶两面散生小黑点。

图 2-40　叶斑病

2. 虫害

移栽后的组培苗常发生的虫害有菜蛾、蚜虫、青虫蛾等，可采用喷洒 40%氧化乐果 1 000 倍液来防治，不能用杀灭菊酯喷施，容易引起药害，影响生长。在栽培作业中，接触过病株的工具盒、手套都要进行消毒。

(四)提高试管苗驯化移栽成活率的措施

(1)有针对性地调整培养基配方,改善培养条件,努力提高组培苗质量。

(2)移栽前进行炼苗,先不打开培养物瓶盖,将其移到自然光照下锻炼 2～3 d,然后打开瓶盖炼苗 1～2 d。

(3)及时出瓶驯化,可避免组培苗老化。操作过程中应极力避免损伤试管苗的根和叶。无根或根系不发达的小苗要在基部蘸取生根粉或生长素溶液,以尽快促进生根。

(4)改善过渡培养的环境条件,最好采用自控温室,并配合喷灌,能极大提高移栽成活率。

(5)选择恰当的种植介质,要求疏松、保水和保肥,易灭菌。

(6)保持试管苗的水分供需平衡。因为试管苗的茎叶保水能力差,加上根系吸水的能力差,所以需要提高环境中的相对湿度,使小苗保持挺拔姿态,以保证各种生命活动正常进行。

(7)适当采取遮阴措施,可降低蒸腾失水,也可避免强日照对叶片的灼伤。

(8)加强肥水管理和病虫害防治。

综上所述,组培苗的驯化移栽要非常认真负责,注意保持水肥平衡,选择适当地介质,控制适当的光、温、气、湿等条件,随时观察天气变化和小苗生长情况再作出适当的调整。此外,防止大量杂菌的滋生,及时对病虫害进行防治。总之,应采取灵活而有效的管理措施提高移栽试管苗的成活率。

任务 2-8　试管苗的驯化与移栽

案例导入

小李今年从农学专业顺利毕业,入职一家农业公司,应聘岗位为农资销售。该公司的主要经营业务是石斛种苗的销售,包括石斛种苗产品的介绍、推广、订单跟进及售后技术服务等内容。他刚刚售卖了 5 000 瓶金钗石斛组培苗,现要下乡为客户进行石斛种苗的驯化移栽技术的讲解和示范,并跟踪客户了解石斛种苗的生产情况,以便更好地提供服务,并对公司产品进行推广宣传。

动画:试管苗的驯化与移栽

1.任务内容

(1)试管苗的清洗。

(2)准备移植苗床或营养钵。

(3)试管苗的移栽。

(4)移栽后的管理。

2.任务要求

(1)能根据实际情况选择正确、可行的驯化移栽方法。

(2)完成组培苗驯化和移栽过程,且操作规范、准确、熟练。

(3)能精心管理栽植后的试管苗,保证一定成活率。

3.任务准备

(1)器材　温室、苗床、自动喷雾装置、育苗盘、塑料钵、周转筐、薄膜、镊子、基质(田园土、蛭石、沙子、草炭和珍珠岩等)、橡胶手套、塑料扦等。

(2)试剂　已生根的健壮试管苗;500～800 倍多菌灵溶液。

4.任务实施

(1)驯化炼苗　当试管苗的根为嫩白色,一般具有 2～3 条根,根长 1～2 cm 时,将生根试管苗的培养瓶转移至温室或塑料大棚内 50%～70%的遮阳网下进行锻炼。先不打开瓶口炼苗 2～3 d,然后打开瓶炼苗 1～2 d。当试管苗茎叶颜色加深,根系颜色由白色或黄白色变为黄褐色并延长、伴有新根生出时表示炼苗成功。

(2)基质配制与灭菌　根据试管苗种类来选择适宜基质,挑选出基质中的杂质杂物,按体积比(如田园土∶珍珠岩∶蛭石∶草炭＝1∶1∶1∶1)在水泥地面混拌均匀,而后进行灭菌。基质灭菌方法有:

化学药剂灭菌　用喷壶向混合配制的基质喷洒 0.1%～0.2%高锰酸钾水溶液或500～800 倍多菌灵水溶液,要求喷洒全面、彻底,喷后用薄膜覆盖 20～30 min。

蒸汽灭菌　将混合配制后的基质用耐高压聚丙烯塑料袋装好,在高压灭菌锅中 125 ℃下灭菌 20 min 后冷却备用。如果需要的量很大可在塑料膜上将混合配制浇湿后的基质,堆成高 1 m、宽 2 m 左右、长度不限的基质堆,用塑料膜盖严,利用太阳能消毒。一般夏季 2～3 d、冬季 7～10 d,翻堆摊晒一次。

(3)作苗床或准备育苗盘　在温室或塑料大棚内准备好苗床或穴盘、塑料钵等。采用常规方法制作苗床。如果采用育苗盘可用 5%高锰酸钾水溶液浸泡后刷洗,然后用清水冲洗干净。

(4)基质装填、浇水　采用苗床移苗时,先在苗床上铺上塑料布,然后填上消毒过的基质;采用育苗盘移苗时,将基质填入穴盘上,然后用刮板刮平;采用塑料钵移苗时,则将基质装至距钵口 0.5～1.0 cm 处。无论采用何种移苗方法,都要在基质装填后浇透水。

(5)试管苗移栽

①试管苗出瓶　用瓶子小心地将试管苗从瓶中取出,放在盛有 20 ℃左右的温水中,轻轻洗净附着在试管苗根上的培养基,并对过长的根适当修剪,再放入温水中清洗 1 次。将取出培养基的试管苗放入 500～800 倍多菌灵水溶液中浸泡 10～10 min 后,准备移栽。

②试管苗移栽

苗床移栽　根据试管苗的大小用竹签划出深 1～3 cm 的小沟,深度以叶片不接触基质和根茎过渡区与基质面相平为宜,然后放入试管苗,舒展根系。边栽边覆盖基质,成行移栽,而后轻轻镇压,喷水,以基质表面不积水为度。株距以苗不能相互接触为准,行距是株距的 2～3 倍。

穴盘或塑料钵移栽　在穴盘的孔穴或塑料钵的基质中心位置用竹签打孔,孔深及大小根据试管苗根系发达程度来定。然后手持镊子夹住试管苗,轻轻放入孔穴内,并舒展根系,覆土而轻轻镇压。

待试管苗全部移栽完成后,再用 MS 无机盐营养液稀释 5～10 倍喷洒植株。

③栽后管理　保证移栽苗的温度和湿度,为了提高移栽成活率可适当让小苗接受自然光照。适时配制营养液进行叶面追肥,增加营养。

由于不同种类的试管苗,其形式、生理、适应环境的能力等均不相同,所以驯化及栽后管理要有针对性。一般栽后初期(1～2 周内),应避光并保持高湿(90%～100%);后期逐渐降低湿度(70%～80%),增加光照,加强通风。根据实训条件,增湿可选择安装移动喷灌车间歇喷雾,或搭塑料拱棚保湿方法。温度一般保持在 20～25 ℃,中午温度高时用避阳网避光。

(6)观察记录　驯化移栽过程中跟踪观察，统计各项技术指标，及时分析并有效解决存在的问题(表 2-28)。

表 2-28　观察记录表

移栽日期	观察日期	基质类型	移栽条件	移栽数	成活数	成活率	生长状况

5.注意事项

(1)试管苗要选取健壮有根的。

(2)基质要彻底灭菌，根上的培养基要彻底清洗干净，防止烂根。

(3)试管苗出瓶与移栽时要轻拿轻放，勿伤幼苗。

(4)试管苗移栽后喷水要冲洗掉黏附在叶片上的基质。

(5)试管苗驯化移栽要精心管理，并综合考虑各种生态因子的动态变化及相互作用，环境调控及时到位。

6.考核建议

先按照规范性操作训练后进行速度训练，先模拟训练后实际操作的层次顺序分阶段训练，注意因材施教。

考核侧重无菌操作的规范性和准确性，做到定性与定量、过程与效果、实践与理论、小组间与小组内的技能比赛、考核与技能比赛和训练五结合。考核方案如表 2-29 所示。

表 2-29　试管苗的驯化与移栽的考核方案

考核项目	考核标准	考核形式	满分
实训态度	1.听从指挥，遵章守时(10 分)； 2. 实训积极、认真，有团队意识和创新精神(10 分)； 3.实训报告字迹工整，记录全面(10 分)。	随机观察 实训报告	30 分
技能操作	1.操作前工具和材料准备(10 分)； 2.操作程序正确(10 分)； 3.移栽操作规范、用具使用方法合理(10 分)； 4.操作熟练，效率高(10 分)。	现场操作	40 分
清理实验室	驯化、移栽后场地清理干净、迅速(10 分)。	随机观察	10 分
移栽成活率	试管苗驯化、移栽后的成活率≥85%(20 分)。	跟踪考核	20 分
合计			100 分

项目五彩图

项目六
植物组培中常见问题及解决措施

微课:组培苗污染的原因及防治措施

一、植物组织培养中的污染及其控制

植物组织培养过程中污染是指微生物进入培养体系,并迅速滋生危害培养物。污染可以发生在外植体上,更多的是使外植体周围的培养基甚至整个培养基被污染,与培养物争夺营养,产生有害物质,最终导致植物材料发生病害或死亡,造成组织培养的失败。据报道,在组培苗工厂化生产中,污染每增加5%,成本将递增10%以上,当污染率达30%时,就会亏损。

造成污染最常见的微生物是细菌和真菌,以真菌危害最大。细菌属单细胞生物,因此细菌的菌落有自己的特征,一般呈现水污状、油污状、气泡或干缩的红、黄、乳白等颜色的菌落。内生细菌引起的危害主要包括在早期导致培养失败,增殖效率的降低,培养物生长减缓,玻璃苗增加等。在后期导致试管苗移栽困难和死亡,有时污染也会引起培养物的遗传变异。真菌广泛分布于地球表面,其菌落除具有颜色,其外观结构可归纳为丝绒状、毡状、絮状等,就菌落大小来说,有的种扩散到整个培养皿,有的种则有一定的局限性。由于不同真菌的孢子颜色不同,真菌菌落也就呈现各种不同的颜色,许多真菌还能产生色素分泌到培养基中去,致使菌落的背面也带有颜色。真菌污染有着暴发突然、感染面积大等特点,一旦暴发会导致全部材料报废,对一些珍贵的材料来说是很严重的威胁。

虽然微生物进入培养体系,防控难度大,但还有规律可循。污染的途径主要是原始材料带菌、培养基或接种工具灭菌不彻底、无菌操作不规范及环境洁净度差。从操作程序上说,三个阶段都可以轻易地被微生物污染:前期准备阶段,包括培养基、器皿灭菌不彻底,外植体的选择不当与消毒不彻底;无菌操作阶段,包括无菌操作室灭菌和超净工作台洁净度达不到要求、操作不规范、操作工具的消毒不彻底等;培养阶段,培养环境不清洁和培养体系意外开放等。特别是在一些种苗组织培养生产中,培养程序化,一旦发生重复性污染,往往是某个固定环节失误造成的,通过观察污染的表观现象,可以快速寻找到导致污染的原因,这样可以大大节省人力和成本。

组织培养中的污染是可防控的,除了要特别加强操作人员的培训,一切按操作规程办外,应十分重视三大环节:外植体的消毒、环境的洁净和继代培养中的污染控制。

(一)外植体的消毒及其污染控制

1.外植体的选择和消毒

外植体污染是组织培养中众多污染途径中最难解决一个。为了减少外植体导致的污染，应选取合适的材料，尽可能选择带菌少以及不携带内生菌的外植体：①选取胚和无病害的茎尖等，减少携带内生菌的概率。②不同季节，外植体带菌情况不同，选择合适季节采集外植体。③将有土栽培改为无土栽培，减少植物携带外生菌的概率。④将室外的植株移到清洁的室内栽培，生长一段时间后，再取外植体。⑤利用种子在无菌条件下培育成无菌苗，然后再将无菌苗的胚轴、胚根、子叶等作为外植体。⑥采用合适消毒方法，对于大多数外植体只需表面消毒即可，但由于某些外植体有内生菌，为达到较好的灭菌效果，还需进行其他处理。其具体方法是从选择消毒剂的种类、消毒剂浓度与消毒时间方面进行实验，得到一个最佳的消毒方案。

2.有内生菌的外植体的消毒

植物体内细菌是指那些在其生活史的一定阶段或全部阶段生活于健康植物的各种组织细胞间隙或细胞内的细菌和真菌。由于材料内部(细胞内或细胞间)的内生细菌不能被一般的表面消毒方法所清除，随着材料带入培养过程，引起污染，被称为内生细菌污染或内源细菌污染。据报道，对于一种植物而言，从中分离到的内生真菌通常为数种至数十种，有的甚至多达数百种。在热带植物中，内生菌的这种多样性更为突出。生长在高温多雨的热带、亚热带的植物和多年生木本植物容易表现为内生菌污染。某些植物在初代培养或前几代的继代培养中存在污染，但并不形成明显的菌落，而只在培养基内部形成“丝状物”“晕状物”，不易被肉眼察觉，随着继代培养次数的增加，均量逐渐累积，才能在培养基上显现出来。内生细菌引起的危害主要包括在早期导致培养基失败，增殖效率的降低，培养物生长减缓，玻璃苗数量增加等；在后期导致试管苗移栽困难和死亡，污染也会引起培养物的遗传变异。

3.内生细菌污染的防治措施

解决或减少组培中的内生细菌污染关键在于防治，主要措施如下：

(1)对母树的预处理　具体措施包括改善植株栽培环境，尽可能利用温室或人工气候室生长的植株作接种的材料，以减少表面和内生细菌的污染；在采集外植体前对母树喷布杀菌剂或抗生素，如庆大霉素、敌菌丹或异菌脲等。

(2)对母枝或外植体的预处理　具体措施包括促发新枝，即将田间采集的枝条用水冲洗干净后插入无糖的培养液或自来水中，使其发枝，然后以这种新抽的嫩枝作为外植体，可大大减少材料的污染；也可以黄化处理，在无菌条件下对采自田间的枝条进行暗培养，待抽出徒长的黄化枝条时取材；热激处理，如将百合的鳞茎外植体放入试管中进行 43 ℃热激处理，可有效减少内生菌污染；用抗生素进行预培养，如对相思树的芽和茎段灭菌时，用皂液刷洗和乙醇杀菌后，转入 0.2%链霉素溶液中，在摇床上震荡过夜，再用 80%乙醇和 0.1%升汞分别杀菌 1 min 和 15 min，可获得满意的消毒效果。

(3)改进消毒方法　具体措施包括真空减压消毒，利用真空减压抽走植物组织中的空气使消毒剂更易侵入，从而增强杀菌效果；磁力搅拌和超声波振动处理，为减少在外植体表面形成的气泡，在浸泡时还可采用磁力搅拌和超声波振动的方法增强杀菌效果，降低了污染率；多次消毒法，用饱和香皂水(比普通洗衣皂碱性弱)对番木瓜侧芽浸泡 20～30 min，再用 4%次氯酸钠加 0.1%升汞消毒，最后用 500 mg/L 头孢菌素或羧苄西林的无菌水洗，污染率降低 50%。

抗生素虽然在植物组培中应用对污染控制有很好的作用，但问题也较多：如不稳定，遇酸、碱或加热都易分解而失活；易产生抗药性，停用后污染率显著上升；高浓度的抗生素会影响植物的生长。

(二)组织培养中的环境污染及其控制

1. 组织培养中的环境污染

培养室是培养物生长的室内环境，若培养室的门窗封闭不严，会给苍蝇、飞蛾等的进入创造条件，有利于杂菌传播，同时室内尘埃多，若不经常清洁消毒，将会使细菌增多。组织培养环境中的污染主要是由真菌和细菌引起的：真菌主要是青霉、木霉、曲霉；细菌主要是球菌和芽孢杆菌。由于地域不同或组培室所处环境不同或位置不同，其种类有所差异。组培环境空气中真菌数量月份间相差很大，6 月、7 月、10 月空气中真菌数量较多，其他月份数量较少。瓶苗的污染率月份间相差很大，6 月、7 月、10 月是组培苗污染高发月份，其他月份较低，组培苗污染情况与环境空气中的真菌数量存在正相关的关系。

2. 组织培养中环境污染的控制

接种室与培养室要定期消毒与净化，用高锰酸钾和甲醛每三个月熏蒸一次(甲醛 10 mL/m^3，高锰酸钾 5 g/m^3)。熏蒸可以使环境中的真菌减少 87%以上。接种前将超净工作台的紫外线灯打开 20 min 以上。培养室的相对湿度控制在 70%左右，每次接种前先用 70%酒精在室内喷雾使空气中的细菌和真菌孢子沉降，接种前、后都要用 70%酒精或用 1∶50 的新洁尔灭湿性消毒溶液擦洗超净工作台。接种后要及时打扫清洁，用 2%的新洁尔灭溶液擦洗地面、墙壁和门窗。环境污染控制是硬道理，措施虽普通但应严格，必须制定相应的环境污染控制的规章制度，使环境污染的控制处于常态化之中。

(三)继代培养中的污染控制

在继代培养中出现污染，一方面是由于继代转接操作不规范；另一方面由于初代培养使用的是营养相对简单的培养基，可能使污染不易表现出来；还有可能是培养室灭菌工作不到位，被螨传播的真菌污染；最有可能的是内生菌，随着继代次数增加，菌量也会逐渐累积发展，在培养基上表现出来。因此，在继代培养基中加入抗生素或在继代培养基中撤销一些有机物如维生素 B_1、维生素 B_6、烟酸等可降低污染率。

二、组培苗的褐变

(一)褐变的概念

目前，在许多植物组织培养过程中，常遇到褐变问题。褐变主要发生在外植体上，在植物愈伤组织的继代、悬浮细胞培养以及原生质体的分离与培养中也经常发生。褐变产物不仅使外植体、细胞、培养基等变褐，而且对许多酶有抑制作用，从而影响培养材料的生长与分化，严重时甚至导致材料死亡。

褐变是指培养材料向培养基释放褐色物质，致使培养基逐渐变褐，培养材料也随之变褐甚至死亡的现象。其机理是由于植物组织中的多酚氧化酶被激活，而使细胞内的酚类化合物聚合成暗黑色的大分子物质。培养材料褐变所产生的醌类物质当扩散到培养基后,会抑制其他酶的活性,导致代谢紊乱,从而影响离体材料的培养。

褐变产生的机理:

(1)非酶促褐变　是由于细胞受胁迫或其他不利条件影响所造成的细胞程序化死亡或自然发生的细胞死亡,即坏死形成的褐变现象,并不涉及酚类物质的产生。将生长正常的愈伤组织转移到含 NaCl 的培养基中,组织周围尤其是接触培养基部分发生褐变,但培养基中没有看到扩散的褐化物质。当温度升高时继代保存时间过长,也会发生此类现象。但这种褐变若采取适当措施或者愈伤组织适应了胁迫环境就不再发生了。

(2)酶促褐变　主要是由伤口处分泌的酚类化合物引起的。酶促褐变如同一般的酶促反应,其发生必须具备三个条件,即酶、底物和氧。引起褐变的酶有多酚氧化酶(PPO)、过氧化物酶(POD)、苯丙氨酸解氨酶等。从初次培养和继代培养过程中试管苗的褐变程度和 PPO 的活性来看,PPO 活性的高低是引起培养材料褐变的关键。引起褐变的酶的底物主要是酚类化合物,按其组成可分成 3 类:第一类是苯基羧酸(包括邻羟基苯酚、儿茶酚、没食子酸、莽草酸等),第二类是苯丙烷衍生物(包括绿原酸、肉桂酸、香豆酸、咖啡酸、单宁、木质素等),第三类是黄烷衍生物(包括花青素、黄酮、芸香苷等),但并非所有的酚类物质都是 PPO 的底物。在正常发育的植物组织中,底物、氧气、PPO 同时存在并不发生褐变,是因为在正常的组织细胞内由于多酚类物质分布在细胞的液泡内,而 PPO 则分布在各种质体或细胞质中,这种区域性分布使底物与 PPO 不能接触。而当细胞膜的结构发生变化和被破坏时,则创造了酶与 PPO 接触的条件,在氧存在的情况下使酚类物质氧化成醌,进行一系列的脱水、聚合反应,最后形成黑褐色物质,从而引起褐变。

(二)影响外植体褐变的因素

影响植物组织培养褐变的因子是复杂的,因植物的种类、基因型、外植体部位及生理状态等不同,褐变的程度也有所不同。

1.植物的种类及基因型

不同的植物和不同的基因型决定了不同的褐变程度。在组织培养中,品种褐变难易可能是与该品种中多酚类物质含量的多少及多酚氧化酶(PPO)活性的差异有关。就植物而言,木本植物中含有较多的酚类物质,在培养过程中易发生褐变。如核桃富含单宁,极易褐变;银杏、猕猴桃、苹果、梨、桃、板栗、无花果、葡萄、柿、香蕉、油橄榄、龙眼等多种热带果树褐变都很严重;豆科植物和芸薹属植物原生质体,培养中褐变也是一个普遍的问题;兰科植物在组培快繁过程中也极易发生褐变,较难成功。有研究表明,褐变的发生与氧化酶活性的强弱关系不明显,而与繁殖材料的总酚含量关系很大,说明褐变是一个极其复杂的过程。

2.外植体部位及生理状态

外植体的部位及生理状态不同其褐变程度不同,同时,不同时期和不同年龄的外植体在培养中褐变的程度也不同。从同种植物不同部位采集的外植体,其褐变的程度是不同的,这与植物不同部位总酚含量和 PPO 的活性有关;同一外植体,不同的生理时期,其褐变的可能性及程度不同。翅果油树用幼嫩的茎段诱导愈伤组织的褐变率比老茎段的低。在对苹果不同品种进行茎尖培养时,发现冬春季取材褐变率低于其他季节。对金花梨和苍溪梨的茎尖和茎段组培褐变的周年变化规律的研究中，发现一年中金花梨外植体的 POD 和 PPO 活性最高期在 4 月，最低期在 1 月和 12 月；苍溪梨外植体两种氧化酶最高活性均在 4 月，最低活性出现时间与金花梨相似。一般而言，分化部位比分生部位接种后产生的酚类物质多，褐变严重。

3. 外植体的大小及消毒时间

外植体的褐变程度受到外植体大小，消毒时间的影响。据报道，一些木本植物茎尖小于 0.5 mm 时褐变严重，而当茎尖长度在 10～15 mm 时褐变较轻。在卡德兰新茎的培养中也有类似的结果，外植体越大成活率越高。各种化学消毒剂对外植体的伤害也可能造成褐变，酒精对外植体的伤害大于升汞。

4. 培养基成分

培养基成分中的无机盐、蔗糖浓度、激素水平等对褐变的程度的影响尤为重要。另外，其 pH 也与褐变程度有较大关系。

液体培养基可以有效地控制褐变，因为在液体培养基中，外植体产生的酚类物质可以很快地扩散，因此对外植体的伤害较轻。在金钱松的继代培养中采用液体培养基可有效防止褐变。不同的基本培养基抑制褐变效果不同，如果基本培养基的无机盐浓度高，酚类物质就会大量外溢，导致外植体的褐变。如油茶在降低无机盐浓度的培养基上褐变率较低，华盖木的外植体在 1/2MS 的培养基上褐变率最低。

植物生长调节剂也是影响因素，据报道细胞分裂素会促使褐变的发生，当培养基中 BA 的浓度在 3～5 mg/L 时，促进了沾化冬枣外植体褐变；荔枝培养基添加 6-BA 1 mg/L＋2,4-D 0.5 mg/L时，愈伤组织较硬、增殖缓慢、易褐变，培养基添加 6-BA 1 mg/L＋2,4-D 1 mg/L 时，愈伤组织浅黄疏松、增殖快。而提高生长素浓度，能有效促进细胞生长并缓解褐变。

培养基的 pH 可能对酚类物质和酚氧化酶结合部位产生影响。在卡特兰中发现，培养基 pH 为 4.0～5.0 时外植体的褐化多，pH 为 5.5 时则少；水稻的培养过程中，pH 对褐变的影响很大；较低的 pH 可以减轻红豆杉的褐变；大白菜 pH 为 6.5 时，可抑制褐变；水稻 pH 为4.5～5.0 时，生长状态良好，其表面呈黄白色，pH 为 5.5～6.0 时，愈伤组织严重褐变。

5. 培养条件

温度过高或光照过强，均可加速被培养组织的褐变。不利环境条件都能造成细胞的程序化死亡，温度是诱导程序化死亡的主要因素。

6. 培养方式

外植体在培养基中的放置方式也会成为褐变的因素。如薯蓣在用茎段做外植体进行组培时，将茎段正向插入培养基中会出现明显褐化，而将茎段倒插入则褐变完全消失，其原因尚不清，转瓶周期也是引起褐变的因素之一，接种初期转瓶时削弱褐变的有效方法；植入密度增大，褐变逐渐加重。

(三)防止褐化的措施

酶促褐化可以通过三种方法加以抑制：一是除去引起氧化的物质；二是捕捉或减少聚合反应的中间物；三是抑制有关的酶。通过采取以下措施防止褐化：

1. 适当外植体的选择

取材时应注意选择褐变程度较小的品种和部位作外植体。成年植株比幼苗褐变程度厉害，夏季材料比冬季及早春和秋季材料的褐变要严重。冬季的芽不易生长，宜选用早春和秋季的材料作为外植体。用荔枝无菌苗不同组织的诱导试验表明，茎最容易诱导出愈伤组织，培养2周后长出浅黄色的愈伤组织；叶大部分不能产生愈伤组织或诱导出的愈伤组织中度褐变；而根极大部分不产生愈伤组织，诱导出的愈伤组织全部褐变。

2. 外植体的处理

通过对较易褐变的外植体材料的预处理能减轻醌类物质的毒害作用。将核桃、苹果等外植体在5 ℃下进行低温预处理一段时间有助于减轻褐变。红豆杉采用45 ℃预处理对克服褐变有效，但组织的活动力有较大损伤，从而影响愈伤组织的发生。为了使细胞的伤害降到最低，用于切割的解剖刀应尽可能尖锐，不过度灭菌解剖刀可减少褐变。切割外植体在抗氧化剂或吸附剂中进行，或用这些药剂保存切下来的组织也可以达到目的。预培养有助于避免酚类物质的毒害作用。在20年生的柠檬母本组织上采集茎芽，需先在液体培养基上培养3 d，然后在半固体培养基上培养。用抗坏血酸预处理香蕉吸芽外植体，能减轻外植体褐变，从而提高芽丛诱导率。

3. 选择适宜的培养基和培养条件

在柿树组织培养防止褐变所进行的试验中，4种培养基的无机盐以改良MS（大量元素减半）和1/2MS的效果最好，MS的效果较差，结果证明低浓度的无机盐可促进外植体的生长与分化，减轻外植体褐变的程度。在对玉米幼胚耐NaCl愈伤组织的筛选表明，随NaCl浓度升高，褐变现象加重。

在一定范围内，琼脂用量大，培养基硬度大，褐变率低。硬度低的蒸馏水褐变率低，而使用硬度较高的自来水，褐变严重，甚至出现褐变死亡。在水稻体细胞培养中，pH为4.5～5.0时MS液体培养基可保持愈伤组织处于良好的生长状态，表面呈黄白色，而pH为5.5～6.0时，愈伤组织严重褐变。一般来说，酸性环境（pH为4.5～5.0）不利于褐变过程的发生。

如温度过高或光照过强，光照会提高PPO的活性，促进多酚类物质的氧化，从而加速被培养的组织褐变。高浓度CO_2也会促进褐变，其原因是环境中的CO_2向细胞内扩散，细胞内CO_3^{2-}增多，CO_3^{2-}与细胞膜上的CO_3^{2-}结合，使有效CO_3^{2-}减少，导致内膜系统瓦解，酚类物质与PPO相互接触，产生褐变。因此，初期培养要在黑暗或弱光下进行。

4. 进行细胞筛选和多次转移

在组织培养过程中，经常进行细胞筛选，可以剔除易褐变的细胞。在外植体接种1～2 d后应立即转移到新鲜培养基中，能减轻酚类物质对培养物的毒害作用，降低抑制作用，使外植体尽快分生，连续转移5～6次，可基本解决外植体的褐变问题。如兰花、黑莓、山月桂树、无花果、核桃、瑞香、大花飞燕草、紫叶黄栌茎尖或腋芽培养中可使用这个方法。在番茄原生质体培养中不断添加新鲜的培养液以减轻褐变现象。但在红豆杉中，继代培养的新鲜培养液对外植体释放醌类物质有刺激作用，可能是与新鲜培养基中的氧气充足促进了PPO活性有关。

5. 添加褐变抑制剂与吸附剂

褐变抑制剂主要包括抗氧化剂和PPO抑制剂。在培养基中加入偏二亚硫酸钠、*L*-半胱氨酸、抗坏血酸、柠檬酸等抗氧化剂都可以与氧化产物醌发生作用，使其重新还原为酚。由于其作用过程均为消耗性的，在实际应用中应注意添加量，其中 L-半胱氨酸和抗坏血酸均对外植体无毒副作用，在生产应用中可不受限制。在水稻细胞的培养基中，添加植酸(PA)，可防止褐变，PA 分子中众多的羟基产生抗氧化作用，使生色物质的含量下降或 PA 与 PPO 分子中的 Cu^{2+} 结合，从而降低了其活力。在对植酸在银杏组织培养中应用的研究中也证实了植酸具有抑制多酚氧化酶活性的作用。

常用的吸附剂有活性炭和聚乙烯吡咯烷酮(PVP)。活性炭是一种吸附性较强的无机吸附剂，能吸附培养基中的有害物质，包括琼脂中的杂质、培养物在培养过程中分泌的酚、醌类物质以及蔗糖在高压消毒时产生的 5-羟甲基糠醛等，从而有利于培养物的生长。粉末状的活性炭与颗粒状的活性炭相比吸附性更强，一般在培养基中加入 1～4 g/L 的活性炭。在使用过程中应注意，尽量用最低浓度的活性炭来对抗褐变的产生，因为活性炭的吸附作用是没有选择性的，在吸附物质的同时，也会吸附培养基中的其他成分，对外植体的诱导分化会产生一定的负面影响。而聚乙烯吡咯烷酮(PVP)是酚类物质的专一性吸附剂，在生化制备中常用作酚类物质和细胞器的保护剂，可用于防止褐变。

三、组培苗的玻璃化问题

在进行植物组织培养中，经常会发现试管苗生长异常，其形态特征表现为组培苗的叶、嫩梢呈水晶透明或半透明的水浸状；整株矮小肿胀、失绿；叶片皱缩呈纵向卷曲、脆弱易碎。叶表缺少角质层蜡质，没有功能性气孔，不具有栅栏组织，仅有海绵组织。这种试管苗生长异常现象就是玻璃化，也称过度水化现象，是植物组织培养过程中所特有的一种生理失调或生理病变。玻璃苗的生理功能也因其体内含水量高，干物质、叶绿素、蛋白质、纤维素和木质素含量低，角质层、栅栏组织等发育不全，导致光合能力和酶活性降低，分化能力降低，所以难以继续用作继代培养和扩大繁殖的材料；生根困难，移栽后也很难成活。这是植物组织培养过程中所特有的一种生理失调或生理病变，在自然环境中的陆生植物未见有这种现象发生。植物玻璃化在组织培养中普遍存在，严重影响繁殖率的提高，在草本、木本植物中均有发生，已报道出现玻璃化苗的植物已达到 70 多种。已成为茎尖脱毒、工厂化育苗和材料保存等方面的严重障碍，造成人、财、物的极大浪费，所以试管苗玻璃化现象对植物组织培养的危害是相当严重的，也是亟待解决的问题。

(一)玻璃化苗的成因

玻璃化现象是植物组织培养中特有的现象。培养基成分和培养条件等各种内、外因素都影响玻璃苗的发生，其中研究较多的是培养基水势、细胞分裂素、碳源和氮源的状况。

1.材料差异

研究表明，培养材料的种类和不同部位的外植体与玻璃化的发生有关。如瑞香基部茎段产生试管苗玻璃化率最低，茎尖的次之，中部茎段产生的玻璃苗比率极高。瑞香茎尖外植体大小与玻璃化也有关，茎尖外植体越小，出现玻璃苗比率越大；但留兰香基部节段所形成的试管苗玻璃苗严重，中部茎段次之，茎尖最好；重瓣丝石竹中部茎段出现玻璃苗较多，基部茎段较少，茎尖没有。瑞香茎尖外植体大小与玻璃化相关，茎尖外植体越小，出现玻璃化苗比率越大；用青花菜花蕾诱导所分化的不定芽有 74%表现正常，而用叶子、上胚轴和花序柄诱导的不定芽全为玻璃化苗。然而，这些研究没有进行机理研究，因此这些结果只能说是一种现象。

2.培养基水势和环境湿度的影响

试管苗出现玻璃化主要是培养体系的水分状况不适导致的一种生理性病变。已经证实，液体培养比固体培养更容易产生试管苗玻璃化，提高培养皿内空间相对湿度容易产生玻璃化。琼脂和蔗糖浓度与玻璃化负相关，琼脂或蔗糖浓度越高，玻璃苗比率越低。蔗糖作为植物组织培养中的碳源，对植物细胞的碳结构和渗透势都有很大的影响。在对山核桃研究中，当添加蔗糖质量浓度低于 20.0 g/L 时，出现大量的玻璃化苗，试管苗叶片畸形，呈半透明状，植株生长停滞。可能是因为过低的蔗糖质量浓度，会使培养基环境中的水势升高，植物组织吸水过多，叶片呈水渍状。同时植物生长环境中的含碳量降低，使植物的干物质累积量减少，细胞结构建成受到影响，从而引起玻璃化现象。琼脂已公认为是一种中性支撑物，许多研究表明琼脂含量低时形成玻璃化的重要影响因素之一，随琼脂浓度及纯度的增加，培养基硬度增加，从而影响其衬质势和水分状况，适当增加琼脂质量浓度(5.5～6.0/L)，可降低培养基中的衬质势。

降低培养器中的相对湿度，也可以降低玻璃苗的比例。如丝石竹玻璃苗叶片的水势约为正常的苗 1.9 倍，含水量为正常苗的 2.09～2.21 倍。因此可以断定，试管苗玻璃化可能是培养基内水分状态不适应的一种生理变态。但有人在枣组培苗研究中发现琼脂浓度与组培苗玻璃化没有关系，只可能是不同琼脂浓度反应都不同所致。所以，水分生理异常究竟是玻璃化发生的原因，还是伴随的结果，有待于进一步研究。

3.生长调节物质

培养基中 BA 浓度越高或培养温度越高，玻璃化苗比率越大。有研究认为 BA 是试管苗玻璃化根源之一，一定的 BA 浓度诱导细胞分裂活性增强，加上衬质势高，新分裂的细胞膨胀、伸长，打乱了正常的生长过程，出现不平衡，产生玻璃苗。在瑞香茎尖培养时，当激素为 KT 2.0 mg/L＋IBA 0.1 mg/L 时玻璃苗百分率 8.3%，当 BA 2.0 mg/L＋NAA 0.2 mg/L 时则为 37.5%，差异十分显著。玻璃化的一个重要特征是叶脉明显加长，而 GA_3 也有类似效应，也许 GA_3 促进了细胞过度伸长，从而导致玻璃化。许多研究表明，玻璃化被认为是一种非受伤胁迫条件下形态上的反应，乙醇促进了叶绿素分解及细胞的畸形发展，乙醇处理破坏了膜的结构，随着细胞壁解离，细胞内积累了大量纤维素及泡状物质。可见，乙醇对玻璃化的影响，与改变组织的生理化及纤维结构有关。

4.其他因素的影响

pH 的不适宜是引起玻璃苗的成因之一。pH 5.4～5.8 较适合香蕉组培苗的生长，玻璃化现象也较轻。有研究认为玻璃化苗是培养瓶内气体与外界交换不畅造成的，密闭的封瓶口材料是导致玻璃化的原因之一。培养基中高的含 N 量，特别是高的氨态 N，也是导致玻璃化的因素；黑暗和弱光培养容易形成玻璃化苗，而光照可以显著降低玻璃化苗的百分率。

(二)繁殖和克服玻璃化苗的措施

尽管关于玻璃化的成因及其生理机制到目前为止仍未得出一致的结论，但对某些植物的玻璃化已得到有效地控制。这些研究表明，控制试管苗玻璃化要针对以上原因采取相应措施。主要从培养的环境条件和生理生化方面入手，具体措施如下：

1.改善培养环境

利用固体培养，增加琼脂浓度，降低培养基的衬质势，造成细胞吸水阻遏。如提高琼脂浓度，可降低玻璃化；适当提高培养基中蔗糖含量或加入渗透剂，降低培养基中的渗透势，减少植物材料可获得水分，造成水分胁迫；降低培养容器内部环境的相对湿度。

适当降低培养基中细胞分裂素和赤霉素的浓度。

控制温度，适当低温处理，避免过高的培养温度；在昼夜变温交替的情况下比恒温效果好；增加自然光照。试验发现，玻璃化苗放于自然光几天以后茎、叶变红，玻璃化逐渐消失，因自然光中紫外线能促进试管苗成熟，加快木质化。改善培养容器的通风换气条件，如用棉塞或通气好的封口膜封口。

2.调控生理化代谢

增加培养基中Ca、Mg、Mn、K、P、Fe、Cu、Mn元素的含量，降低N和Cl元素比例，特别降低铵态氮浓度，提高硝态氮含量。

青霉素G钾（2～6 mg/L）能有效防治菊花试管苗玻璃化，青霉素（0.4 mg/L）可降低芥菜试管苗的玻璃化。培养基中可加入间苯三酚或根皮苷。

用40 ℃热激处理瑞香愈伤组织培养物，可完全消除再生苗的玻璃化，且能够提高愈伤组织的芽分化频率，热激处理会提高内源细胞分裂素水平。

一些添加物可有效地减轻或防治玻璃化，如添加马铃薯汁或活性炭降低了油菜玻璃苗频率，用10～15 mg/L的CCC或0.5 mg/L的PP_{333}减少了重瓣丝石竹试管苗玻璃化的发生。

尽管如此，不同植物在不同条件下，也许会得出不同的结论或不同的结果。更有效的玻璃化控制途径，有待于进一步研究，为提高茎尖培养的成活率，其培养基中可适当添加活性炭及抗坏血酸等物质，起到吸附酚、醌类有害物质、提高生物体活性等作用，能够有效降低培养初期易出现的褐化现象；适当提高糖和琼脂的浓度，降低细胞分裂素浓度，能够避免玻璃化苗的产生。

四、组培苗的黄化问题

黄化是指在组培过程中由于培养基成分、环境、激素、碳水化合物等各种因素引起的幼苗整株失绿，全部或部分叶片黄化、斑驳。这一现象在植物组培中比较常见，特别在部分木本花卉中较为常见，引起黄化的主要原因是：培养基中Fe的含量不足；各矿质营养不均衡；培养环境通气不良，瓶内乙烯含量升高；激素配比不当；糖用量不足或长时间不转移致糖已耗尽；pH变化过大；培养温度不适；光照不足等。解决的方法是，首先在母液的配置和培养基的制备过程中，要检查仪器设备是否准确，还要认真细致地核对每项称量的每一个环节；及时转接培养物；使用透气的封口膜以改善瓶内通气状况；适当调节pH；激素配比和无机盐浓度；配制培养基时不要忘记加糖；控制培养室内温度；适当增加光照；另外在培养基中添加抗生素类物质如青霉素、链霉素、头孢霉素等，有时也会出现幼苗黄化现象，应适当减少用量或停止使用。

五、组培苗的其他问题

组织培养过程中除了污染、褐化和玻璃化三大技术难题和黄化现象之外，还有变异、瘦弱或徒长等问题。这些问题产生的原因及预防措施如表2-30所示。另外，不同培养阶段的常见问题及预防措施分别列入表2-31、表2-32、表2-33。

表 2-30 组织培养常见的其他问题及解决措施

常见问题	产生原因	解决措施
材料死亡	外植体灭菌过度、材料污染、培养基不适宜或配制的问题、培养环境恶化	灭菌温度和时间适宜；注意环境和个人卫生；严格操作；选用合适培养基；改善培养环境，及时转移和分瓶；加强组培苗的过渡管理
黄化	培养基中 Fe 含量不足；矿物营养不均衡；激素配比不当；糖用量不足，长期不转移；培养环境通气不良；瓶内乙烯量高；光照不足；培养温度不适	正确添加培养基的各种成分，调节培养基组成和pH，降低培养温度、增加光照和透气性，减少或不用抗生素类物质
变异和畸形	激素浓度和选用的种类不当、环境恶化和不适	选不易发生变异的材料、尽量使用“芽生芽”的方式、降低 CTK 浓度、调整生长素与 CTK 的比例、改善环境条件
增值率低下或过盛	与品种特性有关、与激素浓度和配比有关	进行一定范围的激素对比试验，根据长势确定配方，并及时调整；交替使用两种培养基；考虑品种的田间表现和特性，优化培养环境
组培苗瘦弱或徒长	CTK 浓度过高、过多的不定芽未及时转移和分切、温度过高、通气不良、光照不足、培养基水分过多	适当增加培养基硬度；加速转瓶；降低接种量；提高光照，延长光照时间；减少 CTK 用量；选择透气性好的封口膜；降低环境温度
细培苗移栽死亡率高	组培苗质量差、环境条件不适、管理不精细	培育高质量组培苗；及时出瓶，尽快移栽；改善环境条件；采取配套的管理措施，加强过渡苗的肥水管理和病虫害防治
不生根或生根率低	种类和品种间的差异、激素种类和浓度、环境条件、繁殖苗的基部受伤	对难以生根品种，从激素种类和水平、环境条件综合调控；掌握移栽操作要领和质量要求；切割苗的基部时使用利刀，用力均匀，切口平整，损伤少

表 2-31 初始培养阶段的常见问题及调控措施

常见问题	产生原因	调控措施
培养物长期培养几乎无反应	基本培养基不适宜、生长素不当或用量不足、温度不适宜	更换基本培养基或调整培养基成分，尤其是调整盐离子浓度，增加生长素用量，试用 2,4-D，调整培养温度
培养物呈水渍状、变色、坏死、茎断面附近干枯	表面杀菌剂过量，消毒时间过长，外植体选用不当(部位或时期)	调换其他杀菌剂或降低浓度，缩短消毒时间，试用其他部位，生长初期取材
愈伤组织过于致密、平滑或突起，粗厚，生长缓慢	细胞分裂素用量过多，糖浓度过高，生长素过量	减少细胞分裂素用量，调整细胞分裂素与生长素比例，降低糖浓度
愈伤组织生长过旺、疏松，后期水浸状	激素过量，温度偏高，无机盐含量不当	减少激素用量，适当降低培养温度，调整无机盐(尤其是铵盐)含量，适当提高琼脂用量增加培养基硬度
侧芽不萌发，皮层过于膨大，皮孔长出愈伤组织	枝条过嫩，生长素、细胞分裂素用量过多	减少激素用量，采用较老化枝条

表 2-32　继代培养阶段的常见问题及调控措施

常见问题	产生原因	调控措施
苗分化数量少、速度慢、分枝少、个别苗生长细高	细胞分裂素用量不足，温度偏高，光照不足	增加细胞分裂素用量，适当降低温度，改善光照，改单芽继代为团块（丛芽）继代
苗分化过多，生长慢，有畸形苗，节间极短，苗丛密集，微型化	细胞分裂素用量过多，温度不适宜	减少或停用细胞分裂素一段时间，调节温度
分化率低，畸形，培养时间长时苗再次愈伤组织化	生长素用量偏高，温度偏高	减少生长素用量，适当降温
叶增厚变脆	生长素用量偏高，或兼有细胞分裂素用量偏高	适当减少激素用量，避免叶片接触培养基
幼苗淡绿，部分失绿	无机盐含量不足，pH 不适宜，铁、锰、镁等缺少或比例失调，光照、温度不适	针对营养元素亏缺情况调整培养基，调好 pH，调控温度、光照
幼苗生长无力、发黄、落叶、有黄叶、死苗夹于丛生芽苗中	瓶内气体状况恶化，pH 变化过大，久不转接导致糖已耗尽，营养元素亏缺失调，温度不适，激素配比不当	及时转接、降低接种密度，调整激素配比和营养元素浓度，改善瓶内气体状况，控制温度
再生苗的叶缘、叶面偶有不定芽的分化	细胞分裂素用量偏高，或表明该种植物不适于该种再生方式	适当减少细胞分裂素用量，或分阶段地利用这一再生方式
丛生苗过于细弱，不适宜生根或移栽	细胞分裂素浓度过高或赤霉素使用不当，温度过高，光照短，光强不足，久不转移，生长空间窄	减少细胞分裂素用量，不用赤霉素，延长光照时间，增强光照，及时转接，降低接种密度，更换封皮纸质的种类

表 2-33　生根阶段的常见问题及调控措施

常见问题	产生原因	调控措施
培养物久不生根，基部切口没有适宜的愈伤组织	生长素种类、用量不适宜；生根部位通气不良；生根程序不当；pH 不适，无机盐浓度及配比不当	改进培养程序，选用适宜的生长素或增加生长素用量，适当降低无机盐浓度，改用滤纸桥液体培养生根等
愈伤组织生长过快、过大，根茎部肿胀或畸形，几条根并联或愈合	生长素种类不适，用量过高，或伴有细胞分裂素用量过高，生根诱导培养程序不对	调换生长素种类或几种生长素配合使用，降低使用浓度，附加维生素 B_2 或 PG 等减少愈伤组织，改变生根培养程序等

任务 2-9　组培中异常培养物识别及其处理技术

案例导入

小赵学的是生物技术专业，本科毕业后一直在一家农业公司工作，主要从事植物组织培养，目前工作十年并荣升为车间主任。他除了按照订单安排生产任务外，还需要解决各种生产问题，特别是组织培养过程中异常物的识别和处理，包括污染、褐化、黄化、玻璃化、组培苗培养过程各阶段的问题，这些问题处理不当，会增加生产成本，甚至给企业带来毁灭性的打击。

1. 任务内容

(1)测定环境污染源。

(2)外植体污染测定。

(3)人工操作污染测定。

(4)褐变和玻璃化问题的解决方法。

2. 任务要求

(1)了解污染、褐变、玻璃化的问题和培养过程中培养物的不良现象。

(2)通过实训，初步掌握解决途径。

3. 任务准备

MS 培养基、培养皿、外植体、显微镜、高压灭菌锅、超净工作台等。

4. 任务实施

(1)测定环境污染源　用盛有经灭菌 MS 培养基的培养皿，敞开，放在准备室(洗涤、配置、灭菌)、隔离室(经消毒)、接种室(经消毒)中心位置，1 h 后回收，在超净工作台内盖皿，放入 25 ℃ 培养箱内培养 2 d，计数菌种和菌数。要设空白对照，结果写出报告。

(2)外植体污染测定　取枝条新梢 0.5～0.8 cm 长茎段，用自来水冲洗干净，在超净工作台内接入 MS 培养基，4 个/瓶，送培养室培养，温度(25±2) ℃，光照 2 000 lx、12 h/d、3 d 观察并计数菌种和均数，5～7 d 在观察并计数菌种和菌数。要设空白对照，结果写出报告。

(3)人工操作污染测定　操作人员戴帽、戴口罩、穿隔离衣，清洗双手，再用 75%酒精消毒，操作规范；另一操作人员没有戴帽、戴口罩和穿隔离衣，操作随意。对植物材料进行自来水冲洗干净，常规 75%酒精和 1.0% $HgCl_2$ 表面消毒，重复上述“(2)”的操作，结果写出报告。

(4)褐变问题的解决方法

①对同一株植物的成年枝条和新生枝条作为外植体褐变的程度的对比；夏季、冬季、早春和秋季的材料作为外植体褐变的程度的对比。

②选择适宜的培养基与培养条件设置不同试验，进行对比。

③添加褐变抑制剂与吸附剂设置不同试验，进行对比。

(5)玻璃化问题的解决方法

①利用固体培养,设置不同琼脂浓度试验,进行对比。

②在培养基中加入不同浓度蔗糖,进行对比试验。

③对培养温度进行昼夜变温交替和恒温对比试验。

5.注意事项

(1)认真做实验记录。

(2)经常观察培养材料,善于发现问题。

(3)能够采用合理的方法解决问题。

6.考核建议(表2-34)

表2-34　组培中异常培养物识别及其处理的考核方案

考核项目	考核标准	考核形式	满分
实训态度	1.听从指挥,遵章守时(10分); 2.实训积极、认真,有团队意识和创新精神(10分); 3.实训报告字迹工整,记录全面(10分)。	随机观察 实训报告	30分
操作规范性	1.外植体污染测定的灭菌方法(10分); 2.操作流程正确,动作规范(30分)。	现场操作	40分
操作熟练度	1.操作熟练,操作工序紧凑有序(10分); 2.组员间配合默契,操作效率和质量高(10分); 3.能够采用合理的方法解决问题(10分)。	现场操作 随机观察 跟踪考核	30分
合计			100分

单元练习题

一、名词解释

1.培养基;2.大量元素;3.微量元素;4.琼脂;5.细胞分裂素;6.植物激素;7.植物生长调节剂;8.植物生长物质;9.完全培养基;10.试管苗;11.炼苗;12.原生质体;13.初代培养;14.污染;15.褐化现象;16.继代培养;17.玻璃化现象;18.生根培养;19.灭菌;20.消毒

二、选择题

1.在组织培养中,负责培养基的配制、分装、包扎和高压灭菌工作的分实验室是(　　)。

A.洗涤室　　B.配制室　　C.接种室　　D.观察室

2.不同植物对培养基最适pH的要求不同,大多在(　　)。

A.2～3　　B.3～4　　C.4～5　　D.5～6

3.大多数植物组织培养采用的温度为(　　)℃。

A.5～10　　B.13～15　　C.18～20　　D.23～27

4.组织培养中,进行微茎尖剥离的设备是(　　)。

A.放大镜　　B.显微镜　　C.解剖镜　　D.无需设备

5.组织培养中,进入接种室前设有(　　)。

A.缓冲间　　B.配制室　　C.驯化室　　D.洗刷室

6. 组培快繁程序大体包括以下哪种步骤？（　　）

A. 外植体选择与处理、初代培养、继代培养

B. 外植体选择与处理、初代培养、诱导生根

C. 启动培养、继代培养、诱导生根及驯化移栽

D. 初代培养、诱导生根及驯化移栽

7. 在组培快繁过程中，如控制得当，其繁殖速度最快的中间繁殖体是（　　）。

A. 侧芽　　B. 茎尖　　C. 愈伤组织　　D. 胚状体

8. 花药培养时，一般要花粉粒发育到什么时候取材进行培养容易成功？（　　）

A. 单核居中期　　B. 单核靠边期　　C. 指示植物法　　D. 观察法

9. 试管苗瘦弱或徒长的原因可能是（　　）。

A. 细胞分裂素浓度过高　　B. 温度过高

C. 光照不足　　D. 培养基水分过多

10. 植物快繁的程序有四个阶段，其中第三阶段是（　　）。

A. 芽苗生根　　B. 小植株的移栽驯化

C. 无菌培养的建立　　D. 繁殖体增殖

11. 培养过程中材料长期不转移，会导致材料（　　）。

A. 玻璃化　　B. 污染　　C. 褐化　　D. 变异

12. 试管苗玻璃化的实质是（　　）。

A. 病害　　B. 培养基不合适　　C. 生理失调症　　D. 营养失调

13. 在培养基中加入什么可大大减轻褐变程度（　　）。

A. 抗氧化剂　　B. 蔗糖　　C. 生长素　　D. 灭菌剂

14. 组培污染途径有（　　）。

A. 外植体灭菌不彻底　　B. 环境不清洁

C. 培养基及接种工具灭菌不彻底　　D. 操作时人为带入

15. 接种后 2 d 发现在培养瓶出现黏液状菌落，判定属于（　　）污染。

A. 细菌　　B. 真菌　　C. 黏菌　　D. 病毒

16. 植物组织培养的三大技术难题是污染、褐变和（　　）。

A. 成本高　　B. 玻璃化　　C. 技术难度大　　D. 遗传不稳定

17. 培养基中琼脂一般添加的量是（　　）。

A. 0.2%　　B. 0.7%　　C. 10%　　D. 20%

18. 不属于生长素类物质的是（　　）。

A. TDZ　　B. IAA　　C. NAA　　D. 2,4-D

19. 为防止培养基中 IAA、GA 等不耐热物质失效，应采取哪种方式灭菌？（　　）

A. 高压湿热灭菌　　B. 过滤灭菌

C. 紫外线灯照射灭菌　　D. 超声波灭菌

20. 下面哪些元素属于大量元素？（　　）

A. N　　B. P　　C. K　　D. Zn

21. 培养基中添加琼脂的目的是（　　）。

A. 固化作用　　B. 支撑作用　　C. 提供营养　　D. 促进生长

22. 培养基中蔗糖一般添加的量是(　　)。
A. 1%　　B. 3%　　C. 7%　　D. 9%
23. 离体植物材料灭菌方案的核心是灭菌剂的(　　)。
A. 浓度　　B. 多少　　C. 种类　　D. 灭菌时间
24. 接种工具可以采用哪些方法灭菌?(　　)
A. 湿热灭菌　　B. 干热灭菌　　C. 烘烤灭菌　　D. 涂抹灭菌
25. 植物组织培养中用于培养基、接种器械等的灭菌设备为(　　)。
A. 超净工作台　　B. 高压灭菌锅　　C. 光照培养箱　　D. 风淋室
26. 接种材料一般采用(　　)方法灭菌 。
A. 浸泡　　B. 涂抹　　C. 高压湿热　　D. 干热
27. 组培中,用于涂抹消毒的酒精浓度可以是(　　)。
A. 50%　　B. 70%　　C. 75%　　D. 99.9%
28. 外植体灭菌方案是由(　　)决定的。
A. 植物种类　　B. 取材部位　　C. 母株的生态环境　D. 取材季节
29. 下列不属于活性炭在组织培养中作用的是(　　)。
A. 吸附有毒物质
B. 减少褐变,防止玻璃化
C. 创造黑暗环境,增加培养基的通透性,利于根的生长
D. 增加培养基中的养分
30. 培养基中铁元素主要以(　　)方式添加,注意其易变质。
A. $FeSO_4 \cdot 7H_2O$　　B. $FeCl_2 \cdot 7H_2O$
C. $Fe_2(SO_4)_3 \cdot 7H_2O$　　D. Fe
31. 生长素中活性最强的是(　　)
A. NAA　　B. IAA　　C. IBA　　D. 2,4-D
32. N_6培养基是由科学家(　　)设计的,适用于小麦、水稻及其他植物的花药培养。
A. SKoog　　B. 朱至清　　C. Gamborg　　D. Knudson
33. 母液(　　)一般选择棕色瓶子盛装。
A. 大量元素　　B. 微量元素　　C. 铁盐　　D. 有机物质
34. MS母液的移取量为(　　)
A. 需配制的培养基体积/母液浓缩倍数
B. 需配制的培养基体积×母液浓缩倍数
C. 需配制的培养基体积+母液浓缩倍数
D. 需配制的培养基体积一母液浓缩倍数
35. 灭菌物品不能放得太满,以免蒸汽无法穿透,放入灭菌器内物品体积应少于灭菌容器的(　　)。
A. 70%　　B. 75%　　C. 80%　　D. 85%
36. 外植体形成愈伤组织的条件是(　　)。
A. 离体　　B. 外源激素　　C. 内源激素　　D. 物理刺激
37. 单倍体植物染色体加倍的方法有(　　)。

A. 自然加倍　B. 化学诱导法　C. 愈伤组织再生法　D. 组织创伤法

38. 胚初代培养一般将培养瓶在(　　)下培养。

A. 黑暗　B. 光照　C. 先光照再黑暗　D. 先黑暗再光照

39. 试管苗的特点(　　)。

A. 恒温　B. 高湿　C. 弱光　D. 无菌

40. 驯化移栽苗管理需要喷营养液，一般会选择(　　)。

A. MS 溶液　B. 1/2 MS 溶液　C. 1%尿素　D. 0.1%尿素

二、判断题

1. 环境的相对湿度过低会使培养基丧失大量水分，湿度过高时，易引起棉塞长霉，造成污染。(　　)

2. 在观察组培苗生长情况时，直接观察和测量的数据有长势、长相、叶色、不定芽高度、愈伤组织大小、生长状况等。(　　)

3. 琼脂浓度高、光照不足、温度过高过低或忽高忽低都会促进形成玻璃化苗 。(　　)

4. 试管苗玻璃化是离体材料生理失调所表现出来的一种症状。(　　)

5. 一般来说，光照强度较强，幼苗容易徒长，而光照强度较弱，幼苗生长的粗壮 。(　　)

6. 培养基中 6-BA 浓度和玻璃苗产生率呈负相关。(　　)

7. 培养瓶中出现黑色、白色、绿色的绒毛状、棉絮状，属于真菌污染。(　　)

8. 降低培养基中细胞分裂素的浓度，有助于缓解玻璃化苗的发生。(　　)

9. 植物组织培养中包括的污染类型主要有真菌污染和细菌污染两种。(　　)

10. 试管苗黄化一定是缺铁造成的。(　　)

11. 细菌性污染一般接种 7～10 d 后才能发现。(　　)

12. 细菌污染出现时间一般比真菌污染出现的时间晚 。(　　)

13. 组培苗幼叶淡绿，可能是无机盐含量不足引起的。(　　)

14. 培养基中添加抗氧化剂，可大大减轻褐变程度。(　　)

15. 夏季取材容易发生褐变，冬春季节取材则材料褐变死亡率最低。(　　)

16. 外植体灭菌过度，易引起材料死亡。(　　)

17. 未成熟胚较小、较嫩、颜色浅，不易培养；成熟胚较大、较硬、颜色较深，易培养。(　　)

18. 材料越小，材料越幼龄，外植体受伤越重，越容易褐变。(　　)

19. 激素母液浓度不可过高，否则激素会结晶析出，影响配制精确度。(　　)

20. 在配制 NAA 母液时，要先加少量的 1 mol 的 HCl 溶解，再加蒸馏水定容。(　　)

21. 配制 IBA、NAA 母液时，可用稀盐酸助溶。(　　)

22. 氨基酸是良好的有机氮源。(　　)

23. 调整培养基 pH 时，一般是滴加 0.1 mol/L 的盐酸或氢氧化钠溶液。(　　)

24. 在 MS 的培养基成分中，$MgSO_4 \cdot 7H_2O$ 属于微量元素。(　　)

25. 一般来说，pH 高于 6.5 时，培养基全变硬；低于 5 时，琼脂不能很好地凝固。(　　)

26. “激素配比模式”即细胞分裂素/生长素的比例高低决定外植体发育的方向，即比例越高，越可以促进向芽的分化。(　　)

27. 固体培养基可加进活性炭来增加通气度，以利于发根 。(　　)

28. 不同的培养基其基本成分差不多。(　　)

29. MS培养基广泛应用于植物的器官、花药和原生质体培养中。(　　)

30. 维生素C有防止组织褐变的作用。(　　)

31. 用于外植体、手、超净工作台等的表面消毒酒精浓度越高,消毒效果越好。(　　)

32. 在植物组织培养中"灭菌=消毒=除菌"。(　　)

33. 植物组培的难易程度与植物基因型有关,一般草本植物与木本植物相比,草本植物培养成功率更高一些。(　　)

34. 外植体灭菌时间是以灭菌液开始倒入容器至从容器倒出为止的时间。(　　)

35. 接种后观察外植体表面局部发黑,推断是未充分冷却的工具造成的烫伤。(　　)

36. Fe是大量元素。(　　)

37. 不同的培养基成分有差别,量也有差别。(　　)

38. 母液配制的浓缩倍数是根据元素的性质进行分类的。(　　)

39. 微量元素中的 $CoCl_2 \cdot 6H_2O$、$CuSO_4 \cdot 5H_2O$ 两种物质因为量太小,生产中可单独浓缩1 000倍。(　　)

40. 铁盐如果选用柠檬酸铁可以随大量元素一起配。(　　)

41. 母液生长调节剂尽量选择棕色瓶子盛装。(　　)

42. 培养基熬制加入琼脂可以快速倒入,不用搅拌。(　　)

43. 培养基配制定容是所有物质都加完后才能定容,定容前不能有溶液溢出。(　　)

44. 母液可以储存在容量瓶中。(　　)

45. 高压灭菌锅的灭菌时间就是20 min。(　　)

三、简答题

1. 目前常用的培养基种类有哪些?各有什么特点?

2. 培养基包括哪些成分?各有什么作用?

3. 母液配制的意义是什么?

4. 如何配制MS培养基的母液?

5. 细胞分裂素和生长素的母液如何配置?

6. 怎样利用母液配制MS培养基?

7. 培养基内加入活性炭的目的是什么?应注意什么问题?

8. 培养基根据其物理状态可分为哪几种类型?各有何特点和用途?

9. 配制培养基时,为什么要加入一定量的植物生长物质?常加入的植物生长物质包括哪几大类?

10. NAA和6-BA的中文名称各是什么?在植物的组织培养中各起到什么作用?

11. 怎样进行培养基的高压湿热灭菌?

12. 某同学在做菊花的组织培养时,发现他所配置的固体培养基经过高压湿热灭菌后,培养基没有凝固,请你分析一下原因。

13. 什么是外植体?外植体的种类有哪些?

14. 简述外植体的消毒程序及注意事项。

15. 你怎样理解有菌环境和无菌环境?

16. 灭菌和消毒有何区别?为什么?

17. 采用高压蒸汽锅高压灭菌时,应注意哪些事项?

18. 实验人员进入接种室接种之前，应做哪些准备工作？

19. 在初代培养时，外植体消毒时常用的消毒药剂都有哪些？各有何特点？

20. 接种的植物材料如何进行预处理？如何对外植体消毒？如何接种？

21. 在植物组织培养中，造成组培材料污染的因素都有哪些？如何采取相应的措施防止或降低污染？

22. 褐化现象的产生原因和预防措施各是什么？

23. 一般情况下，促使组培苗生根所采取的措施是什么？

24. 组培苗在移栽前为什么要进行驯化炼苗？如何炼苗？组培苗在炼苗驯化中应注意哪些问题？

25. 在组织培养中，玻璃化苗产生的原因和预防措施各是什么？

26. 请按下列配方配制 2 000 mL MS 培养基。已知：大量元素 10 倍母液、微量元素 50 倍母液、铁盐 100 倍母液、有机物 100 倍母液、6-BA 和 NAA 母液浓度是 2 mg/mL。培养基配方为 MS＋6-BA 2 mg/L＋NAA 0.2 mg/L ＋3％蔗糖＋0.7％琼脂。要求写出详细操作过程。

单元三

植物脱毒技术

- 项目一　植物脱毒方法
- 项目二　植物无病毒苗的鉴定
- 项目三　脱毒苗的保存和繁育

单元三课件

单元导读

本单元主要介绍植物病毒的危害和传播途径、脱毒苗培育的意义、脱毒苗的鉴定方法，重点介绍通过微茎尖培养、花药培养等脱毒处理进行脱毒苗繁育和保存的方法。通过本单元的学习，掌握植物脱毒技术对于加速无病毒苗木繁育、脱毒良种的推广应用及农业的健康稳定发展具有重要意义。

知识目标

1. 理解脱毒苗含义及脱毒苗培育的意义；
2. 熟悉脱毒苗的鉴定方法；
3. 了解植物病毒的危害、植物病毒的传播途径；
4. 掌握植物茎尖培养脱毒的原理、方法；
5. 熟悉脱毒苗快繁方法和繁育制种程序；
6. 了解脱毒苗的保存方法；
7. 掌握植物脱毒苗繁育方法。

能力目标

1. 能熟练进行指示植物法、酶联免疫吸附法鉴定脱毒效果；
2. 能正确剥离植物茎尖并进行培养；
3. 能熟练进行热处理、微茎尖培养、花药培养等脱毒处理；
4. 能正确进行脱毒苗的保存；
5. 能熟练进行脱毒苗的繁育。

素质目标

1. 培养家国情怀，树立民族自信；
2. 激发学生振兴中华的昂扬斗志和科学使命感；
3. 树立生态安全和环境保护的理念；
4. 培养学生知识学习的严谨性和科学性；
5. 激励学生达到“做人恰如其分，做事恰到好处”的境界；
6. 培养学生相互尊重、互相关心、互补互助、和睦友好的团队合作精神；
7. 培养学生乐于奉献、勤俭节约、热爱劳动的良好品质和社会责任感；
8. 培养实践意识，提高动手能力；
9. 培养国际意识，提高创新能力。

项目一
植物脱毒方法

目前，病毒病已成为世界作物生产中仅次于真菌病害的主要病害，是造成大田作物和园艺作物的生活力、产量和品质下降，甚至造植株大面积死亡的重要原因之一，给农业生产造成巨大的危害和损失。自第一个植物病毒——烟草花叶病毒(tobacco mosaic virus)(图 3-1)发现至今，人们发现的植物病毒种类已达近千种。病毒侵染植物后，不仅破坏细胞的代谢活动，引起植物的病理变化，而且影响植物的生长和发育，造成生长迟缓、品质降低、产量下降，甚至导致植物死亡。尤其是对于众多无性繁殖植物来说，由于没有有性杂交过程，病毒会通过营养体不断地传递给下一代，使其危害逐年加重。又由于病毒侵染过程的特殊性，已知的病毒抑制剂都对植物有害且不能够完全治愈，因此无法采用化学药剂进行有效防治。

培育和使用无病毒种苗，是解决这一问题的首要途径。自从 20 世纪 50 年代发现利用组织培养方法能够进行植物脱毒以来，人们在相关技术研究和生产实践应用上做了大量工作。

植物无病毒苗是指不含有该种植物主要危害病毒的苗木，也称“特定无病毒苗”。多数植物可通过热处理、茎尖培养、茎尖微芽嫁接等脱毒处理成功脱除植物体内主要病毒，有效恢复植物原有种性，培育获取无病毒苗木。我国是世界上从事植物脱毒和快速繁殖研究最早、发展最快、应用最广的国家之一。目前已建立了马铃薯、甘薯、草莓、苹果、葡萄、香蕉、菠萝、番木瓜、甘蔗等多种植物的无病毒苗木生产基地，且已将脱毒种苗生产纳入常规良种繁育体系。

a. 感染了花叶病毒的烟草

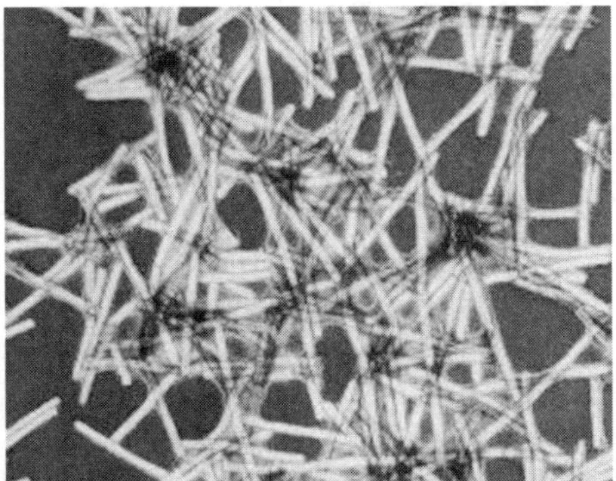

b. 花叶病毒在电子显微镜下的形态

图 3-1　烟草花叶病毒

目前，常用的植物脱毒方法主要有以下四种。

一、热处理脱毒

热处理是脱除植物病毒的常规方法，通过对植物材料进行适当的高温处理，对寄主组织影响不大，但多数病毒可被部分或完全钝化。其原理是病毒由蛋白质组成，高温可以使蛋白质变性，所以通过高温钝化病毒。病毒和寄主细胞对高温忍耐性不同，选择适当的温度和处理时间，可抑制病毒繁殖、延缓其扩散速度，使寄主细胞的生长速度超过病毒扩散速度，从而在这一高温下长出的新植株其生长点及附近组织细胞有可能脱除病毒，达到脱毒目的。

热处理方式分为热疗法和昼夜高低变温方式，处理材料可采用盆栽或组培苗。热疗法主要有热水浸渍处理和热风(热空气)处理两种。后者比前者不易损伤材料，是目前较为常用的热处理脱毒方法。为了避免对植株的伤害，组培苗也可采用昼夜高低温变温方式。此种方法成本低，对技术和设备要求不高，简便易行，但脱毒率较低，脱毒往往不彻底，且需要的时间长，不易进行大批量操作。因此常作为预处理方法与茎尖培养等其他方法结合使用。对于单用茎尖或热疗法难以脱除的病毒，可先进行高温处理，使植株茎尖无毒化，再采用茎尖组织培养法，这样可以提高脱毒成功的概率。例如，在侵染马铃薯的病毒中，对于 PLRV、PVA 和 PVY 不进行高温预处理，脱毒率也相当高，而高温预处理却可以显著提高对 PAMV、PVX 和 PVS 的去除。

二、茎尖培养脱毒

(一)茎尖培养脱毒原理

茎尖培养脱毒(图 3-2)是指在无菌条件下，切取只带有 1～2 个叶原基的生长点，进行培养并发育成不带病毒的小植株的方法。其原理是：在染病毒植株体内，病毒分布并不均匀，病毒的数量随植株部位及年龄而异，在生长点病毒含量最低。病毒通过维管束和胞间连丝传播，在分生区内无维管束，病毒扩散慢，加之植物细胞不断分裂增生，且含有高浓度生长素可能抑制病毒的复制，所以病毒含量少，在茎尖生长点几乎检测不出病毒。而这些不带病毒的细胞发育而成的植株，理论上也不带病毒。

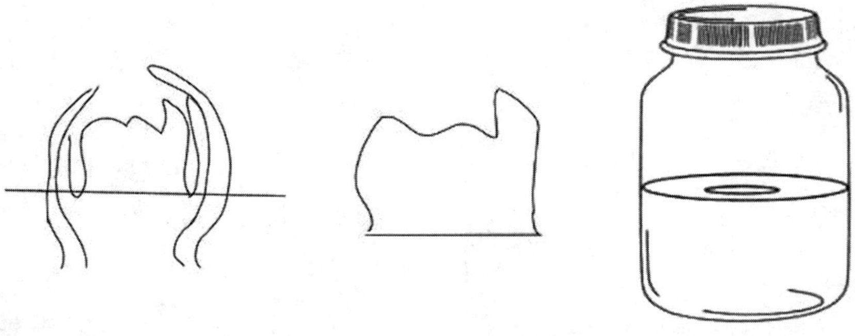

a. 取待脱毒植物顶芽为外植体　b. 切取含2个叶原基的植物茎尖　c. 茎尖组织培养

图 3-2　植物茎尖培养脱毒过程

(二)茎尖培养脱毒方法

进行茎尖培养时，首先要获取表面不带菌的接种外植体。将消毒后的材料放置在 20～40 倍立体显微镜下，用灭过菌的镊子和解剖刀逐层剥下外部叶片，直到看到顶部圆滑的生长点，然后切取带有 1～2 个叶原基、0.1～1 mm 大小的茎尖，迅速放入培养基中，放置在适宜的条件下培养。不同的植物材料茎尖剥取的方法和最适合脱毒的茎尖大小不同。在菊花的茎尖培养中，在超净工作台内将消毒后的茎尖中用肉眼能看到的叶柄切除，在实体解剖镜下用解剖刀剥离顶芽至露出带有 1～2 片叶原基的生长点，生长点大小为 0.3～0.5 mm，切取的组织过大脱毒率会下降，过小成活率会降低。就香石竹而言，切掉叶柄后，生长点是在几重叶原基的包围下，要从外到内逐一切掉外层叶原基，当生长点露出时把包括 1～2 片叶原基在内的生长点切下，迅速移入事先预备好的培养基内，注意生长点的方向及不要把生长点埋在培养基内。洋葱用 0.5～0.7 mm 的茎尖培养，能有效地脱除洋葱中的 OYDV 和 GLV 病毒。

(三)影响茎尖脱毒成活的因素

1.植物种类

不同的植物或者相同植物不同品种的茎尖，因其内在的遗传背景不同，在相同的培养条件下，其茎尖的生长分化情况不尽相同，需要针对不同的植物茎尖，试验选择各自适宜的培养条件。

2.外植体的生理状态

外植体的选择直接决定着茎尖自身的营养状况及生理状态。外植体取样时，宜在萌动初期或生长较活跃的枝梢上采集饱满健壮、内在营养状况好的芽，有利于外植体茎尖接种后脱毒成活。

3.茎尖大小

茎尖取材大小与脱毒成活效果密切相关。一般情况下，茎尖取材大，茎尖离体培养时外植体容易成活，带叶原基的茎尖离体培养生长快且成苗率高。但茎尖过大，外植体虽易于成活，却不易脱除病毒。与此同时，在切取茎尖时也不是越小越好，太小不利于成活。不同植物材料脱毒适宜的茎尖大小不同，但茎尖剥取时的原则是一致的：茎尖外植体宜小到足以脱除病毒，大到足以生长发育形成完整的再生小植株。

4.茎尖剥离状况

表面消毒好的外植体在无菌操作台上借助连续变倍显微镜剥离茎尖时的速度快慢及机械损伤程度直接关系到接种后培养是否成活。切割时生长点受伤程度过大或切取时间过长，均容易造成外植体离体培养时茎尖褐化而死亡。

5.培养基及培养条件

基本培养基：茎尖培养最常用的培养基是 MS 培养基，MS 培养基适于多种植物的茎尖培养。除 MS 培养基外，White、B_5、MT 等基本培养基也较常用。

激素条件：适当添加一定浓度的细胞分裂素及生长素。通常，细胞分裂素/生长素浓度比例≥10 时，有利于外植体朝着生根的生理方向生长发育。

碳源：蔗糖或葡萄糖，以蔗糖多用，添加浓度大多在 2%～4%。

常用培养条件：茎尖培养多采用半固体和固体培养基，在(25±2) ℃、1 500～4 000 lx 光照强度、12～16 h/d 光照条件下的无菌室内培养。

三、化学药剂处理脱毒

化学处理脱毒，即通过抗病毒剂化学处理，来获取植物无毒材料的一种脱毒方法。在利用组织培养方法脱除病毒的过程中，人们发现，某些培养基添加物也能够起到一定的作用，继而开始有意识地使用化学药剂进行脱毒。其原理是：抗病毒药剂在三磷酸状态下会阻止病毒RNA帽子结构形成。常用的抗病毒化学药物有利巴韦林（病毒唑），5-二氢尿嘧啶（DHT）和双乙酰-二氢-5-氮尿嘧啶（DA-DHT），环己酰胺，放线菌素D，碱性孔雀绿等。其中病毒唑是广谱性抗病毒药物，早在20世纪70年代末和80年代初，国外一些科学家就将这种抗动物病毒的药物应用于植物，成功地脱去了马铃薯X病毒、黄瓜花叶病毒和苜蓿花叶病毒等。将化学药剂添加到培养基中，能提高培养基去除病毒的能力，显著提高无病毒植株的比例。该方法应用方便，可用于病毒的大面积防治，但问题是原理和作用机制尚不十分明确，脱毒效率还比较低，且对于部分对温度敏感的植物无法使用，另外，部分化学药剂可能会对环境产生不可完全预知的影响，应尽量避免大量使用。目前采用病毒抑制剂与茎尖培养相结合的脱毒方法，可以较容易地脱除多种病毒，而且这种方法对取材要求不严，接种茎尖可大于1 mm，易于分化出苗，提高存活率。

四、冷处理脱毒

植物低温脱毒又叫低温疗法、冷疗法，它是基于超低温保存（cryopreservation）对细胞的选择性破坏作用的原理，结合组织培养和病毒检测技术达到脱毒的目的。超低温保存是指在−80 ℃以下的超低温条件下保存种质资源的一整套生物技术。现在常用液氮做冷源，超低温保存的原理是在超低温条件下，细胞的全部代谢活动近乎完全停止，大大减慢甚至终止代谢和衰老过程，保持生物材料的稳定性，减少遗传变异的发生，达到长期保存的目的。茎尖分生组织由于其具有分化程度小，再生相对容易等优点，被认为是较为理想的种质超低温保存材料。至今人们已对近200多种植物材料的茎尖成功地进行了超低温保存，作为一种新的脱除植物病毒的方法，已成功地用于几种植物病毒的脱除，低温疗法以其相对简单的操作方法和高脱毒率将为植物病毒的脱除带来新的希望。超低温保存与茎尖培养相结合是植物脱毒和保存茎尖的一种新方法。其原理是：分化的、含有病毒的植物细胞液泡较大，液泡中含有的水分也较多，在超低温保存过程中易被形成的冰晶破坏致死，而增殖速度较快的分生组织中液泡较小或不含液泡，因而含水量相对较少，胞质浓，抗冻性强，不易被冻死。光学显微镜观察显示液氮中的超低温能杀死含较大液泡的细胞，而保存液泡小的顶端分生组织细胞。这样超低温处理过的植株再生后大多是无病毒的。

低温疗法脱除植物病毒，操作比较容易，避免了在切取分生组织时由于操作时间过长和多酚的氧化而导致的茎尖黑化问题，而且脱毒率高，是植物脱毒的一种新途径。但尚处于理论研究和试验阶段，在生产上成功应用的例子还不多。其突出优点是可以使植物脱毒与种质资源的保存相结合，实现脱毒原种的长期保存。

脱除病毒的方法有很多种，其原理都是由以下两方面考虑：一方面是利用植物体本身的性质和发育特点，对某些无病毒或分布较少的特定部位进行单独培养，并使其发育成苗。针对这些方法要不断改进技术，使其操作更加简便容易，降低成本，提高效率；另一方面是要抑制或杀死病毒，可采用物理方法或化学方法进行处理，通过改变环境针对病毒起作用。使用这些方法时，不仅要考虑脱毒的效果，还要尽量保证植物体的正常生长和发育，因此找到二者之间的临界条件是处理的关键。

除上述几种脱毒技术外，还有花药培养脱毒、抗病毒基因工程等多种脱毒技术被研究应用。植物脱毒技术的使用常常是多种脱毒技术结合使用，才会取得更有效的脱毒效果。无论采用何种方法进行脱毒处理，在进行种苗的长期保存、批量繁殖和生产应用之前，都应进行病毒检测，以确定脱毒效果。

任务 3-1 马铃薯茎尖脱毒

案例导入

2020 年 6 月 17 日，美国的 Sylvia He 和 Kate M. Creasey Krainer 课题组联合在 *Molecular Plant* 在线发表题为“Pandemics of People & Plants: Which Is the Greater Threat to Food Security?”的论文中指出，马铃薯卷叶病毒每年引起马铃薯减产 2 000 万 t，造成的经济损失达 1 亿美元。据估计，防控马铃薯 Y 病毒科的李痘病毒花费已超过 100 亿美元，而马铃薯 Y 病毒科中有名的番木瓜环斑病毒曾经几乎毁灭了夏威夷的木瓜产业，差点导致番木瓜在夏威夷灭绝。在马铃薯生产中，采用最常用的马铃薯脱毒方法——茎尖脱毒，可以尽量避免病毒造成的减产。

茎尖培养是马铃薯等许多植物脱除病毒的最重要的方法。其基本原理是：利用病毒在植物体内分布的不均匀性，即根尖和芽尖等分生组织病毒含量非常少或几乎不含病毒，对这样的组织进行培养后得到的植株也几乎不含病毒。

1. 任务内容

(1)马铃薯茎尖脱毒方案的设计。

(2)微茎尖剥离的方法。

2. 任务要求

(1)通过查阅资料，能独立设计马铃薯茎尖脱毒的培养方案。

(2)能对马铃薯茎尖有效地消毒处理。

(3)掌握微茎尖剥离的方法。

(4)切取茎尖的位置准确、大小合适。

(5)熟练掌握马铃薯茎尖脱毒的操作流程。

(6)脱毒率和分化率高，但污染率低。

3. 任务准备

发芽的马铃薯块茎、MS 培养基、75％酒精、脱脂棉、0.1％升汞、无菌水、超净工作台、解剖镜、镊子、解剖刀及刀片、组培专用灭菌器、培养皿、滤纸、记号笔等(接种用具事先进行高温灭菌)、无菌瓶、500 mL 烧杯、穴盘、竹签、营养土、河沙等。

4. 任务实施

(1)配制培养基　配制马铃薯分化培养基,灭菌后备用。

(2)外植体选择及处理　选取无病虫害、生长健壮的块茎,埋在沙床中进行催芽。过 30 d 左右,切取 3～4 cm 长度的幼芽,剥去 1～2 层外部叶片,用洗衣粉水浸泡 5 min,自来水冲洗 20 min,备用。

在超净工作台上,用 75%酒精浸泡 30 s,再用 0.1%升汞溶液浸泡 8 min,其间适当摇晃以使幼芽与溶液充分接触。然后将幼芽投入无菌水中漂洗 4～5 次,取出后放置在灭过菌的滤纸上吸干水分。

(3)接种　用镊子及解剖刀片逐层剥去幼芽的叶片,至只有 0.2～0.3 mm 大小时,换一套新的工具,在解剖镜下将幼芽剥至只剩生长点及 1～2 个最幼小的叶原基,用解剖刀片切下,放入培养基中,并在培养瓶上做好记号。

(4)培养　将培养瓶放置于温度(20±2) ℃,光照时间 14～16 h/d,光照强度 2 000 lx 的条件下培养。5 周左右可见有小植株形成,再过 3 周左右形成株高 8～10 cm 的植株,即可进行转接继代或生根操作。

5. 注意事项

(1)剥取茎尖时,镊子夹取茎尖时力度要小,不要损伤茎尖。

(2)切取茎尖的位置准确、大小合适。

6. 考核建议

(1)考核重点是切取茎尖的位置准确、大小合适。

(2)具体考核方案如表 3-1 所示。

表 3-1　马铃薯茎尖脱毒的考核方案

考核项目	考核标准	考核形式	满分
实训态度	1. 听从指挥,遵章守时(10 分); 2. 实训积极、认真,有团队意识和创新精神(10 分); 3. 实训报告字迹工整,记录全面(10 分)。	跟踪观察、实训报告	30 分
现场操作	1. 操作规范(10 分); 2. 操作熟练,工作效率高(20 分); 3. 能准确回答老师提的 2 个问题(10 分)。	现场操作、口试	40 分
效果检查	1. 外植体的剥离完整(10 分); 2. 马铃薯茎尖脱毒操作流程(10 分); 3. 培养效果好(10 分)。	培养过程	30 分
合计			100 分

任务 3-2　草莓花药培养

案例导入

2022 年 11 月 22 日，威海市农业农村局官网刊登一篇《精致农业之草莓脱毒繁育方式》的文章，文章显示威海市草莓种苗多采用匍匐茎分株繁殖的方式生产种苗，草莓在多年无性繁育的过程中，会积累感染多种病毒，导致草莓病毒病的发生为害逐年加重，最终造成草莓植株长势弱、抗性差、产量和品质下降。目前还没有有效药剂防治草莓病毒病，控制该病的最根本有效的方法是通过茎尖和花药组织培养脱毒的方法培育无毒种苗。日本学者大泽胜次经过多年试验证明花药脱毒为草莓脱毒种苗繁育的最佳方式，因此掌握草莓花药脱毒技术对于草莓繁育增产至关重要。

从植物有性生殖发育过程来看，植物的有性生殖器官均起源于顶端分生组织的 L_2 层细胞，而处于分生组织的 L_2 层细胞是不带病毒的，因此由其产生的有性器官也不带病毒。由草莓花药体细胞形成的愈伤组织诱导得到的植株，脱毒率可达到 100%。

1. 任务内容

(1)草莓花药培养方案的设计。

(2)剥离花瓣、摘取花药的基本操作方法。

2. 任务要求

(1)通过查阅资料，能独立设计草莓花药培养的培养方案。

(2)能对草莓花药进行消毒处理。

(3)掌握草莓花药培养的方法。

(4)选取花蕾的发育时期适当，掌握剥离花瓣、摘取花药的基本操作技术。

(5)出愈率和分化率高，但污染率低。

3. 任务准备

(1)材料与试剂　健壮的草莓花蕾、培养基：MS＋NAA0.2 mg/L＋6-BA1.5 mg/L＋3%蔗糖＋7 g/L 琼脂，pH 5.8、75%酒精、脱脂棉、0.1%升汞、无菌水。

(2)器材及用具　超净工作台、解剖镜、镊子、解剖刀及刀片、酒精灯、培养皿、滤纸、记号笔等(接种用具事先进行高温灭菌)。

4. 任务实施

(1)配制培养基　配制脱毒草莓花药培养基，灭菌后备用。

(2)外植体选择及处理　在田间选取健壮、无病虫害的典型植株，于晴天上午摘取直径为 3～6 mm、花粉发育为单核靠边期的健康花蕾，置于 2～4 ℃冰箱中预处理 3 d 备用。

将处理过的花蕾切去花柄等多余部位，经洗衣粉水浸 5 min，自来水冲洗 20 min。在超净工作台上，用 75%酒精浸泡 30 s，再用 0.1%升汞溶液浸泡 6 min，其间适当摇晃以使花蕾与溶液充分接触。然后将花蕾投入无菌水中漂洗 4～5 次，取出后置于灭过菌的滤纸上吸干水分。

(3)接种　用镊子轻轻剥去外部苞片及花瓣，待花药露出后，换新的镊子，取下花药放入培养基中，并在培养瓶上做好标记。注意接种时要尽量去掉花药柄，否则花药柄会膨大形成愈伤组织影响花药的萌发，同时影响脱毒的效果。

(4)培养　将培养瓶放置在温度(22±2)℃，黑暗条件下培养，约1周后转为16 h/d，光照强度2 000 lx的条件下培养。4周左右可见有芽萌发，再过3周左右形成有4～6片叶片的完整植株，即可进行继代转接或生根培养等。

5.注意事项

剥取花药时，镊子夹取花药时力度要小，不要损伤花药。

6.考核建议

(1)考核重点是外植体的取材时期和剥离。

(2)具体考核方案如表3-2所示。

表3-2　草莓花药培养的考核方案

考核项目	考核标准	考核形式	满分
实训态度	1.听从指挥，遵章守时(10分)； 2.实训积极、认真，有团队意识和创新精神(10分)； 3.实训报告字迹工整，记录全面(10分)。	跟踪观察、实训报告	30分
现场操作	1.操作规范(10分)； 2.操作熟练，工作效率高(20分)； 3.能准确回答老师提的2个问题(10分)。	现场操作、口试	40分
效果检查	1.外植体的剥离完整(10分)； 2.草莓花药培养进程正常(10分)； 3.培养效果好(10分)。	培养过程	30分
合计			100分

项目二 植物无病毒苗的鉴定

经脱毒技术处理获得的新植株，必须经过严格的隔离保存和病毒检测。有的植物病毒脱毒处理后不能一次完全检测出来，甚至需要经过一段时间的隔离培养后再重复检测几次，确认是不带病毒的，才可作为无病毒植物原种进行保存和进一步扩繁成无病毒苗木，进入生产应用。病毒检测是脱毒种苗在生产繁育过程中和上市交易前的必要步骤，是提高生产效率和保证种苗质量的关键。

随着现代生物技术的飞速发展和仪器设备的不断改进，病毒检测的手段和方法也更加多样化，逐步向着更加灵敏、快捷、精确的方向发展，常用的植物病毒检测方法主要有直接观测法、酶联免疫吸附测定法、电子显微镜检测法和分子生物学检测法等。

一、直接观测法

直接观测法即直接观察待测植株生长状态是否异常，茎叶上有无特定病毒引起的可见症状，从而可判断病毒是否存在。

指示植物鉴定法

多数植物病毒有其一定的寄主范围，将一些对病毒反应敏感，感病症状明显的寄主植物作为指示植物(鉴别寄主)，通过接种鉴别寄主来检验待测植物体内特定植物病毒存在与否，这种病毒鉴定方法被称为指示植物鉴定法，其常用的接种方法有汁液摩擦接种和嫁接传染两种。鉴别寄主是指接种某种病毒后能够在叶片等组织产生典型症状的寄主，指示植物是指接种某种病毒后能产生独特症状的一种寄主。根据实验寄主上表现出来的局部或系统症状，可以初步确定病毒的种类和归属，但只能用来鉴定汁液传染的病毒。1929 年美国病毒学家霍姆斯(Holmes)用感病的植物叶片与少许金刚砂相混，研磨成粗汁液，摩擦供试植物的叶片，经清水清洗后，置于温室内待测，2～3 d 后叶片上出现局部圆形的枯斑，在一定的范围内，枯斑数与侵染性病毒的浓度成正比。枯斑法能测出一些病毒的相对侵染力，对于病毒的定性有着重要的意义。

指示植物鉴定法一般有两种类型：一种是接种后病毒可扩展到非接种部位，产生系统性症状；另一种是只在接种部位产生局部病斑，如形成坏死、褪绿或斑枯等。指示植物的选择，应根据栽培容易、对病毒敏感、接种方便、反应稳定等原则。由于不同病毒的寄主范围不同，选择的指示植物也有所不同。

按选用的鉴别寄主是草本植物还是木本植物，可分为草本指示植物鉴定法和木本指示植物鉴定法。

1.草本指示植物鉴定

草本指示植物种类较多，常用的有茄科（如心叶烟、克里夫兰烟等）、豆科（如菜豆等），藜科（如昆诺藜、苋色藜等）、苋科（如千日红等）、葫芦科（如黄瓜）类植物等。

（1）汁液摩擦接种法　汁液摩擦接种法是草本指示植物鉴定中较常用的一种检测手段。其基本操作程序简单介绍如下：

接种时，从被鉴定植物上取一定量的组织材料，如叶片、花瓣、根或枝皮等（实践中多取用叶片），置于研钵中，加入 2～5 倍的提取缓冲液，在低温条件下研磨，磨碎后用纱布滤去渣滓，在汁液中加入少量 500～600 目的金刚砂作为指示植物叶片的摩擦剂，再用干净的纱布或棉球、刷子等蘸取汁液在指示植物叶面上轻轻涂抹，摩擦 2～3 次进行接种，接种完毕后用清水冲洗指示植物叶面。

为确保接种质量，接种宜在有防虫网隔离的温室中进行，接种后的指示植物宜放置在保温 20～28 ℃、半遮阴的环境下培养管理及观察。通常在接种后数天或几周，我们可以根据指示植物的症状表现初步判断。

（2）小叶嫁接接种法　一些草本植物病毒，其采用汁液摩擦接种法进行指示鉴定比较困难时，常采用小叶嫁接法进行接种鉴定，如草莓病毒鉴定常用小叶嫁接接种法。该法以去植株顶部小叶的指示植物作砧木，被鉴定植物小叶作接穗，采用劈接法嫁接培养指示植物，观察判断待测植株是否带毒。

2.木本指示植物鉴定

多年生果树和林木植物病毒一般均可通过自然寄主嫁接进行传染，当自然寄主侵染植物病毒后不能表现出显著的症状特征时，我们可另选择对该病毒较敏感的木本指示植物进行嫁接鉴定。目前，生产研究中常用的果树指示植物种类较多，现以柑橘、苹果、梨、葡萄及核果类果树为例，简单介绍其主要常用指示植物和对应的病原种类（包括病毒、类病毒、细菌等病原体）。

木本指示植物鉴定一般采用嫁接法进行检验。常用的嫁接方式主要有以下几种：

（1）指示植物直接嫁接法　该法要求先培养木本指示植物，然后直接在指示植物基部嫁接待检植株的芽片。

（2）双重芽接法　通常病毒不能通过种子进行传染，多年生木本植物可用其实生苗作嫁接砧木。先在实生苗基部嫁接 1～2 个待测植株的芽片，再在嫁接上方 1～2 cm 处嫁接指示植物的芽片，嫁接成活后对指示植物进行观察辨毒，这种嫁接法就是双重芽接法。该法一般在 8 月中下旬进行，次年春天苗木发芽前除去砧木萌蘖，苗木发芽后给待测植株芽枝摘心，促进指示植物接芽生长，至 5 月，可定期观察指示植物的病状反应。

（3）双重切接法　双重切接法多在春季进行，一般的操作方法是：剪取带有 2 个芽的指示植物及待测植株接穗，同时用劈接法嫁接在实生砧木上，且指示植物接穗嫁接在待测植株接穗上部，接后再在植株外部套塑料袋保温保湿，有利于接口愈合成活。

直接观测法简单、易行，结果直观，不需要昂贵的设备或复杂的技术，曾经得到广泛应用。但这种仅仅以鉴别寄主反应或指示植物为依据的方法，由于其检测速度慢、结果不够精确、受环境和季节影响较大等诸多因素限制，已难以适应生产上对快速检测的需要，几乎不再作为植物病毒鉴定和分类的主要依据。但它仍是其他病毒鉴定方法的重要基础和辅助手段，尤其在病毒株系鉴定方面。对某一病毒分离物进行分子生物学或血清学研究之前，最好进行生物学鉴定，以使结果更为可靠。

二、酶联免疫吸附测定法

病毒与许多大分子物质（如蛋白质）一样，是一种较好的抗原，将其注射到动物体后会产生特异性抗体，抗体存在于血清之中，故称抗血清。不同病毒产生的抗血清有各自的特异性。抗血清鉴定法的主要理论依据是：抗原能与其对应的抗体发生特异性反应，产生抗原-抗体复合物，通过复合物沉淀反应作出病毒鉴定。常用的抗血清法主要有酶联免疫吸附测定法、免疫电镜技术检测法、直接组织免疫杂交分析检测法，其中的酶联免疫吸附测定法是新近发展起来的，是目前应用较多的一种血清学检测技术。

早期血清学测定的方法是液体介质和琼脂凝胶反应的免疫扩散法。尤其是双扩散技术，可用来比较同源、异源抗原，甚至可能区别病毒的不同种和不同株系。在现今的植物病毒检测中，使用最广泛的免疫学方法是酶联免疫吸附测定（enzyme-linked immuno sorbent assay，ELISA）。它是20世纪70年代在荧光抗体和组织化学基础上发展起来的一种免疫测定技术，是在不影响酶活性和免疫球蛋白分子的反应条件下，使酶分子和免疫球蛋白共价结合成酶标抗体。酶标抗体可直接或通过免疫桥与包被在固相支持物上待测定的抗原或抗体特异性结合，来特异的定性、定量的检测病毒的存在。该方法具有灵敏度高、特异性强、操作简单等优点，而且克服了常规血清学方法受病毒浓度、粒体形态和抗血清用量等因素的限制。

ELISA基本类型有间接法（I-ELISA）和直接法（DAS-ELISA）等。自Voller等1976年首次将ELISA方法用于检测植物病毒后，该方法已成为病毒诊断与检测的常规手段，特别是在一些经济作物种苗的病毒检测中，发挥了重要的作用。

（一）酶联免疫吸附测定（enzyme-linked immunosorbent assay，ELISA）

1977年Clark和Adams等首次将ELISA应用于植物病毒检测，其原理是把抗原抗体的免疫反应与酶的高效催化作用相结合，通过化学方法将酶与抗体结合，形成酶标抗体。在遇到相应底物时，酶催化无色底物产生化学反应，生成有色化合物，其强度与病毒浓度成正比，用此方法也可测定出病毒的浓度，既保持了酶催化反应的敏感性，又保持了抗原抗体反应的特异性，因而极大地提高了灵敏度。

ELISA方法的最低检测限为0.1～10 ng/mL，具有特异性强、仪器简单、自动化程度高等优点，国内外多家公司有商品化试剂盒出售。因此，ELISA被广泛应用于植物病毒的检测、病毒病的普查、口岸和产地检测与鉴定研究。

随着科学的不断发展，在ELISA方法基础上加以改进又发展了许多新的检测方法，1982年Hawkes等建立了DIBA（dot immunobinding assay，斑点免疫吸附）。DIBA用硝酸纤维素膜代替酶标板，使检测更为简便、快速、经济。另外，还有直接组织斑免疫测定（IDDTB）、A蛋白酶联吸附测定（SPA-ELISA）、伏安酶联免疫分析等。

（二）快速免疫滤纸测定法（rapid immuno-filter paper assay，RIPA）

此方法原理是用特异性抗体球蛋白IgG孵育红白两种乳胶颗粒制备成致敏乳胶，同时用封闭剂封闭致敏乳胶上未被占据的位点，将上述乳胶粒子以红下白上的相对部位分别固定在同一滤纸条上。测定时，当滤纸条侵入待测样品液中时，如果样品中含有待测病毒粒子，由于毛细管作用，它将与一部分红色致敏乳胶结合，结合产物会同其他尚未结合的红色致敏乳胶及病毒粒子一起向上迁移，当迁移到固定有白色致敏乳胶部位时它们就会被吸附起来，该部位显示红色。反之，如果没有待测病毒粒子，则不会产生吸附现象，该部位不显现红色。在兰花病毒检测中，采用致敏抗体（A 蛋白）代替常规抗血清所形成的微量凝集法，其灵敏度有很大的提高。

（三）免疫胶体金技术（immunogold-label assay）

金是惰性金属，有良好的电荷分布，柠檬酸钠-鞣酸能将氯金酸金离子还原为胶体金，利用胶体金在碱性环境中带有负电的性质，能以静电、非共价键方式吸附抗体 IgG 或 A 蛋白分子，形成稳定的 IgG 或 A 蛋白胶体金复合物。而且免疫胶体金对组织细胞的非特异性吸附作用小，具有较高的特异性。免疫胶体金制备不需经过化学反应交联，生物大分子与金颗粒吸附形成复合物，生物活性保持不变。通过抗原抗体特异性结合，IgG 或 A 蛋白胶体金复合物就可以结合在抗原上，从而得到明显的鉴别性和可见度。自 1983 年胶体金标记的抗体首次被成功地应用于植物病毒检测以来，该技术不断改进，1992 年应用胶体金免疫电镜技术检测烟草花叶病毒，电镜下观察到大量金颗粒密集地、有规律地附着于病毒粒子上。应用该技术也成功地进行了烟草环斑病毒的检测。

三、电子显微镜检测法

通常情况下人的眼睛难以观察到小于 0.1 mm 的微粒，借助普通光学显微镜也只能看到小至 200 nm 的微粒，对于更小的病毒颗粒，只有借助更高端的电子显微镜才能观察分辨。通过电子显微镜不但可以直接判断病毒存在与否，而且还可以观察到病毒颗粒的大小、形状和结构，初步判断出存在病毒的种类。这是一种较为先进的病毒检测手段，但与此同时，由于电子射线穿透力较低，被观察的待测植物样品要求很薄，超薄植物切片的制作难度高。

电子显微镜的诞生加快了人类认识微观世界的脚步，电镜技术在近 70 年发展历程中，已广泛应用于生物学、组织学、细胞学、病毒学等各个领域。对植物病毒的研究，由于电镜的出现，得到了重大的发展。虽然由于电镜技术对仪器设备、样品制备的要求较高，费用比较昂贵，但这是最直接、最准确的检测病毒的手段，可以直接看到病毒的大小、形态和结构，因此在达到了分子水平的今天仍然有着无法替代的作用。植物病毒电镜诊断最常用的是负染色和超薄切片法，结合免疫电镜技术则可以更进一步判断血清学关系、研究病毒在细胞内的复制和装配等。

（一）电镜负染检测法（electron microscopy negative stain）

1959 年 Brenner 和 Horne 将电镜负染技术首次成功应用于病毒结构研究，当时发现一些重金属离子能绕核蛋白体四周沉淀下来，形成一个黑暗的背景，在核蛋白体内部不能沉积而形成一个清晰的亮区，其图像如同一张照相的底片，因此人们习惯地称为负染色。负染色法快速简便，可以直接观察病毒的形态、大小、表面结构、有无包膜等。常用的染色剂为磷钨酸、醋酸铀、甲酸铀、钼酸铵等，但某一种染色剂并非对各种病毒都合适。2%磷钨酸水溶液(pH 6.7～7.0)适用于大多数病毒，负染色法既可以做纯化的样品，也可以做粗汁液样品，后者在诊断中有广泛的用途。

(二)电镜超薄切片法(electron microscopy ultrathin section)

超薄切片是观察病毒在寄主细胞内分布以及细胞病变的主要方法。观察各种病毒引起的寄主细胞病变和内含体特征，有助于鉴别病毒种类甚至株系，并了解病毒侵染和增殖的动态过程，直观病毒生物大分子的亚基单位，已经从细胞水平发展到分子水平。尤其对一些未知病毒、难于提纯的病毒材料、负染技术不能解决的检测材料都可用此种方法，通过对组织细胞的直接观察而得到解决，因此在病毒学检测和脱毒快繁的实际生产中均有着特殊的重要性和不可取代的作用。超薄切片整个过程比较烦琐和冗长，现已发展了微波辐射固定等快速固定和包埋方法，可在较短时间内制备好样品包埋块供切片观察。

(三)免疫电镜检测法(immuno electron microscopy，IEM)

免疫电镜技术是将免疫学原理与电镜负染技术相结合，利用抗原抗体的吸附性使病毒能较集中地沉积在有效视野内，从而便于电镜下的观察，大大提高了检测概率。Derrick(1973)建立了免疫吸附电镜术(ISEM)，此后 Milne、Shukla、Katz 等在应用中进一步发展完善，形成了一系列方法。

目前常用的有:诱捕法，即用抗体预先包被的载网来捕获样品溶液中的病毒粒体，再作负染，可以大大增加电镜视野中病毒粒子的数量，提高诊断的灵敏度。ISEM 法最少可检出几个微升样品中 0.1～1 mg/mL 的病毒。蛋白 A-吸附法是先用蛋白-A 包被载网，再结合抗体来捕获病毒，可以进一步增加灵敏度。修饰法则是将吸附于载网的病毒粒子与其抗体进行反应，利用电镜下可见的特异性免疫反应所产生的抗体“外套”，来判断血清学关系，尤其适用于病毒种或株系的诊断、复合感染病毒的检测等。

四、分子生物学检测方法

目前，分子生物学在植物病毒检测中得到了深入研究和应用，分子生物学技术主要是通过病毒的核酸来检测病毒，它比血清学方法的灵敏度要高，且具有特异性强、操作简便、检测速度快、可用于大量样品检测等优点。

在植物病毒检测与鉴定方面，应用的分子生物学技术主要包括核酸斑点杂交(nucleic acid spot hybridization，NASH)技术、多聚酶链式反应(polymerase chain reaction，PCR)技术、dsRNA 电泳技术等。在病毒株系鉴定方面，最可靠的方法则是核酸杂交、核苷酸序列分析和单链构象多态性(PCR-SSCP)等。分子生物学检测法是通过检测病毒核酸来证实病毒的存在。此方法灵敏度高，特异性强，有着更快的检测速度，操作也比较简便。既可进行大量样品的批量检测，也适合个别样品的精确检验。目前，在植物病毒检测与鉴定方面应用的分子生物学技术主要包括核酸分子杂交技术、dsRNA 电泳技术、多聚酶链式反应技术等。

(一)核酸分子杂交技术(nucleic acid hybridization)

核酸电流分析技术在植物类病毒检测中应用较多，核酸分子杂交技术是 20 世纪 70 年代发展起来的一种新的分子生物学技术，植物类病毒多为环状的 RNA 病毒，基于 DNA 分子碱基互补配对的原理，用特异性的核酸探针与待测样品的 DNA 或 RNA 形成杂交分子的过程。根据使用的方法，待测样品核酸可以是提纯的(膜上印迹杂交或液相杂交)，也可以在细胞内杂交(细胞原位杂交)。

核酸探针是指能与特定核苷酸序列发生特异互补杂交,而后又能被特殊方法检测的已知核苷酸链,所以探针必须标记,以便示踪和检测。核酸探针的标记有同位素标记和非同位素标记两大类。同位素标记方法简单,灵敏度高,但存在环境污染以及放射性废物处理等问题。非同位素标记不存在以上问题,且由于信号放大以及模板扩增两方面的发展,检测灵敏度也在不断提高,常用的非同位素标记物有生物素、地高辛精和荧光素。

(二)双链 RNA 电泳技术(double-stranded RNA,dsRNA)

核酸分子杂交技术其基本原理是:两条互补核酸单链的碱基可相互配对形成双链。两条不同来源的核酸单链在一定的条件下(适宜的温度及离子强度等)可通过碱基互补原则配对产生双链,此过程被称为核酸杂交,此杂交过程具有高度特异性。大约 90%的植物病毒基因组为单链 RNA,当病毒侵染植物后利用寄主成分进行复制时,首先产生与基因组 RNA 互补的链,配对成双链模板,再以互补链为模板转录出子代基因组 RNA,互补链的长度与基因组 RNA 相同。这种双链 RNA 结构称为复制型分子(RF),可在植物组织中积累起来。有些病毒基因组为 dsRNA,因而复制后会产生大量的子代 dsRNA 基因组。而正常的植物中往往不产生,而且 dsRNA 对酶具有一定的抗性,因而较易操作。因此通过对植物组织中 dsRNA 的分析,可用于植物病毒的检测和诊断等研究。

dsRNA 经提纯、电泳、染色后,在凝胶上所显示的谱带可以反映每种病毒组群的特异性,并且有些单个病毒的 dsRNA 在电泳图谱上也显示一定的特征。因此,利用病毒 dsRNA 的电泳图谱可以检测出病毒的类型和种类。此法已用于一些病毒组(如黄化病毒组、马铃薯 Y 病毒组、番石竹潜病毒组、烟草坏死病毒组、黄瓜花叶病毒组、绒毛烟斑驳病毒组)的分类研究。

(三)聚合酶链式反应技术(polymerase chain reaction,PCR)

聚酶链式反应技术是在寡核苷酸引物和 DNA 聚合酶作用下模拟自然 DNA 复制的一种体外快速扩增特定基或 DNA 序列的一种分子生物技术,该技术在近十年中发展迅速。1983 年美国 PE-Cetus 公司的 Mullis 等发明了聚合酶链式反应,并推出了第一台 PCR 仪,它是一种体外模拟自然 DNA 复制过程的核酸扩增技术,即通过引物延伸核酸的某个区域而进行的重复双向 DNA 体外合成。能把痕量的遗传物质迅速而简便的扩增百万倍,使原来无法进行分析和检测的各种项目得以完成。基本原理是:以待扩增的 DNA 样品为模板,两条分别与待扩增 DNA 正链相同和互补的 DNA 片段为引物,在 TaqDNA 聚合酶的催化下,反复进行变性、退火、延伸循环,就可以使 DNA 无限扩增。当上述三个过程中一个循环过程完成后,DNA 的总量则可增加一倍,每次循环所得产物都是下一个循环的模板。理论上,循环 n 次,就增加为 2^n 倍。一般经过大约 30 次循环,DNA 的量可扩增 100 万倍以上。对于 DNA 病毒可以直接进行扩增,而对于 RNA 病毒,则需先将 mRNA 反转录成 cDNA,再做 PCR 扩增,此方法称 RT-PCR(reverse tran-scription-PCR)。RT-PCR 是一种检测 RNA 病毒的行之有效的方法。

(四)实时荧光定量技术 PCR(real-time fluorescent quantitative PCR)

实时荧光定量 PCR 技术于 1996 年由美国 Applied Biosystems 公司推出,它是一种在 PCR 反应体系中加入荧光基团,利用荧光信号积累实时监测整个 PCR 进程,最后通过标准曲线对未知模板进行定量分析的方法。

实时荧光定量 PCR 所用荧光探针主要有三种：TaqMan 荧光探针、杂交探针和分子信标探针三种，其中 TaqMan 荧光探针使用最为广泛。TaqMan 荧光探针的工作原理是使用具有 5′外切核酸酶活性的 DNA 聚合酶，水解同底物 DNA 杂交的探针。反转录后，在复性阶段，两个特异性的引物同模板 DNA 的末端杂交，同时探针同模板中互补序列杂交。TaqMan 探针的 5′端带有荧光染料报道，它发出的荧光信号可被 3′端的淬灭子吸收，以热量的形式释放掉。如果在 PCR 过程中，底物序列不能同探针互补，则探针仍然是游离的，由于使用的是酶、是双链特异性，因此没杂交的探针仍然保持完整，荧光信号也就不能被检测到。相反如果正确的底物被扩增出来后，探针就会在复性阶段与其杂交，当聚合酶延伸到探针时，它就会将探针的 5′端给替换下来，并将报道子切割下来，这就使得报道子和淬灭子分开，从而使荧光信号释放出来，可通过检测系统观察到信号的变化。

实时荧光定量 PCR 技术不仅实现了对 DNA 模板的定量，而且具有灵敏度高、特异性和可靠性更强、能实现多重反应、自动化程度高，具实时性和准确性等特点。采用完全封闭管检测，不需要 PCR 后处理，避免了交叉污染。

任务 3-3　指示植物法鉴定脱毒材料的技术

案例导入

2022 年 1 月 26 日，美国佛罗里达大学研究团队在 *Nature Communications* 杂志上发表题为“Citrus Huanglongbing is a pathogen-triggered immune disease that can be mitigated with antioxidants and gibberellin”的文章，提出了柑橘黄龙病是一种由病原菌介导的免疫疾病的证据。柑橘黄龙病是一类由韧皮部寄生的革兰氏阴性菌韧皮部杆菌引起的柑橘类植物病害，严重影响柑橘类水果的品质和产量，每年在全球范围内造成数十亿美元的经济损失。目前柑橘脱毒常用的方法是茎尖嫁接微芽脱毒技术，柑橘脱毒苗进入市场的第一步就是病毒的检测。

1. 任务内容

学习操作柑橘黄龙病指示植物脱毒鉴定(双重芽接法)技术流程。

2. 任务要求

(1)了解指示植物鉴定法的基本操作流程。

(2)掌握指示植物嫁接法鉴定木本植物脱毒效果的技术。

3. 任务准备

黄龙病木本指示植物椪柑、枳壳或枳橙嫁接用砧木种子、柑橘待检脱毒材料、嫁接刀、整枝剪、嫁接膜、剪刀、75%酒精棉、防虫网室、花盆、栽培基质与肥料、各种杀虫剂和杀菌剂等。

4. 任务实施

(1)嫁接用砧木苗与待检脱毒材料准备。

①砧木苗准备　在防虫网室内，提前播种枳壳或枳橙嫁接用砧木种子，当砧木苗茎粗达0.5 cm左右，可作嫁接用。未用完的砧木苗可继续在防虫网室内培养，供以后实验用。

②待检脱毒材料准备　提前进行蜜柑试管内茎尖显微嫁接材料及嫁接成活材料室外(防虫网室内)炼苗准备，培养尽可能多的蜜柑脱毒待检材料。未用完的蜜柑脱毒待检材料可继续在防虫网室内培养，供以后试验用。

(2)嫁接

①嫁接前准备　嫁接前，将嫁接刀、整枝剪等嫁接用具用75%酒精棉擦拭消毒。分别采集蜜柑脱毒待检材料及指示植物椪柑接穗保湿待用。

②嫁接　先在砧木苗离地5 cm左右基部嫁接1～2个待测脱毒柑橘材料接芽，再在嫁接上方1～2 cm处嫁接指示植物椪柑的接芽。同一母株待测接穗材料嫁接5盆。芽接一般在9—10月进行，接后3周左右检查接芽成活情况，如果未成活，可补接一次。

③接后管理　嫁接后的植株仍在防虫网室内，按常规栽培方式养护。次年春天，在嫁接苗发芽前，在指示植物接芽上方1 cm左右处剪除砧木主干，嫁接苗新枝抽发后注意给待测植株芽枝摘心，促进指示植物接芽生长。

④指示植物发病情况调查　4—5月，定期观察指示植物的病状反应。如发现有明显病症，则说明待测材料脱毒效果不佳，需再次脱毒。

5.注意事项

(1)削接芽时，要求动作迅速，同时尽量使嫁接切面保持平滑，有助于接口愈合成活。

(2)嫁接用砧木苗与待检脱毒材料一般情况下需提前6～12个月做准备。

6.考核建议

(1)具体程序如下：以小组为单位进行考核。

(2)考核要点：认真观察、详细记录，具体考核方案如表3-3所示。

表3-3　考核方案

考核项目	考核标准	考核形式	满分
实训态度	1.听从指挥，遵章守时(10分)； 2.实训积极、认真，有团队意识和创新精神(10分)； 3.实训报告字迹工整，记录全面(10分)。	跟踪观察、实训报告	30分
现场操作	1.认真观察(20分)； 2.详细记录(20分)； 3.能准确回答老师提的2个问题(10分)。	现场操作、口试	50分
效果检查	结果分析(20分)。	培养过程	20分
合计			100分

任务 3-4　酶联免疫吸附法鉴定植物病毒

案例导入

福建农林大学植物病毒研究所闽台作物有害生物生态防控国家重点实验室研究团队为了明确福建省三明地区柑橘病毒类病原(病毒和类病毒)种类,利用 RT-PCR 技术对其进行了鉴定和检测,并对其检出率进行了分析。结果表明,从 207 份柑橘叶片样品中检出柑橘衰退病毒、柑橘黄化脉明病毒、柑橘叶斑驳病毒和蚜虫致死麻痹病毒等 4 种病毒以及柑橘曲叶类病毒、啤酒花矮化类病毒、柑橘矮化类病毒、柑橘类病毒Ⅴ和柑橘类病毒Ⅵ等 5 种类病毒。其中,柑橘衰退病毒的检出率最高,达 71.01%。柑橘衰退病是一种全球性的柑橘病害,全球各地的柑橘产区都会发病,对全球种植的柑橘构成严重威胁,对果农也造成了严重损失,可用酶联免疫吸附法鉴定柑橘衰退病。

1.任务内容

具体操作柑橘衰退病酶联免疫测定(ELISA)基本技术流程。

2.任务要求

学习酶联免疫吸附法鉴定植物脱毒材料的基本技术流程,要求操作规范、准确。

3.任务准备

待测柑橘样品嫩叶、实生试管苗叶片、柑橘衰退病病毒(CTV)的 ELISA 检测试剂盒[内含酶联免疫反应板、柑橘衰退病病毒(CTV)阳性对照、抗体、酶标抗体、洗涤缓冲液 PBST、包被缓冲液、酶标抗体稀释缓冲液、底物溶液、底物缓冲液]、反应终止液(2 mol/L H_2SO_4)、95%酒精、蒸馏水、酶联免疫检测仪、离心机、冰箱、研钵、解剖刀、手术剪、移液管等。

4.任务实施

(1)样品处理　取待测柑橘样品嫩叶 0.5～1 g,加 PBST 缓冲液 1～2 mL,研磨,低速离心(4 000 r/min,离心 5 min),取上清液,即待检样品溶液备用。柑橘实生试管苗无病叶作阴性对照。

(2)包板　用酶标缓冲液将抗体稀释至蛋白含量为 1～100 μg/mL 的抗体稀释液,在酶联免疫反应板反应孔中每孔加入 100 μL 的抗体稀释液。37 ℃条件下孵育 2～4 h 或 4 ℃条件下保湿过夜。

(3)洗板　倒出反应板中液体,在洗涤缓冲液 PBST 冲洗反应板 4 次,每次 3～5 min。

(4)加样　在反应孔中每孔加入已稀释的待检样品溶液 200 μL,在 34 ℃条件下孵育 2～4 h 或 4 ℃条件下保湿过夜。同时做下空白、阴性及阳性孔对照。并可根据需要设置几个重复。

(5)洗板　倒出反应板中液体,用洗涤缓冲液 PBST 冲洗反应板 4 次,每次 3～5 min。

(6)加酶标抗体　每反应孔加入用抗体缓冲液稀释好的碱性磷酸酯酶标抗体 200 μL,37 ℃ 条件下保湿孵育 2～4 h。

(7)洗板　倒出反应板中液体,用洗涤缓冲液 PBST 冲洗反应板 4 次,每次 3～5 min。

(8)加底物溶液　每反应孔加入 200 μL 底物溶液，37 ℃条件下保湿遮光显色 0.5～1 h。

(9)加反应终止液　显色达到要求后，于各反应孔中加入 2 mol/L 的 H_2SO_4 溶液 0.05 mL，使反应终止。

(10)酶联检测　反应终止后，于 20 min 内，在酶联免疫检测仪 405 nm 波长处以空白对照孔调零后测定各孔的光吸收值(OD_{405})，并计算待检样品吸光值/阴性对照光值比值，倘若比值计算结果≥2，则视为阳性，即待检柑橘样品带病毒，反之则认为材料无毒。

还可借白色背景，直接用肉眼观察反应孔颜色，根据颜色变化差异判断结果：通常阴性反应为无色或颜色极浅；反应孔内颜色越深，阳性程度越强。

5.注意事项

(1)柑橘衰退病病毒(CTV)的抗血清或柑橘衰退病病毒(CTV)的 ELISA 检测试剂盒可市购。

(2)测定时严格按照酶联免疫吸附测定流程操作的同时，可多做几个重复，以提高结果的准确性。

6.考核建议

(1)具体程序如下：以小组为单位进行考核。

(2)考核要点：具体考核方案如表 3-4 所示。

表 3-4　考核方案

考核项目	考核标准	考核形式	满分
实训态度	1.听从指挥，遵章守时(10 分)； 2.实训积极、认真，有团队意识和创新精神(10 分)； 3.实训报告字迹工整，记录全面(10 分)。	跟踪观察、实训报告	30 分
现场操作	1.按规程认真操作(20 分)； 2.详细记录检测结果(20 分)； 3.能准确回答老师提的 2 个问题(10 分)。	现场操作、口试	50 分
效果检查	结果分析(20 分)。	培养过程	20 分
合计			100 分

项目三

脱毒苗的保存和繁育

经过脱毒处理后的无毒植株，经反复鉴定确系无病毒材料，方可作为无病毒原种，可用于进一步保存或扩繁。脱毒苗只是脱除了原母株上的特定病毒，抗性并未增加，在自然条件下极易受到再次侵染，因此要按正确的方法保存和繁育。

一、脱毒苗的保存

(一)隔离栽培保存

植物病毒的传播媒介主要是昆虫，如蚜虫、叶蝉、土壤线虫等。因此必须将脱毒苗栽植在消过毒的温室或网棚中，所使用的基质或土壤以及栽培容器和工具等都要事先经过消毒，操作的人员也要穿工作服戴手套。及时去除温室周围的杂草和易滋生蚜虫等昆虫的植物，保持环境清洁，定期喷施药剂或进行熏蒸。隔离种植圃地最好选择建在气候冷凉、海拔较高、虫害较少的，相对隔离的山地或高岭地区。这种方法保存脱毒苗，便于观察，比较直观，但既要占用土地，又需要大量人工。

(二)离体保存

较小的无病毒的材料，可利用植物组织培养技术进行材料的保存或扩繁，这就是通常讲的离体保存技术。离体保存方法，按保存的温度不同，可分为常温保存、低温保存和超低温保存，其中低温保存和超低温保存为常用。

1.低温保存

将无病毒原种材料的器官或幼小植株接种到培养基上，通过降低培养温度等环境条件，使培养物在低温条件下生长降低到最低限度，又不至于死亡，达到长期保持的目的，这种保存方式被称为低温保存，又叫缓慢生长保存法、最小生长法。

低温保存是将离体培育的小植株、茎尖或其他植物组织在 1～9 ℃低温、低光照条件下培养，其生长非常缓慢，可将转接周期延长到半年至一年，既保持植物的一定活性，又极大减少工作量，对设施要求不算太高，在一般规模的实验室就能够实现。不同植物物种、品种对培养温度的反应差异较大，低温保存无病毒材料时，要根据不同物种品种的生物学特性设置不同的保存温度。一般情况下，温带植物多在 0～4 ℃温度条件下保存较好，热带植物多在 15～20 ℃温度条件保存较好。

低温保存是中长期保存无病毒材料及其他优良种质的一种简单、有效且安全的手段。这种方法占地面积小，不受季节和环境条件限制。

2.超低温离体保存

超低温保存的理论依据是：在超低温条件下，植物保存材料组织细胞结冰速度很快，没来得及形成冰晶而迅速转化成玻璃化状态，有效避免了细胞内结冰所导致植物组织细胞的死亡。超低温保存是通常利用液态氮 LN(－196 ℃)离体保存植物种质材料，是长期保存植物无病毒材料及优良种质的一种有效手段。植物材料进行超低温保存时，一般要经过材料的选择、材料的预培养、冷冻保护、冷冻、保存、解冻、再培养等七个阶段。

(1)材料选择　用于超低温保存的植物脱毒材料的细胞形态、生理状况极显著影响着超低温离体保存的成败。一般情况下，保存时宜选择无病毒、细胞小、胞质浓、无液泡、抗冻性强的分生组织细胞材料，如茎尖生长点、组培过程中新产生的不定芽生长点、愈伤组织等具有旺盛分生能力的分生性组织细胞。胞质相对较稀、高度液泡化的细胞超低温时容易产生胞内冰晶而损伤细胞组织结构，导致死亡。

另外，超低温保存前要能大致确定冷冻材料的体积，一般冷冻材料的体积宜控制在 0.2～10 mL 范围内。如果材料体积过大，不利于均匀冷冻和后期的解冻处理；体积过小，又难保证再培养时材料有足够的再生能力。

(2)材料预培养　在预培养的培养基中加入脯氨酸、甘露醇、山梨醇等渗透剂，可减少材料细胞内自由水的含量，提高保存材料的抗冻性

(3)冷冻保护　材料冷冻前添加冷冻保护剂处理，有助于材料在冰冻前期细胞进行保护性脱水，降低冰点和水的饱和点，进一步阻止冰晶的形成，减少冷冻伤害。常用冷冻保护剂有二甲亚砜 DMSO(5%～8%)、甘油、脯氨酸(10%)、聚乙二醇 6 000(10%)、各种可溶性糖等，其中二甲亚砜 DMSO 最常用。

方法：取出预培养材料适当干燥处理，转入盛有液体培养基的无菌培养皿，然后在 0 ℃条件下逐渐加入冷冻保护剂(30～60 min 内添加冷冻保护剂量至原有材料组织体积的 3 倍左右)，使保护剂逐渐渗透到材料中。

(4)冷冻　加冷冻液，加好后保持 10 min，吸去冷冻液，将材料转入事先装有 1 mL 左右冷冻液的无菌冻存瓶中。然后选择不同的冷冻方法进行冷冻。冷冻法主要包括三种：一是快速冷冻法，将 0 ℃或是预处理过的材料直接投入液氮中，使材料所含的水分还没来得及形成冰晶就已迅速转化成玻璃化状态。此法只对部分植物有效，常适用于高度脱水的无病毒材料。二是慢速冷冻法，需要借助程序降温器，使保存材料以 0.1～4 ℃的降温速度降到－100 ℃后再转入液氮，此法常适用于悬浮培养的植物细胞和愈伤组织。三是逐级冷冻法，先以每分钟下降5～6 ℃/min的降温速度，使材料冷却到－50～－30 ℃，在此温度下预冻一段时间(30 min左右)后，再转入液氮中迅速降温，此法常适用于植物茎尖材料的离体保存。

(5)保存　在离体保存过程中，应注意液氮量的变化，不断地及时补充液氮，避免保存温度上升到－130 ℃以上，才能确保保存材料能长期离体保存。

(6)解冻　通常的解冻方法是将保存材料从－196 ℃的液氮中取出后，投入 37～40 ℃温水中，轻轻振动使之快速解冻(解冻速度达 500～750 ℃/min 时，解冻较为理想)，使材料迅速通过冰晶温度生长区(－60～－40 ℃)，避免温度缓慢上升过程中材料组织细胞内结冰而受伤害。

如果离体保存材料的冷冻管是特殊材塑料制成的，解冻所用的温水温度可稍高些，可达

60 ℃左右；如果离体保存材料的冷冻管是玻璃管，解冻的水温则应相对低些。

(7)再培养　解冻的离体保存材料体内残留的部分冷冻保护剂，对细胞的恢复生长有一定毒害作用，所以在材料再培养前有必要清洗去除。常用再培养液体配方逐步添加到解冻的冷冻液中冲洗材料，使材料中的冷冻保护剂浓度明显下降，最后将材料转入新鲜的固体培养基中进行诱导再培养，使材料逐渐恢复生长。

二、脱毒苗的繁育

脱毒苗作为原种，要经过大量扩繁，培育出健康、优质的种苗，才能在生产上应用，实现脱毒的意义。脱毒苗的扩繁主要采用无性繁殖方法，常见的主要有嫁接、扦插、压条、匍匐茎繁殖、微型块茎(根)繁殖和组培快繁等。大多可使用组织培养方法，进行周年生产繁殖，但综合考虑成本和效率等问题，可根据不同的植物种类及其栽培特性选择各种方法。如：马铃薯采用茎节扩繁及微型薯诱导法、甘薯采用剪秧扦插法、草莓采用匍匐茎繁殖法、百合采用鳞茎增殖法、果树可采用扦插或压条繁殖法等。在繁殖过程中，要注意保持种性、培育壮苗、提高效率、防止病毒的再次侵染。

单元练习题

一、名词解释

1. 微茎尖培养；2. 热处理脱毒；3. 指示植物鉴定法；4. 抗血清鉴定法；5. 酶联免疫鉴定法；6. 植物无病毒苗；7. 植物低温脱毒

二、选择题

1. 茎尖剥离一般选取含有(　　)片叶原基的生长点。

A. 1～2　　B. 2～3　　C. 3～4　　D. 4～5

2. 在组织培养中，影响茎尖成活的因素有(　　)。

A. 植物种类　　B. 外植体的生理状态

C. 茎尖的大小和剥离状况　　D. 培养基及培养条件

3. 试管苗培养时要选用一定的光暗周期来进行组织培养，最常用的光周期是(　　)。

A. 16 h/d　　B. 11 h/d　　C. 10 h/d　　D. 8 h/d

4. 环境的相对湿度可以影响培养基的水分蒸发，一般要求相对湿度为(　　)。

A. 50％～60％　　B. 60％～70％　　C. 70％～80％　　D. 80％～90％

5. 同一植株下列(　　)部位病毒的含量最低。

A. 叶片细胞　　B. 茎尖生长点细胞　　C. 茎节细胞　　D. 根尖生长点细胞

6. 第一个被发现的病毒称为(　　)。

A. 烟草花叶病毒　　B. 柑橘衰退病毒　　C. 柑橘碎叶病毒　　D. 丛生矮化型病毒

7. 茎尖培养最常用的培养基是(　　)。

A. MS　　B. White　　C. B_5　　D. MT

8. 草莓花药培养选取花粉发育为(　　)的健康花蕾。

A. 四分体时期　　B. 单核靠边期　　C. 单核居中期　　D. 双核期

9. 草莓花药培养一般将培养瓶在(　　)下培养。

A. 黑暗　　B. 光照　　C. 先光照再黑暗　　D. 先黑暗再光照

10. 草莓病毒鉴定常用(　　)。

A. 双重芽接法　　B. 双重切接法　　C. 小叶嫁接接种法　　D. 直接嫁接法

11. 低温保存是将离体培育的小植株、茎尖或其他植物组织在(　　)低温、低光照条件下培养。

A. －5～0 ℃　　B. 0～4 ℃　　C. 1～9 ℃　　D. 10～15 ℃

12. 植物脱毒苗的鉴定方法中成本最低的(　　)。

A. 指示植物鉴定法　　B. 酶标仪鉴定法

C. 电子显微镜观察鉴定法　　D. 分子生物学检测法

三、判断题

1. 病毒病成为造成大田作物和园艺作物的生活力、产量和品质下降的主要原因之一。(　　)

2. 我国是世界上从事植物脱毒和快速繁殖研究最早、发展最快、应用最广的国家之一。(　　)

3. 茎尖脱毒剥取的茎尖越小越好。(　　)

4. 不同的植物材料茎尖剥取的方法和最适合脱毒的茎尖大小不同。(　　)

5. 可以单独采用热处理方法脱除病毒。(　　)

6. 无菌就是无病毒。(　　)

7. 花药培养接种时注意去掉花药柄。(　　)

8. 病毒检测是脱毒种苗在生产繁育过程中和上市交易前的必要步骤，是提高生产效率和保证种苗质量的关键。(　　)

9. 脱毒苗是指脱除了母株上所有的病毒，并且不再感染。(　　)

10. 脱毒苗的扩繁主要通过无性繁殖的方式。(　　)

四、简答题

1. 组织培养在生产脱毒苗木有何意义？

2. 热处理为什么可以去除部分植物病毒？

3. 为什么用微茎尖组织培养形成的试管苗一般是无毒的？

4. 分离微茎尖与分离普通茎尖有何区别？

5. 如何鉴定茎尖培养而成的脱毒苗确实是无毒的？

6. 怎样保存和利用无毒苗？

单元四

植物快繁技术

- 项目一　蔬菜植物组织培养快速繁殖技术
- 项目二　果树组织培养快速繁殖技术
- 项目三　花木组织培养快速繁殖技术
- 项目四　药用植物组织培养快速繁殖技术

单元四课件

单元导读

植物组织培养具有增殖倍数高、周期短、可周年生产等优点，是蔬菜、花卉、树木、果树、药用植物等种苗工厂化生产的重要手段。本项目以蔬菜、花卉、树木、药用植物等植物为外植体，进行植物组织快繁技术综合技能训练，使学生能够掌握组培的快繁技术，为种苗工厂化生产提供技术支持。

知识目标

1. 熟练掌握不同果蔬植物组织培养脱毒的技术；
2. 掌握不同果蔬植物无病毒苗的快速繁殖技术；
3. 了解常见植物各培养阶段适宜的培养基；
4. 掌握常见植物的组织培养快速繁殖技术；
5. 掌握常见植物的初代培养、继代增殖培养和生根培养；
6. 熟悉常见植物的驯化移栽技术；
7. 能根据所学知识与技能，尝试对其他植物进行组织培养。

能力目标

1. 能正确选择并熟练配制常见植物各培养阶段的培养基；
2. 能熟练进行常见植物的无菌操作；
3. 能进行常见植物的初代培养、继代增殖培养和生根培养；
4. 能熟练进行常见植物的驯化移栽技术；
5. 能从事常见植物组织培养快速繁殖试验或生产；
6. 能按照生产需要对无病毒苗进行快速繁殖。

素质目标

1. 试验过程培养学生诚实守信、严谨细致、团队合作和社会责任的意识；
2. 培养实践意识，提高动手能力；
3. 培养学生的工匠精神，提高植物繁殖的效率；
4. 培养吃苦精神，锻炼坚强意志；
5. 引导学生了解离体快繁技术在园艺产业中的应用，增强学生的专业认同感和自豪感；
6. 培养良好的职业道德，保护生态环境。

植物快繁技术在花卉、林木、果蔬、药用植物快速繁殖中发挥了重要作用，目前出现了植物组织培养新技术，包括植物开放式组织培养、光自养培养技术（即无糖培养技术）和建立在前二者之上的开放式光自养微繁技术。

植物无糖组培技术是利用小植株的光合自养能力进行无糖培养，该技术出现已近20年。由于培养基中不含蔗糖，能有效预防污染，还能显著促进试管苗生长，提高苗质量，增强试管苗的生根能力，提高驯化出苗成功率；同时降低组培成本，为更多植物实现组培产业化成为可能。无糖培养主要利用外植体的光自养能力，与光合作用有直接关系的CO_2浓度和光照条件是影响无糖组培的关键因子。珍珠相思树光自养生根培养时，对培养微环境中的CO_2浓度进行控制，生根率受其影响显著。当容器中CO_2的浓度高于补偿点时，提高光强可改善试管苗的光合作用并促进苗的生长发育。光照条件包括光照强度和光质。黑木相思树的无糖培养研究发现，培养初期光照强度应较低，之后大幅度提高光强，植株的生根率和干质量都会增加。草本植物在无糖培养过程中，红光可促进叶片生长，但阻碍叶绿素的合成，蓝光的作用则相反。木本植物在无糖培养过程中，关于光质方面的研究未见报道。此外，培养容器也影响无糖组培，以大型培养容器为宜。容器容积大，空气流通性好，可促进苗生长，相对湿度小，可提高苗质量。使用高分子膜材料能改善培养容器效能，这类材料普遍透气性高，与玻璃容器相比，可极大地改善容器内外的气体交换情况。

植物开放式组织培养使用抗菌剂，使培养不需要严格的无菌环境，即在开放、自然的有菌环境中进行，不需使用灭菌锅和超净工作台，组培环节得到简化，从而降低成本，使带菌组培、培养基工业化生产、自然光条件下培养成为可能。进行开放式组培的关键是找到适宜的抑菌剂，但寻找效果好的抑菌剂很困难，这是目前开放组培的关键难题。不同植物有其适宜的抑菌剂种类、组合方式及浓度，目前从植物中提取的广谱性抗菌活性物质取得了理想的结果。抑菌剂对组培苗的生长发育是否有影响，还有待于从组培苗的生理生化角度予以阐明；抑菌剂是否导致变异发生，使用抑菌剂时激素水平是否需要做相应调整，这都急需进行深入研究阐明。

开放式光自养微繁技术，即为无糖与开放相结合的组培方法，在无糖组培的容器中、开放培养的环境下，在培养基中加入广谱抗菌剂，省去严格的无菌操作，同时使培养环境得到改善，兼有无糖组培和开放组培的特点及优点。对于光自养培养，光照条件（光照强度、波长、光质、光照时间、频率、周期）对植物生长、发育和形态影响的了解还不够详细，自动化程度还很低，尚未建立能满足商品化生产的自动化生产系统。前期投入较大，对设备的要求相对较高。未来的工作应深入开展光自养微繁殖生态环境系统的研究，利用新型材料、自动化设备，实现对培养环境中温、光、气、水的自动化调控，建立高自动化水平、生产规模庞大的组培快繁体系。

项目一 蔬菜植物组织培养快速繁殖技术

组织培养技术现在已经应用到了很多的农业生产过程中，例如一些药用蔬菜的有效成分已经十分明确，我们就可以通过组织培养进行大量扩繁，这样便于我们分离其有效成分，从而提高收益。蔬菜在组织培养中占有很重要的地位，很多基础理论研究都是在蔬菜上进行实验并获得成功的。

很多科学研究通过转基因技术让目的基因在蔬菜上得到表达，让我们了解基因的功能，从而更好地进行相关基因的分析。而植物现在面对的生活环境越来越复杂，因此很多植物在干旱、高温、盐碱地和缺水等的环境中都不能开花结果，甚至不能生长，我们便可以通过转基因技术育种，但是为了让基因更好地表达，我们可以将植物的目的基因导入植物的外植体，进行组织培养来进行相关实验。

组织培养技术在现在的植物学的相关实验中占有着越来越重要的地位，我们在进行转基因的表现型分析的时候，就需要将目的基因通过农杆菌转化法等转基因手段，将我们的目的基因导入到模式生物中进行测序和表现型检测。

任务 4-1　大蒜的组织培养

案例导入

某蔬菜种植专业合作社的大蒜无性繁殖时间长，导致病毒积累，种性退化，大蒜年产量逐年下降，急需对合作社畅销的大蒜品种进行脱毒快速繁育，以恢复大蒜品种的优良特性。

大蒜，多年生草本植物，百合科葱属。地下鳞茎分瓣，按皮色不同分为紫皮种和白皮种。辛辣，有刺激性气味，可食用或供调味，也可入药。大蒜种西汉时从西域传入我国，经人工栽培繁育深受大众喜爱。

大蒜在生产上不能通过杂交制种，只能通过鳞茎作为繁殖器官进行无性繁殖，因此病毒极易通过种蒜传播积累，并逐代越来越严重，使得大蒜的品质和产量大幅度下降。栽培 667 m^2 的大蒜，需要用种蒜 100～150 kg，用种量大，生产成本也高。因此，用脱毒与快繁技术提高产量、改善品质已成为大蒜生产中亟待解决的问题。

1.任务内容

(1)大蒜组织培养方案的设计。

(2)外植体的消毒与接种。

(3)试管苗的培养。

(4)填写记录。

2.任务要求

(1)通过查阅资料,能设计大蒜的组织培养方案。

(2)掌握对大蒜的外植体的消毒处理方法。

(3)独立完成大蒜组织培养的无菌操作流程。

(4)掌握离体根的培养方法。

(5)尽量提高成活率,降低污染率。

3.任务准备

大蒜已灭菌的培养基(MS+6-BA 2 mg/L+NAA 0.6 mg/L+蔗糖 30 g/L+琼脂 7 g/L、MS+6-BA 2 mg/L+NAA 0.1 mg/L+蔗糖 30 g/L+琼脂 7 g/L、1/2MS+NAA 0.2 mg/L+蔗糖 30 g/L+琼脂 7 g/L)、无菌水,超净工作台、接种工具、无菌瓶、烧杯(500 mL)、接种盘、记号笔、95%酒精、0.1%氯化汞、75%酒精棉球或接种工具灭菌器等。

4.任务实施

(1)外植体选择与处理　取通过春化、无病无霉变的大蒜瓣放入加有洗洁精的自来水中浸泡 10 min,然后用自来水冲净。

(2)接种　在超净工作台上将大蒜瓣横切成 2 段,将有茎尖的一段放入 0.1%的氯化汞溶液中浸泡20 min,然后用无菌水冲洗 3~5 次。在解剖镜下剥取 0.2 mm 的茎尖,接入诱导茎尖出芽的培养基 MS+6-BA 2 mg/L+NAA 0.6 mg/L+蔗糖 30 g/L+琼脂 7 g/L,pH 5.8。

(3)初代培养　置于 1 200~2 000 lx 的光照条件下培养,光照时间为 12 h/d,温度为 25 ℃。培养 40 d 开始分化,100 d 形成丛生芽。

(4)继代培养　将 1~2 cm 高的芽外植体,接入生根的培养基中 MS+6-BA2 mg/L+NAA 0.1 mg/L+蔗糖 30 g/L+琼脂 7 g/L,pH 5.8。生根后形成试管苗后,通过对试管苗的病毒检测,挑选不带病毒的植株。

(5)生根培养　将较矮、长势弱的无效苗剪下转到 1/2MS 壮苗培养基上,培养 20 d 左右,芽苗明显长高、健壮,叶片舒展,叶色浓绿,可用于生根。

将增殖和壮苗培养的高度在 3 cm 左右的芽剪下,插入生根培养基 1/2MS+NAA 0.2 mg/L+蔗糖 30 g/L+琼脂 7 g/L 中诱导,生根率最高达 76.3%,产生的根粗壮、数量多,便于移栽成活。

(6)驯化移栽　将生根的组培苗在室内打开瓶盖进行炼苗,炼苗 2~3 d,洗净根部培养基,移入珍珠岩苗床,搭小拱棚,光照强度在 5 000~10 000 lx 以内,温度在 15~35 ℃,湿度在 85%以上,每周喷 1 次 10%的 MS 大量元素营养液,2 周后逐渐打开小拱棚,增加光照,4 周后便可进行常规管理,成活率可达 94.3%。

5.注意事项

(1)选择的外植体要求无病、健壮。

(2)接种工具必须彻底灭菌。

(3)定期观察试管苗,并进行记录。

6.考核建议

加强过程考核、动态考核和跟踪考核,做到定性与定量考核相结合。

考核重点是外植体选择与处理方法、无菌操作的规范熟练程度、观察问题和解决问题能力等。考核方案见表4-1。

表4-1 大蒜组培的考核方案

考核项目	考核标准	考核形式	满分
实训态度	1.听从指挥,遵章守时(10分); 2.实训积极、认真,有团队意识和创新精神(10分); 3.实训报告字迹工整,记录全面(10分)。	跟踪观察、实训报告	30分
现场操作	1.操作规范(10分); 2.操作熟练,工作效率高(20分); 3.能准确回答老师提的2个问题(10分)。	现场操作、口试	40分
培养与驯化效果	1.建立组培无性繁殖系(10分); 2.出愈率、分化率高,污染率≤10%(10分); 3.移栽成活率≥80%(10分)。	现场调查	30分
合计			100分

任务4-2 番茄的组织培养

案例导入

番茄是我国设施蔬菜生产中种植的主要蔬菜之一。近几年,牛心形番茄因皮薄、籽少、产量高、风味好、抗病毒病等,占据了一定的鲜食番茄市场,且市场占有率呈逐年上升的趋势。但是,目前该品种的种子价格较高,且该品种传统育苗方式的生产成本高,而利用组培快繁技术对该品种进行扩繁,可在保持品种特性的基础上,扩大繁殖系数,降低生产成本。

番茄是茄科番茄属的一年生或多年生的植物,它是世界上最重要的蔬菜作物之一。它是典型的双子叶植物,具有自花授粉、染色体图谱较清楚、较易栽培等特点,成为生物学领域研究最多的模式植物之一。近年来发现番茄中的番茄红素和胡萝卜素具有抗氧化、治疗各种癌症等功效,因此,它无论在生产上还是科学研究上都具有相当重要的价值。利用基因工程技术,在番茄育种和品种特性改良方面的研究已经取得了很大进展,已经获得了抗病毒、抗虫、抗除草剂、抗冻、延长贮存、改善风味、改变果色和育性的转基因番茄,而且成为第一个商品化的转基因植物。

1.任务内容

(1)番茄组织培养方案的设计。

(2)外植体的接种。

(3)试管苗的培养。

(4)填写记录。

2.任务要求

(1)通过查阅资料,能设计番茄的组织培养方案。

(2)掌握对番茄的外植体的消毒处理方法。

(3)独立完成番茄组织培养的无菌操作流程。

(4)尽量提高成活率,降低污染率。

3.任务准备

番茄种子,已灭菌的培养基(MS+6-BA 1.5 mg/L+NAA 1.0 mg/L+蔗糖 30 g/L+琼脂 7 g/L、MS+IAA 2.0 mg/L+蔗糖 30 g/L+琼脂 7 g/L)、无菌水、超净工作台、无菌瓶、烧杯(500 mL)、接种盘、记号笔、75%酒精棉球、95%酒精、10%次氯酸钠、5%次氯酸钠、接种工具、接种工具灭菌器等。

4.任务实施

(1)无菌苗的获得　先用无菌水浸泡种子大约 15 h,再用 75%的酒精消毒 30～60 s,无菌水冲洗 1 次,然后分别用 10%、5%的次氯酸钠消毒各 10 min,用无菌水冲洗 4～5 次,每次约3 min。

(2)无菌苗外植体的接种　①种子培养:以 1/2MS(即大量元素减半,微量元素及其他不变)为培养基,不加任何其他激素。将子叶剪去两端后,中间部分一分为二,约 0.5 cm×0.5 cm大小,叶片下表面向下接种在附加激素的 MS 培养基上的中央;剪取 0.6～0.8 cm 的下胚轴放在培养基的边缘。②外植体愈伤组织及不定芽的诱导培养基:均为 MS 培养基,附加一定种类和浓度的激素。③生根培养基:以 MS 培养基,附加一定种类和浓度的激素。

上述培养基均附加 30 g/L 的蔗糖,激素种类和浓度依实验而定,均 7 g/L 固体琼脂,pH 调至 5.8～6.0,每瓶 30 mL 分装,121 ℃灭菌 20 min。

(3)培养条件　①生长无菌苗阶段:在(26±1) ℃的暗养箱中培养 3 d 后,再转移到光照下培养,光照 16 h/d,强度 1 500 lx,培养 10～12 d。②愈伤组织及不定芽的诱导、生根壮苗阶段:接种后的外植体在暗培养箱中培养 10 d 后,再光照培养,光照 16 h/d,强度 1 500 lx,温度(26±1) ℃,培养的第 20 天统计不定芽的数目(具体视情况而定)。培养过程中每 15 d 更换一次培养基。

(4)结果观测与统计方法　愈伤组织培养 15～20 d 后统计不定芽的诱导率和平均出芽数。在生根壮苗培养 10 d 后,观测苗高、根数、根长,取平均值并统计生根率及平均出根数。有关计算公式如下:

出愈率(%)=(产生愈伤组织的外植体块数/接种总外植体块数)×100%

出芽率(%)=(出芽的愈伤组织数/接种总外植体块数)×100%

出芽指数(%)=(总出芽数/接种总外植体块数)×100%

生根率(%)=(生根的芽体数/接种的总芽体数)×100%

5. 注意事项

(1)选择的外植体要求无病、健壮。

(2)接种工具必须彻底灭菌。

(3)定期观察试管苗,并进行记录。

6. 考核建议

加强过程考核、动态考核和跟踪考核,做到定性与定量考核相结合。

考核重点是外植体选择与处理方法、无菌操作的规范熟练程度、观察问题和解决问题能力等。考核方案见表 4-2。

表 4-2 番茄组培的考核方案

考核项目	考核标准	考核形式	满分
实训态度	1. 听从指挥,遵章守时(10 分); 2. 实训积极、认真,有团队意识和创新精神(10 分); 3. 实训报告字迹工整,记录全面(10 分)。	跟踪观察、实训报告	30 分
现场操作	1. 操作规范(10 分); 2. 操作熟练,工作效率高(20 分); 3. 能准确回答老师提的 2 个问题(10 分)。	现场操作、口试	40 分
培养与驯化效果	1. 建立组培无性繁殖系(10 分); 2. 出愈率、出芽率,出芽指数、生根率≥80%(10 分); 3. 移栽成活率≥80%(10 分)。	现场调查	30 分
合计			100 分

任务 4-3 甘薯的组织培养

案例导入

甘薯[*Ipomoea batatas* (L.) Lam.]属旋花科甘薯属,是甘薯属的一个栽培种,在中国种植分布广泛。秦薯 5 号是宝鸡市农业科学研究院与西北农林科技大学联合选育,为优质鲜食蒸烤和淀粉加工兼用型甘薯品种。薯块干物率为 33.08%,淀粉含量为 69.14%(干基),粗蛋白 1.11%(鲜薯),可溶性糖为 5.03%。秦薯 5 号在陕西省内常年种植面积约 4 万 hm^2,约占全省甘薯种植面积的 50%,为陕西省甘薯主栽品种,因长期无性繁殖作物,感染病毒严重,所以显症植株的产量比健康植株减少 79%~86%,严重影响产量和经济效益,对甘薯种苗生产和产业发展危害较大,急需茎尖分生组织培养技术繁育秦薯 5 号脱毒种苗。

甘薯营养丰富,产量高,不但是我国主要粮食作物之一,还是重要的饲料和工业原料作物。目前全国年种植面积为 600 多万 hm^2,年产鲜薯 1 亿多 t。甘薯病毒病为甘薯种植中的重要病害,是造成减产的主要原因之一,我国多数种植区的田间植株病毒感染率为 60%~70%,有的甚至达 90%,每年因病毒病导致甘薯减产幅度达 29%,可见对甘薯病毒病防治已经刻不容缓。

多年来，国内针对甘薯病毒的鉴定、诊断、分离、提纯及防治开展了一系列工作，研究甘薯抗病毒病育种及植株脱毒技术，寻求防治甘薯病毒病的最佳途径，但目前尚无对病毒完全免疫的品种和彻底免疫的方法，也无特效药剂。采用茎尖脱毒技术防治甘薯病毒病仍是最有效的措施。茎尖脱毒是指利用“组培育苗”技术，将甘薯内的病毒清除出来，并培育出无病毒的甘薯种苗，恢复优良种性，增强抗性，提高产量和品质，延长种薯的服务期限。利用甘薯茎尖分生组织获得脱毒苗的方法以及最适合脱毒苗生长的培养基配方，为甘薯脱毒苗的生产应用提供了依据。

1. 任务内容

(1)甘薯组织培养方案的设计。

(2)外植体的消毒与接种。

(3)试管苗的培养。

(4)填写记录。

2. 任务要求

(1)通过查阅资料，能设计甘薯的组织培养方案。

(2)掌握对甘薯的外植体的消毒处理方法。

(3)独立完成甘薯组织培养的无菌操作流程。

(4)掌握甘薯茎尖脱毒的培养方法。

(5)尽量提高成活率，降低污染率。

3. 任务准备

甘薯、已灭菌的培养基(MS＋6-BA 0.1 mg/L＋NAA 0.1 mg/L＋蔗糖 30 g/L＋琼脂 7 g/L、MS＋6-BA 0.2 mg/L＋NAA 0.2 mg/L＋蔗糖 30 g/L＋琼脂 7 g/L)、无菌水、超净工作台、接种工具、无菌瓶、烧杯(500 mL)、接种盘、记号笔、95%酒精、0.1%氯化汞、75%酒精棉球或接种工具灭菌器等。

4. 任务实施

(1)材料采集与消毒　选取健康无病斑的薯块，洗净后用 30 mg/kg 赤霉素(GA_3)浸种 30 min，埋于消毒过的泥炭中，放入 25 ℃培养箱黑暗培养催芽；露芽后升温至 30 ℃培养 7 d；剪取生长旺盛的茎尖5 cm，切去叶片，用 75%的乙醇浸泡 20～30 s，再用无菌水冲洗 1 遍，然后用 0.1%的升汞消毒 6 min，最后再用无菌水冲洗 4 次备用。

(2)茎尖剥离与培养　在双目解剖镜下，将消毒后的茎尖置于载玻片上，用解剖针轻轻剥开叶片，并用解剖刀切去，仅留 1～2 个叶原基的茎尖，大小为 0.2～0.3 mm。将留下的茎尖接种在含有不同浓度萘乙酸(NAA)和 6-苄氨基嘌呤(6-BA)的 MS 培养基中。

●思政花园

真正的友谊不是一株瓜蔓，会在一夜之间蹿起来，一天之内枯萎下去。

——夏洛蒂・勃朗特

(3)培养条件　温度(28±2) ℃,湿度 50%,光照强度 2 000～3 000 lx,光照时间 12～16 h/d。

(4)试管苗脱毒鉴定　用指示作物巴西牵牛进行试管苗脱毒鉴定。

(5)不同培养基对茎尖成苗率的影响试验　设 13 组含有不同浓度激素 NAA 和 6-BA 的 MS 培养基(表 4-3),每组培养基接种 30 个茎尖。培养 50 d 后观察污染数、成苗数和成苗率。

表 4-3　甘薯茎尖分生组织在各种培养基中的成苗率

培养基	6-BA/(mg/L)	NAA/(mg/L)	接种数/个	污染数/个	成苗数/株	成苗率/%
1	0	0	30			
2	0.1	0.05	30			
3	0.1	0.1	30			
4	0.1	0.2	30			
5	0.1	0.3	30			
6	0.5	0.05	30			
7	0.5	0.1	30			
8	0.5	0.2	30			
9	0.5	0.3	30			
10	1.0	0.05	30			
11	1.0	0.1	30			
12	1.0	0.2	30			
13	1.0	0.3	30			

(6)脱毒苗快速繁殖试验　以 MS 为基本培养基,添加不同浓度的 NAA 和 6-BA(表 4-4),置于温度 25 ℃,光照强度 2 000 lx,光照时间 12 h/d 的环境中培养。培养 30 d 后统计植株高度、叶片数、根数等生长情况。

表 4-4　不同培养基对甘薯脱毒苗快速繁殖的影响

培养基	6-BA/(mg/L)	NAA/(mg/L)	叶片数/个	芽数/个	株高/cm	根数/条	愈伤情况
1	0	0					
2	0.2	0.05					
3	0.2	0.1					
4	0.2	0.2					
5	0.5	0.05					
6	0.5	0.1					
7	0.5	0.2					
8	1.0	0.05					
9	1.0	0.1					
10	1.0	0.2					

(7)脱毒苗大田种植试验　试验地翻耕后每 667 m^2施复合肥 500 kg、有机肥 200 kg、过磷酸钙 600 kg,四周留保护行。脱毒苗种植行株距为 30 cm×20 cm,每小区 20 株苗,各小区随机排列,设 3 次重复。于收获时测定产量。

5. 注意事项

(1)选择的外植体要求无病、健壮。

(2)接种工具必须彻底灭菌。

(3)定期观察试管苗,并进行记录。

6. 考核建议

加强过程考核、动态考核和跟踪考核,做到定性与定量考核相结合。

考核重点是外植体选择与处理方法、无菌操作的规范熟练程度、观察问题和解决问题能力等。考核方案见表 4-5。

表 4-5　甘薯组培的考核方案

考核项目	考核标准	考核形式	满分
实训态度	1. 听从指挥,遵章守时(10 分); 2. 实训积极、认真,有团队意识和创新精神(10 分); 3. 实训报告字迹工整,记录全面(10 分)。	跟踪观察、实训报告	30 分
现场操作	1. 操作规范(10 分); 2. 操作熟练,工作效率高(20 分); 3. 能准确回答老师提的 2 个问题(10 分)。	现场操作、口试	40 分
培养与驯化效果	1. 建立组培无性繁殖系(10 分); 2. 分化率高,污染率≤10%(10 分); 3. 移栽成活率≥80%(10 分)。	现场调查	30 分
合计			100 分

项目二
果树组织培养快速繁殖技术

当前发达国家大力推行苹果、葡萄、草莓、枣等脱毒苗快繁技术，特别是在苹果上的运用已极为广泛。但在我国，培育与推广高成本的脱毒苗还存在市场与技术问题，如果结合快繁技术实施隔离快繁，可以低成本地培育出大量脱毒苗，比土壤自然环境下育苗具有更强的可操作性。操作上只需从已组培脱毒的母本植株上取下离体材料，再快繁于用防虫网隔绝的快繁苗床环境下，进行催根育苗，就可培育出脱毒继代苗，再对继代苗进行隔离增殖培养，就是采用隔离环境下的营养液栽培，让其枝梢快速生长，再循环取枝快繁，达到脱毒苗的几何级数增长效果。这种方法培育的脱毒苗成本极低，只需传统组培脱毒苗的1/10～1/20，便于生产上推广运用，对于普及脱毒苗技术具有很大的促进作用。下面重点介绍木本果树组培技术的生产情况。

一、木本果树组培快繁工厂化存在的问题

木本果树组培快繁工厂化育苗可以使优良品种、特优单株或优良杂种一代得以迅速推广，防止病虫害的蔓延，并可使苗木生产规范化。目前国内外已在苹果砧木、柑橘、枇杷等少数木本果树上实现这一目标，但是也还存在以下三方面的困难。

1. 离体培养成苗和快繁比较困难

由于乔木果树多半为高度的杂合体，种间、品种间、甚至个体间区别大，给培养带来困难。并且它必须选择成年树体作为外植体，因而再生能力比较差。因此，离体培养至今还只有比较少的树种或品种取得成功；有的虽能成苗，在技术上还达不到系列化，难以应用于生产。

2. 驯化移栽技术不成熟

部分木本果树已经较好地掌握了驯化移栽技术，但在大规模生产时缺少相应的设备和资金，只能停留在实验室的水平。

3. 遗传稳定性问题

由于乔木果树种植后投产时间长，一旦定植就要连续结果几十年，对组培快繁苗的遗传稳定性与生产性能要求特别严格，应持谨慎的态度。

二、木本果树组培快繁工厂化需达到的指标

1. 离体培养技术系列化，指标稳定

能不通过愈伤组织增殖苗木，如茎尖→试管苗→腋芽或不定芽增殖，或叶片→不定芽增殖→

试管植株等；实现单芽月平均增殖速度可比较稳定地达到4倍以上；能使试管枝在短期内达到正常化，正常化过程的同步率要达90%以上；掌握有效的生根方法，如10 d内试管枝生根率可达70%以上，或试管外生根良好；能掌握多个品种的快繁技术，成为系列产品或更新换代产品。

2. 试管苗过渡栽培的技术与设施

譬如枇杷需要自然光锻炼20 d，同时要保证基质及其含水量、空气湿度和光温要适当才能做到移栽成活率高。同时要考虑在不同生产规模下的设施、工艺流程、经济核算和管理措施等。譬如枇杷快繁苗工厂化研究了年产2万株苗的专业户生产模式和年产50万株苗的企业式模式。经过试运转证明两种模式在经济上是合算的，有竞争力的。

3. 组培苗遗传稳定性及生产性能的评价

要建园定点观察数年，从实践上确实证明，该试管苗能保持原母株优良的遗传特点，并考查其生产性能与传统繁殖方法苗木的异同，以指导生产。枇杷曾用试管不同传代的组培苗与相应嫁接苗共同建园，定点比较观察5年，确实证明其在不经过愈伤组织阶段，保证由茎尖→试管枝→组培苗的技术路线下，保持遗传性的稳定。并证明组培苗定植后1～5年比嫁接苗营养生长平均快30%，抗风力相近，能同样在定植后的第三年开花。第一年始花时花芽分化数少于嫁接树，随后即迅速增长，分化量超过嫁接树62%～175%，结果量高51%～197%。从而证明枇杷组培幼树生产整齐一致，遗传性稳定，生产性能优于同类嫁接苗。在管理上要加强对夏秋梢生长的控制以利初花。

任务4-4　草莓的组织培养

案例导入

北京市昌平区日光温室栽培草莓已近20年，栽培品种不断更新，栽培模式不断丰富，栽培技术水平不断提高，目前昌平区草莓产业已进入健康稳定发展时期。但农户采用自育苗或购买的种苗质量不好，成活率不高、生长表现不佳。采用自育种苗未进行脱毒，造成后期生产苗长势弱，病虫害高发；从种苗公司采购的种苗质量参差不齐，有时整棚种苗质量不好，死苗率较高，因此稳定高效的草莓脱毒快繁种苗对生产至关重要。

草莓是蔷薇科草莓属宿根性多年生常绿草本植物，也是重要的浆果植物，栽培分布很广，其总产量在浆果类中仅次于葡萄，居世界第二位。草莓果实柔软多汁，含丰富的糖、酸、矿物质、维生素等。草莓可鲜食，也可加工成果酱、果酒等。其颜色鲜艳，是良好的配餐食品。但是草莓生产长期以来都依靠传统的分株繁殖法生产种苗，病毒病成为制约草莓生产的瓶颈。通过茎尖脱毒，用试管苗进行繁殖，既可确保原品种的品质纯度，又可提高品种的抗逆性，脱毒苗生长速度快，长势强，产量可增加30%以上。

●思政花园

人是一种使思想开花结果的植物，犹如玫瑰树上绽放玫瑰，苹果树上结满苹果。

——安托·法勃尔·多里维

1.任务内容

(1)草莓组织培养方案的设计。

(2)外植体的接种。

(3)试管苗的培养。

(4)填写记录。

2.任务要求

(1)通过查阅资料,能设计草莓的组织培养方案。

(2)掌握对草莓的外植体的消毒处理方法。

(3)独立完成草莓组织培养的无菌操作流程。

(4)初步掌握草莓试管苗的培养条件。

(5)尽量提高成活率,降低污染率。

3.任务准备

健壮草莓小叶尚未展开的匍匐茎的顶芽、灭过菌的培养基(MS+IBA0.05 mg/L+6-BA 0.5 mg/L+蔗糖 30 g/L+琼脂 7 g/L、1/2MS+IBA 0.5 mg/L+蔗糖 30 g/L+琼脂 7 g/L)、无菌水、超净工作台、接种工具、无菌瓶、烧杯 500 mL、接种盘、记号笔、95%酒精、0.1%氯化汞、75%酒精棉球或接种工具灭菌器等。

4.任务实施

(1)外植体选择与处理　于每年 6—8 月,选取生长充实的匍匐茎或新生成的小秧苗。材料取回后,用手剥去外层大叶,在流水下冲洗 1~2 h,剥去几层小叶,然后在超净工作台上用 70%酒精浸泡 1 min,或用酒精棉擦洗芽面,再用 0.1%升汞水消毒 10~15 min,最后用无菌水冲3~5 次,用消毒纸吸干,逐层剥去顶芽外面的叶片,用解剖刀切大小为 0.1~0.5 mm 的生长点,立即放在培养基 MS+IBA 0.05 mg/L+6-BA 0.5 mg/L+蔗糖 30 g/L+琼脂 7 g/L 上进行初代培养,每瓶放入 1 个生长点。5 d 以后,茎尖逐渐增大。在培养过程中,外植体周围如形成褐色物质,应尽早将外植体转入新鲜培养基中。一般培养到 30 d 左右,外植体基部有很多芽出现,形成丛芽。

(2)接种　在双筒解剖镜下由外向内逐层剥去幼叶,直径半球体的顶尖分生组织充分暴露出来,切取茎尖接种于诱导培养基上。培养基的配方有两种:①增殖培养基:MS+IBA 0.05 mg/L+6-BA 0.5 mg/L+蔗糖 30 g/L+琼脂 7 g/L;②生根培养基:1/2MS+IBA 0.5 mg/L+蔗糖 30 g/L+琼脂 7 g/L,35 d 后,生根率达 100%,长 4.0~5.0 cm。

(3)培养　光照 2 000 lx,12~14 h/d,温度 25 ℃±2 ℃。

(4)试管苗的驯化与移栽　将高于 3 cm 的生长健壮的试管苗生根培养 20 d 后,需要移栽的试管苗先在实验室内打开瓶盖,然后搬入大棚中,炼苗 3~5 d,最后取出试管苗,洗掉根部培养基,再移栽到基质中。前期保持大棚内温度 15~25 ℃,相对湿度 90%左右,并覆上遮阳网,直至长出新根;后期 10 d 后逐渐通风,增加光照,一般 1—3 月试管苗移栽成活率在 96%以上,7~8 周后可带土坨移栽到大田中。

移栽在蛭石基质中的成活率最高,40 d 后,达到 98%;珍珠岩其次,成活率为 91%;最低的是蛭石+珍珠岩+草炭混合基质,只有 63%。就生长状况而言,驯化成活的幼苗在蛭石+珍珠岩+草炭混合基质上的株高最高,平均为 3.62 cm,总根长以草炭最好,达 2.36 cm,而发根数以蛭石最多，平均为 5.4 条/株。

5. 注意事项

①选择的外植体要求无病、健壮。②接种工具必须彻底灭菌。③定期观察试管苗，并进行记录。

6. 考核建议

加强过程考核、动态考核和跟踪考核，做到定性与定量考核相结合。

考核重点是外植体选择与处理方法、无菌操作的规范熟练程度、观察问题和解决问题能力等。考核方案见表 4-6。

表 4-6　草莓组培的考核方案

考核项目	考核标准	考核形式	满分
实训态度	1. 听从指挥，遵章守时（10 分）； 2. 实训积极、认真，有团队意识和创新精神（10 分）； 3. 实训报告字迹工整，记录全面（10 分）。	跟踪观察、实训报告	30 分
现场操作	1. 操作规范（10 分）； 2. 操作熟练，工作效率高（20 分）； 3. 能准确回答老师提的 2 个问题（10 分）。	现场操作、口试	40 分
培养与驯化效果	1. 建立组培无性繁殖系（10 分）； 2. 分化率高，污染率≤10%（10 分）； 3. 移栽成活率≥80%（10 分）。	现场调查	30 分
合计			100 分

任务 4-5　葡萄的组织培养

案例导入

2021 年陕西葡萄栽培面积达到 75.88 万亩，产量为 85.15 万 t，栽培面积和产量均居西北黄土高原区域前列，在我国葡萄生产中占有重要地位。陕西省跨越我国南北方，横跨葡萄埋土防寒线，属于我国南北方葡萄生产的过渡区域，在葡萄鲜果市场供应期调节方面具有举足轻重的地位。同时由于葡萄栽培模式的改进和新技术的应用，葡萄产业化水平显著提高，尤其是临渭葡萄、合阳葡萄已形成区域品牌并畅销全国，不仅成为渭北和关中地区农民收入的主要来源，也成为陕西葡萄产业的重要名片。葡萄病毒病是一种非常严重的病害，在葡萄的种植过程中非常常见，连片种植一旦发生病害，后果不堪设想。令很多种植户们头疼。葡萄一旦患上病毒病，其症状明显，不但降低葡萄的产量及品质，而且影响种植户们的收益，脱毒快繁种植技术成为比较有效的措施。

葡萄是葡萄科葡萄属落叶木质藤本植物。葡萄在全世界的果品生产中，产量及栽培面积一直居于首位。其果实除作为鲜果食用外，主要用于酿酒，还可制成葡萄汁、葡萄干和罐头等加工品。葡萄不仅味美可口，而且营养价值较高。成熟的浆果中含有15%～25%的葡萄糖和果糖以及多种对人体有益的矿物质和维生素。我国葡萄生产发展很快，对发展农村经济和提高人民生活水平起到了很大的促进作用。但葡萄病毒病也迅速蔓延，严重威胁葡萄产业的健康发展。对葡萄病毒病的防治除拔除病株、严禁采用带毒接穗和砧木外，最根本的措施就是大量培育无病毒苗木。利用组织培养进行脱毒不但突出了生产的实用性，而且可以节省人力物力，使脱毒工作更加简便有效。

1.任务内容

(1)葡萄组织培养方案的设计。

(2)外植体的接种。

(3)试管苗的培养。

(4)填写记录。

2.任务要求

(1)通过查阅资料，能设计葡萄的组织培养方案。

(2)掌握对葡萄的外植体的消毒处理方法。

(3)独立完成葡萄组织培养的无菌操作流程。

(4)初步掌握葡萄试管苗的培养条件。

(5)尽量提高成活率，降低污染率。

3.任务准备

葡萄的新梢、灭过菌的培养基(MS+6-BA 1.0 mg/L+IAA 0.2 mg/L+蔗糖 30 g/L+琼脂 7 g/L pH 5.8、1/2MS+IBA 0.2 mg/L+蔗糖 30 g/L+琼脂 7 g/L pH 5.8)、无菌水、超净工作台、接种工具、无菌瓶、烧杯(500 mL)、接种盘、记号笔、75%酒精棉球或接种工具灭菌器等、75%酒精、95%酒精、5%次氯酸钠、0.1%升汞。

4.任务实施

(1)外植体选择与处理　从田间生长旺盛的葡萄新梢顶端取1～2 cm的茎尖。除去幼叶后在5%次氯酸钠溶液中浸泡2～3 min，消毒灭菌，以后用无菌水冲洗3次，再在0.1%升汞溶液中浸泡约2 min，以后用无菌水冲洗4次。在无菌条件下分离出约2 mm长的茎尖，接种到培养基上。

(2)培养基制备

诱导培养基　MS+6-BA 1.0 mg/L+IAA 0.2 mg/L+蔗糖 30 g/L+琼脂 7 g/L，pH 5.8。

继代增殖生根培养基　1/2MS+IBA 0.2 mg/L+蔗糖 30 g/L+琼脂 7 g/L，pH 5.8。

(3)试管苗的培养　将接种后的培养苗瓶，放在培养室的架上，培养室昼夜温度保持在22～28 ℃，新转接的苗瓶应放在培养架上层，上层温度略高易于生根。湿度以70%为宜，光照2 000～3 000 lx的日光灯，光照12 h/d。

诱导培养　接种一周左右即有芽萌发，40 d后萌芽增加3倍左右，芽均长可达5 cm左右。

继代增殖和生根　诱导出的芽接入继代增殖和生根培养基，一个月后增殖5倍左右，平均生根率94%左右，平均根长可达3.5 cm。

(4)试管苗的驯化与移栽　多在冬季或春季进行。

光培炼苗　培养室培养的试管苗生长达瓶口，有3～4枚正常叶片时，根系生长良好，连同培养瓶转入温室或大棚内，逐步去掉瓶塞，放在干净的温室中，20 000～40 000 lx的自然光下炼苗5～7 d，当瓶口长出油亮的叶片，幼茎变淡红色时即可出瓶。

沙培炼苗　最好备有下铺电热线并能调节温度的沙床，使床温维持在25 ℃左右。以0.6 cm间距布置电热线，其上铺垫2 cm的土，压平，再铺8～10 cm的干净细河沙，湿度在12%左右，即手捏成团落地能散。清晨或傍晚，将培养瓶内的幼苗轻轻倒出，洗掉根上附着的培养基，栽入沙床，株距3～4 cm，行距8～10 cm，每平方米栽400～500株苗。栽入沙床后，盖好小拱棚，最初3 d，棚内温度保持在25 ℃左右，最高不超过30 ℃，最低不低于20 ℃。相对湿度保持在80%～95%；光照7 000～100 000 lx。6～7 d，拆除临时小拱棚。

温室营养袋炼苗　经沙培后的合格苗，小心挖出，在空气湿度不低于70%，温度20～25 ℃，无直射光下，栽入肥土、沙、腐熟有机肥为1∶1∶0.2的营养钵中。最初几天对温、光、湿的管理与沙培苗相同。

大田苗圃移栽　选疏松肥沃排灌水方便、距温室较近且日照良好的地块作苗圃，将营养袋苗移栽苗圃即可。小苗有3个月的生长期，要及时打掉副梢，促进枝芽老化成熟，达到合格优质苗。

5.注意事项

(1)选择的外植体要求无病、健壮。

(2)接种工具必须彻底灭菌。

(3)定期观察试管苗，并进行记录。

6.考核建议

加强过程考核、动态考核和跟踪考核，做到定性与定量考核相结合。

考核重点是外植体选择与处理方法、无菌操作的规范熟练程度、观察问题和解决问题能力等。考核方案见表4-7。

表4-7　葡萄组培的考核方案

考核项目	考核标准	考核形式	满分
实训态度	1.听从指挥，遵章守时(10分)； 2.实训积极、认真，有团队意识和创新精神(10分)； 3.实训报告字迹工整，记录全面(10分)。	跟踪观察、实训报告	30分
现场操作	1.操作规范(10分)； 2.操作熟练，工作效率高(20分)； 3.能准确回答老师提的2个问题(10分)。	现场操作、口试	40分
培养与驯化效果	1.建立组培无性繁殖系(10分)； 2.出愈率、分化率高，污染率≤10%(10分)； 3.移栽成活率≥80%(10分)。	现场调查	30分
合计			100分

任务 4-6　香蕉的组织培养

案例导入

2016 年 5 月，水果市场内的香蕉价格节节攀高，海口市中山南路南北水果市场每斤香蕉的批发价格甚至比去年翻了 2 倍。2017 年海南香蕉价格大幅上涨，优质香蕉种苗的种植面积将不断攀升，也预示着香蕉走出了“低谷期”。某农业组培公司紧跟香蕉产业形势，准备生产大量香蕉组培苗，以满足市场需求。

香蕉是芭蕉科芭蕉属多年生常绿大型草本单子叶植物。由于香蕉组培苗具有繁殖速度快，无病虫害、生长一致、性状稳定和便于运输等优点，有利于良种的大面积推广。香蕉的种子退化后，人们常通过香蕉地下的根蘖幼芽来繁殖它的后代，现在随着植物细胞工程的发展，植物组织培养及快速繁殖能够更高效进行香蕉繁殖，为其优良品种的保存扩大提供有利条件。目前香蕉、粉蕉、龙牙蕉，甚至大蕉在种苗生产上普遍采用组织培养的方法，香蕉种苗 90%以上是组培苗。组培苗也称试管苗，在无菌的条件下将香蕉营养器官的一部分组织通过生物技术的方法使其再生，形成的完整植株。

1. 任务内容

(1)香蕉组织培养方案的设计。

(2)外植体的接种。

(3)试管苗的培养。

(4)填写记录。

2. 任务要求

(1)通过查阅资料，能设计香蕉的组织培养方案。

(2)掌握对香蕉的外植体的消毒处理方法。

(3)独立完成香蕉组织培养的无菌操作流程。

(4)尽量提高成活率，降低污染率；

(5)初步掌握香蕉试管苗的培养条件。

3. 任务准备

香蕉母株的吸芽、灭过菌的培养基(MS＋糖 30 g/L＋琼脂 6.0 g/L，pH 5.8；MS＋6-BA 4.0 mg/L＋NAA 0.2 mg/L＋糖 30 g/L＋琼脂 6.0 g/L，pH 5.8；MS＋6-BA 4.0 mg/L＋NAA 0.1 mg/L＋糖 30 g/L＋琼脂 6.0 g/L，pH 5.8 或 MS＋6-BA 5.0 mg/L＋NAA 0.2 mg/L＋糖 30 g/L＋琼脂 6.0 g/L，pH 调至 5.8)、75%酒精、95%酒精、0.1%升汞、1.5%次氯酸钠、无菌水、活性炭、超净工作台、酒精灯、接种工具、无菌瓶、烧杯(500 mL)、无菌滤纸、接种盘、火柴、记号笔、75%酒精棉球或接种工具灭菌器等。

4. 任务实施

(1)外植体选择与处理　在早春、秋季和干旱季节选取无病害、健壮、高产、质优、生长发育饱满的吸芽，然后小心地将吸芽挖离母体，将从蕉园采取的吸芽用自来水冲洗干净，带回实验室备用。先将吸芽假茎上的部分叶鞘剥除，然后将吸芽的茎尖部切下 2～3 cm 长并对其消毒，在超净工作台上用75％的酒精消毒 2 min，以杀死茎尖表面的病菌。消毒完毕后再次以 0.1％的升汞浸泡 20 min 或 1.5％次氯酸钠盐液浸 15 min，接着用无菌水冲洗 5 次冲净消毒液。随后将冲洗后的茎尖在超净工作台上继续逐叶剥除剩余的叶鞘，直至露出钟形的分生组织为止。将分生组织连同1～3 个圆锥形叶原基一齐切下，长度约为 0.2 cm。

(2)接种　在超净工作台上，将灭菌后的茎尖用灭过菌的镊子逐叶剥除剩余的叶鞘，直至露出钟形的分生组织。将分生组织连同 1～3 个圆锥形叶原基一齐切下，长度约为 0.2 cm。

初代培养　用解剖刀剥去外层叶鞘，留 3～4 cm 的基座，将基座十字形切成 4 块，每块带有 1～2 个芽基座，接入诱导培养基中进行初代培养，基本培养基 MS＋糖 30 g/L＋琼脂 6.0 g/L，pH 调至 5.8。最佳诱导培养基：MS＋6-BA 4.0 mg/L＋NAA 0.2 mg/L＋糖 30 g/L＋琼脂 6.0 g/L，pH 调至 5.8。

继代培养　在继代培养繁殖中，为减弱顶端优势，促进基盘腋芽生长，转接时将丛生苗的大部分假茎叶切除，并将基部切成含有 2～4 个芽的芽丛，转接到继代培养基中，继代培养基配方：MS＋6-BA 4.0 mg/L＋NAA 0.1 mg/L＋糖 30 g/L＋琼脂6.0 g/L，pH 调至 5.8 或 MS＋6-BA 5.0 mg/L＋NAA 0.2 mg/L＋糖 30 g/L＋琼脂6.0 g/L，pH 调至 5.8，温度 25～28 ℃，光照 1 000～2 000 lx，12 h/d，30 d 后增殖 4～7 倍。

壮苗生根培养　壮苗培养基为 MS，经过 30～40 d 的壮苗培养，然后转入生根培养基中，即 MS＋NAA 0.1 mg/L＋糖 25.0 g/L＋琼脂 6.0 g/L，培养 20～30 d 即可转入营养钵或苗床进行炼苗。

香蕉材料褐变是香蕉组培中的一大障碍。用 10～20 mg/L 的维生素 C 浸泡吸芽茎尖 10～15 min 效果明显。另外，培养基中添加 0.5～2.0 mg/L 活性炭也有效但用量不能超过 2.5 mg/L，否则外植体的出苗率下降。选择处于旺盛生长的外植体，接种后 1～4 周内在黑暗或光照强度 150 lx 左右条件下培养，或采取连续转移的办法，可以减轻酚类物质的毒害作用，生产上主要采取这一方法来减轻褐变。

(3)驯化移栽　炼苗采用拱形薄膜大棚，大棚四周覆盖防虫网，里层为薄膜，外层为遮阳网，基质用肥土即可。种植前应先将基质淋透水。假植苗对水分要求较高，种植后 10 d 内每天浇水一次。之后采用干湿交替控制基质水分，高温、干燥时应开门通风，喷水降温、增湿。假植苗生长后期要适当控制水分。假植苗生长前期苗势较弱，对肥料要求不高，应薄肥勤施、叶面追肥，如喷施0.2％磷酸二氢钾等，同时注意防病治虫，每隔 10～15 d 喷施氧化乐果 1 000 倍液或百菌清1 000倍液一次。小苗长至 5～7 片新叶、假茎高 20 cm 时，即可出圃定植。出圃前掀开薄膜和遮阳网炼苗 15～20 d，有利于大田种植成活。

(4)组培苗假植　组培苗在大棚内可一年四季假植，但因香蕉大田种植期多为春植和秋植，故组培苗也应依大田种植季节假植。供春植(3—4 月)，组培苗应在 11 月至翌年 2 月上旬入袋；如配合秋植，组培苗应在 6—7 月入袋种植。还可根据大田种植所需苗的大小而决定组培苗入袋时间。如需大苗一般应提早入袋种植以便增加袋苗培育时间。

在组培苗从试管转入营养袋时还要注意苗的质量，一般要求瓶苗的假茎高 2.5 cm 以上。粗为 0.3～0.4 cm，假茎浅绿色；具有 2 张以上自然平展的绿叶和 2 条以上白色的根，根粗而长约 3 cm 以上，有分叉侧根和根毛；培养基面应无菌丝等污染物。经选择后的组培苗应将其根部的培养基洗干净并注意保持适当湿度，然后在 24 h 以内植入营养袋中。袋中要装入优质的培养基质如塘泥、菜园土、火烧土、细煤渣、肥泥、沤熟的木糠、椰糠和蔗渣，还有粗河沙、蛭石和珍珠岩等。装袋时可按一定的比例合理调配培养基质，可选择肥泥、火烧土和河沙各 1/3 充分混合，也可用塘泥 7 份、细煤渣 3 份或者椰糠 2 份、肥泥 8 份等装袋。装袋的营养土可占八成左右，留下的空位再加上 2 cm 厚左右的河沙。

组培苗比常规繁育的吸芽娇嫩，因此在管理上应比培育吸芽精细得多。培育假植苗重点应在肥水的管理，温度的控制及病虫害的防治。

组培苗对水分的要求十分严格，过湿过干均易引起假植苗的死亡。一般在种植后应及时淋足定根水，以后可 2～3 d 淋水 1 次，新叶长出后改为每 1～2 d 淋水 1 次；植后棚内应保持 95%左右的湿度。多使用喷雾洒水的方法维持，如在高温干旱的季节更应注意。在小苗出圃前则应逐渐减少水分的供应。假植苗对肥料的要求不如对水分的要求严格。施肥期多掌握在出新根或抽新叶之后，以稀薄肥料为主，可淋施 0.1%～0.3%的复合肥，也可以在固定期喷施叶面肥如 1%的绿旺 N(氮)、绿旺 K(钾)和磷酸二氢钾等，促使幼苗健康生长。

假植苗在大棚中的生长除肥水供应良好外，适宜的温度是其必需的条件。棚内的温度最好控制在 28～30 ℃，低于 8 ℃或高于 35 ℃均会造成危害。如遇低温可在棚内搭小拱架覆盖薄膜保温；如遇高温除喷雾降温外，也可在白天将围膜适当卷起靠自然风降温。

假植在大棚内的组培苗因棚内高温多湿，小苗很易受真菌、细菌等病害为害。特别是锈红斑点常易在小苗叶面上发生，随后形成褐斑的叶瘟病。此外急性叶枯病在小苗期也很易感染，应注意检查和防治。药物防治多使用灭病威、氧氯化铜、多菌灵、敌力脱和瑞毒铜等，但使用的浓度应比平常低些。

(5)移植大田　一般在出圃前 7 d 先揭起棚周薄膜让假植苗继续锻炼，以提高小苗在大田中的适应性，然后才选择优质的小苗出圃。优质假植苗的出圃标准是：小苗假茎高 8～10 cm，新出叶 5～7 片，叶色青绿而无病虫害，无徒长和无变异，根系发达。

5.注意事项

(1)选择的外植体要求无病、健壮。

(2)接种工具必须彻底灭菌。

(3)定期观察试管苗，并进行记录。

6.考核建议

加强过程考核、动态考核和跟踪考核，做到定性与定量考核相结合。

考核重点是外植体选择与处理方法、无菌操作的规范熟练程度、观察问题和解决问题能力等。考核方案见表 4-8。

表 4-8　香蕉组培的考核方案

考核项目	考核标准	考核形式	满分
实训态度	1.听从指挥，遵章守时(10 分)； 2.实训积极、认真，有团队意识和创新精神(10 分)； 3.实训报告字迹工整，记录全面(10 分)。	跟踪观察、实训报告	30 分

续表 4-8

考核项目	考核标准	考核形式	满分
现场操作	1.操作规范(10 分); 2.操作熟练,工作效率高(20 分); 3.能准确回答老师提的 2 个问题(10 分)。	现场操作、口试	40 分
培养与驯化效果	1.建立组培无性繁殖系(10 分); 2.出愈率、分化率高,污染率≤10%(10 分); 3.移栽成活率≥80%(10 分)。	现场调查	30 分
合计			100 分

任务 4-7　苹果的组织培养

案例导入

亿万苹果产业,从一个好苗子开始。2011 年,某果业公司就开始进行苹果产业新型栽培模式的研究探索工作。果树专家多次带领某果业公司领导班子和研发团队远赴意大利、荷兰等苹果生产先进国家进行考察,通过多方考察及不懈努力的商业谈判,最终将世界最先进的苹果砧木、种苗及现代化的矮砧密植栽培模式引入中国,并矢志不渝地进行技术推广和生产应用工作。为了苹果矮砧密植栽培模式在我国早日实现产业化、规模化,果树专家和某果业公司经过多方实地考察,最终选择在陕西省千阳县建立现代化矮化自根砧苗木繁育基地和苹果种植园区,现需要大量供应矮化自根砧苗木,组织培养技术是繁育优良种苗的最佳方法。

苹果是多年生木本植物,生长过程中会遭受多种病毒侵染,使得树木生长势减弱,直接影响产量和品质,严重可造成植株死亡。苹果的组织培养是采用无菌培养技术,将来自优良植物的茎尖、腋芽、叶片、鳞片、块根和球茎等器官以及它们的组织切片进行离体培养,使之在短期内获得大量遗传性一致的个体的方法。由于离体技术处理严格,所以很容易脱除一些细菌病原及病毒,是复壮品种的有效措施。已成功脱除的病毒和病害有苹果褪绿叶斑病毒、花叶病病毒、轮纹病等。苹果矮化砧、抗寒砧的组织培养也已成功。

1.任务内容

(1)苹果组织培养方案的设计。

(2)外植体的接种。

(3)试管苗的培养。

(4)填写记录。

2.任务要求

(1)通过查阅资料,能设计苹果的组织培养方案。

(2)掌握对苹果的外植体的消毒处理方法。

(3)独立完成苹果组织培养的无菌操作流程。

(4)尽量提高成活率,降低污染率。

(5)初步掌握苹果试管苗的培养条件。

3.任务准备

盆栽苹果生长旺盛、长为2～3 cm的顶梢,灭过菌的培养基(MS+6-BA 1.0 mg/L+NAA 0.1 mg/L+蔗糖3%+琼脂0.6 mg/L、MS+6-BA 1.0 mg/L+NAA 0.05 mg/L+蔗糖4%+琼脂0.6 mg/L 、1/2MS+IAA 1.5 mg/L+蔗糖25%+琼脂0.6%)、75%酒精、95%酒精、0.1%升汞、解剖镜、无菌水、超净工作台、接种工具、无菌瓶、烧杯(500 mL)、无菌滤纸、接种盘、记号笔、75%酒精棉球或接种工具灭菌器等。

4.任务实施

(1)外植体材料选择与处理　早春,将上年芽接或切接的盆栽苹果苗移入温室,待新梢长出3～5片新叶时,放入热处理箱,37 ℃恒温处理30 d或32 ℃与37 ℃每8 h变换一次,变温热处理60 d。脱毒率可达80%以上。热处理结束后,从盆栽苹果苗嫩梢上采集生长旺盛、长约2～3 cm顶梢,流水冲洗10 min,去掉小叶。75%酒精中浸泡30 s,蒸馏水冲洗后放入0.1% $HgCl_2$中消毒10 min,无菌水冲洗3～5次,解剖镜下迅速剥取1.0 mm的茎尖进行分离培养,接种于起始培养基上。

(2)培养基制备

芽诱导　适宜苹果芽诱导的培养基为:MS+6-BA 1.0 mg/L+NAA 0.1 mg/L。诱导的芽生长正常可发育成新梢。

继代培养　选择诱导的芽丛切割成单芽节段,转接于设计的继代培养基上。适宜苹果继代的培养基为:MS+6-BA 1.0 mg/L+NAA 0.05 mg/L+白糖4%+琼脂0.6 mg/L。培养条件:光照强度2 000～2 500 lx,光照时间14～16 h/d,适宜温度为(25±2) ℃。40 d后增殖6.1倍。

生根培养　选择生长正常的继代培养苗,剪成单芽茎段,插入生根培养基中,适宜苹果生根的培养基为:1/2MS+IAA 1.5 mg/L+白糖2.5%+琼脂0.6%。培养30 d后,平均4～6条根/苗,长达0.5～1.0 cm。根白且粗,多直接生于茎基部。

(3)培养条件　温度26～30 ℃,光照强度1 500～2 000 lx,10 h/d。

(4)炼苗、移栽　强光闭瓶锻炼生根苗20～25 d,不定根长至1 cm时,将培养瓶移至自然强光下,不去封口膜继续培养20 d左右,使试管苗幼茎更加充实健壮。光太强时可遮阴,控制温度在35 ℃以下。闭瓶锻炼后开瓶锻炼,除去封口膜,继续锻炼2～5 d,使试管苗适应低湿环境。然后从瓶内取出经过锻炼生根的试管苗,洗去根部的培养基,移栽于营养钵中(基质为田园土、腐熟发黑锯末、河沙=1∶2∶1混合配制),于温度25 ℃的塑料大棚中培育。将培养钵小苗放在塑料大棚内加盖有薄膜的小拱棚内,早晚各洒水一次,1～3 d保持相对湿度在85%以上,基质水分不宜过多。1周后开始逐渐揭膜通风,直至完全除去薄膜。过渡移栽约30 d,地上部分生长到10 cm左右时可移至大田。

5.注意事项

(1)选择的外植体要求无病、健壮。

(2)接种工具必须彻底灭菌。

(3)定期观察试管苗,并进行记录。

6.考核建议

加强过程考核、动态考核和跟踪考核,做到定性与定量考核相结合。

考核重点是外植体选择与处理方法、无菌操作的规范熟练程度、观察问题和解决问题能力等。考核方案见表 4-9。

表 4-9　苹果组培的考核方案

考核项目	考核标准	考核形式	满分
实训态度	1.听从指挥,遵章守时(10 分); 2.实训积极、认真,有团队意识和创新精神(10 分); 3.实训报告字迹工整,记录全面(10 分)。	跟踪观察、实训报告	30 分
现场操作	1.操作规范(10 分); 2.操作熟练,工作效率高(20 分); 3.能准确回答老师提的 2 个问题(10 分)。	现场操作、口试	40 分
培养与驯化效果	1.建立组培无性繁殖系(10 分); 2.出愈率、分化率高,污染率≤10%(10 分); 3.移栽成活率≥80%(10 分)。	现场调查	30 分
合计			100 分

任务 4-8　猕猴桃的组织培养

案例导入

猕猴桃产业是河南省西峡县历时 40 年培育而成的全国知名品牌,为西峡赢得“中国猕猴桃之乡”的美誉,解决了 8 万余人的就业问题,年综合产值超 23 亿元。但是近年来,当地猕猴桃产业发展却遭遇了“烦恼”。由于基地建设水平低、树龄老化、土地养分流失、品牌价值不足等问题,猕猴桃基地出现萎缩。一些果农因经济效益下降,开始退租、转租、毁园,一直让西峡人引以为傲的百公里猕猴桃长廊也出现了断带。被学界誉为“中华猕猴桃之父”的高级工程师朱鸿云给出了破局之策:猕猴桃产业实现转型升级,就必须精选优质品种,加强管理,注重使用有机肥,增加土壤中的有机质含量,完善水利配套设施,西峡猕猴桃发展潜力依然巨大,兴业富民前景可期。河南师范大学实践调研团队也指出,在科技改良农业方面,团队应用自主研发的植物非试管快繁技术对当地的红心猕猴桃品种进行改良,让西峡人民切实体会到了“科技是第一生产力”。目前西峡猕猴桃主要是通过种子繁殖、嫩枝扦插繁殖、嫁接繁殖的方式进行,繁殖周期过长,常规繁殖系数较低,很难满足市场需求,迫切需要植物组织培养技术来完成优良品种的快速繁育,改善园区种苗品质。

猕猴桃是猕猴桃科猕猴桃属多年生藤本植物,是 20 世纪人工驯化栽培的野生果树中最有成就的四大果种之一。猕猴桃果实肉厚汁多,酸甜适度,维生素 C 含量高,营养丰富,适于鲜食与加工，经济价值高，在长江中上游地区广泛分布和人工栽种，是山区退耕还林和农民脱贫致富的优选经济植物。随着猕猴桃栽培热的进一步兴起，良种苗需要量急剧增加，常规育苗法短期难以满足生产的需要，因此利用组织培养进行快速繁殖是猕猴桃繁育的有效途径。在组织培养过程中，组培苗的生根好坏将直接影响到组培苗的质量和移栽成活率。

1. 任务要求

(1)通过查阅资料，能设计猕猴桃的组织培养方案。

(2)掌握对猕猴桃的外植体的消毒处理方法。

(3)独立完成猕猴桃组织培养的无菌操作流程。

(4)尽量提高成活率，降低污染率。

(5)初步掌握猕猴桃试管苗的培养条件。

2. 任务内容

(1)猕猴桃组织培养方案的设计。

(2)外植体的接种。

(3)试管苗的培养。

(4)填写记录。

3. 材料与用品

刚萌发带有腋芽的猕猴桃蔓生茎段，灭过菌的培养基(MS+ZT 1.0 mg/L+NAA 1.0 mg/L、MS+ZT 1.0 mg/L+NAA 0.8 mg/L、MS+ZT 0.5 mg/L+BA 0.5 mg/L+NAA 0.8 mg/L、MS+BA 3.0 mg/L+NAA 0.2 mg/L、MS+BA 6.0 mg/L +NAA 0.4 mg/L、1/2MS+IBA 0.2 mg/L；1/2MS+IBA 0.4 mg/L；1/2MS+IBA 0.6 mg/L；1/2MS+IBA 0.8 mg/L；1/2MS+IBA 1.0 mg/L)、琼脂、蔗糖、75%酒精、95%酒精、0.1%升汞、无菌水、多菌灵、甲基托布津、超净工作台、接种工具、无菌瓶、烧杯(500 mL)、无菌滤纸、接种盘、记号笔、75%酒精棉球或接种工具灭菌器等。

4. 任务实施

(1)外植体材料选择与处理　初春选刚萌发的芽长 2～3 cm，带有腋芽的猕猴桃蔓生茎段。将茎段去叶，用自来水冲洗干净，在无菌室中用 75%酒精进行表面消毒，再用 0.1%氯化汞消毒 8～10 min，用无菌水冲洗 5～6 次，然后剥取 3～5 mm 茎尖接种于已灭菌的诱导培养基上，连续转接 2～3 次，在分化培养基上生长 30 d，不定芽长至 2 cm 左右时，再转接在增殖培养基上。

(2)培养基制备

诱导培养基　MS+ZT 1.0 mg/L+NAA 1.0 mg/L。

增殖培养基　①MS+ZT 1.0 mg/L+NAA 0.8 mg/L；②MS+BA 3.0 mg/L+NAA 0.2 mg/L；③MS+ZT 0.5 mg/L+BA 0.5 mg/L+NAA 0.8 mg/L；④MS+BA 6.0 mg/L + NAA 0.4 mg/L。

当绿芽在增殖培养基上长至 3～4 cm 时，转接到生根培养基上，进行生根培养。生根培养基分别为：①1/2MS+IBA 0.2 mg/L；②1/2MS+IBA 0.4 mg/L；③1/2MS+IBA 0.6 mg/L；④1/2MS+IBA 0.8 mg/L；⑤1/2MS+IBA 1.0 mg/L。

上述培养基均加 5.4 g/L 琼脂粉，诱导培养基加糖 30 g/L，增殖培养基加糖 35 g/L，生根培养基加糖 23 g/L，pH 5.7～5.8。

(3)培养条件　温度(25±2) ℃，光照 12 h/d，湿度 70%以上，光照强度 1 500～2 000 lx。诱导培养基40 d，继代培养 30 d。

(4)炼苗、移栽　将经过驯化锻炼的生根试管苗，移栽到装有基质的营养钵中，基质为土、沙子、珍珠岩，其比例为 2∶1∶1。移栽时，将试管苗从三角瓶中用镊子取出，不伤根，洗净根上的培养基，以免移栽后，产生杂菌，影响移栽成活率。移栽后的前 10 d 是病害大发生期，应精细管理。移栽后 3 d 光照强度控制在 5 000～10 000 lx、温度控制在 20～25 ℃，空气湿度 80%以上，此时较高的湿度和较低的温度有利于缓苗，温度过高、光照过强时要用遮阳网遮阳。苗移栽后前 10 d 每天喷施 1 000 倍多菌灵。10 d 后光照强度可控制在 10 000～25 000 lx，每 5 d 喷施 1 次杀菌药，多菌灵和 1 000 倍甲基托布津交替使用。20 d 后的管理同常规苗，主要是壮苗，1 个月后苗高 10 cm 左右，此时可移栽大田。

(5)观察分析

①诱导率：观察猕猴桃茎尖接入诱导培养基后，记录几天后开始萌动，长到 2 cm 时用了几天，诱导率(%)＝萌芽的数量/接种数×100%。

②得到最适增殖培养基是哪种，计算增殖倍数。

③得到最适生根培养基是哪种，计算平均每苗根数和长度，计算生根率＝生根的苗数/接种苗数×100%。

5.注意事项

(1)选择的外植体要求无病、健壮。

(2)接种工具必须彻底灭菌。

(3)定期观察试管苗，并进行记录。

6.考核建议

加强过程考核、动态考核和跟踪考核，做到定性与定量考核相结合。

考核重点是外植体选择与处理方法、无菌操作的规范熟练程度、观察问题和解决问题能力等。考核方案见表 4-10。

表 4-10　猕猴桃组培的考核方案

考核项目	考核标准	考核形式	满分
实训态度	1.听从指挥，遵章守时(10 分)； 2.实训积极、认真，有团队意识和创新精神(10 分)； 3.实训报告字迹工整，记录全面(10 分)。	跟踪观察、实训报告	30 分
现场操作	1.操作规范(10 分)； 2.操作熟练，工作效率高(20 分)； 3.能准确回答老师提的 2 个问题(10 分)。	现场操作、口试	40 分
培养与驯化效果	1.建立组培无性繁殖系(10 分)； 2.出愈率、分化率高，污染率≤10%(10 分)； 3.移栽成活率≥80%(10 分)。	现场调查	30 分
合计			100 分

任务 4-9　蓝莓的组织培养

案例导入

安徽省安庆市怀宁县近年来全力发展蓝莓产业，扎根"土"、体现"特"、形成"产"。从蓝莓种植、蓝莓加工，到举办蓝莓节，怀宁县把蓝莓基地打造成景区，逐渐成为远近闻名的"蓝莓之乡"，获评国家生态文明建设示范区、国家农村产业融合发展示范园。目前，全县蓝莓种植面积 8.5 万亩，集聚蓝莓种植企业 200 余家，培育蓝莓深加工企业 10 余家，形成集良种繁育、规模种植、食品加工、休闲采摘于一体的产业链条，年产值超 50 亿元，蓝莓产业已然成为乡村振兴的主要抓手。在蓝莓种苗的生产方面，我国开展了许多蓝莓优选品种的离体快繁研究，组织培养技术已在生产中广泛运用并成为蓝莓育苗的主要方式，而且通过建立植物的高效再生体系，进行植物组织培养有助于新品种选育、落实品种区域化栽培。

蓝莓是杜鹃花科越橘属多年生落叶或常绿灌木。蓝莓果实含有花青素、黄酮等多种多酚类生理活性成分，具有很强的抑菌、抗氧化、抗衰老、抗癌及抗突变等多种生理活性功能，被国际粮农组织列为人类五大健康食品之一。

蓝莓的常规繁殖速度慢，且受插条数量和扦插生根率的影响，特别是优良品种繁殖难以满足市场对种苗的需求，利用组织培养技术来快速高效地获得大量无性系组培苗成为了获取优质蓝莓苗木的主要途径。

1. 任务内容

(1)蓝莓组织培养方案的设计。

(2)外植体的消毒与接种。

(3)试管苗的培养。

(4)填写记录。

2. 任务要求

(1)通过查阅资料，能设计蓝莓的组织培养方案。

(2)掌握蓝莓的外植体的消毒处理方法，独立完成无菌操作流程。

(3)尽量提高成活率，降低污染率。

3. 任务准备

蓝莓嫩茎、已灭菌的改良的 WPM 培养基、无菌水、超净工作台、酒精灯、接种工具、无菌瓶、烧杯、接种盘、火柴、记号笔、95%酒精、0.1%氯化汞、70%酒精棉球或接种工具灭菌器等。

4. 任务实施

(1)材料采集与消毒　选取长势旺盛的幼嫩盆栽蓝莓苗枝条，除去所有叶片，切取除顶芽外的第 3～10 节嫩茎作外植体。将外植体茎段置于饱和洗衣粉水中浸泡 10 min →自来水冲洗干净 → 在超净工作台上用 75%酒精浸泡 30～60 s → 无菌水冲洗 2～3 次→0.1%升汞浸泡8～10 min → 无菌水冲洗4～5 次 → 用无菌纸吸干水分 → 将幼茎切割成 0.5～1.0 cm 长、至少带有 1 个芽的切段。

(2)接种　将外植体接种于改良的木本植物培养基(WPM)上。

(3)培养条件　在温度 25 ℃,光照 16 h/d 的培养室内培养 60 d,经初代诱导获得再生植株,取生长健壮、无污染的新芽进行转接扩繁,继代培养建立无菌系。

5.注意事项

(1)选择的蓝莓嫩茎,要求无病、健壮。

(2)定期观察试管苗,并进行记录。

6.考核建议

加强过程考核、动态考核和跟踪考核,做到定性与定量考核相结合。

考核重点是外植体选择与处理方法、无菌操作的规范熟练程度、观察问题和解决问题能力等。考核方案见表 4-11。

表 4-11　蓝莓组培的考核方案

考核项目	考核标准	考核形式	满分
实训态度	1.听从指挥,遵章守时(10 分); 2.实训积极、认真,有团队意识和创新精神(10 分); 3.实训报告字迹工整,记录全面(10 分)。	跟踪观察、实训报告	30 分
现场操作	1.操作规范(10 分); 2.操作熟练,工作效率高(20 分); 3.能准确回答老师提的 2 个问题(10 分)。	现场操作、口试	40 分
培养与驯化效果	1.建立组培无性繁殖系(10 分); 2.污染率≤10%(10 分); 3.移栽成活率≥85%(10 分)。	现场调查	30 分
合计			100 分

项目三

花木组织培养快速繁殖技术

一、林木组织培养快速繁殖技术

与花卉、草本植物相比，林木植物生长周期长，在组培研究中仍存在一些难题较难克服，如继代增殖培养中的褐化、玻璃化，生根困难树种的生根问题、移植存活率低下，组培成本居高不下等，并且至今仍有很多树种无法通过组培技术进行繁殖，这些都是木本植物组培产业化推广应用难度较大的重要原因。

20世纪70年代末至80年代初，有学者提出改善组培苗生长环境的观点，从这一角度思考解决组培难题的方法，至80年代末以后引起普遍重视，并开展了实质性研究，进而促进在对组培苗生长环境研究之上的新型组培技术不断出现，如Kozai等提出的光自养微繁理论(Photoautotrophic micro-propagation)。无糖组培技术于1997年传入我国，中国农业科学院、中国农业大学、南京农业大学等单位开展了相关探索研究。目前，开放组培和光自养微繁殖还处于探索阶段，多见于农作物种苗生产。二者将是林木组培技术的重要发展方向。

(一)外植体的选择及分化途径

外植体的选择要考虑不同树种的生理特点、遗传因素等方面，同时，选用哪一种外植体进行植株再生，与其发生途径有极大关系。进行组培时，所选外植体若为茎段，应为中度木质化的材料，不同树种的采条最佳时间不同。不同的发生途径对最佳外植体有一定的要求，这也会因树种的不同而有差异。因此，外植体选择与发生途径应同时考虑，将二者有机地结合起来，才能建立正确有效的组培技术体系。

1.腋芽萌发途径

多数能进行组培快繁的林木植物，都能以腋芽萌发途径进行组培，其再生植株的遗传变异程度较愈伤组织诱导的小，但茎段腋芽组培的增殖率通常低于愈伤组织诱导丛生芽的增殖率。枣树能以茎段再生植株，却一般不以愈伤组织获得不定芽或是直接诱导胚状体的途径进行快繁。通过腋芽萌发途径建立的组培体系中，所选外植体部位及对外植体的处理均是影响培养成功与否的关键因素。对月季的研究表明，从枝条中部截取的茎段萌发较快；对卷荚相思树外植体诱导研究发现，树冠不同部位对芽诱导萌动率有显著影响，以中上部穗条最好。离体芽尖冷藏处理后，其再生率显著提高。厚荚相思树选用半木质化的嫩茎，且带有饱满即将萌发的腋芽，并进行预培养，以防止大量的培养材料污染和褐化。

2. 间接器官发生途径

间接器官发生途径指通过诱导产生愈伤组织后，分化不定芽或不定根的途径。目前，多数阔叶树都能以此方式再生植株。外植体类型会影响愈伤的诱导，叶片与茎段均能诱导出愈伤组织，叶片诱导出的愈伤组织质量明显优于茎段诱导出的愈伤组织（茎段诱导的愈伤组织易褐化）。大叶相思树腋芽可成功诱导成丛生芽，而下胚轴和叶等外植体只分化出愈伤组织，不能诱导丛生芽。杉木不同无性系叶片愈伤组织的诱导，在同一 NAA 浓度处理下差异显著。激素种类及浓度是影响胚性愈伤组织诱导的关键因子之一，低浓度 2，4-D 对柑橘诱导愈伤组织有促进作用，浓度过高会抑制愈伤组织的产生和生长。白花柽柳的茎段，在未添加 2，4-D 的培养基中没有产生愈伤组织，而在添加 2，4-D 的培养基均可以诱导出愈伤组织。NAA 和 IAA 诱导产生的愈伤组织较容易分化，NAA 诱导效果更佳。用 NAA、IAA 诱导愈伤组织时，一般需要添加一定量的细胞分裂素，如 6-BA、TDZ 或 KT，6-BA 最常用，TDZ 生物活性很高，诱导效果高于另二者。

3. 体细胞胚发生途径

体细胞胚发生最初在针叶树种离体快繁研究中获得成功，在阔叶树中也取得一定进展。对木本植物体细胞胚发生的研究，主要集中在发生的条件、组织学和生理生化方面。目前，火炬松、月季、辐射松、挪威云杉、鹅掌楸、龙眼、茶等木本植物，已建立了通过体细胞胚发生途径再生植株的技术。外植体的种类、处理方式均对体细胞胚的诱导有影响，体细胞胚发生最好的诱导材料是未成熟胚，其中，胚轴诱导频率最高。应注重对外植体基因型的筛选，同时考虑相应材料所具有的适应性等优良的综合性状。山核桃体胚发生的最适宜碳源是蔗糖，其体细胞胚的发生与外植体种类及基因型均有关。培养基中还原态氮、外源激素的含量对体细胞胚诱导的影响也很重要。

（二）影响增殖的主要因素

1. 培养基

目前，MS、WPM、SH、改良的 Nitsch、CM 等基本培养基，均用于林木组培，其中，MS 和改良 MS 最常用，WPM 也常作为针叶树种的基础培养基。马占相思树组培以 ER 或改良 MS 为基础培养基为宜。香樟、银荆、灰木相思树、橡皮树通常采用 MS 基本培养基。培养基中糖的种类及浓度被认为是植物组织培养能否成功的重要因素之一，蔗糖作为碳源，影响到培养物的营养状况和细胞分化，并维持渗透压；然而糖并不是植物组培中必不可少的物质，外植体上几平方厘米的叶片就能进行一定的光合作用，强光照加上高 CO_2 浓度的条件下，植株完全可以实现光合自养。于是出现了培养基中不加糖的光自养培养技术，但此技术除了改变培养基的成分外，还改变了组培的气体环境和生物环境。自此，对培养基的研究已不仅仅是选其适宜的种类，更发展为培养基的无糖、培养基状态及装培养基的容器等多方面的探索，以寻求更加适合外植体增殖、工业化生产的培养基及培养环境。

2. 植物生长调节剂

植物愈伤组织分化过程中，IAA 是愈伤组织生长的重要内部因子，其含量高则无性系的增殖速度较高。当加入不同的外源激素，内源激素含量表现出不同的变化。IAA 对内源激素含量的影响最大，IBA 和 NAA 协同作用时，效果远远大于其中任一种激素单独使用的效果。细胞分裂素对月季的茎段芽增殖有影响，细胞分裂素能诱导芽的萌发与生长，CPPU（氯吡苯脲）利于芽增殖系数的提高。

（三）影响生根的因素

生根起始期细胞分裂会受到 GA 的抑制，表现为根的分化和形成受到抑制。GA_3 是生根过程中主要的抑制物，生根后，GA_3 的浓度缓慢提高。内源细胞分裂素的激活受到外源生长素的抑制，导致根系的生长发育受到影响。内源 IAA 含量在诱导生根的初始阶段，是影响生根率的主要因素，对生根起促进作用。IBA 是影响根粗生长的主要因子，ABT 含量影响试管苗不定根的形成。IBA 各不同浓度处理间的生根率差异最大；IBA 处理的侧根较粗短；高浓度 ABT 抑制了根的发生。ZR 的含量在根原基形成分化期呈上升趋势，它能促进生根。ZT 是天然细胞分裂素，高浓度 ZT 对生根起一定的抑制作用，低浓度的 ZT 有利于生根。

植物的生长过程是植物内源激素水平及各激素间的平衡问题。在植物诱导生根中，内外源激素之间存在相互作用，外源激素与内源激素的种类和水平有密切关系。目前，对添加的外源激素是否刺激或抑制了某些内源激素的变化及其作用机制、对各种激素间比例关系问题的探讨成为热点。除外源激素种类及浓度外，蔗糖含量和基本培养基也对植物内源激素的调控产生影响，三者不同组合共同作用，引起植物生理生化的变化。但三者共同作用的机理尚不明确，尤其是关于蔗糖浓度、基本培养基二者对外源激素作用的影响研究甚少。

开展林木植物的组培快繁技术体系研究，对促进林木植物的良种选育，为生产推广种植提供大量的优质苗木，均具有非常重要的意义。许多林木植物现已成功建立了组培快繁体系，但受培养过程中褐化、玻璃化及污染等的影响，造成生产成本较高，严重影响技术的推广，甚至无法实现工业化生产。尽管目前还未建立完整的关于林木光自养或开放式光自养技术体系，但已有的研究实例，已为今后林木组培新技术的发展奠定了重要基础。

开放式组织培养、光自养培养技术和建立在二者之上的开放式光自养微繁技术，其核心是使用抗菌剂使培养不需要严格的无菌环境，而是在开放、自然的有菌环境中进行，在提高组培效率的同时降低生产成本，为更多植物实现组培产业化成为可能。但这又带来新问题：由于抑菌剂的使用，在组培过程中，组培苗受抑菌剂的影响表现为生长较缓慢，增殖倍数也相对较低，这对组培新技术体系的建立不利。因此，筛选合适的抑菌剂，并研究其对组培苗生长影响的生理机理及分子机理，减轻对组培苗生长的影响，从而建立具有较高增殖倍数和生根率的高效组培技术体系，将是今后开展林木组培新技术研究的重要课题。

二、花卉组织培养快速繁殖技术

1960 年法国的莫瑞尔建立的兰花组培工厂，标志着世界上第一家花卉组培苗企业实现规模化生产。进入 20 世纪 80 年代以后，花卉组培苗产业化生产得到较快发展，世界各国竞相投资，角逐激烈。世界最大的花卉生产国荷兰，其花卉种苗的组织培养已相当普及，许多大公司都拥有自己的组培室，在无性繁殖的花卉种苗中，80％以上是通过组培繁殖；以色列花卉种苗的组织培养也发展迅速，如在盆花组培苗生产方面，以色列的本泽苗圃可提供盆栽观赏植物 100 种以上的组培苗；泰国采用组培方法，很好地解决了热带兰花用常规方法繁殖速度慢的矛盾，将大量热带兰销往世界各国。目前，世界上可进行规模化商业化生产的观赏花卉种类约包括60余科，近1 000种。

中国从20世纪70年代初开始研究组培技术，但发展速度较快，普及面较广，现已处于国际领先水平，开发利用实现了规模化、产业化。全国农业、林业、园林等领域里，国家级、省级、市级、县级的科研单位、大专院校、包括个体的花卉公司等几乎都拥有植物组培室，尤其是部分省份或地区，如广东、海南、上海、云南、福建、浙江、广西等地，花卉组培苗产业化生产已具规模。例如，云南省农科院园艺所花卉研究中心花卉组培苗已实现工厂化生产，目前建设的组培室周年不间断满负荷生产能力为5 000万株；广州花卉研究中心工厂化生产观叶植物组培苗年产量也达千万株以上，中山大学、华南植物园、广东省林科院年花卉组培苗均为几十万至几百万株；云南玉溪高新技术开发区实现了热带兰花组培苗规模化生产；总体来说，中国花卉组培苗的科研和生产在技术水平和产业化规模上与国际水平相当，正在与国际商业性生产接轨，前景广阔。

以下从花卉组织培养中外植体材料的选取和花卉组织培养条件的研究两个方面综述花卉组织培养技术的研究进展。

(一)花卉组织培养中外植体材料的选取

1.取材范围

花卉组织培养是利用植物细胞的全能性，即生物个体上任何一个具有完整细胞核的细胞，在一定条件下都可以重新再分化形成原来的个体。从这点来讲，越是具有全能性的部位其组培的成功性越高。植物具有全能性的细胞通常有三类：一是受精卵；二是发育中的分生组织细胞，即分生组织、根尖、嫩尖、幼叶、花等；三是雌、雄配子及单倍体细胞。因此，在花卉组织培养中，外植体的最佳选择就形成了一定的范围，即裸子植物：幼苗、芽和韧皮部细胞；被子植物：胚、茎尖(基段)、根、叶等组织和器官；孢子植物(藻类、蕨类、苔类等)：目前取材多为叶。

2.取材的时期

大多数植物应在生长开始的季节进行采样，生长末期或休眠期的外植体对诱导反应迟钝。

3.取材的状态

沿花卉的主轴，越往上的部位经组培形成的器官其生长的时间越短，且越容易形成花器官；而下部组织产生营养芽的比例较高。

4.外植体的大小

茎尖培养时，切取茎尖的大小对培养的成活率影响很大。一般来说，选取0.5～0.8mm带2个叶原基的茎尖进行培养。茎尖越大，成活率越高，以后生长也越旺盛，且操作容易掌握，但茎尖越大，越不易达到脱毒的目的。

(二)花卉组织培养条件的研究

1.光照

光环境是影响组培苗光合作用和生长的内在因素。光环境包括光量、光质和光周期3个因子。植物的光合作用随光量的增加而提高。当光量增加到一定限度后，光合强度反而下降，这个临界的光量值就是光合作用的光饱和点。大多数物种组培苗的光饱和点较低，一般在100～150 $\mu mol/(m^2 \cdot s)$，当超过光饱和点后，光合作用的效率就会下降，并造成光器官的不可逆损伤;光质对光合作用的影响是指不同波长的光对光合作用的影响;光周期对组培苗生长的影响是指在光合光量子通过量较大的情况下,光期与暗期对组培苗的影响。关于光质和光周期对光合作用影响的研究目前尚不充分。

2. 温度

组培室温度在空间和时间上的分布不均匀。苗体高度随温差的增大而增大,但组培苗的干重和鲜重不受温差值的影响。

3. 空气

采用透气性封口膜进行培养时,植株的干重、生根率、叶面积、健壮程度均好于无透气性封口膜。在培养瓶中增加 CO_2 浓度时,植株的生根率、健壮程度显著提高。

4. 相对湿度

培养瓶中相对湿度不能过高,否则会导致组培苗叶片生长不正常和蒸腾作用受抑制。

5. 支撑材料

目前,组培常用的支撑材料是琼脂。但以聚乙烯发泡材料、岩棉、蛭石、陶瓷纤维和植物纤维的扁平压制块作支撑材料,更有利于组培苗的生长。

任务 4-10　红叶石楠的组织培养

案例导入

叶县水寨乡某村民发现绿化市场前景不错,决定辞职返乡创业。他先在自家地里试种 2 亩红叶石楠苗,经半年努力后试种失败。正是这次失败,使该村民了解到苗圃种植红叶石楠技术含量较高,于是专门到山东考察学习,引进高级技术人员。2015 年,红叶石楠试种成功后,投资 1 000 万元注册了某农业种植合作社,并取得良好的经济效益和社会效益。自己富不算富,小康路上都要富。该村民无偿向周边种植户传授红叶石楠等观赏树的扦插、育苗、修剪等技术,积极吸纳周边村民就近就业、参股入股,增加了当地农户收入。目前,该农业种植合作社有务工人员 50 余人,种植面积 450 余亩 1 000 余万棵,带动水寨乡共种植红叶石楠 800 亩,并与邓李乡、廉村镇种植户合作种植 1 000 余亩,红叶石楠成为致富的主要推手。植物组织培养有利于高质量红叶石楠无性繁殖苗的培养,进而极大提高了红叶石楠种苗质量,助力乡村振兴,请您设计实验方案帮助村民进行技术指导。

红叶石楠是蔷薇科石楠属杂交种的统称,为常绿小乔木或多枝丛生灌木,原产于亚洲东部和东南部、北美洲的亚热带和温带地区。欧美和日本一些国家对彩叶树种的选育、栽培和应用均有较长的历史,红叶石楠的诸多品种也是在不断选育过程中产生的。红叶石楠因其新梢和嫩叶鲜红而得名,在春秋两季,新梢和嫩叶火红,色彩艳丽持久,极具生机;在夏季高温时节,叶片转为亮绿色，在炎炎夏日中带来清新凉爽的感觉。通过修剪造景，红叶石楠形状千姿百态，景观效果极佳，是珍贵的观叶树种。红叶石楠在国外特别是欧美和日本已广泛应用，被誉为“红叶绿篱之王”，但在国内还是近年新近开发的树种。在生产上红叶石楠多数采用扦插繁殖，但繁殖系数较低，通过组织培养的方法可以显著提高繁殖系数。

红叶石楠组织培养是由良种红叶石楠的茎尖和茎段经过培养诱导出幼芽，然后通过腋芽的增殖迅速扩大繁殖。组织培养不受环境的影响，可进行工厂化生产，可有效脱除病毒，获得无病毒种苗，无病毒种苗为优选的复壮苗，种苗一致性好，种植后生长速度快，品种纯度高，抗性强，且繁殖系数高，一年内一个分生组织可产生几千甚至数万株优质组培苗，可迅速推广新品种。

1.任务内容

(1)独立完成红叶石楠组织培养方案的设计。

(2)独立完成红叶石楠外植体的接种。

(3)独立完成红叶石楠试管苗的培养。

(4)填写记录。

2.任务要求

(1)了解植物组织培养在红叶石楠生产中的应用情况。

(2)能够独立完成红叶石楠的组培快繁。

(3)掌握红叶石楠组培苗的再生过程。

(4)掌握红叶石楠离体的培养条件。

(5)掌握红叶石楠组培快繁的技术要点。

(6)能够采用正确的方法对红叶石楠的外植体进行消毒处理。

(7)能够独立完成红叶石楠组织培养的无菌操作。

3.任务准备

红叶石楠、无菌水、超净工作台、接种工具、无菌瓶、烧杯(500 mL)、无菌滤纸、培养皿、记号笔、75%酒精棉球或接种工具灭菌器等、95%酒精、0.1%升汞、KT、BA、IBA、活性炭。

4.任务实施

(1)外植体的选择　选取性状优良的、特殊基因型的和生长健壮无病虫害的红叶石楠植株，切下枝条上部幼嫩的部分，剪成长 1 cm 左右的单芽段，茎段部分去叶，并留 2 mm 左右叶柄，茎尖部分保留半片小叶片。

(2)外植体的消毒　将外植体用洗洁精漂洗 5 min 左右，再用自来水冲洗 20 min，将材料放入超净工作台，用 75%酒精浸泡 20 s，接着用无菌水漂洗 1～2 次。再用 2%的次氯酸钠溶液浸泡 15～20 min，用无菌水漂洗 5 次，用无菌滤纸吸干表面水分。将其切成 1～2 个芽的小段，接种到诱导培养基上。

(3)接种培养　初代培养　将带腋芽的茎段或茎尖以生态学下端朝下，垂直接种到初代培养基上。接种后一周左右腋芽开始萌动，30～40 d 可伸长到 2 cm 左右，即可接入到继代培养基中。

继代培养　当初代培养的红叶石楠腋芽长到 2 cm 左右时，切下接种到继代培养基中。

无根的试管苗经 30～40 d 培养达到 3 cm 左右时，即可切割以扩大繁殖。第一次继代时增殖率较低，经 2～3 次继代后增殖数可达 5 倍左右。当继代苗达到一定数量后，可以进行生根培养。

生根培养　当红叶石楠无根苗长至 2～3 cm 时，可转移到生根培养基上培养。一般一周左右可见红色根形成，经 30～40 d 培养后，当根长至 2～3 cm 时，即可进行炼苗移栽。

(4)培养基的选择

初代培养基　1/2MS＋蔗糖 30 g＋琼脂 7 g＋BA 2.0 mg/L＋IBA 0.2 mg/L，pH 5.5～5.8。

继代培养基　MS＋BA 1.0 mg/L＋IBA 0.1 mg/L，pH 5.5～5.8。

生根培养基　1/2MS＋NAA 0.2～0.3 mg/L＋0.3%活性炭，pH 5.5～5.8。

(5)培养条件

初代培养　室温(25±2) ℃，光照 12 h/d，光照强度 1 500～2 000 lx。

生根培养　室温 25～28 ℃，光照 10～12 h/d，光照强度 1 500 lx。

(6)驯化移栽　将高 2～3 cm、根系发达的瓶苗移入温室，打开瓶盖炼苗 3～5 d。移栽时，取出小苗，洗去根部附着的培养基，注意尽量减少根部损伤，再将幼苗栽入草炭土、珍珠岩、园土为 1∶1∶1 的混合基质中。待幼苗长出新叶后，即可移栽到大田，成活率也可达 90%。移栽到大田后的红叶石楠幼苗可见上部新生叶由绿色变为鲜红色，老叶叶色变为浓绿色，带光泽，表现出品种的特点，春季移栽苗当年可长至 50 cm 高。

5. 注意事项

(1)选择的外植体要求无病、健壮；

(2)接种工具必须彻底灭菌；

(3)定期观察试管苗，并进行记录。

6. 考核建议

考核重点是操作规范性、准确性和熟练程度。考核方案见表 4-12。

表 4-12　红叶石楠组培的考核方案

考核项目	考核标准	考核形式	满分
实训态度	1. 听从指挥，遵章守时(10 分)； 2. 实训积极、认真，有团队意识和创新精神(10 分)； 3. 实训报告字迹工整、记录全面(10 分)。	跟踪观察、实训报告	30 分
现场操作	1. 培养基配制及灭菌、接种室及超净工作台消毒、药品及器械等准备齐全(10 分)； 2. 外植体取材适当，消毒流程正确，每步操作到位(10 分)； 3. 接种材料大小适宜、符合标准，无菌操作规范、熟练(10 分)； 4. 移栽操作规范，无材料损伤、浪费情况(10 分)。	现场操作、口试	40 分
培养与驯化效果	1. 材料接种摆布合理，方向正确，深浅适宜(5 分)； 2. 能根据培养物生长情况及培养阶段要求及时转接，每次接种 5 d 后统计污染率低于 2%，生根壮苗培养及驯化移栽后幼苗成活率≥85%(5 分)； 3. 定期观察，记载详细、准确(10 分)； 4. 操作文明、安全，器皿和用具摆放有序，场地整洁(10 分)。	现场调查	30 分
合计			100 分

任务 4-11　美国红栌的组织培养

案例导入

目前国内美国红栌生产规模逐渐扩大，市场需求大幅上升，产业发展迅速。但目前国内的红栌市场尚不完善，存在着市场供应量明显低于需求量、品种混乱、繁殖方式少、成活率低和产品质量低等诸多问题。美国红栌的价位一直居高不下，1 年生苗(1.5 m 高) 每株售价 80 元，10 cm 高小苗每株 10 元左右。近期，由于生产量扩大，价格有所下降，1.5 m 高苗每株 40 元，10 cm 高小苗 6 元左右。但这个价格仍是绿化苗木中的“贵族”，特别是数量较少的大苗，胸径 3cm 以上的每株售价高达 200 元。在原产地美国红栌多用种子繁殖，一般发芽率在 40%～60%，在国内也很多人士进行了播种育苗。但由于进口种子昂贵，国内生产者多用扦插或嫁接的方式繁殖，但成活率低，生产应用意义不大。植物组织培养技术是目前繁殖美国红栌较为成熟的一种方法因而被广泛应用。

美国红栌为美国黄栌的变种类型，是漆树科黄栌属植物，为落叶灌木或小乔木，原产美国。其树形美观大方，叶片大而鲜艳，早春在室外为血红色，夏秋两季为紫红色，是当今世界园林绿化中净化、香化、美化及彩化效果最好的观叶树种之一。美国红栌能在较干旱的山区表现出较好的性状，也是不可多得的山区绿化美化抗旱树种资源。美国红栌可以通过播种或扦插进行繁育，但这两种方式都有其致命的缺点。首先抗逆性很差；其次播种繁育后的苗木分化变异严重，绝大部分苗木为绿色叶，不具有彩叶性状，经济价值低。扦插方式繁育成活率极低，一般仅为 5%～6%，生产应用意义不大。而组织培养则能保持母树的优良性状，繁殖系数大，速度快、产量大。

1. 任务内容

(1)独立完成美国红栌组织培养方案的设计。

(2)独立完成美国红栌外植体的接种。

(3)独立完成美国红栌试管苗的培养。

(4)并填写记录。

2. 任务要求

(1)了解植物组织培养在美国红栌生产中的应用情况。

(2)能够独立完成美国红栌的组培快繁。

(3)掌握美国红栌组培苗的再生过程。

(4)掌握美国红栌离体的培养条件。

(5)掌握美国红栌组培快繁的技术要点。

(6)能够采用正确的方法对美国红栌的外植体进行消毒处理。

(7)能够独立完成美国红栌组织培养的无菌操作。

3.任务准备

美国红栌、无菌水、超净工作台、接种工具、无菌瓶、烧杯(500 mL)、无菌滤纸、培养皿、记号笔、75%酒精棉球或接种工具灭菌器等、95%酒精、0.1%升汞、6-BA、IBA、活性炭、高锰酸钾或多菌灵。

4.任务实施

(1)外植体的选择　从健壮的母株上选择春季新发幼嫩枝为外植体。

(2)外植体的消毒　取美国红栌当年生嫩枝,在自来水下清洗干净后,切割成适当大小进行消毒,先用75%酒精浸泡20~30 s,再用0.1%升汞溶液消毒7~10 min,然后用无菌水冲洗4~6次,置超净工作台上,接种备用。

(3)接种培养

初代培养　消毒后的美国红栌外植体,首先将两端与消毒液接触部分用解剖刀切去少许,然后将其切割成带有1~2个腋芽的小段,于初代培养基中培养。7 d后,腋芽开始萌动生长,经14 d培养,外植体全部萌动,并膨大、伸长,基部产生少量愈伤组织。试管苗达4~5 cm,可以进行继代培养。

继代培养　将初代培养的丛生芽分切到继代培养基上继代培养。对于培养过程中出现的褐变现象,可按3 g/L加入活性炭。

生根培养　将生长健壮的继代试管苗,切成1.5~2 cm的茎段,接种于生根培养基中进行生根培养。12 d后,逐渐生出暗褐色不定根,20 d后,粗壮根长1.0~1.5 cm,每株发根5条左右,这时可进行移栽。

(4)培养基的选择

初代培养基　MS+6-BA 1.5 mg/L+NAA 0.5 mg/L

继代培养基　MS+6-BA 1.0 mg/L+NAA 0.2 mg/L

生根培养基　1/2MS+6-BA 0.1 mg/L+NAA 0.1 mg/L+IAA 0.15 mg/L

(5)培养条件　室温(25±2)℃,光照10~14 h/d,光照强度2 000 lx。

(6)驯化移栽　将生根试管苗闭瓶炼苗2周,从光照2 000~3 000 lx逐步过渡到8 000 lx,以提高试管苗的光合作用能力,然后开瓶1 d,降低湿度。将试管苗从瓶中取出,洗去培养基,用0.1%甲基托布津浸泡10 min,晾干后移入穴盘中,采用泥炭∶珍珠岩=2∶1的基质。将移栽好的穴盘苗用1/10MS大量元素浇透后移入湿度80%~90%,温度为25℃的温室中进行培养。

5.注意事项

(1)选择的外植体要求无病、健壮。

(2)接种工具必须彻底灭菌。

(3)定期观察试管苗,并进行记录。

6.考核建议

考核重点是操作规范性、准确性和熟练程度。考核方案见表4-13。

表 4-13 美国红栌组培的考核方案

考核项目	考核标准	考核形式	满分
实训态度	1.听从指挥,遵章守时(10 分); 2.实训积极、认真,有团队意识和创新精神(10 分); 3.实训报告字迹工整、记录全面(10 分)。	跟踪观察、实训报告	30 分
现场操作	1.培养基配制及灭菌、接种室及超净工作台消毒、药品及器械等准备齐全(10 分); 2.外植体取材适当,消毒流程正确,每步操作到位(10 分); 3.接种材料大小适宜、符合标准,无菌操作规范、熟练(10 分); 4.移栽操作规范,无材料损伤、浪费情况(10 分)。	现场操作、口试	40 分
培养与驯化效果	1.材料接种摆布合理,方向正确,深浅适宜(5 分); 2.能根据培养物生长情况及培养阶段要求及时转接,每次接种 5 d 后统计污染率低于 2%,生根壮苗培养及驯化移栽后幼苗成活率≥85%(5 分); 3.定期观察,记载详细、准确(10 分); 4.操作文明、安全,器皿和用具摆放有序,场地整洁(10 分)。	现场调查	30 分
合计			100 分

任务 4-12 桉树的组织培养

案例导入

2023 年 5 月 30 日 9 时 31 分,广西桉树育种实验材料随神舟十六号载人飞船飞向太空,将开启为期 5 个月的空间搭载实验。本次空间搭载实验共选送桉树育种实验种子 35.6 g,其中广西东门林场选送巨桉、尾叶桉、杂交桉种子 25 份,25 000 粒,26.6 g;广西林科院选送尾叶桉、巨桉、斑皮柠檬桉种子 9 份,3 600 粒,9 g。这是广西林业首批林木育种材料被列入空间搭载实验,通过利用太空强辐射、高真空、弱磁场、微重力等太空物理条件,提高种子变异率,为创制桉树新种质提供更多的选育材料,将进一步丰富桉树特异性种质资源,加快高产、优质、强抗逆桉树新品种选育进程,而植物组织培养技术可实现桉树新种质的快速繁殖,使新品种快速应用到生产实践中。

桉树又名尤加利树,是桃金娘科桉属植物的总称,常绿高大乔木,从高耸入云的大乔木到低矮的灌木都有,约六百余种。它是澳大利亚木本植物中最具代表性的树种,绝大多数生长在澳大利亚大陆,少部分生长于邻近的新几内亚岛和印度尼西亚,还有一种远在菲律宾群岛。桉树是当今世界三大速生树种之一,在中国南方有栽种,已成为我国大面积造林和"四旁"植树的主要树种。桉树的木材是造纸、坑木、造船等良材,叶子可提油料,树皮可提树脂,残渣培养食用菌后还可当肥料,花是良好蜜源。

桉树是异花授粉植物,有性繁殖很容易引起变异,很难保持物种的优良性状,无性繁殖如扦插等繁殖得很慢，无法满足生产的需要。而桉树组培快繁可使桉树保持其遗传稳定性，其繁殖系数大，一年内一个桉树带节茎段，可以繁育百万株以上的苗木。

桉树组织培养成苗途径有：由愈伤组织分化成苗。从顶芽和腋芽发育成苗；用胚性细胞诱导成苗。

1. 任务内容

(1)桉树组织培养方案的设计。

(2)外植体的接种。

(3)试管苗的培养。

(4)填写记录。

2. 任务要求

(1)通过查阅资料，能设计桉树的组织培养方案。

(2)掌握对桉树的外植体的消毒处理方法。

(3)独立完成桉树组织培养的无菌操作流程。

(4)尽量提高成活率，降低污染率。

(5)初步掌握桉树试管苗的培养条件。

3. 任务准备

以桉树种子作外植体，灭过菌的培养基(MS、MS＋6-BA 0.5 mg/L＋IBA 0.2 mg/L、MS＋BA1.0～1.5 mg/L＋KT 0.5＋IBA 0.1～0.5 mg/L、1/2MS＋ABT 1.0～1.5 mg/L＋$GA_3$0.05＋0.25%活性炭)、蔗糖、琼脂、75%酒精、0.1%升汞、无菌水、0.3%高锰酸钾溶液、多菌灵、超净工作台、接种工具、无菌瓶、烧杯(500 mL)、无菌滤纸、接种盘、记号笔、75%酒精棉球或接种工具灭菌器等。

4. 任务实施

(1)初代培养　用纱布将桉树种子包裹浸于冷开水中 10 min，然后用 75%酒精消毒 30 s，转入 0.1%升汞溶液浸泡 10 min，无菌水冲洗 4～5 次，然后用无菌滤纸吸干水，接种于 7～8 g/L琼脂的无激素的 MS 培养基上，7～9 d 可生出 2～3 cm 高的无菌苗。以幼嫩枝节段和顶芽作外植体，可取当年萌发的幼嫩枝条上部，去叶后用洗衣粉水洗净，在超净工作台上经常规消毒后，切取顶芽或茎段(约 0.8 cm，带一个茎节)接种于 MS＋6-BA 0.5 mg/L＋IBA 0.2 mg/L的初代培养基上。培养条件以(25±2) ℃，1 000～1 500 lx，每天光照 10～14 h 为宜。经过 30 d 的培养，每个外植体可形成一个或多个无菌芽。

(2)继代增殖　从无菌芽中选取生长较健壮的芽从原茎段上切下约 1 cm，带 1～2 个茎节，或将密集的小丛生芽分割为单株或丛芽小束，转接到 MS＋6-BA 1.0～1.5 mg/L＋KT 0.5＋IBA 0.1～0.5 mg/L的增殖培养基上，以促进培养物的腋芽和侧芽萌发。通常最初转入增殖时，嫩茎增加的倍数较少，继代多次以后，增殖倍率会逐渐增加，继代增殖在 23～25 ℃条件下，30～35 d 转接一次，继代次数不能超过 8，否则很容易引起植株变异。

(3)生根培养　将继代增殖培养过程中获得的丛芽(无根苗)分割成单株，或将其中较大的个体切割成长约 1 cm 的带一个腋芽的茎段，然后转接到 1/2MS＋ABT 1.0～1.5 mg/L＋$GA_3$0.05＋0.25%活性炭生根培养基上，经 25 d 左右培养，即可获得可供瓶移栽的完整植株。

(4)瓶苗的移栽、管理　当桉树幼苗长至株高 3～4 cm 时即可出瓶移栽。移栽前要在室内或室外弱光下揭开瓶盖炼苗 3～5 d,让幼苗逐渐适应外界环境条件。移栽时向瓶内倒入一定量清水并摇动几下以松动培养基,然后用长镊或小钩小心将幼苗取出放置在盛有清水的盆中,小心地将根黏附的培养基彻底洗干净,以免培养基中的营养物质招致真菌或细菌大量繁殖生长,而使苗污染死亡。

选择生长健壮,根系发达的幼苗,将基部刚长出 3～4 条白色根,损伤极少的苗移栽到营养袋中。营养土一般用深层少菌的黄土。将黄土装入营养袋后,用 0.3%高锰酸钾溶液或多菌灵等灭菌药喷淋一遍后再栽植,然后用喷雾器浇足底水,设塑料拱棚保湿(相对湿度在 85%以上,温度保持 25～30 ℃)。用 70%的遮阳网搭阴棚以避免直射阳光暴晒,并防止棚内温度过高。浇水要少浇勤浇,每天 2～3 次,至少早晚各一次,每次要浇透。

移栽一周后,可用 MS 液或 0.2%的尿素液进行喷雾施肥,以促进苗木生长。每周 1～2 次。10～15 d 后,可揭开遮阳网使其逐渐适应日光照射。一个月后,可将苗移到室外进行炼苗,让幼苗在自然条件下风吹日晒,这样苗生长健壮,抗逆性增强,容易成活。此阶段要加强水肥管理和病、虫、草害防治。经 1～2 个月的精心管理,当苗高 15～20 cm 时即可上山造林。

5.注意事项

(1)选择的外植体要求无病、健壮。

(2)接种工具必须彻底灭菌。

(3)定期观察试管苗,并进行记录。

6.考核建议

加强过程考核、动态考核和跟踪考核,做到定性与定量考核相结合。

考核重点是外植体选择与处理方法、无菌操作的规范熟练程度、观察问题和解决问题能力等。考核方案见表 4-14。

表 4-14　桉树组培的考核方案

考核项目	考核标准	考核形式	满分
实训态度	1.听从指挥,遵章守时(10 分); 2.实训积极、认真,有团队意识和创新精神(10 分); 3.实训报告字迹工整,记录全面(10 分)。	跟踪观察、实训报告	30 分
现场操作	1.操作规范(10 分); 2.操作熟练,工作效率高(20 分); 3.能准确回答老师提的 2 个问题(10 分)。	现场操作、口试	40 分
培养与驯化效果	1.建立组培无性繁殖系(10 分); 2.出愈率、分化率高,污染率≤10%(10 分); 3.移栽成活率≥80%(10 分)。	现场调查	30 分
合计			100 分

任务 4-13　杜鹃的组织培养

案例导入

在著名的“将军县”江西省赣州市兴国县，杜鹃花已成为一个不可忽视的产业。目前，兴国已拥有 5 000 亩杜鹃花种植基地，栽培杜鹃花 1 200 多万盆，杜鹃花年出口每年创汇超千万美元，无论是种植规模还是创汇能力均为江西第一。该地培育出花形大、造型美观的将军红、高山杜鹃等新品种，畅销国内外市场。目前新品种‘古田红’杜鹃市场前景广阔，为加速该杜鹃花新品种推广及繁育，请你制定出该品种杜鹃花的植物组织培养方案，为工业化生产奠定基础。

杜鹃花为杜鹃花科杜鹃花属常绿或落叶小灌木，具有品种多、开花早、花色丰富、花期长等特点。杜鹃花的杂种实生苗常规播种繁殖需 3～5 年才能开花，近几年，由于扦插繁殖技术的发展，我国杜鹃花产量有了提高。但是，名贵品种因母本少、繁殖系数低，仍不能满足社会需要。而组织快繁的繁殖周期短，可以在比较短的时间内生产整齐一致的优质种苗，是实现杜鹃花工厂化育苗的有效措施。

杜鹃花是多年生木本植物，由于多毛、多鳞片、发黏、材料大而消毒困难，因此大多数组织培养外植体取自幼嫩的组织，染菌较少，消毒容易，易于分化形成愈伤组织或直接分化成芽。通常培养杜鹃可采用的外植体有顶芽、腋芽、雌蕊、带腋芽的嫩茎段以及嫩叶。最优良的外植体是旺盛生长季节(3 月下旬到 4 月上旬)杜鹃新发枝的幼嫩芽，这个时期外植体处于旺盛的生长状态而且芽的苞片还未展开，将带苞片的芽进行消毒，即使灭菌时间长一些也不会伤害到里面的茎尖生长点，接种后成活率高，增殖速度快，褐变程度轻。

杜鹃花的新茎柔嫩度高、酚类物质含量高，灭菌处理时宜采用氧化性较低的灭菌剂类型。外植体大小对消毒有很大影响，外植体太大，给消毒灭菌带来困难，消毒不彻底；但外植体太小，容易受消毒液损伤，难以恢复生长。消毒完后，在超净台上将腋芽、顶芽、雌蕊、带腋芽的嫩茎段的切口上面被损伤的细胞切除，再进行接种。嫩叶则要去除叶脉及叶边缘损伤细胞，然后切成适当的大小，再进行接种。

有研究表明种子的灭菌处理较其他器官或组织容易。杜鹃花杂交种子的灭菌处理为：70%酒精表面浸泡1 min，灭菌水漂洗后转 0.1%升汞液浸泡 10 min，灭菌水漂洗 3 次，每次 1 min以上。灭菌后再剖实取籽、接种培养，接种两周始见发芽。出苗后取用上胚轴进行诱芽快繁，繁殖系数较高。成苗后，可取茎尖或茎节再培养。

激素处理对组培快繁的效果因培养的杜鹃种和品种差异而不同的，因此在培养中应当仔细观察比较，选定适宜的细胞分裂素。杜鹃组培苗成本较高，降低组培苗成本，是工厂化生产杜鹃组培苗的迫切需要。在细胞分裂素的选择上，ZT 和 TDZ 都有成功的范例，但是 ZT 的价格较高，所以采用 TDZ 更好。

杜鹃生根并不困难，当把杜鹃的茎尖培养在无细胞分裂素的培养基上，将停止增殖，并且 90%的茎尖会在插入培养基的部分长出不分枝的根。国内对于杜鹃的培养大多采用瓶内生根，而国外大多采用瓶外生根，瓶外生根所使用的生长素与瓶内一致。瓶外生根具有相当大的优越性，它能显著降低组织培养的成本，简化组织培养的工序，在炼苗移栽上有相当大的优势，即炼苗移栽存活率高且操作简单。杜鹃喜欢酸性环境，pH 控制在 5.0～5.4 效果较好，超过 6.0 将严重影响杜鹃的增殖、生根及愈伤组织的形成。

1.任务要求

(1)了解植物组织培养在杜鹃生产中的应用情况。

(2)能够独立完成杜鹃的组培快繁。

(3)掌握杜鹃组培苗的再生过程。

(4)掌握杜鹃离体的培养条件。

(5)掌握杜鹃组培快繁的技术要点。

(6)能够采用正确的方法对杜鹃的外植体进行消毒处理。

(7)能够独立完成杜鹃组织培养的无菌操作。

2.任务内容

(1)独立完成杜鹃组织培养方案的设计。

(2)独立完成杜鹃外植体的接种。

(3)独立完成杜鹃试管苗的培养。

(4)填写记录。

3.材料与用品

杜鹃、无菌水、超净工作台、接种工具、无菌瓶、烧杯(500 mL)、无菌滤纸、培养皿、记号笔、75%酒精棉球或接种工具灭菌器等、95%酒精、0.1%的升汞、TDZ。

4.任务实施

(1)外植体的选择　杜鹃花组织培养，通常使用的外植体为茎尖、茎节和花蕾等。因花蕾的分化较为困难，周期长；茎尖的取材受到一定限制，故国内多采用茎节作为初代培养的外植体。

(2)外植体的消毒　将外植体用少量洗涤剂浸泡 20 min，用蒸馏水冲洗干净，放入 75%酒精中消毒 30 s，之后用无菌水冲洗 1 min，再用 5%次氯酸钠浸泡 15 min，无菌水冲洗 3 次，每次 1 min，备用。

(3)接种培养

初代培养　将消毒后的种子在无菌条件下接种于初代培养基中。培养 1 个月左右诱导分化出丛生芽。

继代培养　将丛生芽接种于继代培养基中进行继代培养出成苗；杜鹃花组培过程中，过于频繁地切割、转换培养，反而达不到快繁的目的。

生根培养　将成苗接种于生根培养基中，生根培养 2 周后始见发根。

(4)培养基的选择

初代培养基　WPM+0.2 mg/L TDZ(苯基噻二唑基脲)+0.5 mg/L NAA+3%蔗糖+0.7%琼脂。

继代培养基　WPM+0.5 mg/L TDZ(苯基噻二唑基脲)+3%蔗糖+0.7%琼脂。

生根培养基　WPM+1.75 mg/L IAA+0.25%活性炭+3%蔗糖+0.7%琼脂。

瓶外生根的主要方法:将芽的基部在生长素中浸泡,然后栽到泥炭∶珍珠岩=2∶1(V∶V)的花盆中,放到条件适宜的环境中;或者将芽的基部在生长素中浸泡后,放到培养基中预培养1周,然后栽到泥炭∶珍珠岩=2∶1(V∶V)的花盆中,放到条件适宜的环境中。

(5)培养条件　室温(25±2)℃,光照12~14 h/d,光照强度3 000 lx。

(6)驯化移栽　生根培养后,将试管苗放于驯化温室进行驯化炼苗,不开盖放置2~3 d,再打开瓶盖,驯化炼苗2~3 d。移栽基质可选择比例为1∶1的已灭菌的泥炭土和蛭石混合物。表层要过筛,以利根系附着;下层铺粗粒,以利基质渗水。移栽时用镊子去掉根部附着的培养基(不可损伤根系)。用镊子尖在基质拨一小洞,把根系放入,覆土,轻轻压实,浇足水。试管苗移栽的关键因素是保证一定的温度和湿度条件。

(7)防止褐变　在培养基中加入抗氧化剂,如维生素C、聚乙烯吡咯烷酮等,并且在接种之前用抗氧化剂浸泡外植体1~5 min,可显著减轻外植体材料褐变。在有些植物的组织培养中,吸附剂的添加有抑制褐变的作用,其原因可能是吸附剂有效地吸附了外植体上多酚氧化酶氧化酚类物质所产生的醌类物质,减轻了醌类物质对外植体的伤害。

一般在接种后1~2 h,在三角瓶内将接种位置移动1次,也可减轻外植体的褐变。还有研究表明在启动培养初期,即接种后的3 d内每天在三角瓶内将茎尖转移位置,前4周每周转接一次,以后每4周转接1次,可有效减轻外植体的褐变。

5.注意事项

(1)选择的外植体要求无病、健壮。

(2)接种工具必须彻底灭菌。

(3)定期观察试管苗,并进行记录。

6.考核建议

考核重点是操作规范性、准确性和熟练程度。考核方案见表4-15。

表4-15　杜鹃组培的考核方案

考核项目	考核标准	考核形式	满分
实训态度	1.听从指挥,遵章守时(10分); 2.实训积极、认真,有团队意识和创新精神(10分); 3.实训报告字迹工整、记录全面(10分)。	跟踪观察、实训报告	30分
现场操作	1.培养基配制及灭菌、接种室及超净工作台消毒、药品及器械等准备齐全(10分); 2.外植体取材适当,消毒流程正确,每步操作到位(10分); 3.接种材料大小适宜、符合标准,无菌操作规范、熟练(10分); 4.移栽操作规范,无材料损伤、浪费情况(10分)。	现场操作、口试	40分
培养与驯化效果	1.材料接种摆布合理,方向正确,深浅适宜(5分); 2.能根据培养物生长情况及培养阶段要求及时转接,每次接种5 d后统计污染率低于2%,生根壮苗培养及驯化移栽后幼苗成活率≥85%(5分); 3.定期观察,记载详细、准确(10分); 4.操作文明、安全,器皿和用具摆放有序,场地整洁(10分)。	现场调查	30分
合计			100分

任务 4-14　蝴蝶兰的组织培养

蝴蝶兰为兰科多年生附生草本，又名蝶兰，是兰科植物中栽培最为广泛的种类之一，主要分布在热带及亚热带地区。其花形奇特，色彩艳丽，花期持久，素有"兰中皇后"的美誉，具有极高的观赏和经济价值。蝴蝶兰为单轴兰花，植株上极少发育侧枝，很难采用常规分株法进行大量的无性繁殖，而且其种子不含为胚萌发提供营养的胚乳或其他组织，在自然条件下萌发率极低，也难以利用一般的种子播种方式进行有性繁殖，组织培养是建立蝴蝶兰快速养殖无性系的重要手段。

兰科花卉离体培养过程中，能够形成一种基部着生假根的扁球状体，称为原球茎。原球茎是由法国 Morel 在虎头兰的茎尖培养试验中发现的，他观察到虎头兰的茎尖在无菌培养基上能形成扁圆形的小球体，这些小球体与种胚发育成的原球体非常相似，故称为原球茎。原球茎增殖很快，并可形成幼苗，分割原球茎，通过其表皮细胞的活动(原球茎的内层组织不具备再生新原球茎的潜力)进行增殖，形成原球茎丛。这种增殖过程可以无限反复进行。如果停止切割，每个原球茎就能在原来的培养基上长成一个完整的小植株。这一方法和技术在兰花生产上得到了广泛的应用，成为"兰花工业"，其中就包括蝴蝶兰的组培工厂化生产。

蝴蝶兰的离体培养中茎尖、茎段、叶片、花梗侧芽、花梗节间、根尖等部位都可以作为外植体，但实际上，蝴蝶兰的不同器官之间的分化能力有巨大差别，因此选择合适的外植体 就显得尤为重要。蝴蝶兰的花梗侧芽的成活率最高，其次为花梗，叶片和根尖最差。针对不同外植体，取材方法也不同，通常选取已过盛花期、健康的、带花梗芽的花梗作为外植体。

蝴蝶兰组织培养中常用的细胞分裂素为 6-BA，较高浓度(1～8 mg/L)的 6-BA 能促进蝴蝶兰原球茎增殖，较低浓度(0.1～0.5 mg/L)的 6-BA 则能促进原球茎分化。适宜浓度的 6-BA配合较低浓度的 NAA，更有利于原球茎的增殖。蝴蝶兰组织培养中常加入一些天然物质如椰乳、香蕉泥、番茄汁、苹果汁等，这些物质能提供一些必要的微量营养成分、生理活性物质和生长激素等，如加入香蕉泥，具有较大的 pH 缓冲作用，有利于兰科植物的壮苗和生根。许多资料也表明，添加适量的香蕉泥、椰乳或含胶质的果菜汁等均对原球茎增殖有明显促进效果。培养基中添加活性炭，低浓度(0.5～1.0 g/L)时对原球茎增殖影响不明显，但可促进蝴蝶兰生根；高浓度(2.0～3.0 g/L)时对原球茎增殖有促进作用，但原球茎有黄化现象。

培养基的 pH 直接影响到培养物对离子的吸收，过酸或过碱都对植物材料生长有很大影响，此外，琼脂培养基的 pH 还影响到凝固情况。蝴蝶兰的原球茎在 pH 5.0～5.4 的环境中生长最好，丛生芽的诱导与增殖在 pH 5.6～5.8 的环境中较好。

蝴蝶兰在组织培养中，通常都以日光灯为光源，因此，可以人为地控制其光照强弱。光照强度对试管苗发根和生长势均有明显的影响。光照为 3 000 lx 对蝴蝶兰根诱导和植株生长有利。在诱导蝴蝶兰丛生芽过程中，如果选择花梗作为外植体，由于所取的花梗芽为花芽，在培养过程中，较低的温度影响(15～22 ℃)会使大部分花梗芽发育成花芽；在较高温度

(23～26 ℃)下培养，花梗花芽转化为营养芽，所以在进行蝴蝶兰丛生芽诱导时的适宜温度条件为(25±2) ℃。

蝴蝶兰属热带气生兰，具气生根，栽培上要求根部通气良好。蝴蝶兰驯化移栽常用基质有水苔、椰糠、蛇木、树皮等，水苔效果较好，在生产上应用也较多。

1.任务要求

(1)了解植物组织培养在蝴蝶兰生产中的应用情况。

(2)掌握蝴蝶兰组培苗的再生过程。

(3)掌握蝴蝶兰离体的培养条件。

(4)掌握蝴蝶兰组培快繁的技术要点。

(5)能够采用正确的方法对蝴蝶兰的外植体进行消毒处理。

(6)能够独立完成蝴蝶兰组织培养的无菌操作。

(7)能够独立完成蝴蝶兰的组培快繁。

2.任务内容

(1)独立完成蝴蝶兰组织培养方案的设计。

(2)独立完成蝴蝶兰外植体的接种。

(3)独立完成蝴蝶兰试管苗的培养。

(4)填写记录。

3.材料与用品

蝴蝶兰、无菌水、MS固体培养液、超净工作台、接种工具、无菌瓶、烧杯(500 mL)、无菌滤纸、培养皿、记号笔、pH试纸、75%酒精棉球或接种工具灭菌器等、95%酒精、0.1%升汞、NAA、6-BA、GA、IBA、琼脂、蔗糖、活性炭、多菌灵、磷酸二氢钾。

4.任务实施

(1)外植体的选择　剪取盛花期、健康的蝴蝶兰的整枝花梗，用软毛刷蘸肥皂水刷洗花梗表面，自来水冲洗后，滤纸吸干表面水分，将花梗上段第3、第4节花梗芽的花梗切取长2～3 mm的切段，备用。

(2)外植体的消毒　在超净工作台上，将材料放入经高温灭菌过的烧杯中，加入70%的酒精浸泡20 s，无菌水清洗1次，再用0.1%的升汞浸泡8 min，分2次进行，每次4 min，灭菌后用无菌水冲洗5次，每次2 min。

(3)接种培养

初代培养　将消毒后的无菌培养材料接种在愈伤组织诱导培养基上，培养室温度控制在(24±2) ℃。接种后遮光放置4～5 d，而后每天光照12 h，2周后，切口处开始膨大，产生淡绿色瘤状愈伤组织，并不断增大。

继代培养　将愈伤组织切下转接到分化培养基上，4周左右愈伤组织表面出现较大绿色颗粒，并形成芽点，继而分化出丛生芽。

生根培养　当丛生苗长到3～4 cm、具有4～5片叶时，将其移到生根培养基上，10 d后切口基部开始出现白色的根状突起，25 d后，每株生根4条以上，生根率为95%以上。

壮苗培养　生根组培苗壮苗培养基培养15 d后移栽。

(4)培养基的选择

花梗腋芽诱导原球茎培养基　MS $+B_5+$GA 32.0 mg/L+NAA 0.1 mg/L,pH 5.8。

原球茎增殖培养基　MS $+B_5+$6-BA 1.0 mg/L+NAA 0.2 mg/L,pH 5.56。

生根培养基　1/2MS+IBA 1.2 mg/L+NAA 0.05 mg/L,pH 5.56。

壮苗培养基　1/2MS+ 蔗糖 10 g/L+ 琼脂粉 3.5 g/L+ 活性炭 1.5 g/L,pH 5.4。

(5)培养条件　壮苗前的培养条件为:室温(25±2) ℃,光照强度 1 600 lx,光照 12 h/d。壮苗期的培养条件为:温度(25±2) ℃,光照强度 2 000 lx,光照时间 14 h/d。

(6)驯化移栽　将组培室的无菌苗移栽到室外时,一般选择长出 2～4 根粗壮根的组培苗移栽,这些组培苗具有较强的吸收水肥能力,更容易存活。一般采用室内与室外炼苗相结合的方式,3 d 室内+3 d 室外的炼苗方式有利于组培苗出瓶移栽,移栽成活率达 90%。移栽之前需要仔细清理植株根部培养基,用镊子将小苗轻轻夹出,用流水洗净,洗净后在稀释 1 500 倍的多菌灵溶液中浸泡 10～15 min 进行消毒,晾干后再进行移栽。常用的移栽基质有水苔、草炭、水草、蛭石、树皮等,基质的选择需要充分考虑蝴蝶兰根系的特点,它直接影响着蝴蝶兰根系的生长发育状态,但蝴蝶兰是气生根,其对基质的透气性和周围环境的湿度要求高。水苔因为保水透气性好,且成本低,容易获取的特点,是蝴蝶兰生产的最适基质。经自然腐熟或人为发酵后的树皮和锯末也可用于蝴蝶兰的栽培,且发酵后可提供植物生长所需的微量元素。经过发酵的树皮与水苔、锯末按 5∶3∶2比例混合、水苔和炭基肥按 6∶1比例混合、椰糠和炭基肥以 4∶1比例混合,均可作为蝴蝶兰生长的最佳基质。刚移栽的蝴蝶兰白天温度最好保持在 24～25 ℃,夜晚不低于 18 ℃,且对环境的湿度要求更高,可以通过喷水来增加空气湿度,并保持通风的环境,避免叶片下垂的现象发生,移栽的第一周不需要浇水施肥,第二周浇水,第三周开始施肥,一个月后进入常规的栽培管理模式,为避免病虫害在日常管理中也要注意病虫害防治。

(7)常见问题　蝴蝶兰和其他兰科植物一样,在组培快繁生产中存在着易褐化死亡的问题,活性炭 2 g/L,或 PVP 1 g/L 克服褐变效果显著;适时切除培养物的褐化部分并及时更换新鲜培养基,能有效抑制外植体褐变死亡;培养基中加入 10%椰子水,也能促进原球茎的生长,减少原球茎增殖过程中的褐变;蝴蝶兰的群体效应很明显,单芽容易褐化死亡,且增殖较慢,因此,刚诱导出的原球茎状体不能过早切割转移,在继代阶段接种时,应尽量避免切成单芽,增殖时切块也不宜过小,否则容易褐化死亡;添加香蕉汁对蝴蝶兰原球茎形成及幼苗生长具有明显的促进作用。

5.注意事项

(1)选择的外植体要求无病、健壮。

(2)接种工具必须彻底灭菌。

(3)定期观察试管苗,并进行记录。

6.考核建议

考核重点是操作规范性、准确性和熟练程度。考核方案见表 4-16。

表 4-16 蝴蝶兰组培的考核方案

考核项目	考核标准	考核形式	满分
实训态度	1. 听从指挥，遵章守时（10 分）； 2. 实训积极、认真，有团队意识和创新精神（10 分）； 3. 实训报告字迹工整、记录全面（10 分）。	跟踪观察、实训报告	30 分
现场操作	1. 培养基配制及灭菌、接种室及超净工作台消毒、药品及器械等准备齐全（10 分）； 2. 外植体取材适当，消毒流程正确，每步操作到位（10 分）； 3. 接种材料大小适宜、符合标准，无菌操作规范、熟练（10 分）； 4. 移栽操作规范，无材料损伤、浪费情况（10 分）。	现场操作、口试	40 分
培养与驯化效果	1. 材料接种摆布合理，方向正确，深浅适宜（5 分）； 2. 能根据培养物生长情况及培养阶段要求及时转接，每次接种 5 d 后统计污染率低于 2%，生根壮苗培养及驯化移栽后幼苗成活率≥85%（5 分）； 3. 定期观察，记载详细、准确（10 分）； 4. 操作文明、安全，器皿和用具摆放有序，场地整洁（10 分）。	现场调查	30 分
合计			100 分

任务 4-15　红掌的组织培养

案例导入

红掌‘曙光’是从以‘红塔’为母本、‘森普瑞’为父本的杂交 F_1 群体后代中选育而来的盆花新品种。平均株高 38 cm；叶片窄卵圆形，平均长 32 cm、宽 16.5 cm；佛焰苞中等卵圆形，红色，平展，富有光泽，与花梗的角度为近直角，平均长 8.5 cm、宽 8.5 cm；肉穗花序平均长 3.8 cm，花粉囊开裂前基部白色，先端红色。因品种独特深受消费者喜爱。现某农业公司为了扩大市场规模，利用组织培养技术快速繁育红掌‘曙光’，请你设计红掌‘曙光’的植物组织培养方案。

红掌是天南星科花烛属多年生常绿草本植物，别名花烛、安祖花、火鹤花等，原产中美洲，特别适合室内观赏，兼作鲜切花，为当前国际流行的名贵花卉。在全球热带花卉贸易中，红掌销量居第二位，欧洲各国、美国、日本是红掌主要消费市场，栽培自动化程度很高，栽培面积不断扩大，组培快繁是红掌商业化生产、工厂化生产的主要方式。

红掌可用种子繁殖，但进入开花时间长。分株繁殖是红掌以前繁殖的主要方式。红掌植株基部长出吸芽，产生根系后可分株，每年可分 3～4 株，但繁殖系数较低，很难满足规模化生产所需的种苗。现在红掌种苗生产主要通过组织培养进行种苗的快速繁殖，也就是红掌的克隆技术。这样可以在比较短的时间内生产整齐一致的优质种苗，供应生产的需要。通过组织培养技术生产红掌种苗主要有再生体系的建立、增殖培养、壮苗生根、移栽和温室育苗等技术环节。

红掌组培主要采用茎尖或芽和采用叶片、叶柄或茎段两种外植体。不同的外植体诱导再生的途径不一样，用茎尖或芽培养，可直接诱导不定芽或侧芽的发生，可以不断增殖，从而达到培养种苗的目的。而叶片、叶柄或茎段培养则先诱导愈伤组织，再诱导愈伤组织形成芽或体细胞胚。

1.任务要求

(1)了解植物组织培养在红掌生产中的应用情况；

(2)能够独立完成红掌的组培快繁；

(3)掌握红掌组培苗的再生过程；

(4)掌握红掌离体的培养条件；

(5)掌握红掌组培快繁的技术要点；

(6)能够采用正确的方法对红掌的外植体进行消毒处理；

(7)能够独立完成红掌组织培养的无菌操作。

2.任务内容

(1)独立完成红掌组织培养方案的设计；

(2)独立完成红掌外植体的接种；

(3)独立完成红掌试管苗的培养；

(4)并填写记录。

3.材料与用品

红掌、无菌水、超净工作台、接种工具、无菌瓶、烧杯(500 mL)、无菌滤纸、培养皿、记号笔、pH 试纸、75%酒精棉球或接种工具灭菌器等、95%酒精、0.1%的升汞、NAA、BA、2,4-D、百菌清或多菌灵。

4.任务实施

(1)外植体的选择　红掌组培的外植体选择叶片、叶柄或顶芽。

(2)外植体的消毒　取红掌幼苗刚展开的叶片、叶柄和顶芽，放入一容器内，先用自来水冲洗，再用加 0.02%洗洁精的自来水浸泡 10 min，浸泡过程中经常摇动容器，目的是比较彻底地清除材料表面的尘土和菌物。浸泡后，用自来水冲洗 10 min 以上，冲洗后将其转入一干净的三角瓶，再加入 75%酒精，浸泡杀菌 30～60 s。倒掉酒精，用无菌蒸馏水漂洗 1 次，将材料转入经高压消毒的三角瓶中，加入 0.1% $HgCl_2$ 液，浸泡杀菌 8 min，浸泡过程中经常摇动三角瓶。倒掉升汞液，用无菌蒸馏水冲洗 4～6 次。将材料从三角瓶中取出，在灭过菌的滤纸上用解剖刀将顶芽的生长点连同 2～3 个叶原基切出，将幼嫩叶片和叶柄剪成小块或小段，叶片切成 0.5～1.0 cm 见方的小块，叶柄切成 0.3～0.5 cm 的小段，分别接种于芽增殖和愈伤组织诱导培养基。

(3)接种培养

初代培养　①芽为外植体：在超净工作台内的无菌纸上用解剖刀将顶芽的生长点连同 2～3 个叶原基切出，接种芽增殖培养基中。接种完成后盖上瓶盖，贴标签，注明材料名称、接种日期，放入培养室内培养，温度(26±2) ℃。初代培养接种后前几天可适当遮光，以后用日光灯辅助光照。前期对芽暗培养 10 d，后在光下培养，光照度 1 500～3 000 lx、8～10 h/d。接种的生长点转到光下培养 5 d 就转绿，在基部出现绿色芽点，继续培养 2 周，许多芽点便分化成小芽,分化率可达80%以上。②叶片、叶柄为外植体:把叶片切成1 cm ×1 cm 左右的小片,叶柄切成1 cm 左右的小段,接种愈伤组织诱导培养基中。对叶片、叶柄可以不经过暗培养。培养2周左右,在切口处可见愈伤组织产生,再经3～4周,愈伤组织明显长大,但没有芽点形成和芽的分化,必须转入诱导芽分化培养基中方可产生新芽。由于愈伤组织的诱导时间较长,中间需更换1次培养基。

继代培养　将培养皿中愈伤组织长得较好的材料从皿中取出,转入诱导芽再生培养基,培养4周左右,愈伤组织产生不定芽。诱导芽分化培养基既可用于芽分化,又可用于继代培养,在MS基本培养基上,再附加1/4MS中的NH_4NO_3,可增加红掌的繁殖速度。

培养诱导出新芽或愈伤组织后,转瓶进行继代培养。经过40～50 d的诱导培养后,可将建立的无菌培养系转瓶培养增殖和促进芽的形成。40 d左右培养一代,培养条件相同。在增殖培养过程中,会不断长出芽苗,当增殖到一定量时,可降低激素的量,促进芽苗长大长壮,并长出气生根。

生根培养　将继代培养中的大苗取出,在无菌滤纸上从基部切去3 mm左右,接种到生根培养基中。生根培养期间,增强光照有利于生根。生根培养7～10 d就能长出白色突起,三周以后根系长到1 cm以上,这时可以移栽。

壮苗培养1～2代后,转入生根培养基上促进根的形成;在生根培养基上经过7～10 d培养后,幼苗基部会长出气生根,之后根系逐步形成根系,培养30～40 d左右,小苗也进一步长高至3～4 cm。这一时期辅助光照可使苗更为粗壮。

红掌试管苗可以直接进行瓶外发根培养,既可省去生根阶段的成本费用,又可加快繁殖速度。工厂化育苗可考虑采用此法。

(4)培养基的选择

芽增殖培养基　MS +1～1.5 mg/L 6-BA +0.5～1 mg/L NAA。

愈伤组织诱导培养基　1/2MS+0.6～1.2 mg/L 6-BA+0.1～0.2 mg/L 2,4-D+蔗糖20 g/L或白砂糖30 g/L,pH 5.8;

芽分化培养基　MS+6-BA 1.0～2.0 mg/L+蔗糖(白糖)30 g/L,pH 5.8;

生根培养基　1/2MS+NAA 0.5～1.5 mg/L+蔗糖15 g/L,pH 5.8～6.0。

(5)培养条件　室温25 ℃±2 ℃,光照16 h/d,光照强度2 000 lx。

(6)驯化移栽　将瓶苗取出,用自来水漂洗净苗上的培养基后可进行移栽。移栽基质可用3份泥炭、1份珍珠岩和1份椰糠混配的基质,也有的用河沙、碎插花泥等。种栽后用800～1 000倍百菌清淋透。注意喷水保湿,移栽前期适度遮阴。小苗成活后每隔7～10 d用叶面肥喷施,促进生长。定期喷多菌灵、百菌清等护苗防病。幼苗期叶茎都较嫩,常有地老虎、蜗牛等为害,要酌情给予防治。

5.注意事项

(1)选择的外植体要求无病、健壮。

(2)接种工具必须彻底灭菌。

(3)定期观察试管苗,并进行记录。

6.考核建议

考核重点是操作规范性、准确性和熟练程度。考核方案见表4-17。

表 4-17　红掌组培的考核方案

考核项目	考核标准	考核形式	满分
实训态度	1. 听从指挥，遵章守时(10 分)； 2. 实训积极、认真，有团队意识和创新精神(10 分)； 3. 实训报告字迹工整、记录全面(10 分)。	跟踪观察、实训报告	30 分
现场操作	1. 培养基配制及灭菌、接种室及超净工作台消毒、药品及器械等准备齐全(10 分)； 2. 外植体取材适当，消毒流程正确，每步操作到位(10 分)； 3. 接种材料大小适宜、符合标准，无菌操作规范、熟练(10 分)； 4. 移栽操作规范，无材料损伤、浪费情况(10 分)。	现场操作、口试	40 分
培养与驯化效果	1. 材料接种摆布合理，方向正确，深浅适宜(5 分)； 2. 能根据培养物生长情况及培养阶段要求及时转接，每次接种 5 d 后统计污染率低于 2%，生根壮苗培养及驯化移栽后幼苗成活率≥85%(5 分)； 3. 定期观察，记载详细、准确(10 分)； 4. 操作文明、安全，器皿和用具摆放有序，场地整洁(10 分)。	现场调查	30 分
合计			100 分

任务 4-16　彩色马蹄莲的组织培养

案例导入

某公司年产销彩色马蹄莲盆花 100 万盆，年产销彩色马蹄莲切花 150 万支，产品主要销往北京、上海、浙江、广东等地，现已成为国内最大的彩色马蹄莲生产商。该公司拥有 6 000 m^2 的专业彩色马蹄莲切花生产温室，所出产的彩色马蹄莲切花茎秆粗壮、花色艳丽，是高档花材中的佼佼者。最近该公司收到一批彩色马蹄莲的购货订单，请你设计彩色马蹄莲的植物组织培养方案。

彩色马蹄莲是天南星科马蹄莲属球根花卉，是马蹄莲的近缘种，彩色马蹄莲自进入中国以来，以其艳丽的色彩、高雅的形态，深受人们的喜爱，被公认为 21 世纪的“花卉之星”，具有极大的市场发展潜力。但是，彩色马蹄莲的常规繁殖主要通过播种法和分生法进行。播种法周期长，繁殖系数小，而且变异大，很难保持彩色马蹄莲原有的优良性状；而分生法一般仅在休眠期进行，取小块茎种植，第二年方可开花，时间也比较长，而且繁殖系数也很小，因此，这两种繁殖方法远不能满足生产上的需要。组织培养技术生产彩色马蹄莲种苗，种球种植后，植株长势强、开花整齐、产花量高，且花色均匀一致，保持了品种的原有特性。

彩色马蹄莲的无菌体系的建立比较难，同时接入的芽可能有一个休眠的过程，有时虽然芽已经接入瓶内，但生长非常缓慢，有一个停滞时期之后才会开始正常生长。特别是在采花后就直接采球进行组织培养时这种停滞生长现象特别明显。一般经过催芽处理后的种球生长会相对正常。所以适时采芽浸种极为重要。

彩色马蹄莲快速繁殖的适宜外植体是块茎和块茎芽。彩色马蹄莲快速繁殖的有效途径如下:块茎→50%多菌灵2 000倍液浸泡8 h→常规灭菌→MS+6-BA 1～2 mg/L+NAA 0.1 mg/L进行愈伤组织及不定芽诱导→MS+6 BA 0.2～0.5 mg/L+NAA 0.2～0.5 mg/L进行增殖培养→MS+NAA 0.3 mg/L+IBA 0.2 mg/L进行生根培养→生长出2～4条健壮根时进行移栽→以蛭石为移栽基质,浇灌稀释1 000液的MS营养液。组培苗要求植株长势良好,叶色绿,根系发育良好,苗高3～5 cm,有3～5片发育正常的叶片。

1.任务要求

(1)了解植物组织培养在彩色马蹄莲生产中的应用情况。

(2)能够独立完成彩色马蹄莲的组培快繁。

(3)掌握彩色马蹄莲组培苗的再生过程。

(4)掌握彩色马蹄莲离体的培养条件。

(5)掌握彩色马蹄莲组培快繁的技术要点。

(6)能够采用正确的方法对彩色马蹄莲外植体进行消毒处理。

(7)能够独立完成彩色马蹄莲组织培养的无菌操作。

2.任务内容

(1)独立完成彩色马蹄莲组织培养方案的设计。

(2)独立完成彩色马蹄莲外植体的接种。

(3)独立完成彩色马蹄莲试管苗的培养。

(4)填写记录。

3.材料与用品

彩色马蹄莲根茎、无菌水、超净工作台、接种工具、无菌瓶、烧杯(500 mL)、无菌滤纸、培养皿、记号笔、75%酒精棉球或接种工具灭菌器等、95%酒精、0.1%升汞、NAA、BA、IBA。

4.任务实施

(1)外植体的选择　在栽培地中选取开花良好的彩色马蹄莲植株,待花谢后挖取块状根茎,自然晾干后,用100 mg/L的GA_3进行30～60 min的浸泡处理,促进芽眼萌发。待20 d左右芽眼萌动后,将块茎用软毛刷刷洗干净,剥去芽表褐色皮层,挖取0.5 cm^2大小的生长芽或芽眼。

(2)外植体的消毒　将从种球上挑下的芽眼放入洗衣粉水中充分漂洗,然后在0.1%的升汞溶液中浸泡30～40 min,切除四周少许组织,放入2%次氯酸钠溶液中浸泡15～20 min,无菌水洗3次,以除去残留消毒液。

(3)接种培养

初代培养　将消毒后的外植体接种于诱导培养基中。生长及分化芽眼30 d左右便可在诱导培养基中萌发,并有部分丛生芽的分化。将芽对半切开,这样容易较早诱导出丛生芽及愈伤组织。继续培养60 d后,在部分芽块基部可形成致密具绿色芽点的愈伤组织,并有大量不定芽长出,较大的不定芽可长到2 cm左右高。芽眼萌发的原生芽与愈伤组织分化的不定芽植株无明显差异。在组培中马蹄莲的生长比较慢,培养瓶用不透气膜封口较透气膜更有利于苗的生长和分化。

继代培养　将瓶苗置于无菌条件下,小心从瓶中取出,切去过长叶片(叶高达2 cm以上),

保留块茎基部小叶，将彩色马蹄莲丛生块茎纵切，每小块上保留 2～3 个小叶，接种到添加培养基上。经培养 1 周后，芽体开始达 1∶(10～20)伸长，并有小的芽体开始萌动。培养 2～3 周后，在芽体周围开始形成丛生小芽，培养 4～5 周，叶片伸长，叶高的可达 3～5 cm 高，最低不到 1 cm。在密生小叶的块茎上仍可见到密生的萌动小芽体。

生根培养　无菌苗在培养室培养 30 d 以后，将高度在 2～3 cm 的无菌苗，转入生根培养基进行生根壮苗培养，7～15 d 以后，均有较多的根系生成。

(4)培养基的选择

诱导培养基　MS+6-BA 1～2 mg/L +NAA 0.1 mg/L。

增殖培养基　MS+6-BA 0.2～0.5 mg/L+NAA 0.2～0.5 mg/L。

生根培养基　MS+NAA 0.3 mg/L+IBA 0.2 mg/L。

各个品种在组培时的增殖差异较大，要根据不同品种的长势进行激素的调整。

(5)培养条件　室温(25±2) ℃，光照 12 h/d，光照强度 2 000 lx。

(6)驯化移栽　彩色马蹄莲不像其他球茎花卉可在培养瓶内形成块茎或小球茎，因此彩色马蹄莲只能栽种组培苗，一般彩色马蹄莲组培苗需在田间栽培 3～4 个月小子球才开始形成。

将生根苗小心自瓶中取出，洗去培养基以后，按 5 cm×6 cm 的株行距移栽于泥炭土加珍珠岩各半的苗床上。苗床宽 1.2 m，长度依移栽苗量而定。移栽苗床搭小拱棚保湿，每天中午注意将棚两端掀开通风，移栽 1 个月内注意保湿并不定期向苗株喷洒千分之一大量元素稀释液以补充营养。移栽苗 1 个月以后开始迅速生长，此时适当增加光照并辅助叶片施肥，幼苗生长茁壮。

幼苗移栽以春、夏季最好，此时幼苗成活率高，可达到 90%左右，而且移栽的苗生长期长，到冬季休眠时已形成直径为 2～3 cm 的小球茎。春夏季以后移栽成活率稍低，而且形成的球茎很小，有时甚至未形成小块茎即枯叶。但到第 2 年春，小苗一般都会萌发生长。

当苗休眠后挖出球茎，放于阴凉通风处储藏，翌年春季经赤霉素浸泡处理 10 min，然后进行正常栽培，5—6 月份少部分球茎便可开花。其他需再培养 1 年，即可长成直径 5～8 cm 的开花球，用于优质彩色马蹄莲切花的生产。

5.注意事项

(1)选择的外植体要求无病、健壮。

(2)接种工具必须彻底灭菌。

(3)定期观察试管苗，并进行记录。

6.考核建议

考核重点是操作规范性、准确性和熟练程度。考核方案见表 4-18。

表 4-18　彩色马蹄莲组培的考核方案

考核项目	考核标准	考核形式	满分
实训态度	1.听从指挥，遵章守时(10 分)； 2.实训积极、认真，有团队意识和创新精神(10 分)； 3.实训报告字迹工整、记录全面(10 分)。	跟踪观察、实训报告	30 分

续表 4-18

考核项目	考核标准	考核形式	满分
现场操作	1. 培养基配制及灭菌、接种室及超净工作台消毒、药品及器械等准备齐全(10 分)； 2. 外植体取材适当，消毒流程正确，每步操作到位(10 分)； 3. 接种材料大小适宜、符合标准，无菌操作规范、熟练(10 分)； 4. 移栽操作规范，无材料损伤、浪费情况(10 分)。	现场操作、口试	40 分
培养与驯化效果	1. 材料接种摆布合理，方向正确，深浅适宜(5 分)； 2. 能根据培养物生长情况及培养阶段要求及时转接，每次接种 5 d 后统计污染率低于 2%，生根壮苗培养及驯化移栽后幼苗成活率≥85%(5 分)； 3. 定期观察，记载详细、准确(10 分)； 4. 操作文明、安全，器皿和用具摆放有序，场地整洁(10 分)。	现场调查	30 分
合计			100 分

任务 4-17　中国兰花的组织培养

案例导入

农历新年临近，韶关市翁源县的年花市场逐渐热闹了起来，这个全国最大的国兰生产基地，迎来了一年中的销售旺季，商家挂起了“年宵花特卖场”的横幅，一盆盆兰花从这里出发，运达世界各地。2008 年，中国野生植物保护协会授予韶关市翁源县“中国兰花之乡”，其国兰供应量超过全国的 60%，成为名副其实的“中国兰花第一县”。翁源县某公司迎来了一批生物技术专业毕业的实习生，将从事中国兰花植物组织培养技术，在面试时考官出了一道专业题，简述中国兰花植物组织培养的程序，请你思考该如何回答。

中国兰又称国兰，是指原产我国、日本及朝鲜的地生兰种类，可分为蕙兰、春兰、建兰、寒兰、墨兰五大类。中国兰因在我国具有悠久的栽培历史，所以称为中国兰，其味幽香，花色淡雅，具有很高的观赏价值。

中国兰花组培再生植株，程序是：从外植体/种子开始、诱导形成原球茎、原球茎(根状茎)大量增殖、分化出小植株、生根壮苗培养、驯化。许多种类还要经过根状茎阶段，才能形成完整植株。

国兰在组培中，受技术、母体数量等因素制约，应用的外植体种类相对较少，使用较多、并较易获成功的是顶芽和腋芽，一般认为顶芽优于腋芽。对复轴生长类型的洋兰更适合茎尖作为外植体。但对稀有名贵的国兰品种而言，使用顶芽等于损失了苗，代价太大。春兰、墨兰、建兰等均可用苞叶未展开的新芽的茎尖诱导出大量的类原球茎，类原球茎发育成根状茎后(根状茎为地下的变态茎之一，横生的肉质茎，具有明显的节和节间，先端生有顶芽，节上通常有退化的鳞片叶与腋芽，并常生有不定根)进一步长成幼苗；茎尖及侧芽带 1～2 个叶原基的茎圆锥成活率高，中间部位侧芽成活率较高，从长 1～2 cm、苞叶未展开的新芽上切取茎尖则成功率更高，过小的外植体不但活力弱，而且分裂增殖的部位少，过大的外植体，诱导困难，容易褐化死亡。

兰花种子非常细小，每粒种子长 1～2 mm，直径 0.1～0.2 mm，重量只有 0.3～6.5 μg，且种子内的胚多半不成熟或发育不完全，种皮致密、透性差或种皮中含有抑制物，难以在自然条件下萌发。有研究发现兰花种子萌发伴随着真菌感染的现象，从而用兰花根菌感染兰花的种子进行萌发试验，取得共生萌发方法的成功，现在种子的非共生萌发方法也获成功，并成为兰花组织培养的兴趣点。因此兰花种子用于组织培养的前景极富吸引力。大部分的种子可通过无菌萌发的方式进行萌发，附生或半附生兰和气生兰及杂交后代的种子萌发较易，而地生兰种子的萌发较难。有报道用春兰成年植株的根状茎成功诱导出完整植株。

中国兰组织培养的不同阶段对培养基要求不同，如用于原球茎诱导增殖的培养基，常用的是改良的 MS、White、VW、Knudson C、Kyoto 等。春兰以无机盐浓度高、氨态氮含量低、生长素含量高的培养基为好；蕙兰、建兰等则以无机盐浓度较高，生长素含量较低的培养基为宜。对于培养基中无机盐的量，春兰要求要少，惠兰要求的量较大，而墨兰则不敏感。蔗糖作为培养基的能源物质和渗透调节剂，对原球茎的生长影响较大，因此一般情况下，蔗糖是首选碳源，且不同浓度对兰花组培的作用不同。浓度 2％蔗糖对兰属原球茎生长最好，用浓度 2％～3％蔗糖促进芽的形成，而根的分化和生长则用浓度 5％蔗糖最适合。

用 0.5 mg/L NAA ＋ 1.0 mg/L BA 有利于墨兰根状茎的增殖；培养基中添加 2.0 mg/L 6-BA ＋ 0.2 mg/L NAA 时，建兰原球茎既能增殖又能分化，成苗率较高且根系健壮；6-BA（1.0～5.0 mg/L）与 2,4-D（0.5～2.0 mg/L）配合使用有利于花梗诱导出原球茎；在 MS 培养基中，当细胞分裂素/生长素的比值为 3.0 时，愈伤组织的诱导率最高，可达 60％，愈伤组织诱导及芽苗分化适宜的 6-BA 与 IBA 的浓度分别为 1.5 mg/L、0.5 mg/L，而添加 IBA 0.1 mg/L 与6-BA 0.5 mg/L 的 1/2MS 培养基对于外植体的继代增殖及壮苗生根较为有利。

春兰原球茎生长与分化成苗在液体培养时有较好结果，显然是振荡培养通气好，原球茎与液体可充分接触，能更好地吸收营养；建兰用液体悬浮培养方式明显地促进原球茎的增殖速度和分化成苗程度并可提高原球茎的增殖率；在兰花的整个生产过程中，利用半固体培养或液体培养进行原球茎增殖，利用固体培养分化和生根，可增加繁殖系数，降低污染，减少成本，有利于大规模生产。培养条件：培养温度在（25±3）℃最好，培养室相对湿度一般保持在 70％～75％最适。培养基一般呈弱酸性，中国兰比较敏感，pH 以 5.1～5.4 为宜。建兰原球茎增殖较为适宜的 pH 是 5.0±0.2，以 pH 为 5.0 最佳。另外，无机离子与射线辐射对根状茎的生长发育也有作用。在培养基中加入低浓度的 $La(CH_3COO)_3$，可促进墨兰根状茎增粗，加快顶芽生长。应用低剂量的 ^{60}Co 射线对墨兰根状茎绿芽进行照射后，有效促进了绿芽的分化。高压静电场促进舟山春兰愈伤组织的生长。

1.任务要求

（1）了解植物组织培养在中国兰花生产中的应用情况。

（2）能够独立完成中国兰花的组培快繁。

●思政花园

天性好比种子，它既能长成香花，也可能长成毒草。所以人应当时时检查，以培养前者而拔除后者。

——培根

(3)掌握中国兰花组培苗的再生过程。

(4)掌握中国兰花离体的培养条件。

(5)掌握中国兰花组培快繁的技术要点。

(6)能够采用正确的方法对中国兰花的外植体进行消毒处理。

(7)能够独立完成中国兰花组织培养的无菌操作。

2.任务内容

(1)独立完成中国兰花组织培养方案的设计。

(2)独立完成中国兰花外植体的接种。

(3)独立完成中国兰花试管苗的培养。

(4)填写记录。

3.材料与用品

建兰、春兰、无菌水、超净工作台、接种工具、无菌瓶、烧杯(500 mL)、无菌滤纸、培养皿、记号笔、75%酒精棉球或接种工具灭菌器等、95%酒精、0.1%升汞、NAA、6-BA、IBA、活性炭、椰子汁、香蕉泥、甲基托布津。

4.任务实施

(1)建兰的组织培养

①外植体的选择　选择生长健壮叶片尚未展开的新生芽的茎尖作外植体。

②外植体的消毒　取1～2 cm新芽,在维生素C中浸泡20 min,用75%酒精漂洗0.5～1 min,再用0.1% $HgCl_2$ 消毒5～6 min,无菌水冲洗7～8次,无菌条件下剥取0.1～0.2 cm茎尖,接种。

③接种培养

原球茎的诱导　将消毒后的无菌培养材料接种在诱导原球茎培养基上,约120 d后,可诱导出原球茎。

原球茎的增殖培养　将诱导生成的原球茎切下转接到原球茎的增殖培养基上,30 d后根状茎增殖约6倍。

根状茎分化出芽和生根培养　将获得的根状茎转入根状茎分化培养基中,约30 d后,根状茎顶端开始分化形成芽,再经过20 d左右,芽基部分化出根,形成完整的植株。根状茎的分割不可太小,培养群体不宜太少,否则根状茎生长不良,甚至死亡。

壮苗培养　生根组培苗壮苗培养基培养15 d后移栽。

④培养基的选择

诱导原球茎培养基　MS(大量元素、微量元素减半)+NAA 6 mg/L+10%椰子汁,pH 5.4。

原球茎增殖培养基　MS+NAA 1～2 mg/L+ 10%椰子汁+0.1% 活性炭,pH 5.4。

根状茎分化出芽和生根培养基　1/2MS+6-BA 2 mg/L+NAA 0.2 mg/L+ 10%香蕉泥,pH 5.4。

⑤培养条件

原球茎的诱导培养条件　室温(25±2) ℃,暗培养。

原球茎的增殖培养条件　室温(25±2) ℃,光照强度1 000 lx,光照时间12 h/d。

⑥驯化移栽　兰花试管苗适应外界条件的能力较差，移栽养护技术难度较大。小植株形成后再经过30～45 d的培养，当试管苗长6～8 cm有3片真叶时，进行7 d的室温炼苗。移栽前，将黏附在根系上的培养基洗净（注意不可伤根），用0.2%甲基托布津溶液浸泡15 min，然后移栽入栽培基质中，移栽基质用水苔，保持温度15～25 ℃，空气相对湿度80%左右的条件下进行养护，并定期施用营养液。

(2)春兰的组织培养

①外植体的选择　选择生长健壮叶片尚未展开的新生芽的茎尖作外植体。

②外植体的消毒　取芽或种荚，先用洗洁精泡洗30 min，用自来水冲洗干净，超净工作台上用75%酒精擦洗外表，再在1%升汞中浸洗约5～6 min，用无菌水反复冲洗3～4次。

③接种培养

原球茎的诱导　切去茎芽外包被或解剖种荚，将消毒后的无菌培养材料接种在诱导原球茎培养基上，4～6个月诱导出芝麻大小浅绿色原球茎。

原球茎的增殖培养　将诱导生成的原球茎切下转接到原球茎的增殖培养基A号上，培养1～2个月原球茎长至米粒大小，转接至增殖培养基B号，交替培养2～3次，原球茎增殖速度加快，形成由许多原球茎组成的指状大小原球茎团，原球茎增多可切割成数小块，置于全振荡培养箱内培养，温度控制在24～26 ℃，转速调至80～100 r/min。15～20 d，可长出白色芝麻粒大小原球茎。原球茎长至有米粒大小继续分割，可继代培养多次，增加原球茎的繁殖系数。

根状茎分化出芽和生根培养　切取根状茎端部1 cm长，无分枝小段，用于根状茎增殖；切取根状茎端部1.5～2 cm长，有3～5个分枝点的小段，用于根状茎诱芽。全部用100 mL三角锥瓶，固体培养基30～50 mL/瓶，薄层液体静置培养10 mL/瓶。

④培养基的选择

诱导原球茎培养基　1/2MS +0.7%琼脂糖+30 g/L蔗糖+0.01%活性炭，pH 5.4～5.6；

原球茎增殖培养基　1/2MS + 0.1～0.5 mg/L 6-BA+0～0.01 mg/L NAA + 0.7%琼脂糖+30 g/L蔗糖+ 0.1%活性炭，pH为5.2～5.4。

根状茎增殖培养基　固体培养基。1 /2MS（维生素不减半）+NAA 5 mg/L+椰乳100 g/L+活性炭3 g/L +20 g/L糖+8.5 g/L琼脂；液体培养基同固体培养基不加琼脂。

根状茎诱芽培养基　液体培养，1/2MS（维生素不减半）+NAA 0.2 mg/L+6-BA 2 mg/L+蔗糖20 g/L；固体培养，1/2MS（维生素不减半）+NAA 0.12 mg/L+6-BA 2 mg/L+糖+琼脂8.5 g/L，白糖30 g/L 。

⑤培养条件　室温(25±2) ℃，光照强度1 000 lx，光照时间12 h/d。

5.注意事项

(1)选择的外植体要求无病、健壮。

(2)接种工具必须彻底灭菌。

(3)定期观察试管苗，并进行记录。

6.考核建议

考核重点是操作规范性、准确性和熟练程度。考核方案见表4-19。

表 4-19　中国兰花组培的考核方案

考核项目	考核标准	考核形式	满分
实训态度	1. 听从指挥，遵章守时(10 分)； 2. 实训积极、认真，有团队意识和创新精神(10 分)； 3. 实训报告字迹工整、记录全面(10 分)。	跟踪观察、实训报告	30 分
现场操作	1. 培养基配制及灭菌、接种室及超净工作台消毒、药品及器械等准备齐全(10 分)； 2. 外植体取材适当，消毒流程正确，每步操作到位(10 分)； 3. 接种材料大小适宜、符合标准，无菌操作规范、熟练(10 分)； 4. 移栽操作规范，无材料损伤、浪费情况(10 分)。	现场操作、口试	40 分
培养与驯化效果	1. 材料接种摆布合理，方向正确，深浅适宜(5 分)； 2. 能根据培养物生长情况及培养阶段要求及时转接，每次接种 5 d 后统计污染率低于 2%，生根壮苗培养及驯化移栽后幼苗成活率≥85%(5 分)； 3. 定期观察，记载详细、准确(10 分)； 4. 操作文明、安全，器皿和用具摆放有序，场地整洁(10 分)。	现场调查	30 分
合计			100 分

任务 4-18　非洲菊的组织培养

案例导入

在江西省宜春市上高县野市乡明星村的非洲菊种植基地，只见整齐排列的大棚里一派春意盎然，一朵朵色彩缤纷的非洲菊竞相盛放，让人目不暇接，花农们穿梭在一朵朵盛开的非洲菊之间，熟练地除草护苗、采摘鲜花。该基地累计种植非洲菊 20 余亩，包含红艳、玲珑、粉佳人、金太阳、大西菊等 9 个品种，年产非洲菊 10 万余扎，可实现销售收入 100 多万元，带动了周边村民就业。某学校为助力乡村振兴，进行科技服务，开展非洲菊植物组织培养技术培训，提高非洲菊的品质，帮助该地区非洲菊实现远销海外的愿景。

非洲菊别名扶郎花，菊科扶郎属宿根草本花卉。非洲菊原产南非，其花朵硕大、花枝清秀挺拔、花色丰富艳丽、花期长、产花量高，既可盆栽又可用于切花，切花瓶插期长，具有较高的观赏价值；在温暖条件下能周年开花，栽培管理省工，在设施条件下能四季供花，是目前国际市场畅销名花之一。非洲菊传统生产上常规繁殖方法是种子播种繁殖或无性繁殖，但种子繁殖种子寿命短、发芽率低、后代变异性大，而无性(分株)繁殖则繁殖系数很低，一株母株一年仅能分株 5～6 株，难以满足市场的需求。因此国际上多采用组织培养来快速繁育非洲菊，以扩大生产规模，满足花卉市场需求。

非洲菊的花托、花萼、生长点、叶柄、子房、花瓣均可作为外植体诱导产生愈伤组织。外植体的大小对愈伤组织产生的速度和数量及芽的分化均有较大影响。当外植体过大时，愈伤组织诱导率下降。花托外植体的大小，直接影响愈伤组织上芽的分化。直径过大的花托外植体，在诱导过程中虽然可看到愈伤组织出现及增殖，有时也有细长的小花出现，但很快就会变成褐色，而且这类愈伤组织一般不分化出芽。有研究表明直径 0.5～0.7 cm 的幼小花托上所诱导出的愈伤组织，可分化出一定数量的营养芽进而形成芽丛，生根率可达 100%。

由于非洲菊植株表面着生有细毛，因此表面灭菌时间应尽量长一些。可以用洗衣粉溶液和自来水将外植体洗涤干净后，用 75%酒精浸泡 60 min，蒸馏水洗 3 次。随后，在超净工作台内，用市售 84 消毒液配制 20%～40%溶液并加 2 滴吐温-20，浸泡 30 min，每隔 10 min 搅动 1 次，倒掉溶液后直接将外植体放在灭菌纸上吸干余液接种，此法操作简单安全。

1/2MS 培养基比全量 MS 培养基更利于非洲菊愈伤组织和根系的诱导；有研究表明6-BA 诱导非洲菊愈伤组织的效果优于 KT 和 TDZ。在仅含生长素的非洲菊不定芽接种至生根培养基 1/2MS＋NAA 0.1 mg/L（液体）中，生根率可以达到 100%。

试管苗移栽成活率的高低，直接影响组培的效率及商品苗的产量；而试管苗的移栽成活率，与移栽环境、基质有关。非洲菊叶片基生，栽植过深易窝心，生长缓慢且易发生烂苗，故移栽的关键为“浅栽”，即以埋住根系为准。当植株在生根培养基中长成 4～5 cm，根长 3～4 cm 时便可驯化移栽。将培养瓶口逐渐打开，炼苗 3～4 d。小苗冲洗培养基后移栽于基质中。

移栽时用镊子将小苗从培养瓶内取出，并在水中洗去琼脂，栽入加有少量珍珠岩和腐叶土的混合基质内。用杀菌剂喷雾搅拌基质，进行杀菌消毒，并施用适量尿素，基质湿度以 60%～65%为宜，即手握成团，落地散开。移栽初期保持较大的空气湿度，控制光照，昼夜温度保持在 15～30 ℃。6～7 d 后，小苗已始发新根，可适当通风，酌情浇水、喷洒营养液、多菌灵等。如果有喷灌设施条件，则可以直接将瓶苗种植于成条的苗床上，只要注意遮阴，在喷雾条件下，一般成活率可以达到 95%以上。在没有自控温室的条件时，可进行人工环境管理，重点是空气相对湿度管理，前期遮阴，后期适当增加光照，同样可以获得 90%以上的过渡成活率。

非洲菊驯化移栽采用的基质可依各地区资源而定，腐叶土、砻糠灰、锯木屑、菌糠、椰子壳等添加一定比例的蛭石均可达到较高的驯化成活率。前期可以不用施肥，1 个月后可适当进行叶面追肥，在整个过程中都要加强病虫害的防治工作。

1.任务要求

(1)了解植物组织培养在非洲菊生产中的应用情况。

(2)能够独立完成非洲菊的组培快繁。

(3)掌握非洲菊组培苗的再生过程。

(4)掌握非洲菊离体的培养条件。

(5)掌握非洲菊组培快繁的技术要点。

(6)能够采用正确的方法对非洲菊的外植体进行消毒处理。

(7)能够独立完成非洲菊组织培养的无菌操作。

2.任务内容

(1)独立完成非洲菊组织培养方案的设计。

(2)独立完成非洲菊外植体的接种。

(3)独立完成非洲菊试管苗的培养。

(4)填写记录。

3.材料与用品

非洲菊、无菌水、超净工作台、接种工具、无菌瓶、烧杯（500 mL）、无菌滤纸、培养皿、记号笔、75%酒精棉球或接种工具灭菌器等、95%酒精、0.1%升汞、NAA、6-BA、多菌灵。

4.任务实施

(1)外植体的选择　以非洲菊的花托作外植体。选择无病虫害、植株生长健壮、花色纯正的优良单株进行取材。作为外植体的花蕾要选直径在0.5～1.0 cm,而且未露心的小花蕾,太大或是太小的花蕾均不能获得满意的效果。

(2)外植体的消毒　用洗衣粉溶液和自来水将外植体洗涤干净后,用75%酒精浸泡60 min,蒸馏水洗3次。随后,在超净工作台内,用市售84消毒液配制20%～40%溶液并加2滴吐温-20,浸泡30 min,每隔10 min搅动1次,倒掉溶液后直接将外植体放无菌滤纸上吸干余液接种。

(3)接种培养

初代培养　将消毒好的材料用无菌滤纸吸去多余的水分,然后在无菌超净工作台上,借助解剖刀将幼花托的萼片及表面小花全部剥除,并切割成0.2～0.3 cm见方的块状,也可放入稀释的维生素C溶液中浸泡1～2 min,减少褐变造成的死亡,再接种于诱导培养基中。接种完成后盖上瓶盖,贴标签,注明材料名称、接种日期,置于培养室进行培养。若在最初的2～3 d的时间里选择暗培养,然后在正常的培养条件下进行培养,将减少外植体的褐变死亡。接种7～10 d后开始膨大,并在外植体表面产生黄白色愈伤组织。

继代培养　15 d后,多数愈伤组织逐渐转为绿色,在已杀过菌的超净工作台中打开培养基,用镊子取出愈伤组织,置于已灭菌的培养皿中,将绿色的愈伤组织块分切成小块,接种在继代培养基中。接种完成后盖上瓶盖,贴标签,注明材料名称、接种日期,置于培养室进行培养。1周后,分化出的芽形成芽丛。接种到MS或1/2MS+BA 1.0～5.0 mg/L+NAA 0.2～0.5 mg/L诱导不定芽的培养基中。经过不断转接愈伤组织逐渐分化出芽。

生根培养　不定芽经过扩繁和继代培养后,达到可维持一定生产量的增殖系数时,便可在每次继代时将苗高2～3 cm的单株切下,转入生根培养基中进行生根培养。7～8 d后,小苗基部就会长出3～5条不定根,生根率可达到98%以上,12～15 d后,当根长达到0.8～1.5 cm时,就可以出瓶驯化;如果根太长,反而不利于驯化移栽。

(4)培养基的选择

初代培养基　MS+6-BA 1.0 mg/L+NAA 1 mg/L

继代培养基　MS或1/2MS+6-BA 1.0 mg/L+NAA 0.2 mg/L

生根培养基　1/2MS+NAA 0.1 mg/L

(5)培养条件　室温(25±2) ℃,光照16 h/d,光照强度2 000 lx。

(6)驯化移栽　当试管苗长至3～4 cm、根系发育比较完整时,即可出瓶。将三角瓶放在窗口附近,不打开瓶塞,炼苗3～4 d后移栽。

移栽时用镊子将小苗从培养瓶内取出,并在水中洗去琼脂,栽入加有少量珍珠岩和腐叶土的混合基质内。用杀菌剂喷雾搅拌基质,进行杀菌消毒,并施用适量尿素,基质湿度为60%～65%。移栽初期保持较大的空气湿度,控制光照,昼夜温度保持在15～30 ℃。6～7 d后,小苗已始发新根,可适当通风,酌情浇水、喷洒营养液、多菌灵等。

5.注意事项

(1)选择的外植体要求无病、健壮。

(2)接种工具必须彻底灭菌。

(3)定期观察试管苗,并进行记录。

6.考核建议

考核重点是操作规范性、准确性和熟练程度。考核方案见表4-20。

表4-20　非洲菊组培的考核方案

考核项目	考核标准	考核形式	满分
实训态度	1.听从指挥,遵章守时(10分); 2.实训积极、认真,有团队意识和创新精神(10分); 3.实训报告字迹工整、记录全面(10分)。	跟踪观察、实训报告	30分
现场操作	1.培养基配制及灭菌、接种室及超净工作台消毒、药品及器械等准备齐全(10分); 2.外植体取材适当,消毒流程正确,每步操作到位(10分); 3.接种材料大小适宜、符合标准,无菌操作规范、熟练(10分); 4.移栽操作规范,无材料损伤、浪费情况(10分)。	现场操作、口试	40分
培养与驯化效果	1.材料接种摆布合理,方向正确,深浅适宜(5分); 2.能根据培养物生长情况及培养阶段要求及时转接,每次接种5 d后统计污染率低于2%,生根壮苗培养及驯化移栽后幼苗成活率≥85%(5分); 3.定期观察,记载详细、准确(10分); 4.操作文明、安全,器皿和用具摆放有序,场地整洁(10分)。	现场调查	30分
合计			100分

任务4-19　菊花的组织培养

案例导入

河北省邯郸市大名县陈道仙村的农田,曾经是大小不一、散乱分布的“巴掌田”和撂荒地,如今取而代之的是400亩的菊花盛景,原来的撂荒地如今成为“希望田”。在该村“两委”的支持与帮助下,陈道仙村村民同意将土地租给某公司,成立合作社,采取“合作社+农户+基地”模式,农户以地入股,合作社负责提供菊花幼苗、技术、销路,通过整合地块和规模化、规范化种植,提高了土地产出效益。某组织培养公司接到该合作社订购菊花组培苗的合同,请你按照合同如期提供菊花组培苗。

菊花是菊科菊花属多年生宿根草本植物,原产于我国。它花色繁多,品种丰富,具有很强的观赏价值,是目前世界上栽培最广的切花及盆花之一。它的繁殖可以用播种法、扦插法、分株法、组织培养法。在种苗生产上运用最广泛的方法是扦插和组培。由于菊花的病毒病种类比较多,而且危害也较为严重,使用扦插繁殖苗,容易引起病毒病的扩张和蔓延,因此茎尖脱毒培养和组培快繁生产母本植株,再生产扦插苗的技术,对优良品种的脱病毒和复壮有着重要意义。

菊花无根苗生根一般较容易，通常在增殖培养时久不转瓶，即可生根，但这种根的根毛较少或无，不利将来移栽和生长，所以常用下列方法处理：一是无根苗的试管生根 。切取 3 cm 左右无根嫩茎，转插到 1/2MS＋NAA（或 IBA）0.1 mg/L 的培养基中，经两周即可生根。然后再进行移栽驯化，移栽初期保持高湿度条件，营养钵基质浇透水，取出生根的试管苗，洗掉附着在根部的培养基，用竹签在基质上打一小孔，将幼苗插入基质中。然后加设小拱棚以保湿，随着幼苗的生长，逐渐降低空气湿度和基质含水量，转为正常苗的管理阶段。二是无根嫩茎直接插植到基质中生根。利用菊花嫩茎易于生根的特点，可免去试管生根一道工序。剪取 2～3 cm 无根苗，插植到珍珠岩或蛭石的基质中，基质事先用生根激素溶液浸透，10 d 后生根率可达95％～100％。菊花用组织培养快速繁殖，一般 4～6 周为一个周期，增殖倍率均在 5～10 倍及以上。若以 5 倍计算，平均以 40 d 为一个周期，一年可获得 100 万～900 万株苗，比常规繁殖快数千倍。

1.任务要求

(1)了解植物组织培养在菊花生产中的应用情况。

(2)能够独立完成菊花的组培快繁。

(3)掌握菊花组培苗的再生过程。

(4)掌握菊花离体的培养条件。

(5)掌握菊花组培快繁的技术要点。

(6)能够采用正确的方法对菊花的外植体进行消毒处理。

(7)能够独立完成菊花组织培养的无菌操作。

2.任务内容

(1)独立完成菊花组织培养方案的设计。

(2)独立完成菊花外植体的接种。

(3)独立完成菊花试管苗的培养。

(4)填写记录。

3.材料与用品

菊花、无菌水、超净工作台、接种工具、无菌瓶、烧杯（500 mL）、无菌滤纸、培养皿、记号笔、pH 试纸、75％酒精棉球或接种工具灭菌器等、95％酒精、0.1％的升汞、6-BA、NAA、高锰酸钾、多菌灵。

4.任务实施

(1)外植体的选择　选取已盛花期、健康的菊花的内层花瓣作为外植体材料。

(2)外植体的消毒　取菊花花瓣，用自来水洗 2～3 次，于 75％的乙醇中浸泡 15～30 s。无菌水清洗 2～3 次后，再用 2％的次氯乙酸钠液浸泡 6～10 min，无菌水洗 3～4 次。

(3)接种培养

初代培养　将消毒好的材料用无菌滤纸吸去多余的水分，然后在无菌超净工作台上，借助解剖刀剥离茎尖，剥取 0.5 mm×0.5 mm 左右的方块，按其自然生长的方向接种于初代培养基上，置于培养室进行光照培养。

继代培养　用镊子取出的愈伤组织，置于已灭菌的培养皿中，用解剖刀切成5 mm×5 mm的小块，将其接种于继代培养基上，置于培养室进行光照培养。外植体经培养后，经4～6周，茎尖直接分化出新芽，或经愈伤组织分化出新芽；茎段、花序轴侧芽萌发，可产生一至数个芽。最初分化率及分化数量都较少，但随继代次数增加。增殖方式除诱导丛生芽增殖外，也可用茎切段作微型扦插繁殖。丛芽增殖时，将芽丛切成或小块，转到分化培养基中即可。

生根培养　在无菌操作室中，用镊子取出芽苗，置于已灭菌的培养皿中，用解剖刀将芽苗的每个小芽分开。用镊子将单个小芽接种于生根培养基上，置于培养室进行光照培养。

(4)培养基的选择

初代培养基　MS+1 mg/L 6-BA +0.1 mg/L NAA，pH 5.8

继代培养基　MS+1 mg/L 6-BA +0.1 mg/L NAA，pH 5.8

生根培养基　MS+10 mg/L NAA，pH 5.8

(5)培养条件　室温22～25 ℃，光照16 h/d，光照强度1 500～2 000 lx。

(6)驯化移栽　把长有健壮根系的植株连瓶不开盖放在温室，经3～4 d打开盖，放置3～4 d进行驯化炼苗。驯化期间注意温度和湿度的控制。并且尽量让试管苗接近自然光照。

温室小苗床用消过毒的珍珠岩或蛭石或按1∶1的比例做基质，消毒可用开水浸泡，也可用1%的高锰酸钾或1%的多菌灵浇透。取出小苗，洗去黏附的培养基，并用0.1%多菌灵洗根，移栽至小苗床上，移栽密度为3 cm×5 cm，再浇适量水。用塑料薄膜覆盖保湿，有条件时可以用自动喷雾装置。如果是塑料薄膜覆盖，要注意通风和温度，避免温度过高。菊花2周即可长根成活，长根成活的植株可以做第二次移栽，移于营养杯中，每杯一苗，再逐渐上盆、换盆或地植，并按常规栽培要求进行管理。

5.注意事项

(1)选择的外植体要求无病、健壮。

(2)接种工具必须彻底灭菌。

(3)定期观察试管苗，并进行记录。

6.考核建议

考核重点是操作规范性、准确性和熟练程度。考核方案见表4-21。

表4-21　菊花组培的考核方案

考核项目	考核标准	考核形式	满分
实训态度	1.听从指挥，遵章守时(10分)； 2.实训积极、认真，有团队意识和创新精神(10分)； 3.实训报告字迹工整、记录全面(10分)。	跟踪观察、实训报告	30分
现场操作	1.培养基配制及灭菌、接种室及超净工作台消毒、药品及器械等准备齐全(10分)； 2.外植体取材适当，消毒流程正确，每步操作到位(10分)； 3.接种材料大小适宜、符合标准，无菌操作规范、熟练(10分)； 4.移栽操作规范，无材料损伤、浪费情况(10分)。	现场操作、口试	40分

续表 4-21

考核项目	考核标准	考核形式	满分
培养与驯化效果	1.材料接种摆布合理,方向正确,深浅适宜(5 分); 2.能根据培养物生长情况及培养阶段要求及时转接,每次接种 5 d 后统计污染率低于 2%,生根壮苗培养及驯化移栽后幼苗成活率≥85%(5 分); 3.定期观察,记载详细、准确(10 分); 4.操作文明、安全,器皿和用具摆放有序,场地整洁(10 分)。	现场调查	30 分
合计			100 分

任务 4-20　观赏凤梨的组织培养

案例导入

2022 年元旦之后,凤梨行情一直在高位运行,年宵市场供不应求,只要开花的都立刻出圃。凤梨品种较为多样,从'新红星''平头红'等红色主流品种发展为'糖果''芭芭拉''白雪公主'等多样化生产消费的局面。今年不论大路货还是小众品种走货都很快,除主流品种外,中小型与杂色品种也非常畅销,如'白雪公主''富贵牡丹''黄玉扇'等。某花卉种苗公司现接到订购十万棵'白雪公主'观赏凤梨组培苗的订单,需要按照供货合同日期进行产品交付,请您按照合同要求制定组织培养生产方案,并安排生产时间及时供货。

观赏凤梨原产于中南美洲,是凤梨科多年生单子叶常绿植物,品种繁多,株型独特,叶形优美,花形花色丰富漂亮,是一种既可观花又可观叶的盆栽花卉,具有很高的观赏价值,深受人们喜爱。凤梨的主要栽培种属约有 50 属 2 000 多种,自 20 世纪 80 年代引进我国,现已有几十个种及其变种在国内栽培。常用作观赏凤梨的有姬凤梨属(*Cryptanthus*)、水塔花属(*Billbergia*)、铁兰属(*Tillandsia*)、果子蔓属(*Guzmania*)、丽穗凤梨属(*Vriesea*)、彩叶凤梨属(*Neoregelia*)、光萼荷属(*Aechmea*)等。目前,在我国栽培的主要种也都是这几个属的多个种及变种。组培技术进行观赏植物繁殖,具有繁殖速度快、不受季节影响等特点。观赏凤梨的组织培养已取得成功,为观赏凤梨的优良品种规模化组织培养技术的成熟和发展奠定了很好的基础。

1.任务要求

(1)了解植物组织培养在观赏凤梨生产中的应用情况。

(2)能够独立完成观赏凤梨的组培快繁。

(3)掌握观赏凤梨组培苗的再生过程。

(4)掌握观赏凤梨离体的培养条件。

(5)掌握观赏凤梨组培快繁的技术要点。

(6)能够采用正确的方法对观赏凤梨的外植体进行消毒处理。

(7)能够独立完成观赏凤梨组织培养的无菌操作。

2. 任务内容

(1)独立完成观赏凤梨组织培养方案的设计。

(2)独立完成观赏凤梨外植体的接种。

(3)独立完成观赏凤梨试管苗的培养。

(4)填写记录。

3. 材料与用品

观赏凤梨、无菌水、超净工作台、接种工具、无菌瓶、烧杯(500 mL)、无菌滤纸、培养皿、记号笔、pH 试纸、75%酒精棉球或接种工具灭菌器等、95%酒精、1%次氯酸钠(NaClO)、NAA、KT、高锰酸钾或多菌灵。

4. 任务实施

(1)外植体的选择　凤梨的吸芽、侧芽和顶芽等嫩芽均可作为外植体。

(2)外植体的消毒　剥去大部分外层叶片，以 1%次氯酸钠(NaClO)溶液加几滴吐温-20 作展着剂，消毒 15 min，并用无菌水冲洗 5～7 次。

(3)接种培养

初代培养　凤梨的嫩芽常采取液体培养，用刀片切去外层叶片，露出芽尖和小腋芽，分别将其取下，接入初代液体培养基中，再放置在 20 r/min 的培养器上振荡培养。经一个半月左右即可长出丛生的新芽。

继代培养　将 1.0～2.0 cm 高的侧芽从短缩茎上切下，转接到继代培养基上。

生根培养　15 d 左右诱导出健康的根系，1 个月后苗高 3～6 cm，根长 2～5 cm，根数1～6 条，叶色浓绿、舒展。

(4)培养基的选择

初代培养基　MS+KT 2.5 mg/L+3%蔗糖。

继代培养基　MS+6-BA 0～3 mg/L + NAA 0～2.0 mg/L。

生根培养基　1/2MS+ NAA 0.1 mg/L 或 IBA 0.3～0.5 mg/L。

(5)培养条件　室温 22～25 ℃，光照 16 h/d，光照强度 1 500～2 000 lx。

(6)驯化移栽　生根苗在移苗室闭瓶炼苗 3 d，再打开瓶盖炼苗 2 d，经洗苗、高锰酸钾或多菌灵消毒等环节再移栽于移栽苗床上，移栽基质以珍珠岩和椰壳(或草炭)按体积比各半的比例为主要基质的培养土，或园田土∶椰糠∶河沙∶牛粪=4∶1∶1∶1 培养土较好。移栽后适当遮阴，喷雾保湿，移栽试管苗成活率可达 95%～98%。

(7)常见问题　在凤梨芽体诱导培养中，经常遇到的问题是一些种类外植体发生褐变而导致死亡。褐变与凤梨的种类、采集的时间等有关。为减轻褐变，首先可以从植物种类和外植体采集时间进行调控，然后通过添加抗坏血酸、聚乙烯吡咯烷酮和活性炭等防止褐变的化学物质以降低褐变程度。

5. 注意事项

(1)选择的外植体要求无病、健壮。

(2)接种工具必须彻底灭菌。

(3)定期观察试管苗，并进行记录。

6. 考核建议

考核重点是操作规范性、准确性和熟练程度。考核方案见表 4-22。

表 4-22 观赏凤梨组培的考核方案

考核项目	考核标准	考核形式	满分
实训态度	1. 听从指挥，遵章守时(10 分)； 2. 实训积极、认真，有团队意识和创新精神(10 分)； 3. 实训报告字迹工整、记录全面(10 分)。	跟踪观察、实训报告	30 分
现场操作	1. 培养基配制及灭菌、接种室及超净工作台消毒、药品及器械等准备齐全(10 分)； 2. 外植体取材适当，消毒流程正确，每步操作到位(10 分)； 3. 接种材料大小适宜、符合标准，无菌操作规范、熟练(10 分)； 4. 移栽操作规范，无材料损伤、浪费情况(10 分)。	现场操作、口试	40 分
培养与驯化效果	1. 材料接种摆布合理，方向正确，深浅适宜(5 分)； 2. 能根据培养物生长情况及培养阶段要求及时转接，每次接种 5 d 后统计污染率低于 2%，生根壮苗培养及驯化移栽后幼苗成活率≥85%(5 分)； 2. 定期观察，记载详细、准确(10 分)； 3. 操作文明、安全，器皿和用具摆放有序，场地整洁(10 分)。	现场调查	30 分
合计			100 分

任务 4-21 月季的组织培养

案例导入

南阳月季栽培至今已有两千多年的种植历史，是中国重要的月季种质资源库，也是当前全国最大的月季种苗繁育基地。2019 年成功举办世界月季洲际大会，被世界月季联合会授予“世界月季名城”的荣誉称号。现有月季花卉企业 466 家，其中省级以上龙头企业 9 家，带动超过 15 万人加盟月季产业，月季亩均收入近万元。种苗畅销全国 30 个省区市，远销日本、德国、法国、荷兰、俄罗斯等 20 余个国家，供应量占国内市场的 80%，占我国出口总量的 70%以上。某职业院校为助力乡村振兴，进行科技下乡服务，开展优质月季植物组织培养技术培训，实现优质月季品种的快繁和推广，助力地区月季产业升级提质。

月季是蔷薇科蔷薇属常绿或半常绿直立灌木，每年可多次开花。月季是我国十大名花之一，被誉为“花中皇后”。月季具有花色多、花期长、枝叶繁茂、抗寒、抗旱、适应性强、管理容易等特点，是园林绿化和鲜花市场上十分重要的材料，商业价值较高。现代月季的用途很广泛，如杂种香水月季是重要的切花和盆花花卉。

月季的常规繁殖途径是扦插或嫁接，月季组织培养技术可以快速大量繁殖的新品种，加速品种更新换代，促进月季产业的发展。目前世界各地栽培的月季，大多以中国月季为亲本，经长期不断地选育和反复杂交而成，部分杂交后代存在观赏价值高，但种子萌发率低的现象。有性杂交育种和芽变选种也是月季较为常用的育种方法，但因月季基因组的复杂性和远缘杂交的不亲和性，加大了杂交育种的难度，而使组织培养成为月季较为有效的育种手段。用组织培养方法可大大提高部分茶香和藤本月季的繁殖速度，且植株根系发达、生长健壮、苗木整齐，是批量繁殖生产月季商品苗的一种重要途径。

1. 任务要求

(1)了解植物组织培养在月季生产中的应用情况。

(2)能够独立完成月季的组培快繁。

(3)掌握月季组培苗的再生过程。

(4)掌握月季离体的培养条件。

(5)掌握月季组培快繁的技术要点。

(6)能够采用正确的方法对月季的外植体进行消毒处理。

(7)能够独立完成月季组织培养的无菌操作。

2. 任务内容

(1)独立完成月季组织培养方案的设计。

(2)独立完成月季外植体的接种。

(3)独立完成月季试管苗的培养。

(4)填写记录。

3. 材料与用品

月季、超净工作台、无菌水、接种工具、无菌瓶、烧杯(500 mL)、无菌滤纸、培养皿、记号笔、pH 试纸、75%酒精棉球或接种工具灭菌器等、95%酒精、0.1%的升汞、NAA、BA。

4. 任务实施

(1)外植体的选择　选取生长健壮的当年生枝条，用饱满而未萌发的侧芽作为外植体。

(2)外植体的消毒　选取的枝条切去叶，再剥去附在茎上的叶柄及皮刺，先整段用洗手刷蘸浓洗衣粉水仔细刷洗，再用自来水冲洗，擦干，放置在小木板上，用利刃切成 2～3 cm 一段，每段至少一个侧芽，装入消毒过的培养皿，放在超净工作台上，打开紫外线灯，做表面灭菌 30 min。在超净工作台上，用饱和漂白粉上清液进行表面灭菌 25～30 min，灭菌时间快到时，即倾去灭菌溶液，用无菌水涮洗数次。

(3)接种培养

初代培养　将消毒好的材料用无菌滤纸吸去多余的水分，然后在无菌超净工作台上，借助解剖刀剥离，按其自然生长的方向接种于初代培养基上。接种完成后盖上瓶盖，贴标签，注明材料名称、接种日期，置于培养室进行光照培养。

●思政花园

> 当我在又一个春天，初次在花园中脱掉围裙，看薄草上立着小小番红花，柠檬蝶扑闪着，翩然飞过暖和的空气，这又一次美丽的惊喜啊！
>
> ——黑塞

继代培养　经过初代诱导培养，外植体可诱导产生愈伤组织，将产生的愈伤组织切下接种在继代培养基上，可分化再生出新的幼苗。从芽萌发到芽长到 1 cm 左右需要 2～3 周。

生根培养　将试管苗接种在生根培养基中。光照对月季生根有直接影响。光照时间每天 12 h 以上，光照强度适宜有利于生根。

(4)培养基的选择

初代培养基　MS+6-BA 2.0 mg/L + NAA 0.2 mg/L。

继代培养基　MS+6-BA 1.0 mg/L + NAA 0.1 mg/L。

生根培养基　MS+NAA 0.1 mg/L。

(5)培养条件　室温 21 ℃最好，最高不超过 25 ℃，有昼夜温差，光照 10～12 h/d，光照强度 800～1 200 lx。

(6)驯化移栽　生根培养后，将试管苗放于驯化温室进行驯化炼苗，不开盖放置 2～3 d，再打开瓶盖，炼苗 2～3 d。将驯化后的月季试管苗先转栽到灭过菌的混合基质上，混合基质为粗沙：细沙：畜肥＝2：1：1，在 80%～85%相对湿度的温室里生长，其幼苗成活率可达 80%以上。

5. 注意事项

(1)选择的外植体要求无病、健壮。

(2)接种工具必须彻底灭菌。

(3)定期观察试管苗，并进行记录。

6. 考核建议

考核重点是操作规范性、准确性和熟练程度。考核方案见表 4-23。

表 4-23　月季组培的考核方案

考核项目	考核标准	考核形式	满分
实训态度	1. 听从指挥，遵章守时(10 分)； 2. 实训积极、认真，有团队意识和创新精神(10 分)； 3. 实训报告字迹工整、记录全面(10 分)。	跟踪观察、实训报告	30 分
现场操作	1. 培养基配制及灭菌、接种室及超净工作台消毒、药品及器械等准备齐全(10 分)； 2. 外植体取材适当，消毒流程正确，每步操作到位(10 分)； 3. 接种材料大小适宜、符合标准，无菌操作规范、熟练(10 分)； 4. 移栽操作规范，无材料损伤、浪费情况(10 分)。	现场操作、口试	40 分
培养与驯化效果	1. 材料接种摆布合理，方向正确，深浅适宜(5 分)； 2. 能根据培养物生长情况及培养阶段要求及时转接，每次接种 5 d 后统计污染率低于 2%，生根壮苗培养及驯化移栽后幼苗成活率≥85%(5 分)； 3. 定期观察，记载详细、准确(10 分)； 4. 操作文明、安全，器皿和用具摆放有序，场地整洁(10 分)。	现场调查	30 分
合计			100 分

任务 4-22　矮牵牛的组织培养

案例导入

某农业公司主要生产花卉种苗，建设有 500 m^2 的植物组织培养车间，配备有 2 000 m^2 的人工光源智能温室大棚，现接到订购 20 万株矮牵牛组培苗的订单，需要按照供货合同日期进行产品交付，请你按照生产要求制订矮牵牛植物组织培养方案和生产计划，以满足客户需求。

矮牵牛是茄科碧冬茄属的一年生草本花卉，其花大色艳，花色丰富，为长势旺盛的装饰性花卉，而且还能做到周年繁殖上市，可以广泛用于花坛布置，又因矮牵牛是花坛花卉中色彩最为丰富的品种之一，有花坛“皇后”之美称。矮牵牛栽培管理省工，园林绿化上需求量大。

矮牵牛在美国栽培十分普遍，常用在窗台美化、城市景观布置，其生产的规模和数量列美国花坛和庭园植物的第二位。在欧洲的意大利、法国、西班牙、荷兰和德国等国，矮牵牛广泛用于街旁美化和家庭装饰。在日本，矮牵牛常用于各式栽植槽的布置和公共场所的景观配置。为此，美国的戈德史密斯、泛美和鲍尔等种子公司，每年培育出新品种供应世界各地。其中意大利的法门公司盛产的双色迷你矮牵牛闻名世界。

矮牵牛的重瓣或大花品种常不易结实或实生苗不易保存母本的优良性状，常采用扦插繁殖，但扦插繁殖速度太慢，满足不了生产发展的需要，而组织培养可在短时期内获得大量的优良种苗。

1. 任务要求

(1)了解植物组织培养在矮牵牛生产中的应用情况。

(2)能够独立完成矮牵牛的组培快繁。

(3)掌握矮牵牛组培苗的再生过程。

(4)掌握矮牵牛离体的培养条件。

(5)掌握矮牵牛组培快繁的技术要点。

(6)能够采用正确的方法对矮牵牛的外植体进行消毒处理。

(7)能够独立完成矮牵牛组织培养的无菌操作。

2. 任务内容

(1)独立完成矮牵牛组织培养方案的设计。

(2)独立完成矮牵牛外植体的接种。

(3)独立完成矮牵牛试管苗的培养。

(4)填写记录。

3. 材料与用品

矮牵牛、无菌水、超净工作台、接种工具、无菌瓶、烧杯(500 mL)、无菌滤纸、培养皿、记号笔、75%酒精棉球或接种工具灭菌器等、95%酒精、0.1%升汞、NAA、6-BA、IBA、活性炭、椰子汁、香蕉泥。

4.任务实施

(1)外植体的选择　选择健康、饱满的矮牵牛的种子作为外植体。

(2)外植体的消毒　将矮牵牛种子用少量洗涤剂洗去表面灰尘，用蒸馏水冲洗干净，放入70%酒精中消毒2 min，之后用无菌水冲洗3次，再用0.1%升汞溶液消毒10 min，用无菌水冲洗4次备用。

(3)接种培养

初代培养　将消毒后的种子在无菌条件下接种于初代培养基中。7～10 d种子开始萌芽，15～20 d新芽被诱导成愈伤组织，30 d左右愈伤组织被诱导分化出丛生芽。

继代培养　将丛生芽接种于继代培养基中进行继代培养出成苗。

生根培养　将成苗接种于生根培养基中，5～7 d可生根。

(4)培养基的选择

初代培养基　MS+ 1 mg/L 6-BA+ 0.03 mg/L NAA+ 3%蔗糖+ 0.4%卡拉胶，pH为5.8。

继代培养基　MS+ 0.5 mg/L 6-BA + 0.05 mg/L NAA+ 3%蔗糖+ 0.4%卡拉胶，pH为5.8。

生根培养基　1/2MS+NAA 0.03 mg/L+ 3%蔗糖+ 0.4%卡拉胶，pH为5.8。

(5)培养条件

初代培养　室温(23±2) ℃，遮光。

继代培养及生根培养　室温(23±)2 ℃，光照14 h/d，光照强度1 500～2 000 lx。

(6)驯化移栽　将长有健壮根系的植株连瓶不开盖放到驯化室，经过3～4 d后打开瓶盖，也可往瓶里喷些自来水，让小苗更快适应温度的变化和有菌的环境。放置3～4 d进行驯化炼苗后，打开瓶盖，将小苗从瓶中取出，洗净黏着的培养基，将小苗栽于灭过菌的蛭石中，保持80%以上的相对湿度，温度25～30 ℃，1个月后成活率可达90%以上。

5.注意事项

(1)选择的外植体要求无病、健壮。

(2)接种工具必须彻底灭菌。

(3)定期观察试管苗，并进行记录。

6.考核建议

考核重点是操作规范性、准确性和熟练程度。考核方案见表4-24。

表4-24　矮牵牛组培的考核方案

考核项目	考核标准	考核形式	满分
实训态度	1.听从指挥，遵章守时(10分)； 2.实训积极、认真，有团队意识和创新精神(10分)； 3.实训报告字迹工整、记录全面(10分)。	跟踪观察、实训报告	30分
现场操作	1.培养基配制及灭菌、接种室及超净工作台消毒、药品及器械等准备齐全(10分)； 2.外植体取材适当，消毒流程正确，每步操作到位(10分)； 3.接种材料大小适宜、符合标准，无菌操作规范、熟练(10分)； 4.移栽操作规范，无材料损伤、浪费情况(10分)。	现场操作、口试	40分

续表 4-24

考核项目	考核标准	考核形式	满分
培养与驯化效果	1.材料接种摆布合理,方向正确,深浅适宜(5 分); 2.能根据培养物生长情况及培养阶段要求及时转接,每次接种 5 d 后统计污染率低于 2%,生根壮苗培养及驯化移栽后幼苗成活率≥85%(5 分); 3.定期观察,记载详细、准确(10 分); 4.操作文明、安全,器皿和用具摆放有序,场地整洁(10 分)。	现场调查	30 分
合计			100 分

项目四
药用植物组织培养快速繁殖技术

我国是药材大国，药用植物资源丰富。药用植物资源主要来自野生和栽培，野生药用植物的质量、疗效等方面要优于栽培，倍受消费者青睐，也使得野生药用植物被大量消耗，特别是野生珍稀濒危药用植物日趋减少。药用植物在栽培过程中会出现很多问题，如品质退化、种子带病、农药残留、栽培年限长和栽培成本高等，从而使得药用植物中有效成分与活性物质发生改变，很大程度影响中药材药效。

自从 Haberlandt 提出植物细胞具有全能性之后，植物组织培养得到迅猛发展。植物组织培养技术在选择材料、外植体消毒、培养基选择、愈伤组织诱导、初代培养、继代培养、分离鉴定等方面都日趋完善和成熟。药用植物组织培养具有产量高、质量好、成本低、繁殖系数高和保护珍稀濒危药用植物资源等特点，因此药用植物组织培养研究、开发和利用具有广阔前景和应用价值。

药用植物组织培养是对传统药用植物繁殖方法的突破，为药用植物无性繁殖拓展了一个新天地，可以使有性繁殖低或不能有性繁殖的药用植物在组培过程中繁育出新的植株，并且不受时间限制和空间约束；可以为药用植物规模化和标准化生产提供资源种苗，防止品种退化且优化品种；可以保存濒危药用植物种质资源，防止物种灭绝、保护生物多样性。目前不少药用植物都建立了相应的组织快繁体系，但对于药用植物组织培养过程中不同的培养因素对植物有效药用成分影响的研究不多，今后在药用植物组织培养中要在培养阶段紧密结合药用价值，根据其药用价值的高效性来建立植物组织培养快速繁殖体系。使用组织培养、多倍体诱导等技术快速繁殖优良种质药用植物；濒危药用植物有效成分通过植物生物反应器生产，或通过生物转化、酶促反应生产药物是药用植物组织培养的发展方向。

一、药用植物快速繁殖研究

药用植物的快速繁殖是利用组织培养在短时间内繁殖大量药用植物，它最大特点就是药材繁殖速度快，生长周期短，并且不受季节、气候、自然灾害等因素的影响。利用快速繁殖技术可以解决药用植物材料短缺和农药及重金属污染等问题。

1.无菌体系的建立

建立无菌体系需要对培养基、外植体、消毒方式等方面进行选择。研究发现温室材料比野外采摘的材料更容易获得无菌体系；在生长旺盛的季节做组织培养容易污染；在减少污染时用不同类型消毒药剂配合使用效果会更好。研究发现药用植物栝楼的组织培养外植体用栝楼茎尖，茎尖不经过愈伤组织比经过愈伤组织生根发芽要快，解决了栝楼以种子繁育雌雄比例不协调的问题。

2.继代增殖培养

继代增殖培养是为了进一步提高药用植物繁殖系数。继代增殖受营养、激素、pH、温度和光照等培养条件影响，特别是 NAA 在继代增殖培养过程中起到明显的作用。对黑果枸杞进行快速繁殖技术研究发现，继代增殖培养使用 MS 培养基加入 0.7%的琼脂和 3%的蔗糖进行培养，不需要加入任何激素，培养体系的增殖系数最大，没有添加激素的原因可能是黑果枸杞对激素需求较少，在增殖培养过程中加入激素不利于植株生长，反而具有抑制作用，所以选择不添加激素。

3.生根培养

生根培养是组织培养中不可缺少的一步，尤其对于根部作为入药成分的药用植物，需诱导生根才能具有药用价值。植物激素 NAA 对生根起到显著作用，NAA 能促进生根和促进细胞分裂与扩大，从而在诱导愈伤组织形成不定根过程中具有明显促进作用。IBA 和 NAA 都能够诱导生根，但是两者配合使用，可以提高无菌苗根的数量和质量，并且能使根的大小和长度一致。药用植物在生根过程中，因为营养成分的制约，使得根长与根数通常呈现反比关系，所以在生根培养基的优化过程中，要根据具体情况，综合考虑选择生根的个数或长度作为考察指标。

4.炼苗移栽

炼苗移栽是药用植物快速繁殖的重要阶段。玫瑰炼苗一般选择生长良好的玫瑰组织植株，移栽前将试管苗移至大棚遮阴，适应一段时间后再打开瓶盖，加入适量的水至瓶中炼苗一段时间，使其适应大棚的环境；移栽时将培养基洗净；无菌苗根系浸蘸适量的 IBA 溶液，移栽的成活率能明显提高。鼓槌石斛的炼苗期为 7 d 效果最好，春季移栽将组培瓶放在大棚 10 d 最好，秋季移栽是放在大棚 7 d 为宜。合理的栽培管理条件可以使组培苗在移栽过程中具有更高的成活率。黄精组培苗移栽和季节无关，有根的组培苗才能够存活，根据黄精的生态习性，选择的培养环境既需要透气性，也需要保湿性，因此栽培基质应土质疏松、透气、保湿，才有利于黄精组培苗的移栽生长。

二、濒危药用植物组织培养研究概况

由于生态环境的不断恶化和人类对药用植物的大量运用，许多的药用植物受到严重的破坏，有很多已经濒临灭绝。中国科学院植物研究所 2013 年版的《中国植物红皮书》第一卷中，共收载了 388 种国产珍稀濒危野生植物，其中我国濒危药用植物有 46 种。药用植物种类较多，所涉及的科目广，在草本、木本、藤本植物中都普遍存在，濒危药用植物体细胞中含有较多的生物活性成分，很多药用活性成分易导致植物材料褐化，组织培养难度较大。经过长期的组织培养研究，目前濒危药用植物的组织培养已取得一定成就，在百合科、五加科、石竹科、杜仲科、木兰科、蝶形花科等科属中已有部分濒危药用植物实现组织培养快速繁殖。

任务 4-23　红豆杉的组织培养

案例导入

南方红豆杉为国家一级濒危保护植物，在湖北省有野生资源分布，人工栽培和民间应用历史由来已久。南方红豆杉药材标准及其饮片炮制规范首次收载于《浙江省中药炮制规范》2015 年版中，该书中明确南方红豆杉的功能主治为：消肿散结，通经利尿。人工栽培南方红豆杉是解决南方红豆杉资源问题的一个重要方法，而组织培养技术是快速繁育濒危南方红豆杉的重要技术。

红豆杉属于裸子植物，主要分布于我国的云南、四川、西藏和东北，是一类具有重要开发价值的树木，它产生的紫杉醇通过临床实验被认为是最有希望的抗癌药物。自然状态下，紫杉醇的含量极低，仅占树皮干重的十万分之一，靠自然资源获取十分困难。同时由于自然状态下红豆杉生长速度很慢，过量的人工采伐，使野生资源受到了极大的破坏，在一些产地红豆杉已面临灭顶之灾，保护其野生资源和扩大药源已成为当前急需解决的矛盾。用播种育苗和扦插繁殖虽可在一定程度上缓解矛盾，但仍无法满足需求，也不能从根本上解决问题。利用植物组织培养和细胞培养的方法来解决资源和药源的矛盾，已成为国内外学者关注的问题。利用愈伤组织而不是用小苗或大树来生产提取紫杉醇，实现工厂化生产，可以从根本上解决红豆杉资源不足的矛盾。

红豆杉组织培养较为适宜的组培外植体为新生的嫩枝，取材时间以每年的 7、8 月份为宜。红豆杉嫩枝和针叶在培养基上 2～3 周后即开始形成愈伤组织，4～5 周愈伤组织直径可达 1～2 cm。不同种的红豆杉和不同的外植体之间形成愈伤组织的比率、时间早晚和生长速度存在明显差异，南方红豆杉和东北红豆杉的嫩枝切段出愈较快，出愈率分别为 89％和 70％，针叶出愈较慢，出愈率也较低，分别为 36％和 15％；普通红豆杉出愈较慢但出愈率较高，嫩枝和针叶的出愈率分别为 94％和 30％。愈伤组织开始时为灰白色，随着愈伤组织的增大，先期形成的愈伤组织颜色由灰白色变为棕色，这可能预示着愈伤组织在逐渐发生褐变，因此要及时给予注意，尽量保持较低的培养温度并经常更换培养基。当愈伤组织生长到一定大小时即可转入液体培养基进行悬浮培养。

通过嫩枝和针叶培养产生的愈伤组织不需要进行芽分化的诱导，而是将愈伤组织直接转入细胞悬浮培养。具体做法是将从嫩枝和针叶上产生的愈伤组织取下来直接转入液体培养基中进行(悬浮)振荡培养，所用培养基与上述诱导培养基相同。在初次将愈伤组织转到液体培养基即可适当加入少量纤维素酶和果胶酶，以加快愈伤组织分离成单个细胞或小细胞团。

在初次悬浮培养阶段可用 50 mL 的小三角瓶，每瓶加 10 mL 液体培养基，放入愈伤组织，在 20～23 ℃的摇床上振荡培养，光照条件与普通培养相同。每周需要更换一次培养基，更换时用 5～10 mL 的平头移液管将三角瓶中的愈伤组织、单个细胞或细胞团过滤出来，直接转到新鲜的培养基中即可。

在悬浮培养过程中应随时注意每一瓶中愈伤组织、细胞团生长的情况，挑选生长速度最快和特征最好的作为继代的材料，毫不可惜地丢掉那些不好的(生长缓慢、颜色不正等)材料，这样经过几代的选择，就可以挑选出符合理想的材料，作为悬浮系进行扩增培养。

1.任务内容

(1)独立完成红豆杉组织培养方案的设计。

(2)独立完成红豆杉外植体的接种。

(3)独立完成红豆杉试管苗的培养。

(4)并填写记录。

2.任务要求

(1)了解植物组织培养在红豆杉生产中的应用情况。

(2)能够独立完成红豆杉的组培快繁。

(3)掌握红豆杉组培苗的再生过程。

(4)掌握红豆杉离体的培养条件。

(5)掌握红豆杉组培快繁的技术要点。

(6)能够采用正确的方法对红豆杉的外植体进行消毒处理。

(7)能够独立完成红豆杉组织培养的无菌操作。

3.任务准备

红豆杉、无菌水、超净工作台、接种工具、无菌瓶、烧杯(500 mL)、无菌滤纸、培养皿、记号笔、75%酒精棉球或接种工具灭菌器等、95%酒精、0.1%升汞、NAA、6-BA、IBA、活性炭、椰子汁、香蕉泥。

4.任务实施

(1)外植体的选择　选择健康、饱满的新生嫩枝(带有针叶)作为外植体。

(2)外植体的消毒　将选取的外植体放入加有0.02%洗洁精的自来水中浸泡10 min，浸泡过程中需经常搅动，浸泡结束后用自来水冲洗10 min以上。将嫩枝转入一干净的三角瓶中。

在超净工作台上，加入75%的酒精，加入量应为嫩枝体积的10倍以上，浸泡杀菌30～60 s，倒掉酒精，用无菌蒸馏水漂洗一次；再将嫩枝转入事先已高压消毒的三角瓶中，加入15倍于嫩枝体积的0.1%升汞溶液，浸泡杀菌5～8 min，浸泡过程中要不断摇动，以使升汞与嫩枝充分接触。为了达到彻底杀菌的效果，可以在升汞溶液中加入0.02%的表面活性剂，但要相对缩短杀菌时间。倒掉升汞溶液，用无菌蒸馏水冲洗4～6次，每次1～2 min，以彻底除去升汞。将嫩枝从三角瓶中分批取出，用无菌滤纸吸去材料表面的水分，将嫩枝切成0.5～0.8 cm的小段，并切取部分针叶，嫩枝切段和针叶同时用作外植体。

(3)接种培养

初代培养　把消毒后的外植体切成0.8～1.0 cm长茎段，接种在初代培养基上培养。

继代培养　初代培养20 d后芽展开，30 d后新叶长出，待丛生芽长到一定数量后可继续进行增殖培养，将小芽接种在继代培养基上培养。

生根培养　待小芽长到1 cm左右的时候，将其切下后接入生根培养基进行生根培养。

(4)培养基的选择

初代培养基　MS+6-BA 1.0 mg/L+NAA 0.02 mg/L。

继代培养基　MS+KT 2.0 mg/L+NAA 0.5 mg/L。

生根培养基　1/2MS+IBA 0.05 mg/L。

(5)培养条件　初代培养：室温(25±2) ℃，光照强度 1 500～2 000 lx，光照时间 10 h/d。

(6)常见问题　红豆杉植物组织细胞培养中褐化的问题是当前存在的一个重要问题，该现象与普通木本植物组培中出现的褐变不同。普通木本植物出现的褐变可通过选用较小的外植体、培养基中加活性炭、缩短继代转移周期、尽量少损伤外植体等措施加以克服，且以后不再发生。但是，利用上述方法解决红豆杉的褐化问题收效甚微，这或许是因为紫杉醇本身对细胞生长具有毒害作用，其量的积累往往对细胞的增殖起抑制作用。如何才能提高细胞内紫杉醇的含量而又不给细胞的生长带来很大影响，使二者相协调一致，是急需研究的课题。

现行的比较普遍有效的方法是利用薄层层析法，其大体过程是先将愈伤组织干燥，再用甲醇渗滤提取，获得提取液，经减压浓缩至干，用水-$CHCl_3$萃取。合并 $CHCl_3$ 部分，再经减压浓缩获得粗提液，经薄层层析，收取含紫杉醇和10-脱乙酰基巴卡丁-Ⅲ的部分，再进行硅胶柱层析，分离收集相应流分，减压浓缩，TLC 再次检测，将含有紫杉醇的浓缩液进行二次柱层析，鉴定结果。另外，红豆杉愈伤组织经过一定分离提取后，可进行高效液相色谱层析(HPLC)分析，分析柱为 4 mm×250 mm 的 C_{18} 柱，dp=10 μm，分离体系为甲醇-乙腈-水(20∶33∶47)等速洗脱，流速为 1 mL/min。

5.注意事项

(1)选择的外植体要求无病、健壮。

(2)接种工具必须彻底灭菌。

(3)定期观察试管苗，并进行记录。

6.考核建议

考核重点是操作规范性、准确性和熟练程度。考核方案见表4-25。

表 4-25　红豆杉组培的考核方案

考核项目	考核标准	考核形式	满分
实训态度	1.听从指挥，遵章守时(10分)； 2.实训积极、认真，有团队意识和创新精神(10分)； 3.实训报告字迹工整、记录全面(10分)。	跟踪观察、实训报告	30分
现场操作	1.培养基配制及灭菌、接种室及超净工作台消毒、药品及器械等准备齐全(10分)； 2.外植体取材适当，消毒流程正确，每步操作到位(10分)； 3.接种材料大小适宜、符合标准，无菌操作规范、熟练(10分)； 4.移栽操作规范，无材料损伤、浪费情况(10分)。	现场操作、口试	40分
培养与驯化效果	1.材料接种摆布合理，方向正确，深浅适宜(5分)； 2.能根据培养物生长情况及培养阶段要求及时转接，每次接种5 d后统计污染率低于2%，生根壮苗培养及驯化移栽后幼苗成活率≥85%(5分)； 3.定期观察，记载详细、准确(10分)； 4.操作文明、安全，器皿和用具摆放有序，场地整洁(10分)。	现场调查	30分
合计			100分

任务 4-24 百合的组织培养

案例导入

2010 年调查邵阳市龙牙百合的生产状况，发现龙牙百合经过长期的无性繁殖种植，由于病毒积累，种质退化严重，鳞茎球变小，鳞片变短，产量和品质逐步下降，造成龙牙百合的生产不能得到更大面积的推广，而培养龙牙百合无病毒新种质是恢复优良种性的关键。

百合为百合科百合属多年生球根类花卉，是目前世界上最受欢迎的高档切花之一。除观赏价值外，百合还具有丰富的营养价值与重要的药用价值。近年来，随着百合在国内外鲜切花市场的走俏，百合种球和鲜切花生产逐年增加。由于百合易受病毒病侵染，不但中国繁殖的种球质量不佳，进口的种球也不能连年使用，不得不每年花掉大量外汇从荷兰等国进口。因此培育高品质种球，尽早实现百合种球国产化早已是中国的一项长期国策。用组织培养方法繁育种球不但繁殖系数高、速度快、周期短、遗传性状一致，而且还可以脱除病菌、病毒，提高种球质量，定植试管苗可使植株产量及繁殖能力大幅度提高。

百合的组织培养繁殖自 20 世纪 70 年代后期开始，日本以叶片为外植体诱导出大花卷丹的小植株，我国于 80 年代初由兰州百合的花药、花丝等培育出完整小植株。80 年代以后，培养出去病毒的百合种苗和通过胚培养获得远缘杂交的新品种。

百合的组织培养和植株再生可通过 3 条途径：一是器官发生途径，即通过外植体腋芽发育和不定芽的产生，形成丛生芽块的过程；二是愈伤组织诱导及再分化途径，即外植体首先经诱导形成愈伤组织，然后再经分化形成不定芽的过程；三是胚状体发生途径，即通过外植体直接诱导产生胚状体或先形成愈伤组织，再经愈伤组织形成胚状体的过程。通过以上 3 种途径可以在短时间内繁殖出大量具有相同遗传性状的小植株，为百合生产提供了一条快速繁殖的途径。

百合组培快繁的外植体可以选择鳞片、叶片、花器官、种子、茎段和珠芽多种。百合鳞片分化能力强、容易获得、能够适应大多数培养基，因此成为目前百合组织培养中较多采用的外植体。百合鳞片产生芽的能力从强到弱依次为外层、中层、内层。外植体在培养基上的不同放置方式对百合鳞片的诱导也有影响，其诱导出芽能力从强到弱依次为：鳞片内侧向上平放＞鳞片竖直插入＞鳞片内侧向下平放。叶片是百合组织培养的另一重要外植体。采用鳞片作为外植体可能会造成百合野生资源的破坏，而采用百合叶片不会影响百合的正常生长，可有效利用百合野生资源。有研究以百合花器官中的花梗、花托、花瓣、花柱、子房、雌蕊等外植体进行离体培养，结果表明花托最易成活，芽诱导率最高。

影响百合组培快繁的因素包括培养基类型、激素浓度、继代次数、光照强度等都对增殖培养有影响。不同品种百合对光的敏感度不同。在组培实验的培养基中添加不同浓度的活性炭，对试管鳞茎的增长有一定的效果，活性炭对麝香百合植株离体再生起到了促进作用。

百合组培快繁的培养基一般可以采用 MS、B_5、N_6 等。蔗糖是培养基的能源物质和渗透调节剂，在百合组培的不同阶段浓度要求不同，在百合离体快繁中，应用的激素主要有 6-BA、

KT、TDZ、L、NAA、IBA、BR、2,4-D、Dicamba、Pieloram 等。有研究发现随着 6-BA 浓度加大，新芽诱导率、成苗率、繁殖系数、每个外植体上再生芽的平均数、结鳞茎率和鳞茎直径、再生幼苗的株高和生根率呈降低趋势，且芽基部愈伤组织退化严重，常用的 6-BA 的浓度为 0.4～2.0 mg/L，适量的 NAA 对成苗有一定促进作用。

1.任务要求

(1)了解植物组织培养在百合生产中的应用情况。

(2)能够独立完成百合的组培快繁。

(3)掌握百合组培苗的再生过程。

(4)掌握百合离体的培养条件。

(5)掌握百合组培快繁的技术要点。

(6)能够采用正确的方法对百合的外植体进行消毒处理。

(7)能够独立完成百合组织培养的无菌操作。

2.任务内容

(1)独立完成百合组织培养方案的设计。

(2)独立完成百合外植体的接种。

(3)独立完成百合试管苗的培养。

(4)填写记录。

3.材料与用品

百合鳞茎、无菌水、超净工作台、接种工具、无菌瓶、烧杯(500 mL)、无菌滤纸、培养皿、记号笔、pH 试纸、75%酒精棉球或接种工具灭菌器等、95%酒精、0.1%的升汞、NAA、BA。

4.任务实施

(1)外植体的选择　百合快繁的外植体采用鳞茎。本任务选择打破休眠的百合种球(即鳞茎)，如果是秋季采收的百合种球，需放置于 4 ℃条件下一个月以打破休眠，剥取健康的外、中层鳞片，流水冲洗 4 h。

(2)外植体的消毒　在自来水下冲洗 30 min，于超净工作台内用 75%乙醇浸泡 10 s，然后放入 0.1%升汞浸泡 15 min，用无菌水洗 5 次。

(3)接种培养

初代培养　将消毒好的百合鳞片按其自然生长的方向接种于 MS 培养基上培养。培养 4 d后，选择鳞片中下部，用解剖刀切去其边缘，再切成 1 cm^2 的正方形小块，接种在培养基上，按照鳞片自然生长的方向，即接近基部的方向向下，接种于芽诱导培养基上。注意鳞片与培养基紧密接合，但不能完全陷入培养基中，接好后随即将瓶口封好待培养。

继代培养　将培养皿中愈伤组织长得较好的材料从皿中取出，转入继代培养基中。

生根培养　将鳞茎较健壮的苗分成单株，去除基部的愈伤组织，接种于生根培养基上。待根长到 1～2 cm 长时，可进行驯化。

(4)培养基的选择

鳞片分化培养基　MS+6-BA 1 mg/L + NAA 0.5 mg/L，pH 5.8。

叶片切段分化培养基　MS+6-BA 1 mg/L +NAA1 mg/L，pH 5.8。

继代培养基　MS+6-BA 1 mg/L +NAA 0.3 mg/L，pH 5.8。

生根培养基　MS+NAA 0.75 mg/L，pH 5.8。

(5)培养条件　室温(25±2) ℃，光照 16 h/d，光照强度 1 200 lx。

(6)驯化移栽　当根长到 1～2 cm 长时，将试管苗放于驯化温室进行驯化炼苗，不开盖放置 2～3 d，再打开瓶盖，炼苗 2～3 d。驯化后的小苗可进行移栽，取小苗，洗去根部的培养基，栽入灭过菌的腐殖土、沙土=1∶1 的基质中，保持温度 20～25 ℃，相对湿度 70%以上，50%的自然光照，成活率可达 90%以上。

(7)常见的问题　百合切花栽培中首先要解决的技术问题是避免因球根的休眠而导致发芽率不高及盲花。由于同一圃场生产的球根，其休眠状态各种各样，尤其休眠深的球根，仅靠贮藏无法打破休眠，需要人工打破休眠。可采取以下措施：

冷藏　13～15 ℃预冷，3～5 ℃冷藏 6～7 周。

温水浸泡　开始于 48 ℃的温水中，每隔 2～3 min 提起再泡入，反复 2～3 次，然后在 45 ℃ 温水中浸泡 1 h。严格掌握水温。

激素处理　采用 1 000 倍 GA 溶液浸泡，为避免发根阻碍，可先将球根倒置浸泡一半，而后恢复正常位置予以静置。

5.注意事项

(1)选择的外植体要求无病、健壮。

(2)接种工具必须彻底灭菌。

(3)定期观察试管苗，并进行记录。

6.考核建议

考核重点是操作规范性、准确性和熟练程度。考核方案见表 4-26。

表 4-26　百合组培的考核方案

考核项目	考核标准	考核形式	满分
实训态度	1.听从指挥，遵章守时(10 分)； 2.实训积极、认真，有团队意识和创新精神(10 分)； 3.实训报告字迹工整、记录全面(10 分)。	跟踪观察、实训报告	30 分
现场操作	1.培养基配制及灭菌、接种室及超净工作台消毒、药品及器械等准备齐全(10 分)； 2.外植体取材适当，消毒流程正确，每步操作到位(10 分)； 3.接种材料大小适宜、符合标准，无菌操作规范、熟练(10 分)； 4.移栽操作规范，无材料损伤、浪费情况(10 分)。	现场操作、口试	40 分
培养与驯化效果	1.材料接种摆布合理，方向正确，深浅适宜(5 分)； 2.能根据培养物生长情况及培养阶段要求及时转接，每次接种 5 d 后统计污染率低于 2%，生根壮苗培养及驯化移栽后幼苗成活率≥85%(5 分)； 3.定期观察，记载详细、准确(10 分)； 4.操作文明、安全，器皿和用具摆放有序，场地整洁(10 分)。	现场调查	30 分
合计			100 分

任务 4-25　石斛的组织培养

案例导入

霍山石斛(*Dendrobium huoshanense*)是含有多种活性成分的草本植物,属兰科。石斛整体具备一定价值的观赏性能,更重要的是已经在许多亚洲国家被认为具有广泛的治疗作用,有提高免疫力、降低血糖、消除疲惫等多种功效。霍山石斛由于质量优良、需求较大,自然资源极为短缺。目前石斛的生产主要通过植物组织培养和仿野生栽培技术,霍山石斛作为霍山县的主要支柱产业,让本地百姓过上了小康生活。现假设安排你被聘为百名人才进百企帮扶人才,邀请你到企业指导霍山石斛的生产,你该如何制订生产计划。

石斛是兰科石斛属植物,为附生兰,茎细长,节部膨大,花序着生在上端节部,上花被片和内花被片形状相似。外侧的花被片与蕊柱合生,呈囊状,唇瓣富于变化,原产我国云南,现主要分布于亚洲热带。共有 1 700 种,我国有 57 种,除可供观赏外,大部分可供药用。石斛兰因其花朵千姿百态,艳丽多彩而深受人们的喜爱,它的切花及盆栽优良品种在国际花卉市场上备受青睐,成为人们装点居室、会议厅的精品,是一种正处于发展中的具有较高经济价值和观赏价值的花卉植物。

常规繁殖石斛兰多用扦插等方法,繁殖速度慢,病害重,不能满足现代花卉市场的需要,而逐步被茎节培养法繁殖所代替。茎节培养具有繁殖速度快,花多,品质优,无病害,性状均一,便于运输及防止种苗带菌传播的特点,因此有着较大的推广普及价值。

1. 任务要求

(1)了解植物组织培养在石斛生产中的应用情况。

(2)能够独立完成石斛的组培快繁。

(3)掌握石斛组培苗的再生过程。

(4)掌握石斛离体的培养条件。

(5)掌握石斛组培快繁的技术要点。

(6)能够采用正确的方法对石斛的外植体进行消毒处理。

(7)能够独立完成石斛组织培养的无菌操作。

2. 任务内容

(1)独立完成石斛组织培养方案的设计。

(2)独立完成石斛外植体的接种。

(3)独立完成石斛试管苗的培养。

(4)填写记录。

3. 材料与用品

石斛、无菌水、超净工作台、接种工具、无菌瓶、烧杯(500 mL)、无菌滤纸、培养皿、记号笔、

75%酒精棉球或接种工具灭菌器等、95%酒精、0.1%的升汞、NAA、6-BA、IBA、KT、甲基托布津。

4.任务实施

(1)外植体的选择　选取无病虫、生长健壮的石斛兰新生芽,取茎尖为材料选择生长健壮的植株。

(2)外植体的消毒　将盛有材料的培养皿拿到超净工作台,用75%酒精灭菌10～60 s,再用升汞溶液(千分之一)浸泡约7 min,用无菌水清洗5～7次,取出。将茎段切成0.5～1.0 cm的带节切段(包有叶鞘的小心剥除叶鞘),备用。

(3)接种培养

芽诱导培养　在无菌的环境里在显微镜下剥取茎尖组织作为外植体,接种于芽诱导培养基上,经过40 d的培养,诱导出不定芽。

芽继代培养　将生长至1～1.5 cm的不定芽切下,分别转接于芽的增殖和分化培养基,50 d左右转接一次,将增殖的原球茎株丛在超净工作台上切成4～6份,(长出茎叶的小植株小心切去茎叶)按培养瓶大小等距插入培养基表面以50 d为周期,可按需要转入生根培养基。

生根培养　选取生长健壮、高2 cm以上的单个芽体接入壮苗生根培养基,60 d,生根率可达100%,且植株根系发达粗壮,形成完整的石斛兰小植株。

(4)培养基的选择

芽的诱导培养基　MS+NAA1.0 mg/L+6-BA 4.0 mg/L+KT 1.0 mg/L,pH 5.0～5.4,温度为25 ℃±2 ℃,漫射光(不开日光灯)。

芽的增殖培养基　MS+NAA 1.0 mg/L+6-BA 4.0 mg/L+KT 1.0 mg/L,pH 5.0～5.4。

壮苗生根培养基　1/2MS+IBA 2.0 mg/L+肌醇2.0 mg/L+水解酪蛋白1.0 g/L+香蕉泥1.0 g/L。

由于根的分化形成,加快了植株对营养的吸收,促进了茎叶的生长,达到了壮苗生根的目的。因此培养基中添加一定量的香蕉泥有助于石斛兰根系的分化。

(5)培养条件　室温(25±2) ℃,漫射光(不开日光灯)。

(6)驯化移栽　当石斛兰试管苗长3～4片叶,长出3～4条根,有3～10 cm长时,就可进行移栽。出瓶前将瓶苗移至自然漫射光的室内炼苗7 d,以增强试管苗对室外环境的适应力,提高其移栽成活率。移栽前先洗净试管苗根部培养基,用0.2%甲基托布津溶液浸泡15 min,然后移栽基质中。小苗移栽后应浇透水,放入温室大棚内,定根前要控制水分,只要保持叶面及基质湿润即可。石斛兰较适宜生长的温度为15～25 ℃,空气相对湿度为70%～80%。散射光(夏天遮光75%),成活后去掉遮阴材料,每天喷水3次,2～3 d施一次1 000倍的花肥溶液。

(7)常见的问题　石斛组培过程中发生褐变可降低培养基盐浓度。可以在弱光或黑暗下培养,同时经常转接培养基。过重的褐变在培养基中加适量的水解酪蛋白或1%的活性炭,接种半月后,在节处长出一团白色愈伤组织,40 d后分化成原球茎。

5.注意事项

(1)选择的外植体要求无病、健壮。

(2)接种工具必须彻底灭菌。

(3)定期观察试管苗,并进行记录。

6.考核建议

考核重点是操作规范性、准确性和熟练程度。考核方案见表4-27。

表4-27 石斛组培的考核方案

考核项目	考核标准	考核形式	满分
实训态度	1.听从指挥,遵章守时(10分); 2.实训积极、认真,有团队意识和创新精神(10分); 3.实训报告字迹工整、记录全面(10分)。	跟踪观察、实训报告	30分
现场操作	1.培养基配制及灭菌、接种室及超净工作台消毒、药品及器械等准备齐全(10分); 2.外植体取材适当,消毒流程正确,每步操作到位(10分); 3.接种材料大小适宜、符合标准,无菌操作规范、熟练(10分); 4.移栽操作规范,无材料损伤、浪费情况(10分)。	现场操作、口试	40分
培养与驯化效果	1.材料接种摆布合理,方向正确,深浅适宜(5分); 2.能根据培养物生长情况及培养阶段要求及时转接,每次接种5 d后统计污染率低于2%,生根壮苗培养及驯化移栽后幼苗成活率≥85%(5分); 3.定期观察,记载详细、准确(10分); 4.操作文明、安全,器皿和用具摆放有序,场地整洁(10分)。	现场调查	30分
合计			100分

任务4-26 枸杞的组织培养

案例导入

黑果枸杞(*Lycium ruthenicum* Murr.)为茄科(Solanceae)枸杞属(*Lycium* L.)多年生落叶灌木,主要分布于西北及内蒙古等地,在中亚、高加索和欧洲也有分布。在盐渍化土壤大量生长,常构成盐爪爪(*Kalidium foliatum*)-黑果枸杞盐生植物群落,是一种较为典型的储盐植物,也是荒漠化地区尤其是盐碱化土地恢复植被的备选植物之一。野生黑果枸杞的适应能力很强,耐38.5 ℃高温,且在−25.6 ℃下无冻害;为较耐旱植物,土壤水合补偿点为3.81%;果实富含枸杞多糖、蛋白质以及微量元素等多种营养成分,其提取物还具有降血糖、降血脂、抗氧化、延缓衰老及预防并治疗动脉硬化、心血管疾病、肿瘤等中老年常见疾病的功效,保健和药用价值远远超过普通红枸杞,被誉为“软黄金”。近年来,随着人们保健意识的增强,具有滋补养生、强身健体、美容养颜的功效黑果枸杞备受消费者的青睐。由于黑果枸杞市场需求量逐年增大,对野生资源的过度采摘,造成严重的生态影响,因此采用组培快繁技术繁育黑果枸杞显得尤为重要。

枸杞属茄科，是多年生落叶灌木，也是宁夏地区主要经济树种之一。枸杞叶有降压和保肝作用，叶的醇提取液有增强巨噬细胞吞噬功能的作用，近年来随着枸杞药用保健价值的进一步开发，栽培面积不断扩大，此外，枸杞还可用作绿篱栽植、树桩盆栽以及用作水土保持的灌木等。常规育种方法已不能满足现代农业对枸杞品种改良的需求。20 世纪 70 年代发展起来的植物组织培养技术，为作物抗逆品种的选育提供了新的手段。植物组织合理化因素的处理，可大大提高变异的范围和频率。而且，组织培养便于操作和控制，成本低，周期短，所以利用此项技术进行植物培养近年来受到国内外学者的广泛重视。据此，以萌发的枸杞枝条为外植体，进行了组培快繁的研究，对外植体的采取、初代培养、继代培养、壮苗培养、生根培养和移栽以及简化培养基成分的研究，从有利于工厂化育苗的目的出发，试图为枸杞生物技术育种提供技术和方法。

1.任务要求

(1)通过查阅资料，能设计枸杞的组织培养方案。

(2)掌握对枸杞的外植体的消毒处理方法。

(3)独立完成枸杞组织培养的无菌操作流程。

(4)尽量提高成活率，降低污染率。

(5)初步掌握枸杞试管苗的培养条件。

2.任务内容

(1)枸杞组织培养方案的设计。

(2)外植体的接种。

(3)试管苗的培养。

(4)填写记录。

3.材料与用品

以枸杞幼苗枝条的中部及下部腋芽或成年树冠外围抽生的枝作外植体，灭过菌的培养基(MS＋6-BA 1.0 mg/L＋IBA 0.2 mg/L＋ AC 0.5 g/L；MS＋6-BA 1.0 mg/L＋IBA 1.0 mg/L；1/2MS＋6-BA 0.5 mg/L＋KT 0.5 mg/L；1/2MS＋IBA 0.1 mg/L＋NAA 0.1 mg/L)、琼脂、蔗糖、75％酒精、0.1％升汞、无菌水、洗衣粉、超净工作台、接种工具、无菌瓶、烧杯(500 mL)、无菌滤纸、接种盘、记号笔、75％酒精棉球或接种工具灭菌器等。

4.任务实施

(1)外植体材料选择与处理　以幼苗为接种材料时，其枝条中部腋芽及下部腋芽作外植体，对减少污染有较好效果；而以成年树冠外围抽生的枝为接种材料时，以顶芽为外植体效果较好；外植体采集最佳时间为 4 月底或 5 月初。将采来的枸杞枝条用洗衣粉水刷洗，然后用自来水冲洗 20 min 置于超净工作台上，用 75％的酒精振荡消毒 30 s，用无菌水冲洗 1 遍，然后用 0.1％的升汞振荡消毒 3～4 min，然后用无菌水冲洗 5～6 遍，获得无菌枝条。将枝条切成 0.5～1.0 cm，接入到初代培养基中。

(2)培养及制备　在初代培养中，将幼树枝条下部腋芽接种于启动培养基：MS＋6-BA 1.0 mg/L＋IBA 0.2 mg/L＋ AC 0.5 g/L；在继代培养中，培养基 MS＋6-BA 1.0 mg/L＋IBA 1.0 mg/L 对增殖效果最好，30 d 时增殖系数可达 6.03；在壮苗培养中，采用培养基 1/2MS＋6-BA 0.5 mg/L＋KT 0.5 mg/L；在生根培养中，其中以 1/2MS＋IBA 0.1 mg/L＋NAA 0.1 mg/L最好，生根率为 87％。诱导和分化培养基中的蔗糖浓度为 30 g/L，生根培养基所用蔗糖浓度为 15 g/L，琼脂均为 7 g/L。

(3)培养条件　将接种后的培养材料放在培养室内进行培养。培养条件:温度 22～28 ℃,光照 10～12 h/d,光照强度 2 000～2 500 lx。

(4)炼苗、移栽　当试管苗生长至 4～6 cm,根长到 0.8～1.0 cm 时。选取生长健壮的组培苗转移到温室进行炼苗,炼苗 3 d 后,打开瓶盖,继续炼苗 1～2 d,取出小苗,洗净根上的培养基,移栽至基质中。

基质可以选用腐殖土∶蛭石∶河沙＝1∶1∶1 混合配制的移栽基质效果最佳。移入基质的小苗应加强管理,保证 80%以上的相对湿度,温度控制在 20～25 ℃。每隔 4～5 d 浇 1 次水,保持基质的含水量为 90%,避免阳光直射,30 d 后,移栽成活率为 95%。

5.注意事项

(1)选择的外植体要求无病、健壮。

(2)接种工具必须彻底灭菌。

(3)定期观察试管苗,并进行记录。

6.考核建议

加强过程考核、动态考核和跟踪考核,做到定性与定量考核相结合。

考核重点是外植体选择与处理方法、无菌操作的规范熟练程度、观察问题和解决问题能力等。考核方案见表 4-28。

表 4-28　枸杞组培的考核方案

考核项目	考核标准	考核形式	满分
实训态度	1. 听从指挥,遵章守时(10 分); 2. 实训积极、认真,有团队意识和创新精神(10 分); 3. 实训报告字迹工整,记录全面(10 分)。	跟踪观察、实训报告	30 分
现场操作	1. 操作规范(10 分); 2. 操作熟练,工作效率高(20 分); 3. 能准确回答老师提的 2 个问题(10 分)。	现场操作、口试	40 分
培养与驯化效果	1. 建立组培无性繁殖系(10 分); 2. 污染率≤10%(10 分); 3. 移栽成活率≥85%(10 分)。	现场调查	30 分
合计			100 分

任务 4-27　半夏的组织培养

案例导入

半夏来源于天南星科植物半夏(*Pinellia ternata*)的干燥块茎。全国大部分地区均有分布,具有燥湿化痰、消痞散结、抗肿瘤、去皱养颜和提高记忆力等多方面的功能。近几年来,由于半夏市场需求量大,野生资源日益减少,人工栽培又缺乏优良种源,难以满足市场日益增长的需求。组织培养作为一种有效的快速繁殖手段被广泛应用于半夏扩繁中,是解决半夏优良种源匮乏的主要手段之一。

半夏是天南星科草本植物，有狗爪半夏、三叶半夏、掌叶半夏3个品种。半夏是一种重要的中药材，块茎入药，有祛痰镇咳及消肿之用。半夏是多年生宿根草本植物，靠生于叶柄下的珠芽繁殖，生长缓慢，采集困难，不能广泛栽培。栽培中连年重茬种植，易感染病毒病，造成产量与品质下降。采用茎尖分生组织培养能够大幅度提高产量与品质。

1.任务要求

(1)通过查阅资料，能设计半夏的组织培养方案。

(2)掌握对半夏的外植体的消毒处理方法。

(3)独立完成半夏组织培养的无菌操作流程。

(4)尽量提高成活率，降低污染率。

(5)初步掌握半夏试管苗的培养条件。

2.任务内容

(1)半夏组织培养方案的设计。

(2)外植体的接种。

(3)试管苗的培养。

(4)填写记录。

3.材料与用品

以半夏块茎做外植体，灭过菌的培养基(MS＋6-BA 0.2 mg/L ＋NAA 0.1 mg/L、MS＋6-BA 0.5 mg/L ＋NAA 0.05 mg/L)、蔗糖、琼脂、75％酒精、0.1％升汞、漂白粉上清液、无菌水、超净工作台、接种工具、无菌瓶、烧杯(500 mL)、无菌滤纸、接种盘、记号笔、75％酒精棉球或接种工具灭菌器等。

4.任务实施

(1)外植体材料选择与处理　田间挖取半夏块茎，清洗干净后将块茎切成小块，每个小块上带上芽眼。在光照培养箱内催芽，待其长出小苗后，剪取叶片用0.1％升汞消毒8 min，再用漂白粉上清液消毒15 min，无菌水反复冲洗干净接种于各种培养基中，然后再挑取茎尖接种于培养基上。

(2)接种　将叶片切割成0.5 cm^2大小方块，接种于诱导培养基中，(3～4 d就在切开处形成绿色愈伤组织，以后此愈伤组织快速生长，形成团状，切割成小块后再接入；10～13 d后团块上端形成绿色的芽点，芽点逐渐长大，最终形成一株苗，再将其转入MS中；1周后形成根、茎、叶俱全的植物。将块茎切成小块，接种于MS＋6-BA 0.2 mg/L ＋NAA 0.1 mg/L中，很快形成愈伤组织，将愈伤组织转接到MS＋6-BA 0.5 mg/L ＋NAA 0.05 mg/L中，2周后开始有芽点长出，并逐渐形成小苗。

(3)培养　培养温度为23～27 ℃；光照时间为12 h/d；光照强度为1 500～2 000 lx。

(4)炼苗、移栽　待小苗根长出后，就可炼苗。先将瓶子打开口，放于散射光下，锻炼2～3 d后，再用镊子小心地掏出小苗，洗净培养基栽植于干净的基质中。上盖塑料薄膜保湿，3～4 d后可揭膜通风。炼苗温度保持25 ℃，湿度80％～90％即可，成活率在90％以上。以后每隔3～4 d浇1次营养液，以KH_2PO_4为主，可促进快速生根生长，带其长到5～6片叶时即可出圃栽于大棚温室内。

5. 注意事项

(1)选择的外植体要求无病、健壮。

(2)接种工具必须彻底灭菌。

(3)定期观察试管苗,并进行记录。

6. 考核建议

加强过程考核、动态考核和跟踪考核,做到定性与定量考核相结合。

考核重点是外植体选择与处理方法、无菌操作的规范熟练程度、观察问题和解决问题能力等。考核方案见表 4-29。

表 4-29 半夏组培的考核方案

考核项目	考核标准	考核形式	满分
实训态度	1. 听从指挥,遵章守时(10 分); 2. 实训积极、认真,有团队意识和创新精神(10 分); 3. 实训报告字迹工整,记录全面(10 分)。	跟踪观察、实训报告	30 分
现场操作	1. 操作规范(10 分); 2. 操作熟练,工作效率高(20 分); 3. 能准确回答老师提的 2 个问题(10 分)。	现场操作、口试	40 分
培养与驯化效果	1. 建立组培无性繁殖系(10 分); 2. 污染率≤10%(10 分); 3. 移栽成活率≥85%(10 分)。	现场调查	30 分
合计			100 分

单元练习题

一、选择题

1. 用于草莓茎尖培养快速繁殖的无性系是(　　)。

A. 芽丛　B. 茎段　C. 胚状体　D. 愈伤组织

2. 苹果常规繁殖的方法是(　　)。

A. 扦插　B. 分株　C. 播种　D. 嫁接

3. 用于苹果花粉培养的无性繁殖系是(　　)。

A. 芽丛　B. 茎段　C. 胚状体　D. 愈伤组织

4. 甘薯无病毒苗鉴定的最简便方法是(　　)。

A. 电子显微镜法　B. 酶联免疫鉴定法　C. 指示植物法　D. 观察法

5. 蝴蝶兰组培苗驯化移栽的时期为(　　)。

A. 具有 2～3 片叶　B. 具有 2～3 条根　C. 具有 5～6 片叶　D. 具有 5～6 条根

6. 可用于蝴蝶兰花梗消毒的消毒剂有 (　　)。

A. 酒精　B. 氯化汞　C. 次氯酸钠　D. 过氧化氢(双氧水)

7. 蝴蝶兰组织培养过程中,感染病毒的途径有(　　)。

A. 母本材料带毒　B. 培养过程感染　C. 操作不当带毒　D. 消毒不彻底

8. 蝴蝶兰花梗腋芽诱导丛生芽时,较好的培养条件是培养室光照强度为(　　)。

A. 1 000 lx　　B. 1 500 lx　　C. 2 000 lx　　D. 2 500 lx

9. 蝴蝶兰组织培养中常用的细胞分裂素是(　　)。

A. 6－BA　　B. ZT　　C. TDZ　　D. KT

10. 在培养基中添加(　　),有助于减轻蝴蝶兰原球茎诱导和增殖过程出现的褐化现象,利于小苗的生长。

A. 活性炭　　B. 椰子汁　　C. 苹果汁　　D. 香蕉汁

11. 以下哪些操作方式可能会引起蝴蝶兰在组培过程中感染病毒?(　　)

A. 不良的工具灭菌方式　　B. 操作盘的污染

C. 操作人员的不良习惯　　D. 材料带毒

12. 蝴蝶兰因没有粗壮的假球茎储蓄水分,因此宜生长在(　　)环境中。

A. 温度高　　B. 湿度高　　C. 水分多　　D. 地势高

13. 蝴蝶兰组织培养成活率最高的外植体是(　　)。

A. 花梗　　B. 花梗腋芽　　C. 叶片　　D. 种子

14. 蝴蝶兰花梗腋芽诱导丛生芽时,较好的培养条件是温度为(　　)。

A. 25～28 ℃　　B. 15～18 ℃　　C. 20～24 ℃　　D. 28～30 ℃

15. 下列(　　)激素浓度过高,红掌初代培养诱导的愈伤组织质地比较坚硬。

A. 6-BA　　B. NAA　　C. IAA　　D. 2,4-D

16. 在培养基中添加(　　),可以促进红掌试管苗增殖。

A. 活性炭　　B. 椰子汁　　C. 水解酪蛋白　　D. 肌醇

17. 影响红掌愈伤组织诱导的因素有(　　)。

A. 外植体　　B. 取材部位　　C. 取材时间　　D. 激素

18. 在进行试管苗移栽时,为了使试管苗尽快适应环境条件,应考虑(　　)。

A. 温度　　B. 湿度　　C. 气体　　D. 光照

19. 红掌愈伤组织经过多次增殖,出现退化时的颜色转变是(　　)。

A. 黄—绿—黄绿相间—褐色　　B. 黄—黄绿相间—绿—褐色

C. 绿—黄绿相间—黄—褐色　　D. 绿—黄—黄绿相间—褐色

20. 叶片培养时,常从(　　)部位的切口处形成愈伤组织或不定芽。

A. 叶尖　　B. 叶柄　　C. 叶脉　　D. 叶边缘

21. 红掌组织培养时,如果分别以茎段、叶片和叶柄为外植体,愈伤组织诱导率按从高到低的排列顺序是(　　)。

A. 茎段、叶片、叶柄　　B. 叶片、茎段、叶柄

C. 叶片、叶柄、茎段　　D. 叶柄、茎段、叶片

22. 影响植物叶培养的因素有(　　)。

A. 激素　　B. 叶龄　　C. 极性与损伤　　D. 叶脉

23. 红掌叶片培养时,在(　　)时期采集叶片,诱导愈伤组织效果最好。

A. 幼叶展平 1 周　　B. 幼叶展平 2 周　　C. 幼叶展平 3 周　　D. 整个幼叶期

24. 红掌组织培养的再生途径有(　　)。

A. 无菌短枝型　　B. 丛生芽增殖型　　C. 器官发生型　　D. 胚状体发生型

25. 猕猴桃在组培过程中易发生褐变现象,通常需在培养基中添加(　　)。

A. 肌醇　　B. 抗氧化剂　　C. 活性炭　　D. 马铃薯汁

26. 猕猴桃组培过程中，培养基中添加(　　)，不仅可以加快愈伤生长，而且可以防止愈伤褐化。

A. NAA　　B. IBA　　C. 6-BA　　D. ZT

27. 进行猕猴桃茎段培养时，一般将枝条剪成带(　　)个腋芽的茎段。

A. 1　　B. 2　　C. 3　　D. 4

28. 猕猴桃叶片消毒时所用酒精浓度为(　　)。

A. 90%　　B. 75%　　C. 50%　　D. 99.9%

29. 影响猕猴桃茎段培养的因素有(　　)。

A. 基因型　　B. 取材时间和部位　　C. 外植体大小　　D. 极性

30. 猕猴桃初代接种时，茎段一般剪成(　　)。

A. 1～1.5 cm　　B. 3～4 cm　　C. 5 cm　　D. 0.5 cm

31. 进行猕猴桃茎段培养时，选择培养材料时最好选取(　　)。

A. 两年生枝条　　B. 当年新梢　　C. 多年生枝条　　D. 木质化枝条

32. 猕猴桃组培外植体选择时应考虑的因素有(　　)。

A. 植物种类和品种　　B. 取材季节和部位

C. 生理状态与植株长势　　D. 外植体大小

33. 猕猴桃叶片培养时，愈伤组织多发生于(　　)。

A. 叶缘　　B. 叶脉　　C. 叶尖　　D. 叶柄

34. 病毒在植物体内的分布不均匀，下列(　　)部位病毒含量很少或不含病毒。

A. 叶片　　B. 根尖　　C. 茎尖　　D. 花药

35. 病毒主要通过(　　)途径传播。

A. 机械损伤　　B. 介体传播　　C. 嫁接传播　　D. 种子传播

36. 脱毒苗与普通苗相比具有(　　)优点。

A. 品质提高　　B. 产量提高　　C. 抗性增强　　D. 结果早

37. 采用热空气处理脱毒时，既可消除病毒又不伤及植物的方法是(　　)。

A. 高温处理　　B. 变温处理　　C. 低温处理　　D. 温水浸泡

38. 防治甘薯病毒病最有效的技术是(　　)。

A. 热处理脱毒　　B. 茎尖脱毒　　C. 超低温脱毒　　D. 化学防治法

39. 甘薯试管苗脱毒鉴定指示作物为(　　)。

A. 巴西牵牛　　B. 千日红　　C. 黄花烟　　D. 毛叶曼陀罗

40. 草莓传统的繁殖方法是(　　)

A. 种子繁殖　　B. 嫁接法　　C. 压条法　　D. 分株法

41. 草莓脱毒茎尖生长点的切取大小为(　　)

A. 0.1～0.5 mm　　B. 0.5～1 mm　　C. 1～1.5 mm　　D. 1.5～2 mm

42. 月季外植体应选取(　　)

A. 生长健壮　　B. 当年生枝条　　C. 侧芽饱满　　D. 侧芽未萌发的

43. 石斛的生长环境为(　　)

A. 直射光　　B. 树皮　　C. 岩石　　D. 土壤

44. 石斛壮苗生根培养常添加的天然有机物为(　　)

A. 马铃薯汁　　B. 香蕉泥　　C. 椰子汁　　D. 酵母提取液

45. 第一个商品化的转基因植物(　　)

A. 大蒜　　B. 甘薯　　C. 马铃薯　　D. 番茄

二、判断题

1. 蝴蝶兰原球茎诱导形成后，需要在无菌条件下分割成块，转移到新鲜增殖培养基继代。切割的原球茎体块较大，培养瓶内接种块数较多，易生长缓慢，甚至死亡。(　　)

2. 蝴蝶兰花轴基部的芽往往为休眠芽，一般不能作为花梗芽组织培养的材料。(　　)

3. 蝴蝶兰初代培养诱导的原球茎是变态短缩茎。(　　)

4. 用蝴蝶兰花梗腋芽作外植体培养时，先用酒精棉球将花梗外表的灰尘、杂物等擦拭干净。(　　)

5. 蝴蝶兰种子繁殖可诱导产生原球茎。(　　)

6. 影响蝴蝶兰无根苗生根的重要因素是无机营养元素。(　　)

7. 蝴蝶兰果荚成熟时，自然发芽率很低，需要与兰菌共生才会发芽。(　　)

8. 蝴蝶兰果荚在10%次氯酸钠稀释液灭菌10 min，灭菌效果较好。(　　)

9. 蝴蝶兰最是适宜的培养温度为25～28 ℃。(　　)

10. 蝴蝶兰试管苗移栽时可以选用水苔、椰糠或复合基质等，其中以水苔为最佳。(　　)

11. 蝴蝶兰的花梗从节部生出，而不定根从叶腋间抽出。(　　)

12. 红掌离体培养时容易产生褐变，茎尖不易切得太小。(　　)

13. 红掌叶片培养的植株再生途径主要是胚状体发生型。(　　)

14. 红掌茎尖和芽在初代培养前期都需要一段时间的暗培养。(　　)

15. 离体叶培养的外植体可以不带叶脉。(　　)

16. 2,4-D利于红掌叶片诱导产生愈伤组织和芽的分化。(　　)

17. 光培养不但对愈伤组织的诱导有利，而且对于不定芽的生长有明显的促进作用。(　　)

18. 红掌幼叶较成熟叶脱分化时间短，分化能力强。(　　)

19. 进行叶培养时，一般叶面接触培养基。(　　)

20. 红掌茎尖和芽在初代培养前期都需要一段时间的光培养。(　　)

21. 红掌对激素比较敏感，并且有明显的累加效应。(　　)

22. 红掌试管苗移栽基质要求具备透气、保湿和保肥的特点，且容易灭菌。同时要根据不同植物的栽培习性来进行配制。(　　)

23. 休眠期的猕猴桃茎段也可以用于组织培养。(　　)

24. 不同的猕猴桃品种，不定芽诱导率相差较大。(　　)

25. 不同的细胞分裂素对猕猴桃叶片诱导愈伤组织和不定芽发生率基本相同。(　　)

26. 猕猴桃叶片和茎段外植体都可以用75%酒精消毒。(　　)

27. 生长素和细胞分裂素配比对猕猴桃不定芽的诱导影响很大。(　　)

28. 微型薯原原种必须等芽萌动后才能播种。(　　)

29. 热空气处理脱毒适用于休眠器官脱毒。(　　)

30. 脱毒苗是指不含有该种植物的主要危害病毒，即经过检测主要病毒在植物体内的存在表现为阴性反应的苗木。(　　)

31. 进行微茎尖培养时，茎尖大小与脱毒效果呈正相关。（　　）
32. 病毒可通过无性繁殖的营养器官世代相传。（　　）
33. 热处理脱毒与茎尖培养脱毒在性质上是相同的。（　　）
34. 热处理能脱除植物体内所有病毒。（　　）
35. 多数病毒不经过种子传播。（　　）
36. 在进行微茎尖培养时，都要带1～2个叶原基，以提高微茎尖培养成活率。（　　）
37. 采用汁液涂抹法进行马铃薯脱毒苗鉴定时，可以选用任何植物作为指示植物。（　　）
38. 液体培养微型薯要求光下培养。（　　）
39. 甘薯催芽后，茎尖剥离前需要用两种消毒剂交替杀菌。（　　）
40. 茎尖剥离后接种在基本培养基上即可。（　　）
41. 甘薯脱毒种苗能延长种薯的服务期。（　　）
42. 草莓脱毒苗已经实现组织培养工厂化生产。（　　）
43. 有性杂交育种和芽变选种是月季较为常用的育种方法。（　　）
44. 石斛的组织培养技术尚未成熟，没有应用到生产。（　　）
45. 石斛品种有铁皮石斛、霍山石斛、河南石斛、金钗石斛等，具有药用价值。（　　）
46. 番茄种子培养的过程需要用到植物生长调节剂。（　　）
47. 红叶石楠苗需通过脱毒以恢复品种的优良特性。（　　）
48. 目前市场上的香蕉苗90%的是通过香蕉地下的根蘖幼芽来繁殖。（　　）
49. 香蕉组培苗假植的重点在肥水管理、温度控制和病虫害防治上。（　　）
50. 兰花种子细小，自然条件下萌发困难。（　　）
51. 植物选取的外植体不同，基本培养基选取可以不做改变。（　　）

三、简答题

1. 怎样对菊花进行组培快繁？
2. 怎样用花托进行组培快繁？
3. 怎样利用百合的鳞茎进行组织培养？
4. 兰科植物培养过程包括哪几个环节？
5. 蝴蝶兰怎样用花梗组织培养方法繁殖？
6. 为什么茎尖培养可得到草莓无病毒苗，茎尖培养和花粉培养有何区别？
7. 草莓微茎尖培养可分为哪几个阶段，各阶段的主要目的是什么？
8. 为什么说茎尖培养、花粉培养和胚培养都能得到苹果的无毒苗？
9. 如何鉴定草莓的无病毒苗？
10. 葡萄的茎尖培养过程中发生了哪些变化？
11. 查阅周边的植物组织培养公司及招聘要求，并简述该公司生产苗木的流程。

单元五

植物组织培养工厂化育苗生产管理

- 项目一　工厂化育苗生产计划制订
- 项目二　工厂化育苗生产管理
- 项目三　成本核算与效益分析
- 项目四　经营管理与市场营销

单元五课件

单元导读

本单元主要介绍利用组织培养技术进行植物组培苗规模化生产的主要技术和生产流程，成本核算与效益分析，生产经营管理等方面的内容。通过本单元的学习，学生掌握组培苗工厂化生产所需要的生产技术及经营管理措施。

知识目标

1. 了解工厂化育苗的意义和生产过程；
2. 掌握工厂化育苗的技术要点；
3. 了解实验室技术与实际生产的不同之处，掌握制订生产计划并确保按计划实施生产的重要性以及必要的管理和保障措施。

能力目标

1. 掌握工厂化育苗的主要技术流程；
2. 能够根据订单或生产要求制订生产计划，并进行成本核算。

素质目标

1. 工业生产树立“凡事预则立，不预则废”的理念；
2. 培养学生细节决定成败的理念，在生产中做好生产的细节要求；
3. 工作生产中，真正做到“知人善任，人尽其才，物尽其用”；
4. 培养吃苦精神，锻炼坚强意志；
5. 培养学生工厂安全教育牢记在心，安全生产；
6. 培养良好的职业素养和职业道德。

项目一
工厂化育苗生产计划制订

自20世纪60年代以来，植物组织培养技术迅速发展。与传统育苗方式相比，组织培养工厂生产的组培苗，具有遗传稳定性好、一致性高、无病虫害、生产周期短、便于集约经营等优点。作为一种科研方法，植物组织培养的理论研究和技术水平已经相当成熟，但作为一项农业生产技术，则需要进一步加强其标准化、规模化生产能力，以适应现代化、商业化生产模式。

工厂化育苗广义上讲是指随着现代农业的发展，农业规模化经营、专业化生产、机械化和自动化程度不断提高而出现的一项先进农业技术，是现代化农业的重要组成部分。它是在人为创造的最佳环境条件下，采用科学化、机械化、自动化等技术措施和手段，进行批量生产优质秧苗的一种生产方式。工厂化育苗技术与传统的育苗方式相比具有用种量减少、育苗周期短、土地利用率高，采用有机营养基质，使用安全，减少土传病害，避免破坏土壤生态，适于机械化操作，省工省力，可规模生产，人为控制环境，不受外界条件干扰，病虫害轻，苗壮且成苗率高等优点。

工厂化育苗生产系统的生产运营过程主要包括：接纳客户订单、安排生产计划、种源引进或采购、组培苗繁育、移栽及管理和包装发货等几个阶段。接到订单后首先要做的，就是制订合理的生产计划。

一、生产计划的制订

生产计划是根据市场需求和经营决策对未来一定时期的生产目标和生产活动所做的事前安排。生产计划应根据全年生产活动和订单实际需求结合农业生产的季节性特点来统筹安排。由于工厂化生产组培苗的过程既有工业生产的批量化、标准化特点，又有农业生产的随机性和风险性，因此制订合理的生产计划，既需要充分了解企业运营管理的特点，又要具备必要的种苗繁育经验。生产计划的制订是进行工厂化育苗的关键，产量不足或过剩，都会造成经济损失。

从整体来看，应以自然年为单位，参考已签订的订单和常规生产需求，制订当年的生产计划。该计划便于企业经营者更好地掌握和安排当年的生产活动，对全年的生产投入和经济效益做准确的预估。根据不同地区不同植物的生长特性和市场需求，育苗具有季节性和周期性。为提高效率，降低成本，应尽量将不同季节供货的商品苗排期生产，最大可能的充分利用已有设施设备和劳动力等资源，避免浪费。

从具体某种植物或某个订单来看，应以该植物的商品苗供货时间向前推算整个生产周期为单位制订生产计划。该计划应符合企业全年生产安排，同时更加具体详尽地规划好每一个具体时间节点的具体目标，便于生产管理者更好的执行，确保订单保质保量如期完成。

下面以具体订单为例，详述制订生产计划的方法：

(一)种源选择

一般苗木繁育订单的种源是由甲方提供或指定，也可以采用甲方认可的企业现有品种材料作为种源。需要注意的是，生产计划的时间起点最好是由已具备足够量的瓶苗开始；若是引进瓶苗，则需要至少1～2个转接周期的适应期；有时只能拿到植株或部分器官，则要经过外植体灭菌、初代培养等阶段；有的脱毒材料还需要经过正规机构进行病毒检测，确定不携带病毒才能够开始进行扩繁，制订计划时应预留这部分时间。植物材料越少，意外情况的影响就越大，为避免损失，一定要确保基础苗的品种、数量和质量。

(二)生产数量

生产计划可以依据订单协议中约定好的种苗交货时间和具体数量来安排，接受订单和制订计划时应考虑到季节因素、技术因素，并以所有生产过程中的瓶颈环节为首要考虑因素。例如，一间拥有3 000 m^2培养室的组培工厂，只有5个熟练接种工人。计算生产量时，只能以5个工人的工作量为准，而不能以培养室的最大容量为准。

制订计划时应充分考虑影响出苗数量的各种因素。

1.基础苗数量(M)

一定数量的优质瓶苗是组培苗生产的前提和基础，相同的生产期限内，基础苗数量越多，得到的商品苗越多。

2.瓶苗增殖倍数(x)

增殖倍数是反应组培苗生产快慢的重要因子，一般培养转接周期为30 d，每个培养周期中瓶苗的数量扩大到原来的x倍，经过几个周期转接，瓶苗数量呈几何级数增加。因此，一定要确保增殖倍数稳定在较高的数值。提高增殖倍数，可以从改善环境条件、改良培养基配方、提高接种水平等方面入手。

3.平均损耗率($a\%$)

由于组培产品是活的植物体，在生长和转接过程中会出现污染情况，也会产生损耗。生产中应尽量实行标准化操作、降低不良环境影响、减少污染，将损耗率控制在较低水平。

实际增殖倍数应该为转接时增殖倍数中去掉损耗部分。为便于计算，这两项指标结合在一起，设实际增殖倍数(X)：

$$X=x(1-a\%)$$

4.转接次数(n)

理论上讲，基础苗的数量一定时，转接次数越多，繁育种苗的总数越多。在实际生产中，可以根据“生产时间/转接周期”进行估算，也可以根据交货时间向前反推。转接次数对商品苗总量的影响特别大，要尽量客观、精准地估计。另外，有一些特殊的情况，比如某些植物种类的瓶苗，在移栽之前需要经过一次生根壮苗培养，这个阶段瓶苗的数量并不增殖，计算的时候也要考虑到。

根据以上条件，从理论上计算，在一定时间内，某种苗木的最大生产量(Y)可以按照以下公式计算：

$$Y = M \cdot X^n$$

例如，3 月初已获得马铃薯脱毒瓶苗 500 株，按照 25 d 转接一次，每次转接增殖系数为 3，不需要生根培养，预计到当年 9 月中旬移栽，则生长期总计大概 200 d，其中可以转接 7 次，根据上述公式进行计算，得：$Y = 500 \times 3^7 \approx 109$ 万。这个数值是理论值，实际生产中会产生一定差异，对上述影响因素的估计越准确、管理越精细、标准化程度越高、环境控制越稳定，这个数值就约接近实际值。

另外，整个生产过程中的总苗数（$Y_{总}$）也是一个重要的数值。这个数值是将从基础苗开始，将每次转接所生产的苗数求和所得。计算这个数值，可以对完成该订单所需全部原材料和人员及所耗水电等进行总体估计，为前期采购和成本核算提供参考。仍以上述马铃薯组培苗生产为例，$Y_{总} = Y_0 + Y_1 + Y_2 + \cdots + Y_n = 500 + 500 \times 3 + 500 \times 3^2 + \cdots + 500 \times 3^7 \approx 164$（万株），即从 500 株基础苗到 109 万株商品苗，共转接瓶苗约 164 万株（图 5-1）。

	0	1	2	3	4	5	6	7
■ 生产苗数（Y）	500	1 500	4 500	13 500	40 500	121 500	364 500	1 093 500
■ 生产总量（$Y_{总}$）	500	2 000	6 500	20 000	60 500	182 000	545 500	1 640 000

图 5-1　瓶苗数量随转接次数发生变化示意图

（三）出苗时间

根据协议约定的成苗标准来确定组织培养阶段增殖培养的时间。例如，有些生产企业本身具备育苗设施，希望收购仍在培养基中的健壮瓶苗，那么只需要在最后一次转接时，将能够达到出售标准的组培苗转接至可运输的容器中继续培养即可；有些企业则希望收购直接可以在生产田或圃地中移栽的成苗，则需要在培养室进行生根培养后，继续在温室或网棚等设施中进行 2～3 个月的驯化炼苗；还有些作物，比如马铃薯、百合等，除了需要进行脱毒处理、增殖培养外，还要进行瓶苗移栽，并收获种薯（种球），才能作为商品出售，这个过程中所需要的时间和资本投入也要列入生产计划。特别是季节性较强的作物，一旦错过农时，将造成无法挽救的损失，因此一定要事先做好试验，充分了解植物的品种特性和市场需求，计算好生产时间。

（四）阶段目标

组培苗的工厂化生产，一般包括以下几个阶段：基础苗的选择和培养、继代增殖、生根壮苗培养、炼苗移栽、成苗管理等，每个阶段的工作内容、特点和要求各不相同。

基础苗在组培苗生产中起至关重要的作用，一定要确保基础苗的数量充足、健壮无病菌、品种对应，出问题的基础苗，必须舍弃，千万不能应付。

继代增殖是整个生产过程中时间最长，消耗劳动力和水电资源最多，对技术水平要求最高的环节，决定着生产规模和生产成本，要严格控制，将生产计划和目标落实到每一个转接周期。

生根培养是室内生产的最后一步，在转接操作的同时，就要对瓶苗的质量进行把关，选择有足够生长量、健壮的幼苗，并把握好转接的时间。

炼苗移栽是组培苗从容器中进入大自然，从自养变为异养的过程，是生产中苗量损失较大的环节，要精细管理，制订标准化操作规程，而且为避免幼苗长短不齐，要尽量缩短单批次幼苗移栽的时间，在最适宜的季节、用最简便的操作尽快完成。

幼苗成活后，即可进行常规田间管理，直至成苗出售。

二、生产计划的实施

制订生产计划要切合实际，合理可行，有明确的任务、目标和时间节点，提高效率，降低风险，制订好计划之后也要严格执行。否则，一旦出现失误，轻则造成浪费导致成本提高；重则造成商品苗质量不达标、数量不足或错过适宜的种植时间等问题，使客户无法进行正产生产，会降低企业信誉甚至需要赔偿经济损失。

实施生产计划时应注意以下几个方面：

(1)生产管理者要明确总体目标，把握生产进度，充分合理地利用设施设备和劳动力资源，协调不同订单和生产计划之间对资源占用的矛盾。对原材料的供应、人力工时需求、设备工时需求等事先做好预判，早计划、早采购、早安排。

(2)设专人对组培苗生产情况进行调查记录，定期对照阶段目标，出现问题及时上报，统筹解决。调查记录的内容主要包括：实验室药品储备和使用情况，培养基制作和使用情况，瓶苗转接进度和数量，瓶苗长势和污染情况等。

(3)严格执行生产计划，有条件的情况下可以适当提早和增量，但不要拖延。工厂化育苗，是如同工业生产线一样的生产体系，每一个环节既是独立进行又是整体的一部分，任何一个环节的拖延和失误都会造成整个体系运转受阻和任务失败。

(4)各个部门和生产环节的技术人员和劳动工人，要各司其职，各负其责。既要保质保量按时完成自己的工作，必要时也要协助他人共同完成其他任务。

任务 5-1　设计组织培养育苗工厂

案例导入

甘薯是重要的粮食作物和经济作物，仅河南省国家地理标志产品就 11 个，比如唐河桐寨铺甘薯国家地理标志产品。现某农业发展有限公司针对全国甘薯种苗需求量大的特点，欲建设组织培养生产车间，请你根据所学知识尝试设计建设一个年产 100 万株组培苗的小型组培工厂，以供参考。

1.任务内容

了解组培育苗工厂的基本要求和设计原则，科学合理地设计组织培养育苗工厂。

2.任务要求

设计并绘制组培育苗工厂草图。

3.任务准备

绘图纸、绘图笔、橡皮、记录本、测量尺、照相机、计算机等，参观组织培养育苗工厂或观看厂房建造录像。

4.任务实施

(1)指导教师先集中讲解本次技能训练的目的要求。

(2)实训指导教师讲解组培育苗工厂的特点，各部分的功能与设计要求。

(3)学生进行参观或观看录像片。

(4)指导教师提出设计要求，学生分组进行讨论和设计。

5.注意事项

(1)根据组培快繁技术的特点，结合地理位置和商业化需求，确定合适的厂房建造位置及内部结构。

(2)以年产100万株组培苗的商业性小型工厂为例，设计相适应面积的培养室、接种室以及所需配套设施如灭菌锅、超净工作台、洗瓶及培养基灌装设备等的数量或规格。(假设初始基础苗数量为10株，培养周期30 d，增殖系数为4，有效苗率为85%，移栽成活率为90%，合格商品苗率为95%，高压灭菌锅单批次灭菌500瓶，耗时2 h。每个培养架占地面积1.2 m×0.6 m，共5层，可摆放500个培养瓶，培养架之间留0.5 m宽过道。每个双人工作台占用面积10 m^2，可供两名接种工人同时操作，每人日均接种100瓶，每瓶5株。)

(3)依据规范化组培苗生产车间的构成、可利用的土地面积和性状、资金投入情况以及上述计算出的有关数据等条件，在综合考虑生产方便、安全、节能等因素的情况下，合理地设计一处年产100万株组培苗的商业性工厂建造方案，并绘制平面草图。

6.考核建议

考核的重点是数据计算正确性，设计方案图详细、准确。教师讲解后，分组进行训练，加强宏观指导，注重过程考核、跟踪考核。考核方案见表5-1。

表5-1 组织培养育苗工厂厂房设计的考核方案

考核项目	考核标准	考核形式	满分
实训态度	训练前准备充分；训练中遵守实验室纪律，严格按训练规程操作，观察认真，有合作意识；训练后及时总结，勤于思考。	随机观察	30分
相关知识	能说出育苗工厂的总体要求和设计原则；组培车间基本组成；根据提供的信息计算一定培养周期内组培苗的增殖数据；根据生产规模确定各车间面积及配套设施设备。	现场操作	40分
厂房设计	以小组为单位绘制组培育苗工厂的设计方案图	书面作业	30分
合计			100分

任务 5-2　组培苗工厂化生产计划制订

案例导入

某公司组培室建有蝴蝶兰种苗组织培养基地，用于蝴蝶兰的组织培养快繁生产；建有人工光源智能温室 6 000 m^2，用于蝴蝶兰组培苗的驯化移栽，常年温度控制在 27.6 ℃左右，目前共 20 万盆蝴蝶兰种苗存货。现接到订购 60 万棵蝴蝶兰种苗的订单，需要按照供货合同日期进行产品交付，请你按照合同要求制订蝴蝶兰种苗的组织培养生产方案，并安排生产时间及时供货。

1. 任务内容

根据组培苗生产流程和订单要求等合理制订组培苗生产计划。

2. 任务要求

制订一份组培苗生产计划。

3. 任务准备

商业性育苗工厂图纸、各车间主要设备及规模、笔、角尺、计算器、笔记本等。

4. 任务实施

组培工厂化育苗是一项复杂的系统工程，生产工作力求做到周密细致。

(1)增殖规模的确定　在组培工厂化育苗的具体实施中，首先要确定增殖的瓶数。存架总瓶数(T)不应过多或过少，如盲目增殖，一段时间后会因人力或设备不足，转接能力赶不上增殖速度，增殖材料积压，部分瓶苗错过最佳转接时期发生老化或带菌，造成长势减弱、增殖放缓、生根不良等后果；如增殖瓶数过少，会造成母株数量不足，资源浪费，产能不足，供苗时期延误等。因此，需及时调整增殖规模，使之与生产要求和设施能力相适应，做到物尽其用。

存架总瓶数(T)＝增殖培养转接周期内工作日数(W)×每工作日转接的母株瓶数(S)

例如：某工厂在矮牵牛组培苗扩繁时，每个工作日有 4 名接种工人工作，平均每人每天接种 200 瓶，则每天需要母株 800 瓶。以 30 d 为一个增殖转接周期，期间有 26 个工作日计算，则存架增殖总瓶数应为：26×800＝20 800(瓶)。

(2)增殖与生根的比例　确定了增殖规模后，需要考虑增殖与生根的比例。为了最大限度地利用已有资源，最好的方法是将增殖与出苗同时进行，每年选择 3～4 个适宜的时间点，在实验室存架总瓶数达到饱和之际，选择一部分达到成苗标准的瓶苗进行生根培养或直接移栽。这样既减轻了培养室的转苗负担，也能够获得较高的产量。但在出瓶的同时，应根据植物的品种特性、转接增殖效率、后续订单及生产计划等，计算好需留存的增殖培养瓶数，既不要保留过多错失商品苗出售的时机，也不要保留过少影响后续的生产。

(3)年产量的确定　根据订单要求、生产季节、增殖规模等，计算全年组培苗生产量。

实际年产苗总数＝全年产苗总数×移栽成活率

(4)工作统筹　在整体设计上要计划安排幼苗出瓶种植的工作量。组培苗的增殖培养是生产中最核心的技术环节，一个组培育苗工厂生产体系效率的高不高，接种工序的影响最大。

植物的快速繁殖应实行有效的管理办法，迅速提高生产效率。比如，按植物类型不同，无菌操作复杂程度不同，分别制订出工作的质量与数量标准，对从事操作的人员给予短期严格训练，挑选优秀的人员固定在岗位上同时给予有吸引力的报酬。接种环节加速了，其他环节的运转也自然会被带动起来。

(5)实例　某小型组织培养育苗工厂，现有培养室 60 m^2，培养架 40 个，450 mL 玻璃培养瓶 2 万个，超净工作台 8 台，熟练接种工人 8 人。其他配套设施齐全，经费充足。目前接到 10 万株非洲菊组培苗的生产订单。请根据上述条件，结合自己的经验，设计该订单的生产计划。

5.注意事项

要根据市场的需求和种植生产时间，制订全年植物组织培养生产的全过程，其要点为：

(1)对各种植物的增殖率应做出切合实际的估算。

(2)要有植物组织培养信得过的各种技术储备。

(3)要掌握或熟悉各种组培苗的定植时间和生长环节。

(4)要掌握组培苗可能产生的后期效应。

6.考核建议

考核的重点是制订生产计划科学合理、步骤详细、数据准确、有可操作性。教师讲解后，分组进行训练，加强宏观指导，注重过程考核、跟踪考核。考核方案见表 5-2。

表 5-2　组培苗工厂化生产计划制订的考核方案

考核项目	考核标准	考核形式	满分
实训态度	训练前准备充分；训练中遵守纪律，严格按训练规程操作，观察认真，有合作意识；训练后及时总结，勤于思考。	随机观察	30 分
相关知识	了解生产计划的含义；明确生产计划所包括的主要内容；掌握制定生产计划的要点和步骤；能够有针对性地提出提高生产效率、确保生产计划如期实施的保障措施。	口试	40 分
技能操作	根据提供的信息制定合理可行的生产计划	书面作业	30 分
合计			100 分

项目二

工厂化育苗生产管理

组培苗的工厂化生产，既是流程化、标准化的商业生产，也是人为调控活体生命过程的、受环境影响的农业生产。要想制订合理的、高效率的生产计划并顺利如期实施，首先要了解工厂化育苗的工艺流程，如表 5-3 所示。

表 5-3 组织培养工厂化育苗工作流程

生产流程	工作内容	责任部门
接受订单		销售部
制订生产计划		综合
准备工作	准备种源，建立离体培养体系	采购部、质检部、技术部、生产部
	技术攻关与预备试验	技术部
	采购药品及其他农资材料	采购部
	确认人员与设备配备情况	生产部
组培苗扩繁	培养基制备	生产部
	瓶苗转接，快速增殖	生产部
	生根复壮	生产部
	瓶苗质量检测	质检部
移栽及管理	基质和移栽容器准备	生产部
	移栽后的管理	生产部
	采收	生产部
包装及运输	成品苗检测	质检部、销售部
	包装	
	发货	
出售		销售部
售后服务		售后服务部、技术部

从生产技术层面看，组织培养工厂化育苗主要包括从种源选择、离体快繁、炼苗移栽、苗木质量鉴定到苗木运输等五大技术环节。

一、种源选择

选择优质种源是组织培养育苗成功的前提和基础。由于组培苗扩繁是以几何级数增加，前期每一个不定芽对于后期产量和种苗质量都有至关重要的影响，因此必须重视。

种源获得一般有三种途径：一是签订种苗繁育订单时由甲方直接提供。为避免无性繁殖植物在反复多代繁殖和选择过程中发生遗传物质的改变导致品种不纯，或者需要生产的是市场上尚未推广的新特品种，可直接接受甲方提供的种源进行扩繁。二是直接外购或引进优质种源，需要花费一定资金，但若能够获得可靠的无菌离体培养体系，则可以直接进入扩繁阶段，试验研究时间短，技术成熟，形成规模快，能够快速应用于种苗生产。三是企业自主研发，通过市场调研，选择有前景的植物材料建立无菌培养体系，自主研发其组培快繁技术。此途径对技术要求高，周期长，但可申请自主知识产权，有望占领市场先机。

二、离体快繁

组培苗的离体快繁是苗木繁育过程中最关键最重要的环节，最主要的目的是通过反复的转接和培养完成苗木材料的快速增殖。本阶段工作主要在组织培养实验室内完成。

1.准备工作

在正式开始瓶苗培养之前，首先对照事先制订好的生产计划，确认所需原料、工具、设备、培养瓶、培养架等余量充足，工作台、操作人员等能够适时利用。如果同时开展几种不同植物的扩繁，一定要事先对各个平行任务之间的先后顺序和占用资源情况进行统筹安排，确保在扩繁开始之后能够顺利进行。

2.培养基制备

在开始大量扩繁之前，一定要做细致的预备试验，以确定最适合的培养基配方。即使是采用已经商业化的培养基配方，也有可能因为采购药品的批次不同而产生不同的培养结果。因此，一方面最好建立比较固定的化学药品采购和管理机制，尽量长期从同一供货商采购同一厂家生产的试剂，以减小因为试剂本身原因造成的误差；另一方面要考虑到试验阶段与生产阶段性质的不同，在确定培养基配方时，不仅要看培养的效果，更要根据方便快捷、易操作、低成本这一原则。如：可以用质量较好的市售绵白糖代替蔗糖，用经过净化处理的自来水代替蒸馏水，用价格比较低的冷凝脂代替琼脂。

制备培养基时要注意，严格按照配方和工艺流程操作，对每一个步骤都做好记录备查。为节省成本，减少操作失误，可选购洗瓶机、灌装机等设备代替人工。

3.初代培养

初代培养主要是针对新取得的外植体材料，经过消毒和芽的诱导获得无菌植株的过程。若是为了延续原有遗传特性，只进行材料的扩繁，在进行初代培养时，最好直接诱导腋芽萌发，尽量减少脱分化和再分化过程中可能发生的变异。若是为了进行育种工作，获得遗传多样性的群体，则可以先诱导愈伤组织，再分化幼芽，建立完整植株。

取得外植体时，最好选择生长健壮、无病虫害的典型植株，选取分生能力强的、较易灭菌的部位。取得外植体后，一定要将各个不同品种的材料分开存放，写好编号并在容器内放置标签，一直到接种以后，在培养瓶上也要做好相应的标记。由于组培快繁的增殖特点，年产

100 万株试管苗，最初的基础苗可能只有 1 株。因此这最初的基础苗，必须保证其品种纯正、质量可靠。需要进行脱菌脱毒后再培养的植物材料，在初代培养形成无菌苗之后，要找专业机构进行检测，确认合格后再进行批量扩繁。

4. 继代培养

继代培养是组培苗生产的核心环节。每个周期可能都要往复循环刷瓶子、制作培养基、瓶苗转接以及培养室培养等一系列过程。针对继代次数较多、数量较大的订单，应将生产计划细化到每一个转接周期，将瓶苗总数和转接次数控制在预计范围。重点要把握好以下几点：①分生生长与营养生长的平衡；②增殖数量与瓶苗质量之间的平衡；③培养效果与生产成本之间的平衡。

5. 复壮与生根培养

当苗量达到预期指标或预定日期时，在转接过程中选取生长健壮的幼苗，分割成单株后转接到生根培养基中进行生根培养；或将较幼嫩的幼苗转接到复壮培养基中进行复壮培养，待一个培养周期过后，瓶苗叶色浓绿生长健壮，再进行生根或移栽。

三、组培苗的炼苗与移栽

组培苗在培养成苗后，要及时转移到温室设施中炼苗、移栽。

(一)准备工作

1. 选择移栽容器

根据幼苗的种类、生长特性和育苗时间选择合适的育苗容器。播种盘适合于植株只有直立的主干没有分支，根系较浅，育苗时间短的苗木；一次性无纺布营养袋，充分利用空间，取用方便，便于运输，适合木本植物；育苗穴盘易于搬运，由于有不同规格，几乎适用于所有苗木，但成本较高，且要事先根据需要的形状、孔数和营养面积选择好合适的规格；育苗钵适合较大营养体的移栽，一般使用配以营养土的基质，营养面积大，且可以根据实际情况调整摆放的株距，但会占用较大空间，需要的人力也比较多。

2. 配制基质

基质起到固定幼苗，吸附营养液和水分，改善根际透气性的作用。一般由 3～5 种物质混合而成。基质要求有良好的物理特性，通气性好；对盐类有良好的缓冲能力，维持稳定、适宜植物生长的 pH；具有良好的化学特性，不含有对植物有害的成分；来源广泛，价格低廉。基质原料可分为无机基质和有机基质。无机基质有炉渣、细沙、蛭石、珍珠岩等；有机基质主要有草炭、腐殖质、干苔藓、炭化稻壳、木屑等。基质可以单独使用，也可以多种原料混合后使用，在保证疏松程度和保水能力适宜植物生长的前提下，选取取材方便、成本低廉的材料。配制基质时，还可以适当添加抗菌剂和复合肥等。

3. 场地、工具及基质消毒

由于组培苗一直在接近无菌的人工控制环境下生长，对自然环境和各种病原菌的抵抗能力比较差，移栽前要将场地、工具和基质等进行消毒，降低感染病虫害或被病毒侵染的概率，确保植株健康生长。

4. 配制营养液

幼苗移栽后要喷施营养液。在移栽初期，幼苗的根系受损，新根尚未形成时，可以适当喷施全配方营养液，即采用组培时采用的基本培养基配方，稀释 5～10 倍后喷施在叶片上。移栽 20 d 左右，植株发出白色的新根，初步具备吸收水及无机养分的能力，可简化营养液至只使用大量元素，或直接采用稀释后的复合肥水溶液，也可直接采购专门的配方营养液。

(二)组培苗的炼苗

组培苗移栽之前要逐步适应新的环境，首先要在室温下打开瓶盖，进行3～5 d的炼苗。炼苗也可以在移栽温室中进行。对于半开放或开放式培养的组培苗，这一步骤可以简化或省略。

(三)移栽

移栽前要将幼苗从培养瓶中取出，轻轻用清水洗去根部夹带的培养基，同时适当清理植株，可去掉多余的分枝和根部老叶，注意不要伤到幼叶和生长点。为了促进幼苗尽快生根，可以在移栽前蘸生根液或浸泡20～30 min。清洗过后移栽之前，是幼苗非常敏感容易受损的时期，取放和运送时一定要小心，避免阳光直射、高温和吹风。移栽时可先浇水，将基质湿透，在基质上用竹签或木棍等工具插孔，再将幼苗放入，并用手将根部压实。栽完整盘后，再淋一次水，起到固定幼苗并使根部与基质充分接触的作用。

(四)移栽苗的管理

组培苗移栽后一般需要15～20 d的缓苗期，缓苗期的管理措施根据不同季节特点和植物要求有所不同，但总体要把握以下几个方面。

1. 光照

初期适当遮光，加盖遮阳网，1周后可逐步撤去。

2. 温度

一般20 ℃左右比较适宜，高温季节要注意通风和降温。如果是冷凉的季节，则要进行加温，尤其要尽量提高地温。在北方冬季育苗时，可以铺设地热线，有助于提高温度，促进新根的萌发。适当的昼夜温差有利于根的发生。

3. 湿度

组培容器中的相对湿度是比较高的，为了使幼苗在缓苗期间不致因过度失水萎蔫，应保持空气湿度达到70%～85%。管理上可以扣小拱棚覆盖地膜保湿，或定时喷雾。

4. 营养

如果移栽的是无根苗，或采用的是无养分的基质(如河沙、珍珠岩等)，更要重视幼苗的养分补给。可每隔1～2 d适当喷施稀释的MS营养液。

缓苗期过后，随着根系的生长，植株初步具备了吸收水分和养料的能力，新的叶片开始萌发，此时可以适当增加放风时间，提高光照强度，降低空气湿度，逐渐去掉覆盖的遮阳网和地膜等保护物，促进植株从异养生长转向自养生长。在此期间，要特别注意水肥的管理，而且高温高湿环境下极易产生病害，应勤观察，早诊断，控制病害发生。

(五)组培苗的质量鉴定

苗木质量鉴定是保证苗木质量的重要环节，也是确定苗木价格的重要依据，直接关系到后期销售和生产情况，关系到企业和种植者的利益。商品苗在出厂前和交易时，必须经过严格的质量检测。

组培苗的质量决定了定植后苗木的成活率、生长势、抗逆性以及坐果情况和产量等，是重要的商品性状。但根据苗木种类和用途的不同，质量鉴定的标准也有所不同。一般从以下3个方面进行评判。

1. 植株外观

一般采用规格等级和形态等级相结合的分级方法。规格等级以所规定的苗高、叶数、根数等数量指标进行分级。形态等级根据组培苗的外观表象，如茎、叶生长状况，是否有畸形、玻璃化，是否有污染情况等指标进行分级。

2. 健康状况

健康状况是指组培苗是否受到病虫害损伤，是否携带病原菌、病毒等。可通过表面观察、微生物分离鉴定、分子检测等手段进行检查。

3. 群体一致性

群体一致性是指同一品种一批商品苗的一致程度。也可以通过外观性状观察和试验检测在蛋白质水平及分子水平进行测定。根据商品苗的不同生长发育阶段，可以参考以下具体标准：

(1)生产性瓶苗的质量标准　对仅用于生产的组培瓶苗，主要依据苗的根系状况、整体感、出瓶苗高、叶数等几个方面进行判定。合格的瓶苗要求苗茎健壮、充实、叶片和叶色正常，无污染，具备该品种的典型性状，纯度达到100%。

(2)生根瓶苗的质量标准　生根瓶苗是指直接可用于驯化移栽的商品瓶苗。一般以根系状况、整体感、株高、叶片数等为评判标准。合格的生根苗要求具备明显的短而粗壮的新鲜根系，苗茎健壮、充实、叶片大小协调、叶色正常，无污染。具备该品种典型性状且纯度达到95%以上。

(3)组培移栽苗的质量标准　移栽苗是指已度过幼苗期，可以直接在生产条件下定植的组培苗。其质量标准与播种实生苗或根蘖苗相近，一般要求有完整和发达的根系，苗干健壮、木质化或半木质化，叶片大小、色泽正常，无病虫害，无机械损伤，长势良好，具备该品种典型性状，且纯度达到95%以上。

(六)组培苗的包装与运输

苗木是一类较特殊的商品，包装时不能过分挤压，运输过程中对环境条件要求也非常高。

1. 运输前的准备

组培苗在运输前要做好各项防护和准备工作，尤其是在冬春季节，要特别注意防寒。起运前几天要注意天气情况，尽量避免雨雪寒冷等极端天气，最好选在晴天运输。起苗前要适当炼苗，逐渐降低温度，增加通风。

2. 组培苗的包装

瓶苗可采用泡沫箱或纸箱包装，装箱后要保证各瓶之间不留空隙，避免互相碰撞。如有空隙，应塞入报纸或泡沫等柔软物体作为缓冲。包装和运输成苗要注意保护根系和生长点。木本成苗起出后可不带土坨，将几十株或上百株捆扎成捆，将根部用塑料袋或编织袋包好，再码放到包装箱内。幼嫩植物或贵重苗木最好在穴盘或苗钵中带基质包装。

包装时一定要注意区分不同品种和材料，最好同一品种统一包装，不同品种采用不同的外包装，并在包装箱内部和外部都做好标记。

3. 组培苗的运输

由于活体植物的特殊性，为保持苗木的生活力和生长势，尽量在较短时间运送到目的地，一般运输时间不应超 48 h。在运输过程中，要保持适宜的低温条件，保持一定湿度，避免日晒、吹风。

项目三
成本核算与效益分析

组织培养工厂化育苗生产既是一门专业技术，又是一门以效率求发展的企业管理科学。生产中的人员和设备调配及任意环节的操作管理，都与生产成本和效益挂钩。核算组培育苗的生产成本，对于评判某种植物能否采用组培方法进行工厂化生产和考察组培工厂化生产的经济效益，有着重要的意义。

一、成本核算

成本核算是制订产品价格的依据，是反映经营管理工作质量的综合指标，是了解生产中各种消耗，改进工艺流程、改善薄弱环节的依据，是提高效益、节省投资的必要措施。

（一）组培苗工厂化生产的成本构成

1. 人员费用

所有人员的工资和补助。

2. 固定资产折旧

大型仪器设备按年5%折旧，培养瓶、接种工具等耗材按年30%折旧。

3. 水电费

实验仪器、培养架光源、空调等设备的运转耗电；灌溉、喷淋、冲洗器皿、日常卫生清扫等用水。

4. 化学试剂及培养基添加物

培养基成分、其他添加物、蒸馏水等。

5. 温室设施和土地使用费

温室设施按年10%折旧，土地租用费等。

6. 取暖费

北方冬季室内取暖，可燃煤或用电，或直接使用付费热网资源。

7. 设备维修维护

实验仪器、制冷和取暖设备等的维修和维护。

8. 实验耗材

接种工具、医用酒精、滤纸、脱脂棉、手套等一次性使用的耗材。

9.农用物资

拱架、棚膜、育苗容器、基质、化肥、农药等。

10.其他费用

办公用品、会议、差旅费等。

(二)成本的核算

组培苗的成本核算不仅影响因素多,计算方法多样,而且与生产规模直接相关,同时又取决于技术水平和管理状况。下面以沈阳某公司年产200万粒马铃薯微型薯为例,进行该生产的成本核算。

按照每年进行两次瓶苗移栽,每次移栽40万株组培苗,两茬共收获200万粒微型薯计算。需培养室100 m^2,培养架50个,共安装500个日光灯管,可摆放2.5万个培养瓶,可同时培养约50万株瓶苗。瓶苗转接周期30 d,增殖倍数3,损耗率5%。以150株基础苗为起点,经过第7次转接后存苗总数可达22万株,第一次移栽时预留1 200株作为母株,再转接5次后再次达到22万株,在此一整年的周期内,共转接瓶苗约70万株,制作培养基3.5万瓶,约2 800 L培养基。70 L高压灭菌锅4台,超净工作台(单人)6台,工作人员8人。温室面积2 000 m^2。对一个生产周期内,马铃薯组培苗和微型薯生产的资金投入进行核算(表5-4)。

表5-4 马铃薯微型薯生产资金投入核算

类别	项目	金额/万元	所占比例/%	分类合计/万元	所占比例/%
人员经费	工人组长	3.6	6.98		
	操作工人	19.2	37.21		
	临时用工	4	7.75	26.8	51.94
仪器设备	固定资产折旧	4.5	8.72		
	仪器设备维修	0.8	1.55	5.3	10.27
能源材料	水电费	1.7	3.29		
	采暖费	0.3	0.58		
	培养基原料	1.3	2.52		
	农用物资	2.7	5.23	6	11.63
厂房及温室	实验室	9	17.44		
	温室	4	7.75	13	25.19
其他	办公、差旅等	0.5	0.97	0.5	0.97
合计		51.6	100	51.6	100.00

由表5-4可见,在这个项目中,人工费占总费用49.18%,是最主要的支出项目。其次是厂房和温室等设施的折旧或租赁费,以及仪器设备的折旧费和修理维护费,这两项费用约占总支出的38%,而能源材料耗费仅占11.2%。折合为200万粒微型薯,则单粒成本约为0.258元。若能够全部售出,按市场价0.4元/粒计算,预计可获总收入80万元,获利约28.4万元。

二、效益分析

企业经营的根本目标是追求经济效益，组织培养工厂能不能运营成功，很大程度上取决于成本控制和效益情况。仍以上述马铃薯组培苗和微型薯生产为例，该生产的主要支出是人员经费，其次是场地和设备等固定资产的折旧费，培养基原料只占生产支出的大约 2.5%，由此可以看出，生产条件、操作技术、市场售价等共同决定着育苗工厂的运营成本和效益情况。若某年市场低迷，微型薯售价低于 0.25 元/粒，则总收入将不足 50 万元，企业将面临亏损。而提高劳动者的工作效率，增加场地和设施的利用率，延长仪器设备使用年限，都是降低成本的有效方法。简化培养及配方或使用低价值替代品，并不能直接提高经济效益，而是以改善工艺、节约人工等方式间接起到积极作用。

三、提高效益的措施

(一)节约成本

厉行节约是提高效益最简单、最直接的方法，也应是融入企业运营每一步的思维方式。但节约也应在合理的、有限的范围内进行，不能因为过于控制成本，而忽略对产品质量和员工心理感受的追求，或是错失改进工艺、扩大规模的机会。

1.控制瓶苗总量，保持适当的生产规模

一味追求瓶苗数量未必能够获得理想的经济收益，反而有可能造成不必要的浪费和人力资源的过度使用。合理利用现有资源，制定科学的生产计划，不做不必要的投入。

2.减少生产投入，大胆选用低价值替代品

简化工艺流程，改良培养基和基质配方，如采用经过初步净化的自来水代替蒸馏水；使用食用白糖代替蔗糖；使用冷凝脂代替琼脂；自行采购原料复配基质代替市售基质等，虽然在前述商品苗的成本核算中，原料成本占比不高，但在生产中使用量大，采购频率高，若能找到合适的替代品，就可以大胆使用。

3.重视对固定资产的维护，延长使用寿命

固定资产投资是企业运营初期的主要支出，也是组培苗成本核算的重要组成部分，如果能够提高固定资产的使用效率，延长使用寿命，就能够节约大笔开支，降低成本。在实验室中应设专人对固定资产进行管理，建立管理档案，使用前进行培训，使用时登记记录，定期进行保养和维护。

4.降低能源消耗，提高能源使用效率

水电的消耗是组培苗生产的重要投入。如果能够充分利用培养空间和自然光等资源，在同等空间内，合理摆放更多的培养架，减少日光灯管的使用数量和光照时间，是节约成本的有效手段之一。近几年由于光源科技发展迅猛，LED 节能灯管的制造成本降低，国产光源质量可靠价格低廉，而且大幅度节约电能，已广泛应用于日常生活。不少企业针对光合作用有效光谱范围，设计了红蓝光混合专用灯，能耗降低显著，组培效果好，已成为代替日光灯管的理想组培光源。洗瓶机的应用也能够减少自来水的用量，减轻劳动者的工作强度，节约能源。

5.有效管理低值易耗品的使用，避免浪费

工厂化生产组培苗时，培养器皿的使用量是非常大的，最初培养瓶苗多使用玻璃三角瓶，但玻璃制品虽然具备透光性好、易清洗等优点，却也有着价格高昂、易碎等缺陷。生产中为降低器皿消耗，使用廉价的玻璃瓶代替三角瓶，在达到培养效果的前提下，尽量降低成本。或使用透光率好的塑料培养瓶，除了节约采购成本，还能够节省存放空间。另外如脱脂棉、酒精等的使用，也尽量规范，避免浪费。对生产中使用的消耗品，可以设专人管理，登记取用，既有利于成本控制，也便于管理，规范、安全。

(二)提高效率

1.增强创新能力，提高技术水平

在同样的生产条件下，改进技术是提高效率最有效的手段。

如表 5-5 所示，同样以 100 株基础苗开始进行组培苗扩繁，如果增殖速度和培养效率不同，在同样经过 6 次转接之后，获得的苗数分别为 10 万株及 114 万株，相差巨大，总体成苗率也相差超过 13%，这对于产量和效益的影响都是巨大的。

表 5-5　不同增殖效率组培苗生产情况

	基础苗/株	增殖倍数	污染率/%	移栽成活率/%	转接次数	获得苗数/株	总苗数/株	商品苗数/株	成苗率/%
例 1	100	3	10	90	6	104 604	166 076	94 143	56.69
例 2	100	4	5	95	6	1 144 156	1 552 747	1 086 948	70.00

研究工作应以提高种苗质量、加快繁殖速度为核心，从培养基配方、培养室条件、过渡管理等技术环节上进行，大规模生产中，在技术的运用上要特别注意不同种类和品种之间的差异和特殊性问题。组培苗的玻璃化、变异、畸形、季节性污染等问题普遍存在，可通过调整培养基、添加生长调节剂和改善环境，并严格操作标准和加强环境消毒等来进行改善。高温多雨闷热潮湿的季节，应保持每天清扫，定期在培养室进行熏蒸消毒，安放臭氧或紫外消毒设备，严格控制污染率。

2.培养熟练技术工人，提高劳动生产率

在成本分析中可以得知，人工费用占了差不多一半的成本支出，若能够养技术熟练的工人，则能够极大提高操作的效率，增强市场竞争力。再好的技术，也需要有人的操作才能够实现。组培苗转接工作是高强度高重复性的简单劳动，也要求工人具备娴熟的操作技术和注意力高度集中。企业应极力为工人创造舒适的工作环境，激发劳动热情，既保持紧张的工作状态，又适当放松情绪。

3.合理安排生产，开发多元化生产经营模式

根据前述生产实例，同样生产条件和资本投入情况下，组培苗的产量可能存在极大差异，对企业效益的影响非常巨大。但如果经营得当，在两茬马铃薯组培苗移栽之间的相对空闲时期，瓶苗数量尚未达到最大值时，合理安排其他一到两种植物的生产，则可以在几乎不必增加

●思政花园

顺天之木，以致其性。

——唐·柳宗元《种树郭橐驼传》

额外投入的情况下,增加全年的苗木产量。如在 8 月增加一批草莓苗的生产,经过 4 次增殖继代和一次生根培养之后,于 2 月出瓶移栽,5 月成苗出售,可获得 8 万～10 万株组培苗,按 2 元/株价格计算,可多获得 16 万～20 万元的收益。既充分利用了人力和物力资源,又生产了多种商品;既增加了总产量,开发了新市场,又增强了企业在市场不稳定情况下的缓冲能力。

4. 做好生产计划,统筹安排生产

要认真制定整个育苗工厂的全年生产计划,并根据各个植物种类和不同品种的生产特性,结合培养难度、增殖系数、培养周期和过渡培养的时间等因素,确定打芽进种的时间及各月繁殖进度。在制订生产计划时一定要周密和严谨,把各种可能出现的问题都充分考虑在内,在数量和时间上都留有适当余地。

(三)增加收益,降低风险

1. 重视经营

组培苗的生产,不仅仅是苗木数量的扩大化过程,更是企业在市场中追求效益的手段。只有有效地经营,才能取得理想的经济效益,企业才能生存和发展。商品苗出售时机和价格对于企业效益都有着至关重要的影响,不能盲目跟风,更不能闭门造车,一定要关注市场发展,把握市场行情,选好发展方向。充分利用自媒体和社交软件,做好企业和产品的宣传,扩大影响力,提高产品附加值。

2. 避免损失

大规模生产中计划与市场的衔接是比较难解决的问题。组培苗木生产是一个连续性的过程,而且其中的环节较多,加上受环境因素影响较大,种类和种间的差异也大,有时会出现不能按时、按量出瓶,或是出瓶苗在过渡的过程中受天气和环境的影响成苗率降低等情况,无论哪一环节稍有问题,都会造成不能按时供苗,影响企业信誉和经济效益。因此在生产和销售的各个阶段,都要严格执行计划,确保质量。同时也要增强技术能力,在生产中执行技术流程和操作规范,建立工作记录,及时发现问题并解决问题,减低风险,避免损失。

项目四
经营管理与市场营销

一、组培苗工厂化生产的经营管理

组培苗工厂化生产所具有的技术性、工业性、农业性、规模性特点，决定了经营的风险性。良好的经营管理是企业成功运营的必要条件。组织培养育苗工厂，根据不同地区的市场特点和消费需求，以及不同植物种类的栽培特性，形成了不同的生产经营方式。

1.订单型

根据种植户或企业的需求，预先签订种苗供应合同，明确种苗的品种、价格、供应时间、数量、质量标准等，种苗公司再按照订单进行专项生产。这种方式风险小，但对生产企业的技术和管理水平要求也比较高，一旦计划制订的不切实际，或者生产过程中出现问题，将面临企业信誉度降低和经济上的损失。

2.产品加工型

有的专业化栽培生产企业根据市场选用优良植物品种，但有时新品种的繁育速度比较慢，很难达到企业需求，形成了市场上的空缺。在这种情况下，组培苗生产企业可以根据市场需求，引进优良植物品种为母株，进行组培快繁，在两三年时间内，繁育大量紧俏苗木。这种生产方式存在一定的风险性，企业必须对市场需求和动向有敏锐的正确的把握。否则掌握不好时机，跟风盲目生产，会造成商品苗的积压。

3.产品推广应用型

这种经营方式要与当地政府加强联系，及时调查研究农村经济发展规划及当地种植产业结构调整的方向。选用一些政府进行补贴的或当地农民可能感兴趣的作物种类，储备部分新优品种的组培苗木，通过企业的宣传和营销、栽培试种，逐步开拓市场，赢得农户的信任，并建立长期的供求关系。

二、组培苗的市场营销

1.做好市场调研，正确预测市场形势

要根据不同地区的种植习惯，种植业结构特点和政策导向，农村主要经济增长点等方面，深入市场，做好调研，把握时机，合理推测。要做到这一点，不仅要靠眼尖、腿勤，更要有良好的沟通能力和出色的判断力，这往往需要多年的实践才能获得。

2. 综合市场需求与企业自身特点，合理制订生产计划

企业的销售部门要密切注意市场变化，及时将市场走势情况反馈给生产部门，及时根据需要制订和调整生产计划。即使市场对某种种苗的需求量很大，也要根据企业自身情况和技术储备、生产能力等方面综合考虑，经销售人员和生产人员沟通协调后，制订合理可行的生产计划。

3. 结合企业特点，实行简便有效的营销策略

产品的营销，是指运用各种方式和方法，向消费者传递产品信息，激发购买欲望，促使其购买的活动过程。成功的营销，要正确分析市场环境，确定适当的营销形式。种苗市场如果比较集中，应以人员推销为主，可充分发挥人员推销的作用，节省费用；但如果市场比较分散，可采用广告宣传，便于快速全方位地把信息传递给消费者，但投入高、见效慢。现今社会网络发展速度非常快，可以将网络平台作为低成本高效率的宣传方式来利用。首先通过各种广告及宣传展示机会，树立企业品牌，让消费者有认识、有印象，再根据市场反应确定几个重点区域和重点人群，有针对性地进行重点营销，通过展会、活动等方式，争取更多用户。

4. 树立企业信誉，赢得长期稳定收益

企业长期生存的根本，在于稳定可靠的产品质量和真诚贴心的服务。企业要从经营和生产两方面加强管理，保证商品苗质量，树立企业信誉。利用过硬的技术和对市场的前瞻性判断，做好组培苗的生产和经营。解决生产品种与市场需求协调一致的问题，尽量做到旺季有苗可销，淡季无苗积压，提高产品的有效销售率。不能靠某一品种某一时期的供不应求获取暴利，而要靠稳定的产品质量、严守合约的信誉，来树立企业良好的形象，争取更大的市场和更多的客户，才能获得长期的利益。

单元练习题

一、选择题

1. 下列属于植株培养的是(　　)

A. 茎段培养　　B. 种子培养　　C. 胚乳培养　　D. 子叶培养

2. 植物组织培养技术最主要的两个应用是(　　)

A. 种苗快繁　　B. 脱毒　　C. 育种　　D. 保存资源

3. 提出人工种子英国科学家是(　　)

A. Murashige　　B. Hanning　　C. Steward　　D. Raghavan

4. 子叶培养属于(　　)

A. 器官培养　　B. 胚培养　　C. 组织培养　　D. 原生质体培养

5. 以下属于器官培养的是(　　)

A. 茎段　　B. 叶片　　C. 花器　　D. 根

6. 植物组织培养又称为(　　)

A. 植物克隆　　B. 离体培养　　C. 无性繁殖　　D. 无菌培养

7. (　　)是整个生产过程中时间最长，消耗劳动力和水电资源最多，对技术水平要求最高的环节。

A. 初代培养　　B. 继代培养　　C. 生根培养　　D. 驯化移栽

8.(　　)是整个生产过程中苗损耗量最大的环节。

A. 初代培养　　B. 继代培养　　C. 生根培养　　D. 驯化移栽

9. 生根瓶苗的质量标准是(　　)

A. 短而粗壮　　B. 长而粗壮　　C. 根多粗壮　　D. 根少粗壮

10. 组织培养工厂中支出最大的项目是(　　)

A. 人工费　　B. 设备费　　C. 能源材料　　D. 厂房及温室

二、判断题

1. 植物组织培养的商业性应用始于20世纪70年代美国的兰花工业。(　　)

2. 植物组织培养繁殖苗木是按倍数增长的。(　　)

3. 组培苗生产流程是制订培养方案—培养基制备—接种—培养—驯化移栽与养护。(　　)

4. 外植体是指用于离体培养的植物材料。(　　)

5. 培养工日常工作主要是调控培养环境，跟踪观察记录组培苗生长分化情况，并及时妥善处理组培异常问题。(　　)

6. 植物组织培养的技术特点是培养材料经济、可控制培养条件、生长周期短和管理方便。(　　)

7. 以种子为外植体的培养属于器官培养中的一种。(　　)

8. 植物组织培养的发展大体分为探索、奠基和迅速发展与应用三个阶段。(　　)

9. 脱毒苗生产前必须进行病毒检测，以免造成经济损失。(　　)

10. 我国组培苗商品化发展的重要原因是为外方提供“组培苗代加工”业务。(　　)

三、简答题

1. 植物组织培养有哪些特点？

2. 如何估测增殖率，如何安排快速繁殖计划？

3. 继代增殖阶段重点要把握好哪几个方面？

单元六

植物组织培养的创新与创业

- 项目一　高职院校常见的创新创业大赛
- 项目二　植物组织培养创新创业典型案例分析

单元导读

本单元主要介绍了高职院校常见创新创业大赛的参赛要求，重点介绍了植物组织培养技术创新创业的路径和方法，意在培养学生"科创融合"的意识和能力，促进大学生高质量就业。

知识目标

1. 了解高职院校常见创新创业大赛的参赛要求；
2. 掌握企业建立前的整个准备工作和必要条件；
3. 掌握植物组织培养技术创新创业的路径；
4. 熟悉大学生创新创业大赛的参赛知识；
5. 掌握创新创业的路径和方法。

能力目标

1. 培养学生发现问题、提出问题、解决问题的能力；
2. 培养学生"科学创新"的思维优势和能力；
3. 培养敏锐觉察商机的能力；
4. 能利用网络资源和人脉资源掌握最新的行业市场情况；
5. 能利用专业知识解决市场存在的痛点问题；
6. 能利用商业知识建立最佳的商业模式；
7. 能做到知人善任，组建最佳的创业团队；
8. 通过往届获奖作品的分析吸取经验；
9. 掌握科技和创新创业的融合路径。

素质目标

1. 树立知农、爱农、学农思想，培养"三农"情怀；
2. 培养大学生创新创业的意识、爱国精神和团队协作精神；
3. 培养"三农人"的使命感和自豪感，助力乡村振兴；
4. 增强学生的专业自信；
5. 培养学生的抗挫折能力和不怕吃苦的精神；
6. 引导学生体悟自身价值，心系社会发展；
7. 树立产业振兴、励志为民的远大理想；
8. 培养学生"科创融合"的意识；
9. 培养国际意识，提高创新能力。

项目一
高职院校常见的创新创业大赛

一、中国互联网+大赛

(一)大赛简介

1.大赛目标

更中国、更国际、更教育、更全面、更创新、更协同,落实立德树人根本任务,传承和弘扬红色基因,聚焦“五育”融合创新创业教育实践,开启创新创业教育改革新征程,激发青年学生创新创造热情,打造共建共享、融通中外的国际创新创业盛会,让青春在全面建设社会主义现代化国家的火热实践中绽放绚丽之花。

——更中国。更深层次、更广范围体现红色基因传承,充分展现新发展阶段高水平创新创业教育的丰硕成果,集中展示新发展理念引领下创新创业人才培养的中国方案,提升新时代中国高等教育的感召力。

——更国际。深化创新创业教育国际交流合作,汇聚全球知名高校、企业和创业者,服务以国内大循环为主体、国内国际双循环相互促进的新发展格局,搭建全球性创新创业竞赛平台,提升新时代中国高等教育的影响力。

——更教育。推动思想政治教育、专业教育与创新创业教育深度融合,弘扬劳动精神,加强学生创新实践能力培养,造就敢想敢为又善作善成的新时代好青年,提升新时代中国高等教育的塑造力。

——更全面。推进职普融通、产教融合、科教融汇,鼓励各学段学生积极参赛,形成创新创业教育在高等教育、职业教育、基础教育、留学生教育等各类各学段的全覆盖,打通人才培养各环节,提升新时代中国高等教育的引领力。

——更创新。积极开辟发展新领域新赛道,不断塑造发展新动能新优势,丰富竞赛内容和形式,激发全社会创新创业创造动能,促进高校创新成果转化应用,服务国家创新发展,提升新时代中国高等教育的创造力。

——更协同。充分发挥大赛平台纽带作用,促进优质资源互联互通,推动形成开放大学、开放产业、开放问题的良好氛围,助推大赛项目落地转化,营造支持青年大学生创新创业、共同合作、互相包容、互相支持的良好生态。

2.主要任务

以赛促教,探索人才培养新途径。全面提高人才自主培养质量,强化高校课程思政建设,深入推进新工科、新医科、新农科、新文科建设，深化创新创业教育改革，引领各类学校人才培养范式深刻变革，形成新的人才培养质量观和质量标准，切实提高学生的创新精神、创业意识和创新创业能力。

以赛促学，培养创新创业生力军。着力造就拔尖创新人才，激励广大青年扎根中国大地了解国情民情，在创新创业中增长智慧才干，怀抱梦想又脚踏实地，敢想敢为又善作善成，做有理想、敢担当、能吃苦、肯奋斗的新时代好青年。

以赛促创，搭建产教融合新平台。把教育融入经济社会发展，推动成果转化和产学研用融合，促进教育链、人才链与产业链、创新链有机衔接，以创新引领创业、以创业带动就业，推动形成高校毕业生更高质量创业就业的新局面。

3.大赛内容

(1)主体赛事。包括高教主赛道、“青年红色筑梦之旅”赛道、职教赛道、产业命题赛道和萌芽赛道。

(2)“青年红色筑梦之旅”活动。

(3)同期活动。即世界大学生创新创业联盟成立仪式、世界大学生创新创业指数发布会、大赛优秀项目资源对接会等系列活动。

4.组织机构

(1)大赛由教育部、中央统战部、中央网信办、国家发展改革委、工业和信息化部、人力资源社会保障部、农业农村部、中国科学院、中国工程院、国家知识产权局、国家乡村振兴局、共青团中央和天津市人民政府共同主办，天津大学承办。

(2)大赛设立组织委员会(以下简称大赛组委会)，由教育部和天津市人民政府主要负责同志担任主任、教育部和天津市分管负责同志担任副主任、教育部高等教育司主要负责同志担任秘书长、有关部门(单位)负责同志作为成员，负责大赛的组织实施。

(3)大赛设立专家委员会，负责项目评审等工作。

(4)大赛设立纪律与监督委员会，负责对赛事组织、参赛项目评审、协办单位相关工作等进行监督，对违反大赛纪律的行为予以处理。

(5)大赛总决赛由中国建设银行冠名支持，各省级教育行政部门可积极争取中国建设银行分支机构对省级赛事的赞助支持。

(6)各省级教育行政部门可成立相应的赛事机构，负责本地比赛的组织实施、项目评审和推荐等工作。

5.比赛赛制

(1)大赛主要采用校级初赛、省级复赛、总决赛三级赛制(不含萌芽赛道以及国际参赛项目)。校级初赛由各院校负责组织，省级复赛由各地负责组织，总决赛由各地按照大赛组委会确定的配额择优遴选推荐项目。大赛组委会将综合考虑各地报名团队数(含邀请国际参赛项目数)、参赛院校数和创新创业教育工作情况等因素分配总决赛名额。

(2)大赛共产生 4 100 个项目入围总决赛(港澳台地区参赛名额单列)，其中高教主赛道 2 300 个(国内项目 1 800 个、国际项目 500 个)、“青年红色筑梦之旅”赛道 600 个、职教赛道 600 个、产业命题赛道 400 个、萌芽赛道 200 个。

(3)高教主赛道每所高校入选总决赛项目不超过 5 个，“青年红色筑梦之旅”赛道每所院校入选总决赛项目不超过3个，职教赛道每所院校入选总决赛项目不超过3个，产业命题赛道每道命题每所院校入选项目不超过3个，萌芽赛道每所学校入选总决赛项目不超过2个。

(二)参赛要求

(1)参赛项目能够紧密结合经济社会各领域现实需求，充分体现高校在新工科、新医科、新农科、新文科建设方面取得的成果，培育新产品、新服务、新业态、新模式，促进制造业、农业、卫生、能源、环保、战略性新兴产业等产业转型升级，促进数字技术与教育、医疗、交通、金融、消费生活、文化传播等深度融合。

(2)参赛项目应弘扬正能量，践行社会主义核心价值观，真实、健康、合法。不得含有任何违反《中华人民共和国宪法》及其他法律法规的内容。所涉及的发明创造、专利技术、资源等必须拥有清晰合法的知识产权或物权。如有抄袭盗用他人成果、提供虚假材料等违反相关法律法规或违背大赛精神的行为，一经发现即刻丧失参赛资格、所获奖项等相关权利，并自负一切法律责任。

(3)参赛项目只能选择一个符合要求的赛道报名参赛，根据参赛团队负责人的学籍或学历确定参赛团队所代表的参赛学校，且代表的参赛学校具有唯一性。参赛团队须在报名系统中将项目所涉及的材料按时如实填写提交。已获本大赛往届总决赛各赛道金奖和银奖的项目，不可报名参加本届大赛。

(4)参赛人员(不含产业命题赛道参赛项目成员中的教师)年龄不超过35岁(1988年3月1日及以后出生)。

(5)各省级教育行政部门及各有关学校要严格开展参赛项目审查工作，确保参赛项目的合规性和真实性。审查主要包括参赛资格以及项目所涉及的科技成果、知识产权、财务状况、运营、荣誉奖项等方面。

(三)比赛赛制

(1)大赛主要采用校级初赛、省级复赛、总决赛三级赛制(不含萌芽赛道以及国际参赛项目)。校级初赛由各院校负责组织，省级复赛由各地负责组织，总决赛由各地按照大赛组委会确定的配额择优遴选推荐项目。大赛组委会将综合考虑各地报名团队数(含邀请国际参赛项目数)、参赛院校数和创新创业教育工作情况等因素分配总决赛名额。

(2)大赛共产生4 100个项目入围总决赛(港澳台地区参赛名额单列)，其中高教主赛道2 300个(国内项目1 800个、国际项目500个)、“青年红色筑梦之旅”赛道600个、职教赛道600个、产业命题赛道400个、萌芽赛道200个。

(3)高教主赛道每所高校入选总决赛项目不超过5个，“青年红色筑梦之旅”赛道每所院校入选总决赛项目不超过3个，职教赛道每所院校入选总决赛项目不超过3个，产业命题赛道每道命题每所院校入选项目不超过3个，萌芽赛道每所学校入选总决赛项目不超过2个。

(四)参赛指南

(1)参赛报名(2023年5—8月)　参赛团队通过登录全国大学生创业服务网(网址：https://cy.ncss.cn)进行报名，在“资料下载”板块可下载学生操作手册指导报名参赛。通过微信公众号(名称为“全国大学生创业服务网”或“中国互联网+大学生创新创业大赛”)进行赛事咨询。报名系统开放时间为2023年5月29日，报名截止时间由各地根据复赛安排自行决定，但不得晚于8月15日。国际参赛项目通过全球青年创新领袖共同体促进会官网进行报名

（网址：www. pilcchina. org），具体安排另行通知。

(2)初赛复赛(2023 年 6—8 月)　各地各学校登录 https：//cy. ncss. cn/gl/login 进行大赛管理和信息查看。省级管理用户使用大赛组委会统一分配的账号进行登录，校级账号由各省级管理用户进行管理。初赛复赛的比赛环节、评审方式等由各校、各地自行决定。各地应在 8 月 31 日前完成省级复赛，并完成入围总决赛的项目遴选工作。

(3)总决赛(2023 年 9—10 月)　大赛设金奖、银奖、铜奖；另设省市组织奖、高校集体奖及若干单项奖。入围总决赛的项目将通过评审，择优进入总决赛现场比赛，决出各类奖项。大赛组委会通过全国大学生创业服务网、国家大学生就业服务平台(https：//www. ncss. cn)为参赛团队提供项目展示、创业指导、人才招聘、资源对接等服务，各项目团队可登录上述网站查看相关信息，各地各校可充分利用网站资源，为参赛团队做好服务。

(五)评审内容

中国"互联网十"大学生创新创业大赛分为多个赛道，每个赛道又分为多个类别，评审标准侧重点有所不同，大致都从市场、技术、产品、商业模式、营销模式、竞品分析、团队、业绩、未来规划等几个方面评审。以下仅以职教赛道的评审规则做介绍，表 6-1 和表 6-2 所示。

表 6-1　职教赛道创意组评审要点

评审要点	评审内容	分值
教育维度	1. 项目应弘扬正确的价值观，厚植家国情怀，恪守伦理规范，有助于培育创新创业精神。 2. 项目符合将专业知识与商业知识有效结合并转化为商业价值或社会价值的创新创业基本过程和基本逻辑，展现创新创业教育对创业者基本素养和认知的塑造力。 3. 体现团队对创新创业所需知识(专业知识、商业知识、行业知识等)与技能(计划、组织、领导、控制、创新等)的娴熟掌握与应用，展现创新创业教育提升创业者综合能力的效力。 4. 项目充分体现团队解决复杂问题的综合能力和高级思维；体现项目成长对团队成员创新创业精神、意识、能力的锻炼和提升作用。 5. 项目能充分体现院校在职业教育建设方面取得的成果；体现院校在项目的培育、孵化等方面的支持情况；体现职普融通、产教融合、科教融汇、多学科交叉、专创融合、产学研协同创新等模式在项目的产生与执行中的重要作用。	30
创新维度	1. 具有原始创意、创造。 2. 具有面向培养"大国工匠"与能工巧匠的创意与创新。 3. 项目体现产教融合模式创新、校企合作模式创新、工学一体模式创新。 4. 鼓励面向职业和岗位的创意及创新，侧重于加工工艺创新、实用技术创新、产品(技术)改良、应用性优化、民生类创意等。	20
团队维度	1. 团队的组成原则与过程是否科学合理；团队是否具有支撑项目成长的知识、技术和经验；是否有明确的使命愿景。 2. 团队的组织构架、人员配置、分工协作、能力结构、专业结构、合作机制、激励制度等的合理性情况。 3. 团队与项目关系的真实性、紧密性情况；对项目的各项投入情况；创立创业企业的可能性情况。 4. 支撑项目发展的合作伙伴等外部资源的使用以及与项目关系的情况。	20

续表 6-1

评审要点	评审内容	分值
商业维度	1.充分了解所在产业(行业)的产业规模、增长速度、竞争格局、产业趋势、产业政策等情况,形成完备、深刻的产业认知。 2.项目具有明确的目标市场定位,对目标市场的特征、需求等情况有清晰的了解,并据此制定合理的营销、运营、财务等计划,设计出完整、创新、可行的商业模式,展现团队的商业思维。 3.其他:项目落地执行情况;项目促进区域经济发展、产业转型升级的情况;已有盈利能力或盈利潜力情况。	20
社会价值维度	1.项目直接提供就业岗位的数量和质量。 2.项目间接带动就业的能力和规模。 3.项目对社会文明、生态文明、民生福祉等方面的积极推动作用。	10

表 6-2　职教赛道创业组评审要点

评审要点	评审内容	分值
教育维度	1.项目应弘扬正确的价值观,厚植家国情怀,恪守伦理规范,有助于培育创新创业精神。 2.项目符合将专业知识与商业知识有效结合并转化为商业价值或社会价值的创新创业基本过程和基本逻辑,展现创新创业教育对创业者基本素养和认知的塑造力。 3.体现团队对创新创业所需知识(专业知识、商业知识、行业知识等)与技能(计划、组织、领导、控制、创新等)的娴熟掌握与应用,展现创新创业教育提升创业者综合能力的效力。 4.项目充分体现团队解决复杂问题的综合能力和高级思维;体现项目成长对团队成员创新创业精神、意识、能力的锻炼和提升作用。 5.项目能充分体现院校在职业教育建设方面取得的成果;体现院校在项目的培育、孵化等方面的支持情况;体现职普融通、产教融合、科教融汇、多学科交叉、专创融合、产学研协同创新等模式在项目的产生与执行中的重要作用。	20
商业维度	1.充分掌握所在产业(行业)的产业规模、增长速度、竞争格局、产业趋势、产业政策等情况;具有明确的目标市场定位,充分掌握目标市场的特征、需求等情况;具有完整、创新、可行的商业模式。 2.经营绩效方面,重点考察项目存续时间、营业收入(合同订单)现状、企业利润、持续盈利能力、市场份额、客户(用户)情况、税收上缴、投入与产出比等情况。 3.经营管理方面,是否有清晰的企业发展目标;是否有完备的研发、生产、运营、营销等制度和体系;是否采用先进、科学的管理方法,以确保企业具有较强的竞争力。 4.成长性方面,是否有清晰、有效、全方位的企业发展战略,并拥有可靠的内外部资源(人才、资金、技术等方面)实现企业战略,以建立企业的持续竞争优势。 5.现金流及融资方面,关注项目融资情况、获取资金渠道情况、企业经营的现金流情况、融资需求及资金使用情况是否合理。 6.项目促进区域经济发展、产业转型升级的情况。	30

续表 6-2

评审要点	评审内容	分值
团队维度	1.团队的组成原则与过程是否科学合理;团队是否具有独特的支撑项目成长的知识、技能、经验以及成熟的外部资源网络;是否有明确的使命愿景。 2.公司是否具有合理的组织构架、清晰的指挥链、科学的决策机制;是否有合理的岗位设置、分工协作、专业能力结构;是否有良好的内部沟通机制;是否有合理的股权结构、激励制度等。 3.团队对项目的各项投入情况及团队成员的稳定性情况。 4.支撑公司发展的合作伙伴等外部资源的使用以及与公司关系的情况。	20
创新维度	1.具有原始创意、创造。 2.具有面向培养"大国工匠"与能工巧匠的创意与创新。 3.项目体现产教融合模式创新、校企合作模式创新、工学一体模式创新。 4.鼓励面向职业和岗位的创意及创新,侧重于加工工艺创新、实用技术创新、产品(技术)改良、应用性优化、民生类创意等。	20
社会价值维度	1.项目直接提供就业岗位的数量和质量。 2.项目间接带动就业的能力和规模。 3.项目对社会文明、生态文明、民生福祉等方面的积极推动作用。	10

二、创青春

(一)大赛简介

"创青春"中国青年创新创业大赛是由共青团中央联合相关部委及省级人民政府共同主办,面向广大青年创业者开展的一项具有导向性、示范性和群众性的大赛。大赛的宗旨是深入学习贯彻习近平新时代中国特色社会主义思想,围绕立足新发展阶段、贯彻新发展理念、构建新发展格局,引领广大青年为落实"十四五"规划和 2035 年远景目标努力奋斗,搭建支持青年创新创业的展示交流、导师辅导、投融资对接、项目孵化等服务平台,建设创业导师、创投机构、创业园区、创业孵化器、青年创业者等服务联盟,促进广大青年弘扬创业精神、培养创业意识、提升创业能力、提高创业成功率,组织动员广大青年走在"大众创业、万众创新"前列,在全面建设社会主义现代化国家进程中健康成长、建功立业。大赛聚焦科技创新、乡村振兴、数字经济、社会企业等 4 个领域举办专项赛,举办卫生健康、税收工作等专项领域创新创业活动。

第十届"创青春"中国青年创新创业大赛的活动主题为"青创报国新时代 青春逐梦新征程"。其宗旨是培养创新意识、启迪创意思维、提升创造能力、造就创业人才。

(二)参赛要求

1.专项赛组别设置

根据参赛项目所处的创业阶段及创办年限(以在市场监督管理部门登记注册时间为准)不同,分别设创新组、初创组、成长组。创办年限划分以 2023 年 3 月 31 日为基准。

(1)创新组指 2023 年 3 月 31 日(含)前未进行登记注册,尚处于商业计划书阶段的创业项目。

(2)初创组指登记注册时间不超过 2 年〔2021 年 4 月 1 日(含)以后登记注册〕的创业项目。

(3)成长组指登记注册时间在 2 至 5 年之间〔2018 年月 1 日(含)至 2021 年 3 月 31 日(含)

期间登记注册〕的创业项目。

2.参赛人员

(1)年龄在35周岁(含)以下〔1987年4月1日(含)以后出生〕的中国公民。

(2)由2人及以上团队申报的参赛项目,团队总人数比例不低于50%。

3.参赛项目

(1)符合国家法律法规和国家产业政策。

(2)不得侵犯他人知识产权。

(3)具有良好的经济效益、社会效益,经营规范,社会信誉良好。

(4)具有较大投资价值的独特产品、技术或商业模式。

4.项目申报

(1)已在市场监督管理部门登记注册的参赛项目,须提交营业执照等相关文件,项目成长过程或生产流程相关介绍,项目发展构想及阶段性成果等资料。涉及国家限制行业和领域的,须有相关资质证明。第一申报人须为所登记主体法定代表人,且持有该主体股份(个体工商户第一申报人应为经营者,个人独资企业第一申报人应为投资人,合伙企业第一申报人应为执行事务合伙人)。

(2)未在市场监督管理部门登记注册的参赛项目,须提交商业计划书,对市场调研、创业构想、项目发展等有详细介绍;可同时出具省级以上行业主管部门颁发的专利、奖项、技术等级等证书或证明。第一申报人须为产品开发、项目设计主要负责人。

(3)参赛项目须在报名时间内登录“创青春”网站(cqc.casicloud.com)注册报名。

5.奖励

各专项赛分别设置金奖、银奖、铜奖及优秀奖。获奖项目将获得全国组织委员会颁发的证书,并可获得各主办单位给予的相关优惠政策。

(三)组织机构

1.组织委员会

成立全国组织委员会,由各主办单位、承办单位有关负责同志组成,负责活动组织工作。全国组织委员会秘书处设在中国青年创业就业基金会,负责协调筹各组织日常工作。各专项活动分别成立专项组织委员会。

2.评审委员会

各专项赛分设专项评审委员会,由创业导师、专家学者、投资人、创业园区负责人等组成,独立开展评审工作。

(四)参赛安排

1.专项交流活动

围绕科技创新、乡村振兴、数字经济、社会企业等4个领域分别举办专项交流营和创新创业赛事,举办卫生健康、税收工作等专项领域创新创业活动,为参赛创业青年和县级青年创业组织代表提供技能培训、展示交流、咨询辅导、资本对接等服务。

(1)科技创新专项　重点关注“十四五”规划明确鼓励发展的重点方向,尤其是人工智能、量子信息、集成电路、生命健康、脑科学、生物育种、空天科技、深地深海等领域具有前瞻性、战略性的项目。科技创新专项交流活动在湖北省武汉市举办。

(2)乡村振兴专项　重点关注先进种植养殖技术、农产品加工及销售、农业社会化服务、乡村休闲旅游、预制菜等领域相关产业，尤其是在巩固拓展脱贫攻坚成果、助力乡村振兴等方面模式成熟的项目。乡村振兴专项交流活动在山东省潍坊市举办。

(3)数字经济专项　重点关注互联网、大数据、云计算、区块链技术、元宇宙等领域推动数字经济和实体经济融合发展、运用数字经济手段改造发展传统行业的项目。数字经济专项交流活动在浙江省杭州市举办。

(4)社会企业专项　重点关注以协助解决社会问题、改善社会治理、服务特定群体或社区利益为宗旨和首要目标，以创新商业模式、市场化运作为主要手段，所得部分盈利按照其社会目标再投入自身业务、所在社区或公益事业，且社会目标持续稳定的项目。社会企业专项交流活动在浙江省宁波市举办。

2.综合交流活动

面向各专项交流活动发掘培养的青年创新创业人才和县级青年创业组织代表，组织创业辅导、展示交流、资本对接、技能培训等活动。综合交流活动在浙江省宁波市举办。

(五)评审内容

下面对“创青春”大赛的考察要点简单介绍，以备广大参赛者更好地准备大赛，如表6-3所示。

表6-3　“创青春”考察要点

考察项目	主要考察指标
产品服务	项目定位、产品功能、目标用户、商业模式等准确性、可行性、创新性
市场前景	产业背景、市场需求、竞争策略、发展前景等前瞻性、成长性、发展性
财务运营	融资情况、盈利模式、财务管理、风险规避等稳定性、合理性、持续性
团队素质	人员构成、资历背景、能力素质、团队合作等完整性、互补性、协同性
社会效益	获奖情况、创业带动就业、带动群众劳动致富、支持社会公益等针对性、公益性、导向性
同行业竞争优势	质量成本、技术创新、市场品牌、客户渠道、运营管理等独特性、优势性、壁垒性

三、“挑战杯”中国大学生创业计划竞赛

(一)赛事简介

2023年第十三届“挑战杯”中国大学生创业计划竞赛全国决赛由共青团中央、教育部、人力资源社会保障部、中国科协、全国学联、北京市人民政府主办，北京理工大学、共青团北京市委、北京市房山区人民政府承办。竞赛共吸引来自全国32个省(自治区、直辖市)和港澳地区3 011所学校、逾33万个项目报名参赛，参赛学生人数达142.4万，申报创新创业项目超过33万个，同期教育活动参与超过300万人次，规模和质量创历届新高。

在本届“挑战杯”决赛中，全国463个项目进行激烈角逐，最终北京理工大学“零碳魔方——绿色细胞赋能碳中和之路”等154个项目获金奖，西安交通大学“智动博特——球形巡检机器人开创者”等309个项目获银奖，贵州大学“新丝路农业绿色药房——天下星农”等1 079个项目获铜奖。浙江大学等49所普通高校、宁波职业技术学院等10所职业院校获“优胜杯”。

(二)赛事安排

1.竞赛分组

完整、准确、全面贯彻创新、协调、绿色、开放、共享五大发展理念，设科技创新和未来产业、乡村振兴和农业农村现代化、社会治理和公共服务、生态环保和可持续发展、文化创意和区域合作五个组别。其中，科技创新和未来产业围绕创新驱动发展战略，推动数字经济健康发展，在智能制造、信息技术、大数据、人工智能、生命科学、新材料、军民融合等领域，参赛学生结合实践观察设计项目；乡村振兴和农业农村现代化围绕实施乡村振兴战略，在农林牧渔、电子商务、乡村旅游、城乡融合等领域，参赛学生结合实践观察设计项目；社会治理和公共服务围绕国家治理体系和治理能力现代化建设，在政务服务、消费服务、公共卫生与医疗服务、金融与财经法务、教育培训、交通物流、人力资源等领域，参赛学生结合实践观察设计项目；生态环保和可持续发展围绕可持续发展战略和碳达峰碳中和目标，在环境治理、可持续资源开发、生态环保、清洁能源应用等领域，参赛学生结合实践观察设计项目；文化创意和区域合作突出共融、共享，紧密围绕“一带一路”和京津冀、长三角、粤港澳大湾区以及成渝地区双城经济圈、长江中游城市群等区域合作，在工业设计、动漫广告、体育竞技和国际文化传播、对外交流培训、对外经贸等领域，参赛学生结合实践观察设计项目。

2.竞赛对象

面向普通高校学生和职业院校学生分别进行竞赛评选。

3.赛程安排。

竞赛设校级初赛、省级复赛和全国决赛。

校级初赛(2022 年 5 月底前)。由各校组织，广泛发动学生参与，遴选参加省级复赛项目。校赛参赛项目需在赛事官方平台统一填报。

省级复赛(2022 年 6 月底前)。由各省级团委举办，按照分配名额(全国 1 000 个)遴选参加全国决赛的项目，在赛事官方平台完成项目审批申报。

全国决赛(2022 年下半年)。全国共有 1 500 个项目进入全国决赛。其中，1 000 个名额由省级团委确定，300 个名额面向在赛事组织、学生参与、宣传发动等表现突出的学校直接分配，200 个名额通过“国赛直通车”评审分配。

按照疫情防控有关要求，全国决赛及相关活动以线上线下相结合的方式举行。省级、校级赛事由各地结合实际，采取合适方式举行。

4.评审要点

突出实践导向，在考察项目商业价值的基础上，更加注重考查学生了解社会现状、关注社会民生、解决社会问题的意识、能力和水平。具体包括项目的社会价值、实践过程、创新意义、发展前景和团队协作等方面。

5.奖项设置

竞赛设项目金奖、银奖、铜奖，由全国决赛统一评定。设学校集体奖(挑战杯、优胜杯)，按所推报项目获奖名次赋分，核算总分后评定。根据组织情况，设学校优秀组织奖(与挑战杯、优胜杯不重合)、省级团委优秀组织奖。

6.竞赛平台

竞赛统一开发集参赛报名、活动开展、项目评审、展示交流等功能为一体的赛事官方平台，各省份、各高校可同步依托该平台举办省赛、校赛。

(三)活动安排

为进一步增强竞赛的群众性、交流性，扩大赛事覆盖面和参与度，主办方将在赛事举办期间开展系列活动。

1. 挑战杯•实践云接力

面向参赛学生广泛征集在项目准备过程中进企业、进农村、进社区的实践经历，通过点亮地图的方式，展现广大学生迎接党的二十大胜利召开、用创新创业实践投身强国伟业的青春风采。

2. 挑战杯•名师大讲堂

邀请行业领军人物、社会知名人士、业界知名学者等，以主题团课、TED 演讲等多种形式举办名师大讲堂，面向全国大学生线上直播。

3. 挑战杯•青年学习汇

引导参赛学生跨学校、跨地域组建线上学习小组，结合各自项目，围绕党的二十大召开、建团 100 周年等开展讨论，增强参赛学生间的互动交流。

4. 挑战杯•职场体验营

组织参赛学生走进处于不同阶段的创业企业、知名企业，通过创业介绍、员工分享、实际体验等，让学生在一线感知社会、了解企业。

5. 挑战杯•导师会客厅

邀请企业家、投资人、孵化机构代表等，组成“挑战杯”大学生创业导师团，通过线上线下联动，实现导师与项目的结对指导和长期跟踪。

6. 挑战杯•资源对接会

邀请创业服务机构、投资机构、孵化器、园区等入驻大赛平台，开展线上线下对接活动，为有需要的项目提供服务支持。

(四)评审细则

根据参赛类别不同，其评审的侧重点有所区别，下面分别介绍科技创新和未来产业组项目、乡村振兴和农业农村现代化组项目、城市治理和社会服务组项目、生态环保和可持续发展组项目、文化创意和区域合作组项目评审要点，以下参考“青创北京”2022 年“挑战杯”首都大学生创业计划竞赛评分细则，如表 6-4 至表 6-8 所示。

表 6-4 科技创新和未来产业组项目评审要点

评审要点	评审内容	分值
创新意义	1. 具有原始创新或技术突破，取得一定数量和质量的创新成果(专利、创新奖励、行业认可等)。 2. 项目在科学技术、社会服务形式、商业模式、管理运营、应用场景等方面的创新程度。 3. 创新成果对于赋能传统产业、解决社会问题，助力形成新产业、新业态、新模式有积极意义。	30 分

续表 6-4

评审要点	评审内容	分值
实践过程	项目通过深入社会、行业、实验场所、实训基地，开展调查研究试点运营、试验论证，形成可靠的一手材料，强调实地调查和实践检验。	25 分
社会价值	1. 项目结合社会实践、社会观察，履行社会责任的做法与成效，在科技创新方面的社会贡献度。 2. 项目直接提供就业岗位的数量和质量。项目间接带动就业的能力和规模。未来在持续吸纳、带动就业的能力等。	20 分
发展前景	1. 项目在商业模式、营销策略、财务管理、发展战略等方面设计完整、合理、可行。 2. 目标定位、市场分析清晰、有前瞻性。 3. 盈利能力推导过程合理，能够实现可持续发展、前景乐观。	15 分
团队协作	1. 团队成员了解社会现状、关注社会民生，具备一定解决社会问题的能力和水平。 2. 团队成员的专业背景、创业意识、创业素质、价值观念与项目需求相匹配。 3. 团队组织架构与分工情况。	10 分

表 6-5　乡村振兴和农业农村现代化组项目评审要点

评审要点	评审内容	分值
社会价值	1. 项目结合社会实践、社会观察，履行社会责任的做法与成效对乡村振兴和农业农村现代化等社会问题的贡献度。 2. 在引入社会资源方面对农村组织和农民增收、地方产业结构优化等的效果。 3. 项目对促进乡村就业、教育、医疗、养老、环境保护与生态建设等方面的效果。 4. 项目直接提供就业岗位的数量和质量。项目间接带动就业的能力和规模。未来在持续吸纳、带动就业的能力等。	30 分
实践过程	项目通过深入乡村、社会、行业、实验场所、实训基地，开展调查研究、试点运营、试验论证，形成可靠的一手材料，强调实地调查和实践检验。	25 分
创新意义	1. 具有原始创新或技术突破，取得一定数量和质量的创新成果（专利、创新奖励、行业认可等）。 2. 项目在科学技术、社会服务形式、商业模式、管理运营、应用场景等方面的创新程度。	20 分
发展前景	1. 项目的持续生存能力。 2. 创新研发、生产销售、资源整合等持续运营能力。 3. 项目模式可复制、可推广、具有示范效应等。	15 分
团队协作	1. 团队成员了解社会现状、关注社会民生，具备一定解决社会问题的能力和水平。 2. 团队成员的专业背景、创业意识、创业素质、价值观念与项目需求相匹配。 3. 团队组织架构与分工情况。	10 分

表 6-6　城市治理和社会服务组项目评审要点

评审要点	评审内容	分值
社会价值	1. 项目结合社会实践、社会观察，履行社会责任的做法与成效在国家治理体系和治理能力现代化建设，政务服务、消费生活医疗服务、教育培训、交通物流、金融服务等方面的社会贡献度。 2. 项目直接提供就业岗位的数量和质量。项目间接带动就业的能力和规模。未来在持续吸纳、带动就业的能力等。	30分
实践过程	项目通过深入社会、行业、实验场所、实训基地，开展调查研究试点运营、试验论证，形成可靠的一手材料，强调实地调查和实践检验。	25分
创新意义	1. 具有原始创新或技术突破，取得一定数量和质量的创新成果（专利、创新奖励、行业认可等）。 2. 项目在科学技术、社会服务形式、商业模式、管理运营、应用场景等方面的创新程度。 3. 创新成果对于赋能传统产业、解决社会问题，助力形成新产业、新业态、新模式有积极意义。	20分
发展前景	1. 项目在商业模式、营销策略、财务管理、发展战略等方面设计完整、合理、可行。 2. 目标定位、市场分析清晰、有前瞻性。 3. 盈利能力推导过程合理，能够实现可持续发展、前景乐观。	15分
团队协作	1. 团队成员了解社会现状、关注社会民生，具备一定解决社会问题的能力和水平。 2. 团队成员的专业背景、创业意识、创业素质、价值观念与项目需求相匹配。 3. 团队组织架构与分工情况。	10分

表 6-7　生态环保和可持续发展组项目评审要点

评审要点	评审内容	分值
社会价值	1. 项目结合社会实践、社会观察，履行社会责任的做法与成效，围绕可持续发展战略，在环境治理、可持续资源开发、生态环保清洁能源应用等方面的社会贡献度。 2. 项目直接提供就业岗位的数量和质量。项目间接带动就业的能力和规模。未来在持续吸纳、带动就业的能力等。	30分
实践过程	项目通过深入社会、行业、实验场所、实训基地，开展调查研究试点运营、试验论证，形成可靠的一手材料，强调实地调查和实践检验。	25分
创新意义	1. 具有原始创新或技术突破，取得一定数量和质量的创新成果（专利、创新奖励、行业认可等）。 2. 项目在科学技术、社会服务形式、商业模式、管理运营、应用场景等方面的创新程度。 3. 创新成果对于赋能传统产业、解决社会问题，助力形成新产业、新业态、新模式有积极意义。	20分
发展前景	1. 项目在商业模式、营销策略、财务管理、发展战略等方面设计完整、合理、可行。 2. 目标定位、市场分析清晰、有前瞻性。 3. 盈利能力推导过程合理，能够实现可持续发展、前景乐观。	15分
团队协作	1. 团队成员了解社会现状、关注社会民生，具备一定解决社会问题的能力和水平。 2. 团队成员的专业背景、创业意识、创业素质、价值观念与项目需求相匹配。 3. 团队组织架构与分工情况。	10分

表 6-8　文化创意和区域合作组项目评审要点

评审要点	评审内容	分值
社会价值	1. 项目结合社会实践、社会观察，履行社会责任的做法与成效对“一带一路”和“京津冀”“长三角”“粤港澳大湾区”“成渝经济圈”等经济合作带建设，在工艺与设计、动漫广告、体育竞技和国际文化传播、对外交流培训、对外经贸等方面的社会贡献度。 2. 项目直接提供就业岗位的数量和质量。项目间接带动就业的能力和规模。未来在持续吸纳、带动就业的能力等。	30 分
实践过程	项目通过深入社会、行业、实验场所、实训基地，开展调查研究、试点运营、试验论证，形成可靠的一手材料，强调实地调查和实践检验。	25 分
创新意义	1. 具有原始创新或技术突破，取得一定数量和质量的创新成果（专利、创新奖励、行业认可等）。 2. 项目在科学技术、社会服务形式、商业模式、管理运营、应用场景等方面的创新程度。 3. 创新成果对于赋能传统产业、解决社会问题，助力形成新产业、新业态、新模式有积极意义。	20 分
发展前景	1. 项目在商业模式、营销策略、财务管理、发展战略等方面设计完整、合理、可行。 2. 目标定位、市场分析清晰、有前瞻性。 3. 盈利能力推导过程合理，能够实现可持续发展、前景乐观。	15 分
团队协作	1. 团队成员了解社会现状、关注社会民生，具备一定解决社会问题的能力和水平。 2. 团队成员的专业背景、创业意识、创业素质、价值观念与项目需求相匹配。 3. 团队组织架构与分工情况。	10 分

项目二
植物组织培养创新创业典型案例分析

一、瓶中花

2018 年《中国教育报》报道了江西环境工程职业学院 2015 级学生的组培创业项目——瓶中花，这是植物组织培养课程的典型创业案例。瓶中花是基于植物组织培养技术制造的不需要浇水、施肥就能自行生长、开花的植物，解决了传统栽培植物不好照顾、不方便携带的问题，是一种全新的观赏创意植物。下面对瓶中花创业项目进行分析，分析内容包括项目选择、项目优势、产品生产流程、产品介绍、营销模式、市场风险、效益分析和投资建议 8 个方面。

(一)项目选择

2015 级某学生考入江西环境工程职业学院园林技术专业，因热爱生物学科，积极参加面试并顺利通过学院组培实验室的考核要求，成为组培实验室的科研助手，工作认真负责、积极主动，大二成为组培实验室的管理员。从一开始的准备物料、学习接种母本植物，再到后来独当一面给学生分配工作任务，安排生产进度，实验室管理员的工作做得井井有条。

在一次去赣县某企业送甜叶菊组培苗的路上，组培实验室指导老师提议可以将组培植物放到一个比较小的玻璃瓶中，然后通过调颜色，使组培植物变成一个可以拿在手中观赏的组培礼品，该学生比较感兴趣，就开始着手实验，将瓶中花的创意变为现实。

(二)项目优势

瓶中花最主要的目标群年龄在 10～35 岁，但事实上，因好看且价位不高，所以接受者不受年龄、性别、职业、收入等因素的限制，消费群体极其广泛。

高分子多彩植物营养基品质卓越，外观绚丽多彩，晶莹剔透，酷似水晶果冻，含有氮、磷、钾和微量元素等肥效成分，可长时间供给植物水分及养分，即使一个月不浇水，植物也能安然无恙。经检测，该高分子多彩植物营养基具有无毒、无味、清洁、环保、节能等特点。高分子多彩植物营养基所衍生的时尚瓶中花系列产品不仅具有新颖、美观的装饰效果，同时也具有既能种花又能插花的实用性，其广泛的用途以及种花不需天天浇水，插花长时间不凋谢的独到卖点，决定了它必将有广阔的市场前景和巨大的市场销路，同时也意味着会有可观的市场效益，项目由于其低成本、低风险、高收益，特别适合小本创业。

(三)产品生产流程

(1)解决的创业问题　第一是挑选玻璃瓶。要让植物在无菌环境中生长，就必须对容器进行高温灭菌，从玻璃瓶着手，在网上精心挑选了几款玻璃瓶，仔细比对，反复试温，最终选定了一款耐高温,集密封性和观赏性于一体的 5 cm 高的小玻璃瓶。第二是改良培养基和接种工具。植物生长,除了环境问题,最重要的就是培养基。为了使培养基的配比更加科学,适宜更多不同种类的植物生长,学生和指导老师一道反复调配、反复实验。他们配制的营养基,适宜百合、金线莲、蓝莓、桉树、蝴蝶兰、大花蕙兰、白掌等十几种植物生长,经过反复实验,瓶中花植物的存活率达到 95%。在瓶中花的整个制作过程中,将苗木放入瓶口内径只有 1.25 cm 的小瓶子中是个技术活,它需要的不仅仅是耐心细致,更需要特制的工具。为此,专门对使用的镊子进行了打磨改造,接种苗这道工序随着工具的改良变得更加简易和顺畅。

(2)生产过程　瓶中花的生产流程一般包括材料选择、培养基配制、颜色调配、培养基灭菌、无菌接苗和包装销售六个步骤。

①材料选择(图 6-1)。选择的材料应具备生长速度慢、观赏效果好、植株体较小、易生长等特点,比如蝴蝶兰、粗肋草、杂交兰、金线莲等。

②培养基制作步骤如图 6-2 所示。

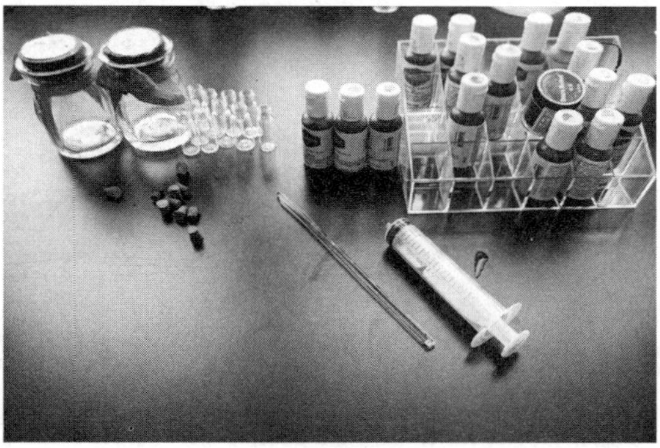

图 6-1　瓶中花的材料准备

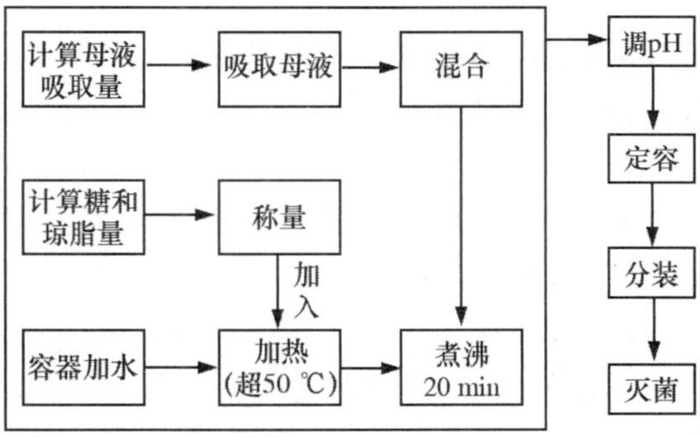

图 6-2　培养基制作流程

③颜色调配。在配制好的培养基中加入食用色素,色素的量可依据个人喜好及市场需求来定,色素多颜色越深,色素少则颜色越浅。一般而言,色素的量不宜过多。见图 6-3。

④培养基灭菌。将制备好的培养基放于高压灭菌锅中,121 ℃下灭菌 10～25 min。灭菌好的培养基放在干净、避光的环境保存备用。

⑤无菌接种。按照无菌操作要求完成人员准备、机台及工具准备、母瓶准备工作。然后进行取苗、切苗、接苗工作。见图 6-4。

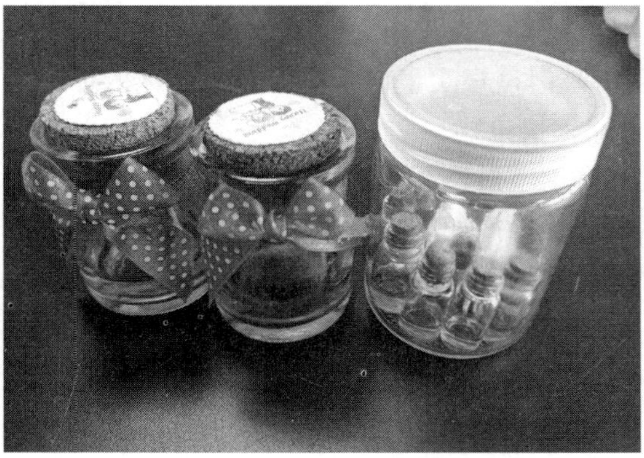

图 6-3　培养基的颜色调配

图 6-4　培养基的无菌接种

⑥包装销售。不同的规格放于不同的包装盒中销售。

(四)产品介绍

瓶中花是小巧精致的玻璃瓶经过高温灭菌处理,注入五彩晶莹的培养基,再种上小苗,就成了手中美丽的植物家园。瓶中花可制作为挂饰、桌面饰品等。瓶中花有三个特点。第一,小巧美观、易于携带;第二,大部分瓶内植物处于无菌状态,不易感染病虫害,不需要浇水施肥就可以正常生长;第三,无毒,无味,清洁,环保。瓶中花可以根据市场需求和消费者偏好,开发多种瓶中花产品,丰富产品类型,满足不同消费者的需求。

瓶中花可选择粗肋草,它是一种受人们喜爱的草植,具有浓郁的草香和苍绿披针形的叶子,会开出众多的小花,花色鲜艳多样,包括白色、黄色、粉红色等,增加观赏价值;可选择兰花,兰花具有高雅气质和独特外观的花卉,备受花卉爱好者的追捧,如蝴蝶兰、文心兰等,因具有鲜艳的花色、美丽的花型和持久的观赏价值,被广泛用于室内装饰、花坛和花展等场合;可选择菊花,其花朵形态各异,色彩斑斓,如大菊花、小菊花等,因具有鲜艳的花色、丰富的层次感和持久的花期,适合用于秋季观赏;可选择郁金香,一种冬春季盛开的花卉,花朵形状独特,色彩丰富,如红郁金香、粉红郁金香等,因具有美丽的花型、温暖的花色和持久的观赏价值,适合用于室内和花坛的观赏与装饰;可选择多肉植物,有厚厚的叶片和独特的形态,被誉为绿色艺术品;可选择紫罗兰,一种小巧而迷人的花卉,花朵呈现出多样的颜色和形态,如紫罗兰云、紫罗兰雨等(图 6-5)。

图 6-5　瓶中花部分商品

(五)营销模式

瓶中花的开发成功后,就需要考虑如何投放市场。2017 年 1 月,团队制作了 100 个瓶中花,在校园内试卖。小巧精致、创意独特的瓶中花,一经推出,就受到学生的欢迎,加上价格亲民,100 个瓶中花一天售罄。瓶中花第一次小范围投入"市场"就受到欢迎,更加坚定了创业者将小小的瓶中花当成事业来做的信心。

紧接着,温州一名从事观光休闲农业的老板在一次偶然机会看到瓶中花后,以私人订制的形式要了 200 个瓶中花,作为观赏景观,展示在自己的休闲农业观光点。2017 年 3 月 12 日,创业团队带着 200 个瓶中花来到赣州青少年活动中心门口售卖。饱含浓厚科学趣味的神奇小瓶子很快吸引了家长和孩子们的目光,200 个瓶中花很快抢购一空。

创业初期瓶中花的销售主要通过微信,销量不多。经过市场预售卖后他们决定:第一,增加产品种类,增加瓶中花的品种;第二,延伸产品的生命力,如在瓶中加装灯光、增加微景观等,提升产品附加值,丰富产品的内涵;第三,拓展销售模式和销售渠道,如打节日牌、亲子牌、私人高端订制牌,进行网络销售。

随后在学校创新创业政策的支持下,在校园的创客空间开起了小店,并取得了营业执照。

(六)市场风险

2017 年 6 月,制作了 500 多个瓶中花,由于制作气温较高,导致后来瓶中花培养基大多数融化，损失 400 多个瓶中花，从中总结经验，制作瓶中花的外界温度不应太高，春季和秋冬季为宜。

（七）效益分析

瓶中花虽然需要有一定的气温要求，但太冷的时候主人可以把它放在包里或室内，不必担心气候影响销售。按 2017 年的市场情况，以内地的一个中等城市为例，在销售区域内为 20 家零售商（含各种零售卖场、手机店和礼品店等）供售，以单店平均日销量 20 个（节假日更多）计算，那么当日总销量为 400 个，全年可达到 144 万个，则全年利润将相当可观。对于零售商来说，瓶中花的利润在 60%左右，用培养基搭配花瓶，种上各式各样的花卉，形成一个盆卉，它的售价远远大于三种原料成本加在一起的价格，可能是成本的几倍，以每天 300 元左右的流水，每个月会给经营者带来 3 000～5 000 元的收入。

（八）投资建议

按 2017 年的市场情况，开瓶中花店无需加盟费，所以成本就是店面租金和进货成本，进货成本可以控制在 1 500 元以下，用 1 500 元的货品足以把一个 10 m^2 的店面装饰起来，货源就足够了，选一个理想的店面位置尤其重要，根据自己对主要消费群的定位，店铺最好开在学校、写字楼聚集的地区，这个区域时尚的青年人比较多，写字楼里的公司也经常需要布置会场，可以在卖成品的同时开展花卉租摆的经营项目，还有一点需要注意，店铺要有通风的环境，因为花卉这个项目对环境要求比别的项目高一些，通风的环境比较适合植物生长、保存。

二、非你莫薯

非你莫薯项目为 2022 年河南省"互联网＋"大学生创新创业大赛暨第八届中国国际"互联网＋"大学生创新创业大赛河南赛区选拔赛一等奖项目。项目针对目前每年因甘薯病毒造成损失达 40 亿元，甘薯脱毒苗应用率仅 10%，繁育体系不成熟等市场痛点，团队利用甘薯脱毒技术、甘薯高效快繁等多种技术，使生产的种苗成本降低，高产品优。项目的愿景是推动农业生产技术革命，让饭碗牢牢掌握在中国人的手中。项目以经营脱毒甘薯种苗为主，未来创建集优质种苗生产研发、销售、培训、深加工为一体的农业科技公司，本着"发展绿色、生态、品优、惠农农产品，助力乡村振兴"的宗旨，为广大甘薯种植客户提供优质服务。

（一）项目选择

南阳农业职业学院所有农学专业都开有植物组织培养课程，课程依托豫西南最大组织培养实验室——植物组织培养中心，学生在学习的过程中发现甘薯的市场非常大，这一创意项目选择充分体现了项目选择的基本原则之一：因时而动。

（二）市场分析

中国是世界上甘薯的最大生产国，每年种植面积近 4.6×10^6 hm^2，占世界甘薯种植面积的 50%以上，甘薯总产量 3.0×10^8 t，占世界甘薯总产量的 80%左右，均居世界首位。甘薯需求不断增长：全国人均甘薯消费量逐年递增，2020 年为 3.5 kg/人。我国甘薯种植分布广泛，各地均有种植，华南、华东和华中地区三区甘薯总面积超过全国总量的 45%以上。国家地理标志产地全国目前总共 32 个，其中仅河南就 11 个，包括兰考红薯、郸城红薯、张武岗红薯、崇礼红薯、茶亭沟红薯、襄城红薯、瓦岗红薯、冯桥红薯、花园口红薯、汝阳红薯和唐河红薯，市场前景巨大，详细数据如图6-6至图6-8所示。但目前市场上甘薯存在问题比较严重，比如病毒侵染导致品质下降、产量降低，中国每年因甘薯病毒造成损失达40亿元，脱毒甘薯苗生产成本高，脱毒种苗应用率仅10%。项目就提供优质脱毒甘薯种苗应运而生，项目技术主要依托脱毒技术和离体快繁技术。

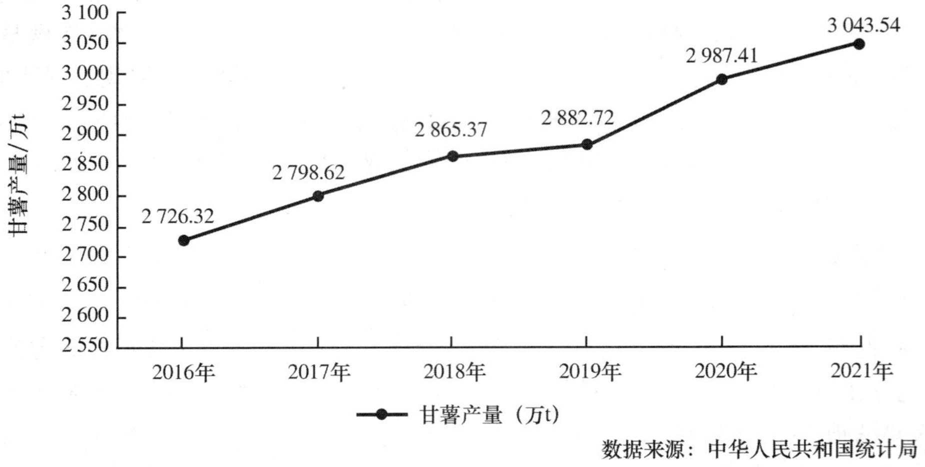

图6-6　全国甘薯产量

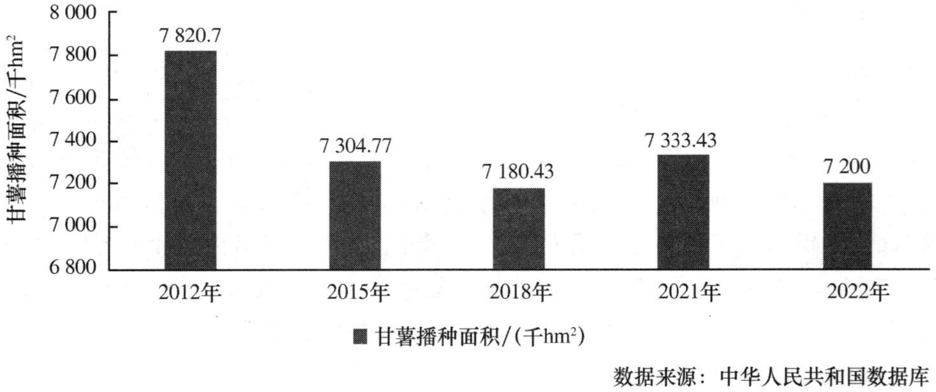

图6-7　全国甘薯播种面积

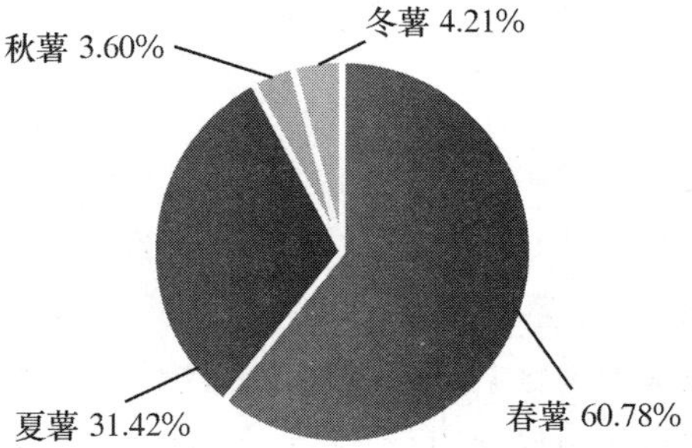

图6-8　全国不同季节甘薯占比

(三)产品分析

项目主营产品甘薯脱毒种苗，提供黄苏8、红苏8、烟薯25、豫12、徐18、郑薯20、商19、北京553、郑薯27、龙9、白牛奶、徐22、日本凌紫、郑薯21、济薯26等15个品种的甘薯脱毒苗，并对每个品种的种苗种植方式、种植时间、种植技术和薯块特点和销路进行了详细介绍。品种覆盖甘薯主栽区，可全年供货。所产薯块商品率高，品种优，每亩每年多收鲜薯1 300 kg以上，增收超2 200元，可增产超40%。

另外，团队对竞争对手从成本、售价、技术、产品类别等方面进行了全面细致的分析，使团队从现有竞争对手产品中取长补短，从而赢得最大的市场占有率。

(四)商业模式

项目采取"线下推广"为主，"线上宣传"为辅，采用优质优价、量大从优的价格策略。线下通过农技推广站、展览等方式进行宣传推广，线上通过抖音、淘宝等平台宣传售卖。项目主要依托南阳农业职业学院组织培养中心的科技支撑，在河南三唐农业发展有限公司进行代加工生产，团队提供甘薯脱毒苗的生产技术，对种植户提供种植技术等售后服务，根据市场反馈调整生产方向。

(五)数据预测

项目成本主要包括研发费用、人工费用、水电费、药品费、设备费、租赁费、宣传推广费等费用。财务分析包括资金来源、股本结构、资金使用计划、项目融资计划、经济效益分析和退出机制等内容。通过前期试运行和市场需求，客观、全面地分析项目未来的营业额和净利润，客观反映项目未来运营后的财务状况，以便投资者以此来准确判断项目未来真正落地的商业价值。

(六)团队介绍

团队来自不同专业背景，对创新创业有激情，并且抗挫折能力强，有足够商业正常运营的人脉关系。要对成员的学历、专业、社会经历、擅长领域、工作职责有详细介绍，做到知人善任。团队成员的介绍要体现出参赛团队能驾驭好项目，并有意愿和决心将项目真正落地，打动评委，才能获得投资商项目落地的融资。

单元练习题

一、判断题

1. 大学生创新创业大赛参赛人数最多、影响面最广的是创青春。(　　)

2. 高校毕业生自主创业有创业担保、资金支持补贴等优惠政策。(　　)

3. 高校创业成功率比较高。(　　)

4. 参加创新创业大赛有利于职业规划和未来发展。(　　)

5. 一个优秀的创业者应该富有创新精神，意志坚定，有风险意识，并且学习能力强，这样就可以创业成功。(　　)

6. 中国"互联网+"大学生创新创业大赛已获往届总决赛奖项的项目不可再次报名参赛。(　　)

7. 创新创业比赛不同赛道评审侧重点有所不同。(　　)

8. 创青春主要考察参赛者的产品服务、市场前景、财务运营、团队素质、社会效益和同行竞

争优势等内容。(　　)

9. 瓶中花项目创业成功离不开创业者善于发现问题,并努力解决问题的好品质。(　　)

10. 四川省是甘薯国家地理标志产品大省。(　　)

11. 创业团队可以找亲戚朋友创建,不用考虑结构的合理性。(　　)

12. 凡是参加过比赛的项目是没有创业风险的。(　　)

13. 瓶中花可以打开盖子种植。(　　)

14. 所有甘薯病毒都会导致减产。(　　)

15. 甘薯种苗准确来说需要每年更换脱毒苗,市场需求大。(　　)

二、选择题

1. 大学生创新创业大赛参赛人数最多、影响面最广的是(　　)。

A. 中国"互联网+"大学生创新创业大赛　　B. 创青春

C. 挑战杯　　D. 豫创天下

2. 对就业见习单位吸纳高校毕业生给予补贴的毕业生对象为(　　)。

A. 离校1年内未就业　　B. 离校2年内未就业

C. 离校3年内未就业　　D. 无要求

3. 中国"互联网+"大学生创新创业大赛有专门针对职业院校的赛道,赛道名称为(　　)。

A. 青年红色筑梦之旅赛道　　B. 高教主赛道

C. 职教赛道　　D. 产业命题赛道

4. 创青春的参赛专项包括(　　)。

A. 科技创新专项　　B. 乡村振兴专项

C. 数字经济专项　　D. 社会企业专项

5. 中国"互联网+"大学生创新创业大赛职教赛道创意组分为(　　)。

A. 创新类　　B. 商业类

C. 工匠类　　D. 公益类

6. 创新创业比赛的目的是(　　)。

A. 以赛促创　　B. 以赛促学

C. 以赛促练　　D. 以赛促改

7. 注册不超过2年的项目准确来说属于(　　)。

A. 创新组　　B. 初创组

C. 成长组　　D. 创业组

8. 瓶中花中培养基有颜色的原因(　　)。

A. 物理变化　　B. 化学变化

C. 加入色素　　D. 琼脂颜色

9. 瓶中花中种养过程可能出现的问题(　　)。

A. 营养物质减少　　B. 苗的颜色慢慢变成培养基颜色

C. 苗枯死　　D. 污染

10. 2023年全国甘薯地理标志产品有(　　)个。

A. 32　　B. 22　　C. 11　　D. 8

11. 我国甘薯产量居世界(　　)。

A. 第一　　B. 第二　　C. 第三　　D. 第四

12. 全国甘薯生产以(　　)为主。

A. 春薯　　B. 夏薯　　C. 秋薯　　D. 冬薯

13. 瓶中花可选择(　　)等植物。

A. 楸树　　B. 猕猴桃　　C. 粗肋草　　D. 甘薯

三、简答题

1. 作为高职生，你可以参加的创新创业比赛有哪些？

2. 根据所学知识，评价下瓶中花项目的优势？

3. 假如你毕业后准备建立一个草莓脱毒苗生产公司，在校想参加中国“互联网+”创新创业大赛，应如何撰写商业计划书？

4. 能够赢得评委和投资商青睐的项目特点是什么？

5. 如果是一个市场模式成熟的行业，你准备怎么样找到最佳的商业模式？

6. 通过学习植物组织培养创新与创业这一章，了解了科技和专业的结合进行创新创业的方法，那么你在大学学习的过程中有创业的想法吗，如何去实现？

附 录

附录 1 常见植物生长调节剂的英文缩写及其主要性质

名称	英文缩写	相对分子量	主要物理性质
α-萘乙酸	NAA	186.20	无色无味结晶，性质稳定，遇湿气易潮解，见光易变色，不溶于水，易溶于乙醇、丙酮等有机溶剂。钠盐溶于水。
吲哚乙酸	IAA	175.19	纯品无色，见光氧化成玫瑰色，活性降低。在酸性介质中不稳定，pH 低于 2 时很快失活，不溶于水，易溶于热水、乙醇、乙醚和丙酮等有机溶剂。它的盐酸和钾盐易溶于水，较稳定。
吲哚丁酸	IBA	203.24	白色或微黄色。不溶于水，易于乙醇、丙酮等有机溶剂。
2，4-二氯苯氧乙酸	2,4-D	221.04	白色或浅棕色结晶，不吸湿，常温下性质稳定。难溶于水，溶于乙醇、乙醚、丙酮等。它的胺盐和钠盐溶于水。
玉米素	ZT	219.25	难溶于水和有机溶剂中，易溶于盐酸中。
6-苄基腺嘌呤	6-BA	225.25	溶于稀酸和稀碱，不溶于乙醇。
激动素	KT	215.21	不溶于水，微溶于乙醇、丁醇、丙酮和乙醚等有机溶剂。能溶于强酸、强碱及冰醋酸。
2-异戊烯基腺嘌呤	2-ip	203.24	在 1 mg/L 盐酸溶液中最大溶解度达到 1 000，一般制成 1 mg/L 在－20 ℃中可长期保存。
赤霉素	GA（或 GA_3）	346.40	纯品为白色结晶，工业品为白色粉剂，难溶于水，易溶于甲醇、乙醇、丙酮、醋酸乙酯、冰醋酸等有机溶剂。它的钾钠盐易溶于水。结晶较稳定，溶液易缓慢水解，加热超过 50 ℃会逐渐失去活性，在碱性条件下被中和失效。
脱落酸	ABA	264.30	难溶于水，溶于碱性溶液，如碳酸氢钠、三氯甲烷、丙酮、乙醚。
4-碘苯氧乙酸	PIPA	278.00	针状或鳞片状结晶，性质稳定。微溶于水或乙醇，遇碱生成盐。易溶于热水、乙醇、乙醚。
对氯苯氧乙酸	PCPA	186.50	纯品为白色结晶，性质稳定。微溶于水，易溶于醇、酯等有机溶剂。

续表

名称	英文缩写	相对分子量	主要物理性质
矮壮素	CCC	158.07	纯品为白色结晶，易溶于水，不溶于乙醇、乙醚和苯等。在中性和酸性溶液中稳定，和碱混合加热分解失效。它是赤霉素生物合成抑制剂。
比久	B_9	160.00	难溶于水，甲醇和丙酮，不溶于二甲苯。
2,3,5-三碘苯甲酸	TIBA	500.92	不溶于水，易溶于乙醇，乙醚等，它能阻碍生长素在体内的运输，微溶于水，可溶于乙醇、丙酮、乙醚。
青鲜素（马来酰肼）	MH	112.09	难溶于水，微溶于醇，易溶于冰醋酸、二乙醇胺。其钠、钾、铵盐溶于水。作用与生长素相反，抑制芽的生长和茎的伸长。它的结构与尿嘧啶相似，阻止核酸的合成。
三十烷醇	TAL	438.38	不溶于水，溶于乙醚、氯仿、二氯甲烷中。可用氯仿、吐温-20（或80），配成乳油状使用。对光、空气、热和碱均稳定。药效与药品纯度、颗粒细度有关。加入氯化钙（10～3 mol/L）后，效果显著且稳定。
多效唑	PP 333	293.50	难溶于水，溶于甲醇、丙酮。工业品为95%或15%粉剂，溶于水。易溶于水、甲醇、丙酮。

附录2　常用试剂及植物生长物质的配制

1.1 mol/L HCl 的配制

37%盐酸溶液的密度为1.19 g/mL，HCl的摩尔质量为36.5 g/mol。假设要配制1 000 mL 1 mol/L HCl，则需要盐酸的物质的量为1 mol，所以需要量取37%的盐酸为1×36.5÷37%÷1.19=82(mL)。

2.1 mol/L NaOH 的配制

称4 g NaOH，溶于100 mL蒸馏水中。

3.95%的酒精配制成75%的酒精

用量筒量取750 mL的95%酒精加入200 mL的蒸馏水即可得到75%的酒精。

4.0.1%升汞溶液配制

先称取1 g升汞粉末，用蒸馏水溶解，定容到1 000 mL。

5.1 mg/mL 2,4-D 的配制

称取0.1 g 2,4-D，用少量1 mol/LNaOH或酒精助溶，定容到100 mL。

6.1 mg/mL 6-BA 的配制

称取0.1 g 6-BA，用少量1 mol/L HCl或1 mol/LNaOH助溶，定容到100 mL。

7.0.1 mg/mL NAA 的配制

称取0.01 g NAA，用少量95%酒精助溶，定容到100 mL。

附录 3　柑橘苗木脱毒技术规范

附录 4　玉簪组培快繁技术规范

参考文献

[1] 郑春明.植物组织培养.杭州:浙江大学出版社,2011.
[2] 张爽,梁本国.植物组织培养.武汉:华中科技大学出版社,2013.
[3] 曹春英.植物组织培养.北京:中国农业大学出版社,2006.
[4] 彭正云,刘德华,肖海军,等.茶树根愈伤组织及发状根诱导的研究.湖南农学大学学报(自然科学版),2004,130(2).
[5] 刘进平.植物细胞工程简明教程.北京:中国农业出版社,2005.
[6] 刘涤,胡之璧.生物技术在传统药材生产中的应用前景.生物工程学报,1997,17(2):60-62.
[7] 吴林森.植物组织培养污染问题的研究及其控制措施.江苏林业科技,2005,32(1):130-134.
[8] 李浚明.植物组织培养教程.北京:中国农业大学出版社,2002.
[9] 龙文兴,杨小波,戚美英,等.芦荟组织培养研究进展.亚热带植物科学,2007(1).
[10] 郝金魁,张西群,齐新,等.工厂化育苗技术现状与发展对策.江苏农业科学,2012,40(1):349-351.
[11] 陈劲枫.植物组织培养与生物技术.北京:科学出版社,2018.
[12] 袁学军,王志勇.植物组织培养.2版.北京:北京师范大学出版社,2017.
[13] 巩振辉,申书兴.植物组织培养.3版.北京:化学工业出版社,2022.
[14] 陈双双,秦紫艺,邱帅,等.大叶绣球艾薇塔组培快繁技术.浙江农业科学,2024,65(7):1627.
[15] 陈翠红,苗春泽,田年军,等.植物组织培养中常见污染类型及污染防控措施.现代园艺,2023(24):155-159.
[16] 江杰,李娜,王建强,等. 酢浆草属植物组织培养技术研究进展,中国农学通报,2023,39(16):62.
[17] 陈世昌,徐明辉.植物组织培养.5版.重庆:重庆大学出版社,2022.
[18] 赵青平,梁雨萍,周方园,等.植物幼苗玻璃化发生机制研究进展.植物学报,2022,57(1):90-92.
[19] 黄敏,梁春辉,邱晓曼.植物开放式组织培养技术研究概况.园艺与种苗,2020,40(9):26-28.

彩色马蹄莲种球工厂化生产的过程

1. 外植体的选择与处理

彩色马蹄莲的花

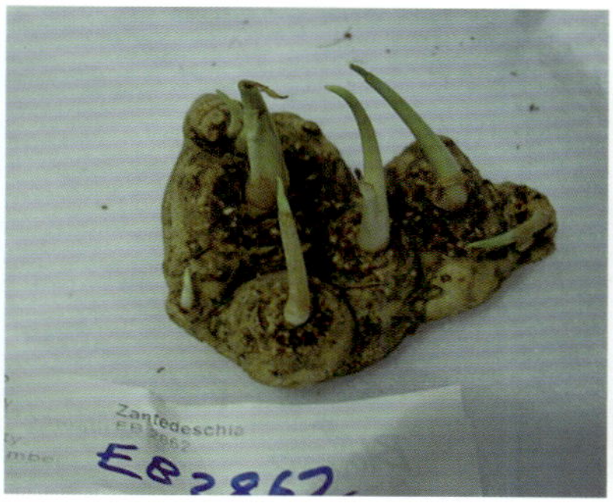

彩色马蹄莲的块根

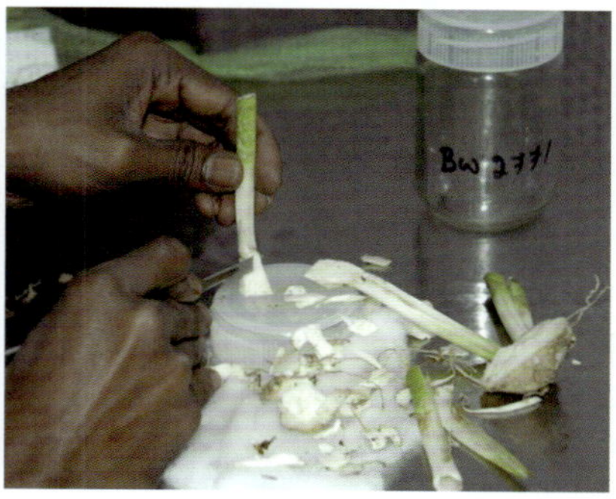
外植体的处理 1

马蹄莲的组培快繁选用块根作为外植体，进行外植体的消毒。

2. 初代培养

外植体的处理 2

接种

初代培养

将消毒好的外植体按其自然生长的方向接种于初代培养基上培养。

3. 继代培养

生根培养 1

生根培养 2

生根培养 3

将长出芽的苗转入继代培养基中继代培养。

4. 生根培养

生根培养 1

生根培养 2

生根培养 3

组培苗达到预定生产量的增殖基数时，将苗高 2 ～ 3 cm 的单株切下，
转入生根培养基中进行生根培养。

5. 驯化

驯化 1

驯化 2

驯化 3

6. 移栽

移栽 1

移栽 2

移栽 3

7. 种球生产

彩色马蹄莲的种球生产

彩色马蹄莲的种球 1

彩色马蹄莲的种球 2